Mechanisms and Machine Theory

机械原理

（原书第4版）

颜鸿森　吴隆庸　　著
于靖军　韩建友　郭卫东　审校

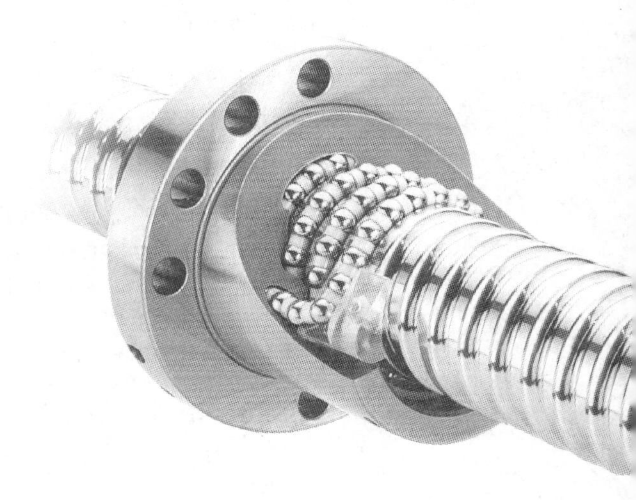

机械工业出版社
CHINA MACHINE PRESS

本书是在台湾学者颜鸿森、吴隆庸先生所著《机构学》第4版的基础上整理而成的简体中文版。原著是作者基于30年来在国内外大学、研究机构和工业界教学、研究、服务的经验，在考虑机械工程及相关领域的教学环境和大专院校相关课程的学时的基础上撰写而成的。

本书内容分为11章，包括：绪言、机构的组成、确定性运动、机构的运动、连杆机构、位置分析、速度分析、加速度分析、凸轮机构、齿轮机构、其他机构。书中对于基本原理的介绍，都配有应用实例说明。此外，本书习题经过了精心设计，不但能方便学生了解教材内容，更合乎生活化与实用化的要求。

由于内容和编排体系与大陆机械原理教材类似，所以本书可以作为大陆本科机械原理课程的教材，也可作为相关专业的研究生和科研人员的参考书。

图书在版编目（CIP）数据

机械原理/颜鸿森，吴隆庸著. —北京：机械工业出版社，2018.6
ISBN 978-7-111-66439-0

Ⅰ.①机… Ⅱ.①颜… ②吴… Ⅲ.①机械原理-高等学校-教材
Ⅳ.①TH111

中国版本图书馆 CIP 数据核字（2020）第162993号

机械工业出版社（北京市百万庄大街22号 邮政编码100037）
策划编辑：舒 恬 责任编辑：舒 恬 李 超 责任校对：郑 婕
封面设计：张 静 责任印制：郜 敏
河北鑫兆源印刷有限公司印刷
2020年11月第1版第1次印刷
184mm×260mm · 19.25印张 · 474千字
标准书号：ISBN 978-7-111-66439-0
定价：58.00元

电话服务 网络服务
客服电话：010-88361066 机 工 官 网：www.cmpbook.com
010-88379833 机 工 官 博：weibo.com/cmp1952
010-68326294 金 书 网：www.golden-book.com
封底无防伪标均为盗版 机工教育服务网：www.cmpedu.com

简体中文版序

PREFACE-Simplified Chinese Version

一次赴台开会的机会，在书店看到了由成功大学颜鸿森、吴隆庸所著、台湾东华书局出版的《机构学》第4版，翻阅之后遂被其中的内容强烈吸引。第一作者颜鸿森教授现为台湾成功大学教授，是机构学领域蜚声国际的学者，在机构创新设计、古机械研究与复原设计方面取得了具有全球影响力的学术成就，著有《机械装置的创造性设计》等多部著作。《机构学》第4版由著者根据其30余年在国内外大学、研究机构、工业界的教学研究经验撰写并不断修订而来，具有很高的学术价值。

《机构学》第4版无论从内容还是编排体系上都与大陆机械原理教材类似，但也有与大多数大陆机械原理教材不太相同的地方，突出体现以下几点：①现代化：双色印刷，非常精美，加强介绍了使用计算机辅助分析的方法分析机构的运动；②生活化：书中的案例与习题中大量使用与日常生活有关的机构，让学生接受起来倍感亲切；③实用化：书中选用了大量的工程实例和实物图片，使学生能够快速掌握工程实践能力；④内容丰富翔实、通俗易懂：书中拥有足够丰富且独特的平面机构类型介绍供相关人员参考使用。

本书是在《机构学》第4版的基础上整理而成的简体中文版。全书总共11章，包括绪言、机构的组成、确定性运动、机构的运动、连杆机构、位置分析、速度分析、加速度分析、凸轮机构、齿轮机构、其他机构。第2~3章介绍了机构的组成原理和自由度分析方法；第4~7章主要以连杆机构为例，说明如何分析机构的运动性，包括位置、速度、加速度、跃度等；第8~11章介绍了除连杆机构之外其他重要机构的定义、分类、组成、原理及应用。

由于两岸在中文使用上仍存在若干差异，为了使本书更适于大陆读者学习，我与北京科技大学韩建友教授、北京航空航天大学郭卫东教授对本书的术语和表达进行了审校，使之尽量符合大陆机械原理界的习惯用法。

本书内容丰富，图文并茂，紧密结合实际，可作为高等学校机械工程类各专业的教学用书，也可作为相关专业的研究生、科研人员与工程技术人员的参考用书。

本书的出版得到了机械工业出版社的大力支持，在此表示诚挚的谢意！

限于水平，书中难免有疏虞之处，敬请读者批评指正。

于靖军

目 录
Contents

第 1 章

绪言

INTRODUCTION

机构是组成机器的必要单元，机构设计则是机器设计的基础。本章介绍机构与机器的定义、机构与机器设计的步骤、机构与机器设计的课程及机构学的内容。

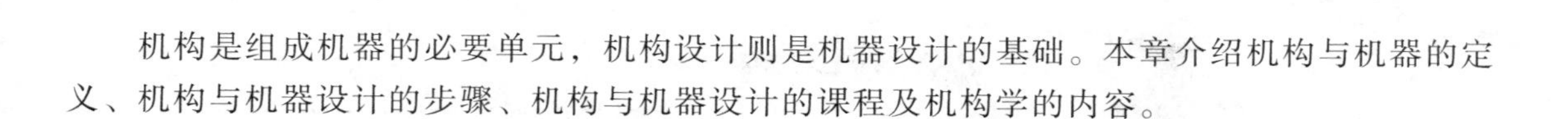

1.1 机构与机器的定义

Definitions of mechanism and machine

将构件以特定的运动副进行连接，让其中一个或数个构件运动，依照这个组合所形成的限制，迫使其他构件产生确定的相对运动，这个组合称为**机构**（Mechanism）。**机器**（Machine）则是按照一定的工作目的，由一个或数个机构组合而成的，赋予输入能量及加上控制装置，来产生有用的机械功或转换为可用的机械能。每个机构与机器都有一个称之为**机架**（Frame）的构件由一个或数个构件连接而成的过约束组合，用来导引某些构件的运动、传递力量或承受载荷。另外，由构件与运动副所构成的组合，若为过约束，则构件间无相对运动，称为**结构**（Structure）。

由以上的定义可知，机构的特性在于运动的传递和转换，而机器则是通过机构的运动来传力做功或转换能量。基本上，任何构件都有质量，运动时皆含有能量，因此机构的运动都会有能量的变换，但是否成为机器，则应视其输出的能量是否有用而定。例如：图 1-1 所示，销栓控制栓锁的开启，它的主要功能在于产生预期的确定动作，虽然在运动的过程中，

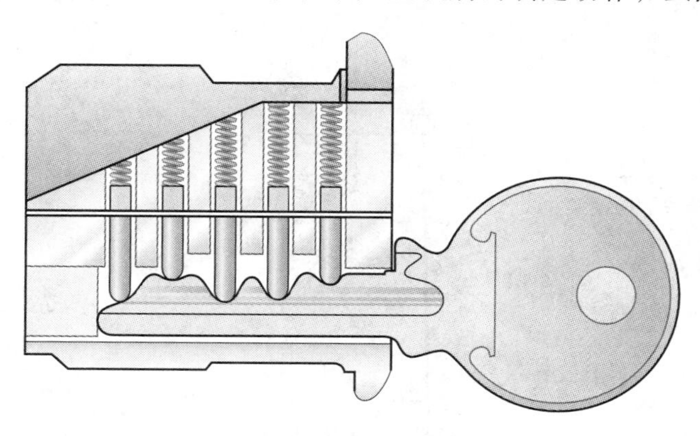

图 1-1　机构：销栓控制栓锁

牵涉到力的作用，也有少许能量消耗于构件间的摩擦，但是并无有用功作为输出，所以可视为机构而不是机器。又如机械式钟表，它的目的是使时针、分针、秒针产生确定的相对运动，除了因摩擦所耗用的能量外，并不做有用功，所以称之为机构。机床、起重机、发电机、压缩机等，用来将机械能转换成有用功，是机器，通常称为工作机。另外，内燃机、蒸汽机、电动机等，用以将其他形式的能量（如风力、热力、水力、电力等）转换为机械能，则是称为原动机的机器，也是一般机器的动力来源。例如：图 1-2 所示的汽车动力系统，用来传力作功，是机器。机器应有适当的控制装置，如人力控制、液压气动控制、电机控制、电子控制、计算机控制等，以控制机器产生所需要的运动和做功。桥梁是一种结构，机床的支承部分是机架，也是一种结构，均用来承受与传递力。

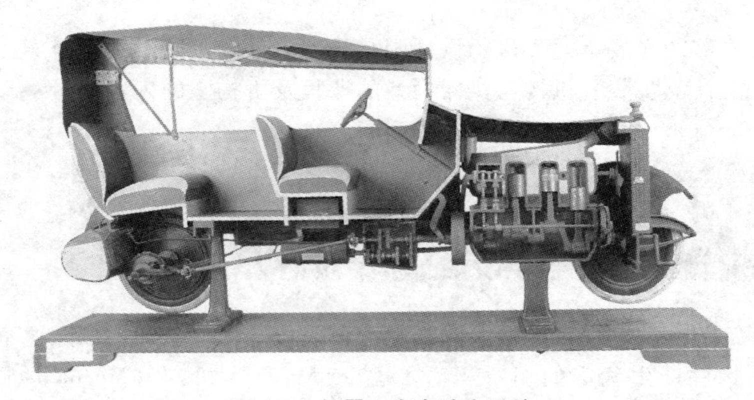

图 1-2 机器：汽车动力系统

任何机器，对其输入力或能量，使其产生运动，但并无有用功输出，此时，我们称其为机构；因此，有关机器运动的研究，可当作机构来研究。另外，一个机器即是机构，但是一个机构则未必就是机器。图 1-3 表示了机构与机器的组成及它们之间的关系。

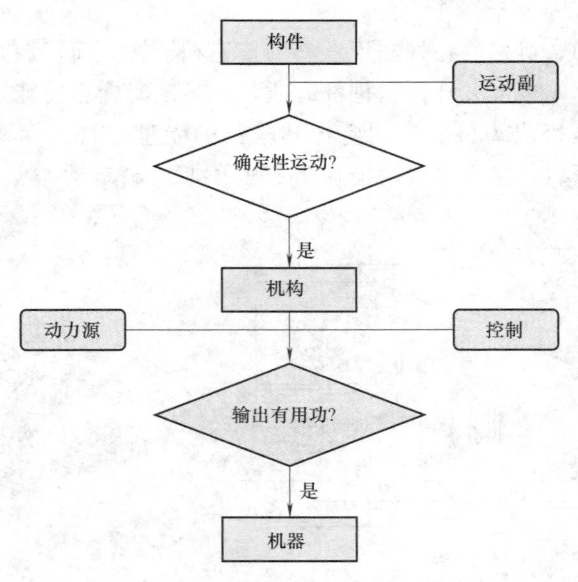

图 1-3 机构与机器的组成及它们之间的关系

1.2 机构与机器设计的步骤
Procedure for mechanism and machine design

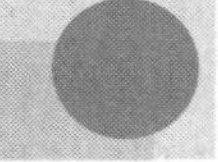

机构与机器的设计，可分为以下几个步骤，其流程如图 1-4 所示。

1. 确定工作目的

设计机构的首要步骤，在于确定所要设计机器的目的、使用条件、能量输入形式以及最后发生运动的构件应该产生的运动类型、克服载荷的大小、输出有用功的方式及大小等。工程师必须将以上的种类完整且有条理地叙述下来，作为功能设计的依据。

2. 创思拓扑结构

当机器的输出功能与输入方式确定后，下一个设计步骤就是根据这个机器中机构的特性及设计需求与限制，构想出用来组成这个机构的拓扑结构，以便让这个组合产生确定的运动。

3. 综合运动尺寸

这个步骤的目的在于综合出机构中每一个构件与运动副之间的几何尺寸，使其在给定输入构件运动（位移、速度、加速度）的情况下，输出构件产生所需的运动。这个阶段的重点，在于构件的几何关系与相对运动，而不考虑构件的粗细、质量及受力情况。

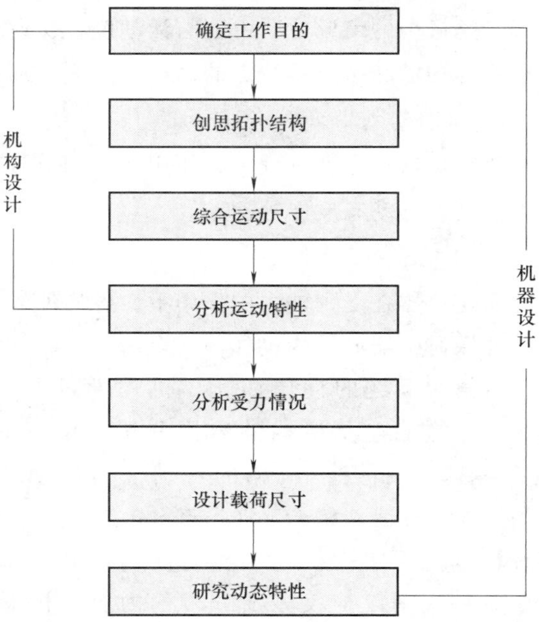

4. 运动分析

这个步骤验证上个步骤（综合运动尺寸）所综合出来的机构，其输入与输出的运动关系是否满足要求，并求得机构中的构件与其参考点的角加速度与线加速度，作为动力学分析的根据。

5. 受力分析

这个步骤利用**静力学**（Statics）原理，在已知静态载荷下，求得构件的每个运动副在任一位置所受的静态力，并求出输入构件输入力或力矩的大小。

确定工作目的
创思拓扑结构
综合运动尺寸
分析运动特性
分析受力情况
设计载荷尺寸
研究动态特性
机构设计
机器设计

图 1-4　机构与机器设计的流程

6. 设计载荷尺寸

这个步骤利用**材料力学**（Strength of Materials）原理，在已知静态受力的情况下，选用构件的材料，以决定构件的形状大小，使构件有足够的强度与刚度来安全地承受载荷。

7. 研究动态特性

这个步骤研究构件质量与运动所引起的动力学问题，包括动态载荷、惯性力、**摆动力**（Shaking force）与**摆动力矩**（Shaking moment）、动平衡、动态反应等。整个阶段必须重新确定上一个步骤（设计载荷尺寸）中所决定的载荷尺寸是否安全。

以上**机器设计**（Machine design）的七个步骤中的前四步，是**机构设计**（Mechanism design）的步骤。另外，每个设计步骤都不是各自独立的；假若任何一个步骤所得到的结果无法满足设计上的功能要求，则必须修正前面步骤的设计结果。除了上述七个步骤外，完整的机器设计还包括动力源选用、控制系统设计、工业设计、材料选用与处理、热流效应考虑、组装与测试等。

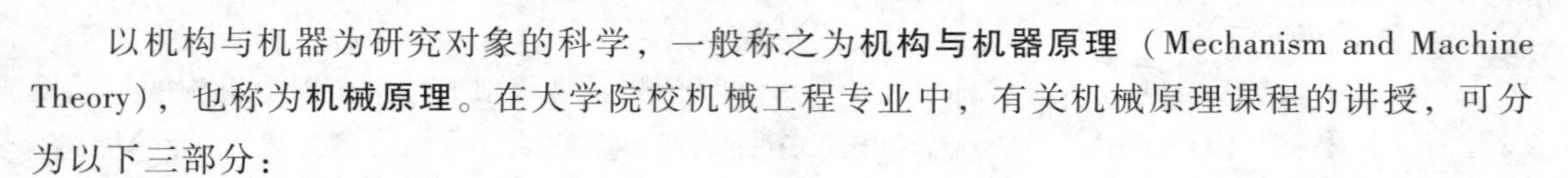

1.3 机构与机器设计的课程 Courses on mechanism and machine design

以机构与机器为研究对象的科学，一般称之为**机构与机器原理**（Mechanism and Machine Theory），也称为**机械原理**。在大学院校机械工程专业中，有关机械原理课程的讲授，可分为以下三部分：

1. 机构学（Mechanism）

研究机构的组成、自由度与活动度，探讨机构单元与系统的种类、功能、特性，以及分析机构各构件和重要特征点的位移、速度、加速度等。

2. 机器动力学（Dynamics of Machinery）

研究机器在运动过程中，作用在构件上载荷的大小、能量的转换、机械效率的高低、惯性力的平衡、动态反应等问题。

3. 机器设计（Design of Machine Elements）

研究机器在受到外力的作用下，各构件的载荷尺寸应为多少，才能具备足够的强度和刚度，并探讨机器的结构设计与安全。

就解决问题的性质而言，机构学可分为机构**分析**（Analysis）与**综合**（Synthesis）两大类。前者包括机构的**结构分析**（Structural analysis）与**运动分析**（Kinematic analysis），主要分析已有机构的可动性与运动特性；后者包括机构的**结构综合**（Structural synthesis）与**运动综合**（Kinematic synthesis），是指依照机构可动性与运动上的要求，设计出满足要求的机构结构与几何尺寸。基本上，有关机构综合的课程是在研究所讲授的，而大学院校仅涉及分析的内容。机器动力学课程的讲授，必须有机构学与动力学课程为基础；而机械设计课程的讲授，则必须有静力学、材料力学、机械材料、工程图学、机械制图等课程为基础。图 1-5 表示了有关机构与机器设计课程和其他机械专业课程间的关系。

在机械领域中，机动学是一个课程名称，即可作为机构运动学的简称，也可作为机器动力学的简称。严格意义上，机动学是机构运动学与机器动力学的统称，所对应的英文名词应是 Mechanism，Kinematics of Mechanism，and Dynamics of Machinery。另外，Machine 和 Mechanical 两个英文名词，一般都可译为机械；为避免混淆起见，Machine 译为**机器**，而 Mechanical 则译为**机械**。因此，**机器设计**是指 Machine Design；而**机械设计**则是指 Mechanical Design，是**机械工程设计**（Mechanical Engineering Design）的简称。

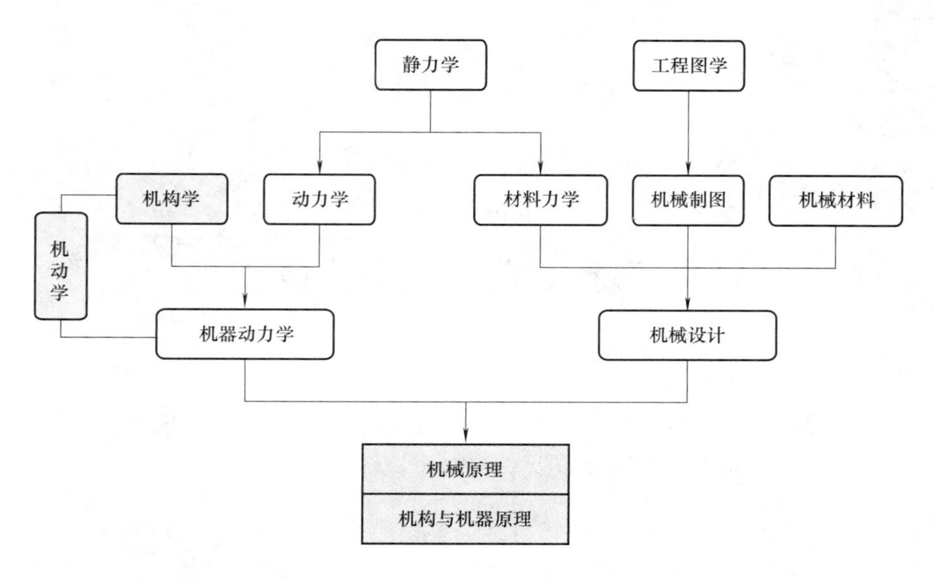

图 1-5 有关机构与机器设计课程和其他机械专业课程间的关系

1.4 机构学的内容 Scope of mechanism

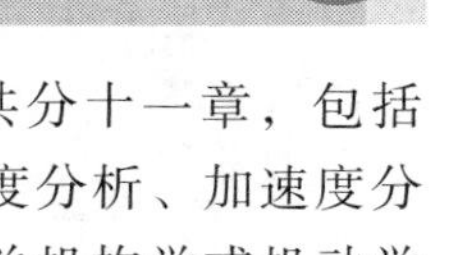

本书介绍**机构学**（Mechanism），内容以机构结构和运动分析为主，共分十一章，包括绪言、机构的组成、确定性运动、机构的运动、连杆机构、位置分析、速度分析、加速度分析、凸轮机构、齿轮机构、其他机构，适合大学院校机械工程相关专业有关机构学或机动学课程教学使用，可按照 2~4 个学分授课。

习题Problems

1-1 试解释机构与机器的异同。

1-2 试列举五个机构实例，并说明其功能。

1-3 试列举四个机器实例，并说明其组成与功能。

1-4 试列举三个结构实例，并说明其功能。

1-5 以抽水马桶的冲水机构为例，试说明其设计步骤。

1-6 以自行车的外变速器为例，试说明其设计步骤。

1-7 以摩托车的前悬挂系统为例，试说明其设计步骤。

1-8 以汽车引擎盖的开启装置为例，试说明其设计步骤。

第 2 章

机构的组成

FORMATION OF MECHANISMS

机构是由构件与运动副按照特定的方式组合而成的。本章介绍常用的构件与运动副、机构的组成、机构的简图符号、运动链以及机构的拓扑结构。

2.1 构件

Machine members

构件（Machine member）是具有阻抗性的物体，为组成机构与机器所必须具备的要素，它们的大小、形状、功能通常不太相同。构件根据是否运动来区分，可分为**静止构件**（Stationary member）与**运动构件**（Moving member）两大类。静止不动的构件称为静止构件，用来支承或约束其他构件、承受载荷、传递力或者引导其他构件运动，如机架、结构件、固定导路等。构件根据其抗力特性，可以是**刚性件**（Rigid member），如连杆、滑块、滚子、凸轮、齿轮、摩擦轮、轴等；可以是**挠性件**（Flexible member），如皮带、绳索、链条、弹簧等；也可以是**压缩件**（Compression member），如传动气体与液体。本节主要介绍机构中常用构件的基本功能及其分类，那些与研究机构运动无关的构件，如轴、键、轴承等，则不加以介绍。

1. 连杆

连杆（Link）是一种刚性构件，用来连接运动副，并且传递运动与力。连杆可根据与其相附随（Incidency）的运动副数目来加以分类：具有一个运动副的连杆为**单副杆**（Singular link），具有两个运动副的连杆为**二副杆**（Binary link），具有三个运动副的连杆为**三副杆**（Ternary link），具有四个运动副的连杆为**四副杆**（Quaternary link），具有五个运动副的连杆为**五副杆**（Quinary link），具有 j 个运动副的连杆，则称为 **j 副杆**（j-link）。

2. 滑块

滑块（Slider）是一种与直线或曲线导杆做相对滑动接触的构件。

3. 滚子

滚子（Roller）是一种外形为圆柱形或球形的构件，用来与其相连接的构件做相对的滚动运动。

4. 凸轮

凸轮（Cam）是一种形状不规则的构件，一般用来当作主动件传递特定的运动给**从动件**

(Follower)。凸轮的种类很多，将在第 9 章介绍。

5. 齿轮

齿轮（Gear）也是一种构件，它靠着轮齿的连续啮合，将旋转或直线运动很确定地传递到与其相连接的齿轮。齿轮的种类也很多，将在第 10 章介绍。

6. 传动带

传动带（Belt）是一种挠性构件，受到张力时才起作用；它与**带轮**（Pulley）或**槽轮**（Sheave）相配合，依靠摩擦力传递运动与动力。有关传动带与带轮的传动，将在第 11 章介绍。

7. 绳索

绳索（Rope）也是一种挠性构件，受到张力时才起作用；它与**槽轮**（Sheave）相配合，用来传递中远距离两轴之间的动力，也广泛用于各种机械系统中，如起重机、升降机、仪表等。有关绳索与槽轮的传动，将在第 11 章介绍。

8. 链条

链条（Chain）也是一种挠性构件，受到张力时才起作用；它与**链轮**（Sprocket）相配合，用来传递确定的运动和动力，也可用于起重。有关链条与链轮的传动，将在第 11 章介绍。

9. 摩擦轮

摩擦轮（Friction wheel）是一种刚性构件，利用摩擦力来传递运动与动力。有关摩擦轮的种类、原理、应用，也将在第 11 章介绍。

10. 弹簧

弹簧（Spring）是一种挠性构件，用来储存能量、施力、产生弹性连接。有关弹簧的种类、原理、应用，可参考一般机械设计书籍。

2.2 运动副与铰链 Kinematic pairs and joints

为使构件有所作用，构件和构件之间必须以特定的方式加以连接。一构件与另一构件直接接触的部分，称为运动副元素（Pairing element）。一个**运动副**（Kinematic pair）是由两个直接接触构件的运动副元素装配连接而成的；运动副通常又称为**铰链**（Joint）。

运动副可根据其自由度、运动方式、接触方式等特性来加以分类，分别说明如下：

1）**自由度**（Degrees of freedom）是指确定运动副中一个构件与另一个构件的相对位置所需的独立坐标数。一个不受约束的构件，可以有沿三个互相垂直轴的平移自由度及对此三个轴的旋转自由度，共六个自由度。它与另一个构件连接成运动副后，因受约束而损失一个或多个自由度。因此，一个运动副最多只能有五个自由度，最少也得有一个自由度。有关自由度与约束的概念，将在第 3 章介绍。

2）**运动方式**（Type of motion）是指运动副中一个构件上一点相对于另一个构件的运动，包括直线（或曲线）运动、平面（或曲面）运动、空间运动。有关构件的运动方式，将在第 4 章介绍。

3）**接触方式**（Type of contact）是指运动副中两个构件互相接触的方式，包括点接触、线接触、面接触。

以下说明一些基本的运动副，并指出各种运动副的自由度数、运动方式及接触方式。

1. 转动副

转动副（Revolute pair，turning pair）所属两个构件间的相对运动，是相对于旋转轴的转动。图 2-1a 所示为一个典型的转动副，具有一个自由度，是圆弧运动与面接触。

2. 移动副

移动副或**滑动副**（Prismatic pair，sliding pair）所属两个构件间的相对运动，是相对于滑行面的滑动。图 2-1b 所示为一个典型的移动副，具有一个自由度，是直线运动与面接触。

3. 滚动副

滚动副（Rolling pair）所属两个构件间的相对运动，是不带滑动的纯滚动。图 2-1c 所示为一个典型的滚动副，具有一个自由度，是摆线运动与线接触。

4. 凸轮副

凸轮副（Cam pair）所属两个构件的相对运动，是滑动与滚动的组合。图 2-1d 所示为一个典型的凸轮副，它具有两个自由度，是曲面运动与线接触。

5. 齿轮副

齿轮副（Gear pair）所属两个构件间的相对运动和凸轮副一样，是滑动与滚动的组合。图 2-1e 所示为一个典型的齿轮副，具有两个自由度，是曲面运动与线接触。

6. 螺旋副

螺旋副（Helical pair，screw pair）所属两个构件间的相对运动，是相对于旋转轴的螺旋

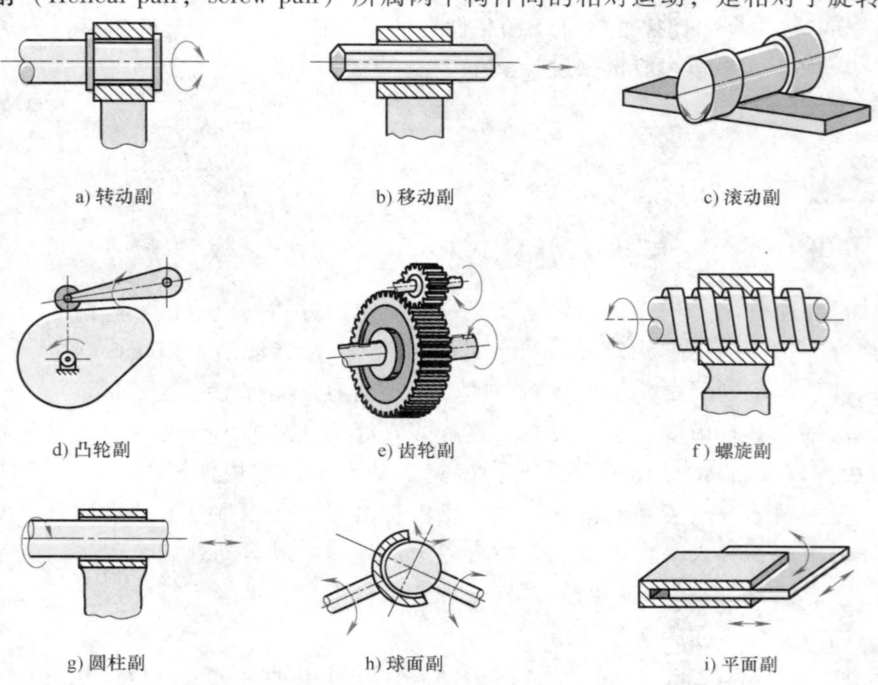

图 2-1 运动副的种类

运动。图 2-1f 所示为一个典型的螺旋副，具有一个自由度，是曲线运动与面接触。

7. 圆柱副

圆柱副（Cylindrical pair）所属两个构件间的相对运动，是相对于旋转轴的转动及平行于此轴移动的组合。图 2-1g 所示为一个典型的圆柱副，具有两个自由度，是曲面运动与面接触。

8. 球面副

球面副（Spherical pair）所属两个构件间的相对运动，是相对于球心的转动。图 2-1h 所示为一个典型的球面副，具有三个自由度，是球面运动与面接触。

9. 平面副

平面副（Flat pair，planar pair）所属两个构件间的相对运动，是平面运动。图 2-1i 所示为一个典型的平面副，具有三个自由度，是平面运动与面接触。

10. 缠绕副

传动带与带轮、绳索与槽轮、链条与链轮间等构件，并无相对运动，此类运动副称为**缠绕副**（Wrapping pair）。

2.3 机构 Mechanism

将 2.1 节介绍的构件及 2.2 节介绍的运动副以特定的方式组合，驱动其中一个或数个构件按照某种特定的规律运动，使其他构件各自产生预期的确定运动，并且构件中还有一个（为机架）用来支承或约束各运动件的固定不动部分，这个组合即为**机构**（Mechanism）。

若机构中所有的构件都是连杆，且所有的运动副都为转动副，则这个机构称为**连杆机构**（Linkage）。

机构可根据其运动空间分为平面机构与空间机构。机构中的构件在运动时，若其上每一点与某一特定平面的距离不变，则这个机构称为**平面机构**（Planar mechanism，plane mechanism）。图 2-2 所示为一内燃机的引擎机构，由气缸（为机架）、活塞、连杆、曲柄四个构件组成，气缸与活塞之间的运动副为移动副，活塞与连杆、连杆与曲柄以及曲柄与机架之间的运动副均为转动副；由于这个机构中每一构件的运动均为平面运动，而且这些运动平面都互相平行，因此它为平面机构。

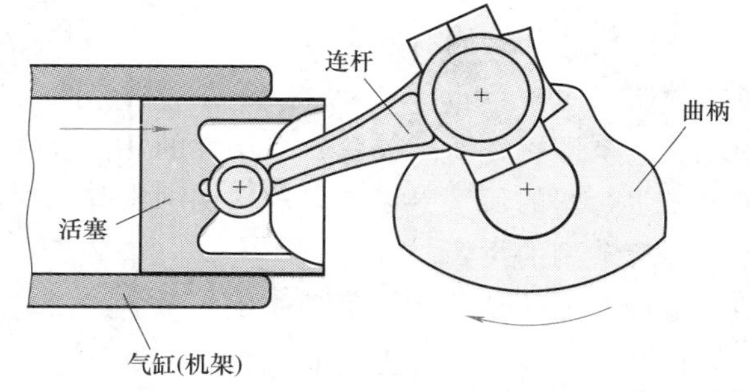

图 2-2 内燃机的引擎机构［例 3-1］

机构中的构件在运动时，若其上有一点的运动路径为空间曲线，则这个机构就是**空间机构**（Spatial mechanism，space mechanism）。图 2-3 所示为一种伐木用的动力锯机构，由五个构件与五个运动副组成。动作由曲柄（构件 2）的旋转，经旋转杆（构件 3）与摆杆（构件 4），传递到做直线往复运动的锯片（构件 5）。机架（未标示）与曲柄间的运动副为转动副，曲柄与旋转杆间的运动副也是转动副，旋转杆与摆杆间的运动副为圆柱副，摆杆与锯片间的运动副为转动副，锯片与机架间的运动副则为移动副；显然，这个机构为空间机构。

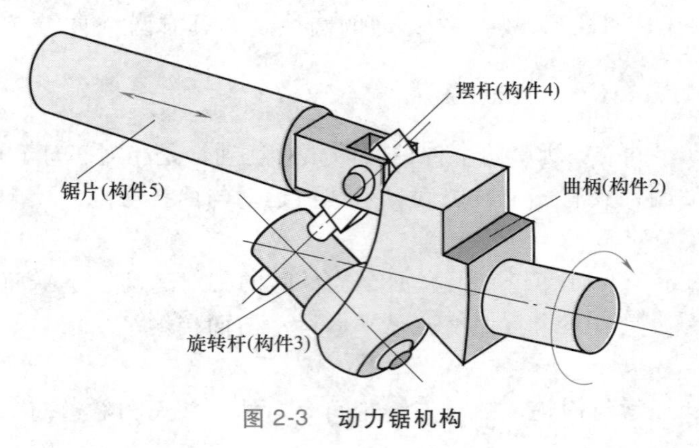

图 2-3　**动力锯机构**

2.4 简图符号
Schematic representation

分析机构的拓扑结构与运动特性时，常需要用**简图符号**（Schematic representation）来说明构件间的**连接**（Adjacency）关系与相对位置，如果使用实体或其组合图来表达，会因实体或图面的复杂性，使分析工作难以有效地进行。因此在机构学中，通常只用简单的图形来说明构件间的连接关系与相对位置。依据这种目的所绘出的机构图形，称为**机构骨架图**（Skeleton）或**机构简图**。

机构简图的绘制有两种方式，一种为结构简图，另一种为运动简图，视使用目的而定。**结构简图**（Structural sketch）在于表示机构的拓扑结构，只要清楚地表示出构件与运动副间的连接关系即可，而不关注各个构件的几何尺寸大小。**运动简图**（Kinematic sketch）则依照实体或组合图的尺寸，以一定的比例画出其几何运动的相对位置关系，用来表示各构件的尺寸及各运动副的位置。

机构简图的绘制，应尽量使用简单的线条与符号来代替实体的构件与运动副，与分析机构拓扑结构或运动状态无关的数据，如轴、键、销、轴承、螺栓尺寸线、剖面线等，则无须表示出来。

简图符号的制定，并无一定的法则，只要清楚地表示出机构的拓扑结构或运动关系即可。以下介绍常用的简图符号：

1）构件用阿拉伯数字表示，如 1、2、3 等。

2）与 j 个运动副相连接的连杆，用一个内部具有色网、顶点为内部涂黑小圆的 j 边多边形表示。单副杆的简图符号如图 2-4a 所示，二副杆的简图符号如图 2-4b 所示，三副杆的简图符号如图 2-4c 所示，四副杆的简图符号如图 2-4d 所示。

3）滑块的简图符号，如图 2-4e 所示。

4）滚子与摩擦轮的简图符号，如图 2-4f 所示。

5）凸轮的简图符号，如图 2-4g 所示。

6）齿轮的简图符号，如图 2-4h 所示。

7）传动带、绳索、链条的简图符号，如图 2-4i 所示。

8）弹簧的简图符号，如图 2-4j 所示。

9）气、液压缸的简图符号，如图 2-4k 所示。

10）固定构件（机架）用阿拉伯数字“1”表示，其简图表示为在其下作平行斜线，如图 2-4l 所示。

11）图 2-4m 所示代表构件 i 和构件 j 为同一构件，而构件 k 为与其相连接的另一构件。

12）若两个不相连的构件在图面上交叉，则在交叉处将底部构件画成断线并用半圆连接，如图 2-4n 所示。

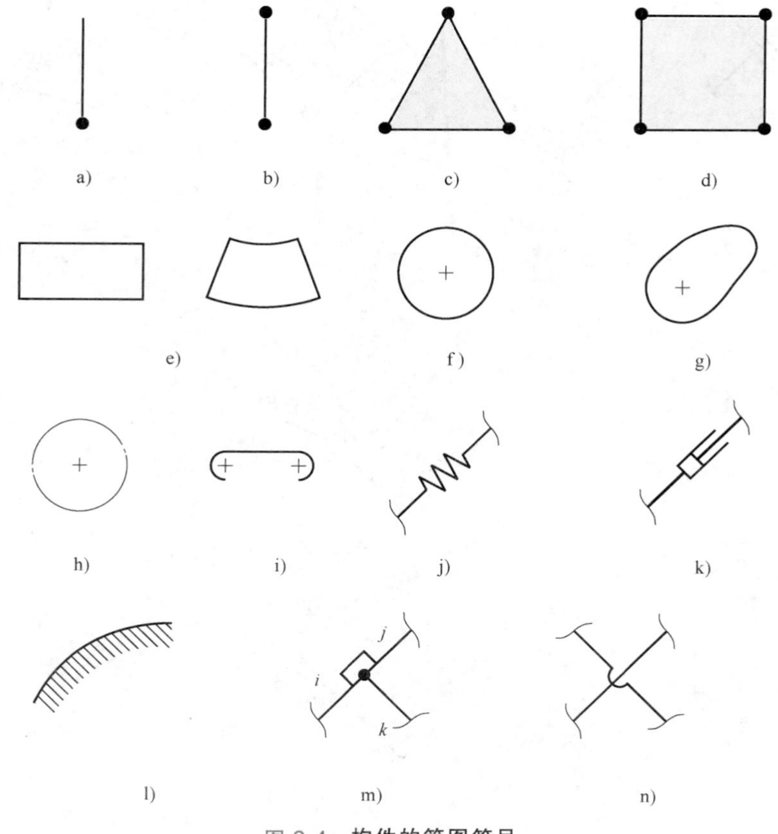

图 2-4 **构件的简图符号**

13）运动副一般用小写的英文字母表示，如 a、b、c 等；有时则用大写英文字母表示，以方便说明。

14）转动副用“R”标示，其运动副的简图符号如图 2-5a 所示。

15）移动副用“P”标示，其运动副的简图符号如图 2-5b 所示。

16）滚动副用“O”标示，其运动副的简图符号如图 2-5c 所示。

17）凸轮副用“A”标示，其运动副的简图符号如图 2-5d 所示。

18）齿轮副用“G”标示，其运动副的简图符号如图 2-5e 所示。

19）螺旋副用“H”标示，其运动副的简图符号如图 2-5f 所示。

20）圆柱副用“C”标示，其运动副的简图符号如图 2-5g 所示。

21）球面副用“S”标示，其运动副的简图符号如图 2-5h 所示。

22）平面副用“F”标示，其运动副的简图符号如图 2-5i 所示。

23）与 n 根连杆连接的转动副，用（$n-1$）个小同心圆表示。图 2-5j 所示为与 3 根连杆连接的转动副。

24）一个未指明种类的运动副，以一个内部涂黑小圆表示，如图 2-5k 所示。

25）固定转轴的名称用小写（有时大写）英文字母加上阿拉伯数字“0”作为其右下标，如 a_0；其简图表示为在属于机架的构件下作平行斜线。以转动副为例，如图 2-5l 所示。

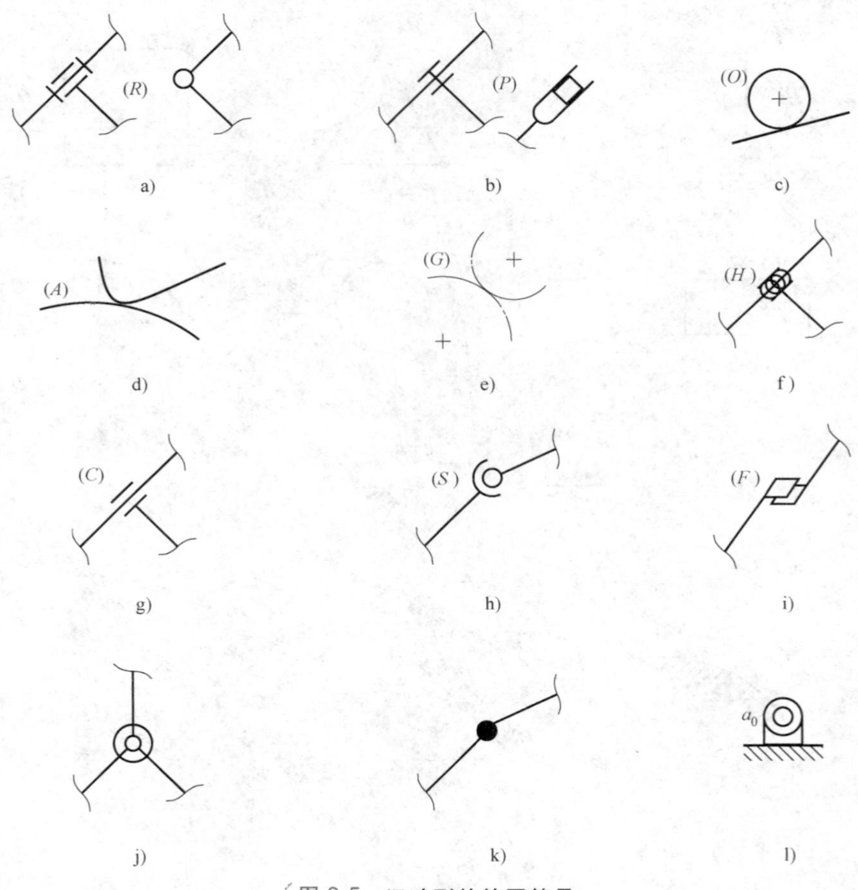

图 2-5 **运动副的简图符号**

图 2-2 所示内燃机的引擎机构，其运动简图如图 2-6a 所示，结构简图如图 2-6b 所示；若所有运动副都用内部涂黑的小圆表示，则结构简图可更简化，如图 2-6c 所示。图 2-3 所示的动力锯机构，其结构简图如图 2-7a 所示；若所有的运动副都用内部涂黑的小圆表示，则如图 2-7b 所示。

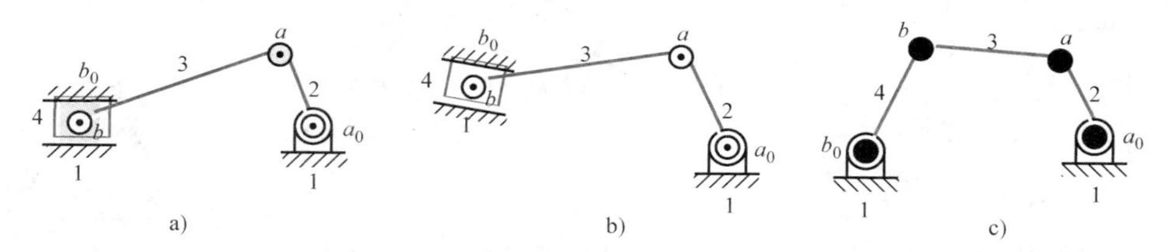

图 2-6 引擎机构简图［例 2-1、例 3-1］

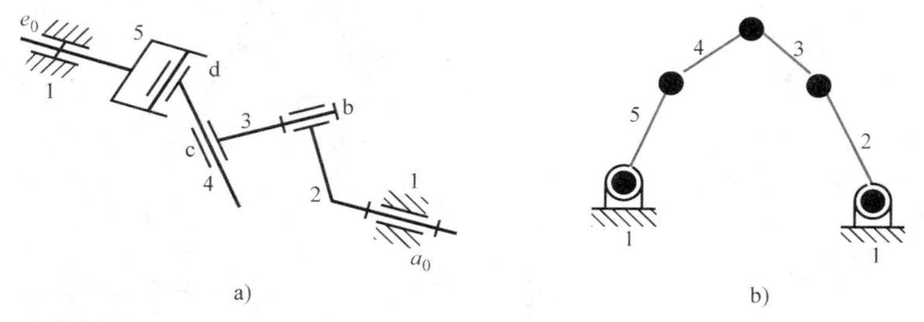

图 2-7 动力锯机构简图［例 2-2］

*2.5 运动链

Kinematic chain

机构简图的作用是用一些图形符号来说明构件间的连接关系及相对位置，以方便分析工作的有效进行。对于不同的构件，有不同的表示方法；对于不同的运动副，也有不同的表示方式。

在机构设计的过程中，为了能系统地进行拓扑结构分析与综合，常将机构简图更进一步简化为**运动链**（Kinematic chain），其步骤如下：

1）将一个与 j 个运动副连接的构件，用一个 j 边形表示。

2）将一个与 n 个杆件连接的任何种类运动副，用一个内部涂黑的小圆表示。

3）将固定杆（即机架）放开，即没有固定杆存在。

以图 2-6 所示的引擎机构为例，其所对应的运动链如图 2-8 所示，为一个四杆四副的运动链；以图 2-7 所示的动力锯机构为例，其所对应的运动链如图 2-9 所示，为一个五杆五副的运动链。

含 N 个构件与 J 个运动副的运动链，称为（N，J）运动链。有关（N，J）运动链图谱综合的研究，即到底有多少种不同结构的运动链具有 N 个构件与 J 个运动副，称为**数综合**（Number synthesis），其原理不在本书介绍的范畴。以下列出一些常用的运动链图谱，以供应用。图 2-10 所示为（3，3）运动链图谱，有 1 个；图 2-11 为（4，4）和（4，5）运动链图谱，各有 1 个；图 2-12 所示为（5，5）、（5，6）、（5，7）运动链图谱，分别有 1 个、2 个、3 个；图 2-13 所示为（6，7）和（6，8）运动链图谱，分别有 3 个和 9 个；图 2-14 所

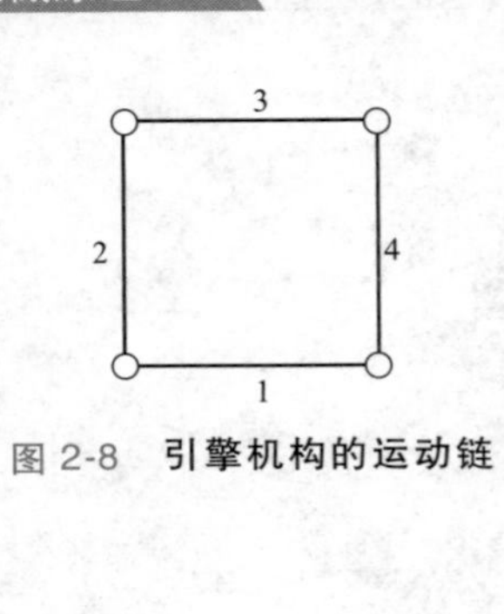

图 2-8 **引擎机构的运动链**

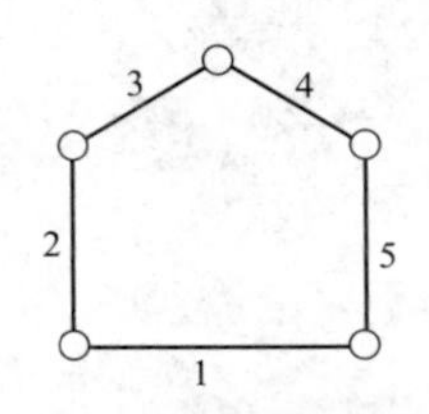

图 2-9 **动力锯机构的运动链**

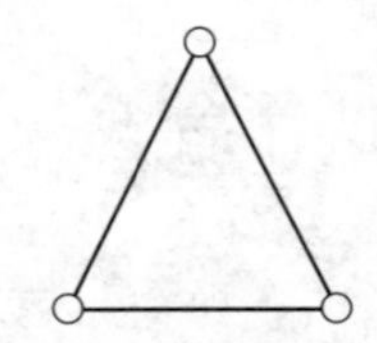

图 2-10 （3，3）**运动链图谱**

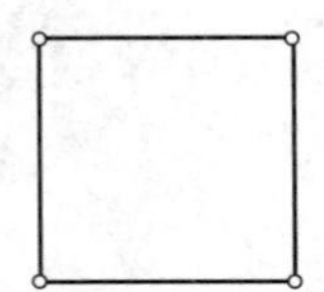

a) N=4,J=4

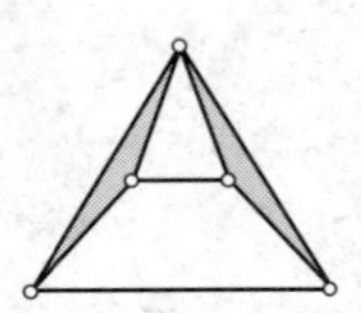

b) N=4,J=5

图 2-11 （4，4）、（4，5）**运动链图谱**

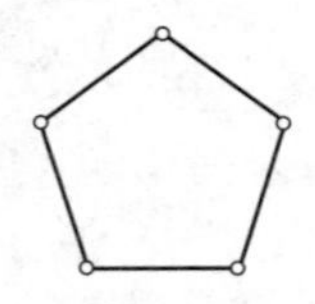

a) N=5,J=5

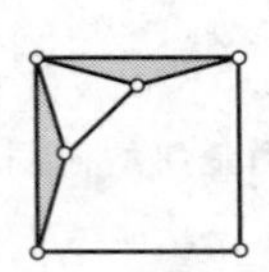

b) N=5,J=6

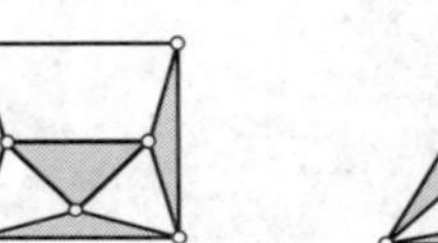

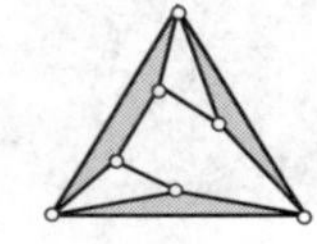

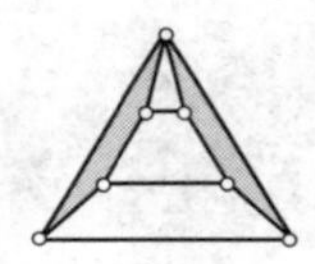

c) N=5,J=7

图 2-12 （5，5）、（5，6）、（5，7）**运动链图谱**

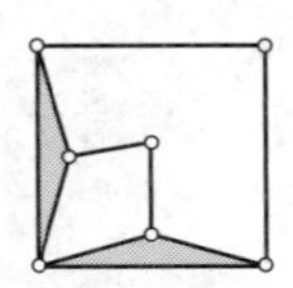

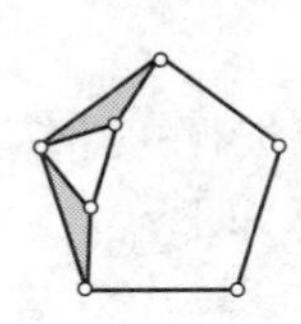

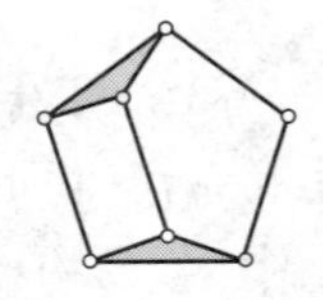

a) N=6,J=7

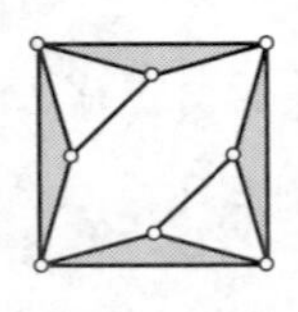

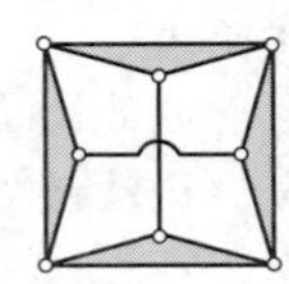

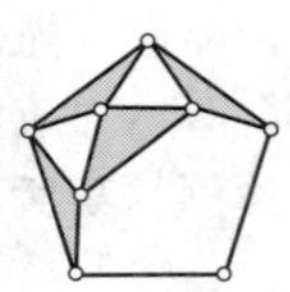

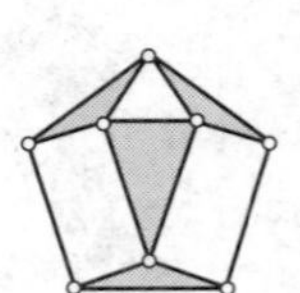

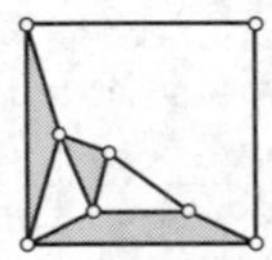

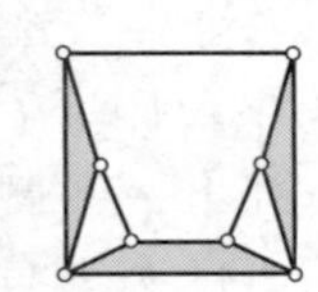

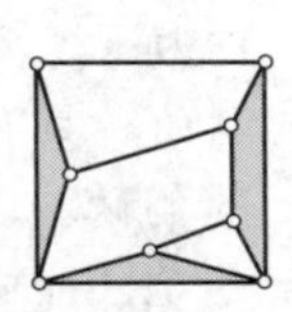

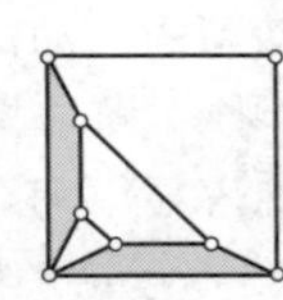

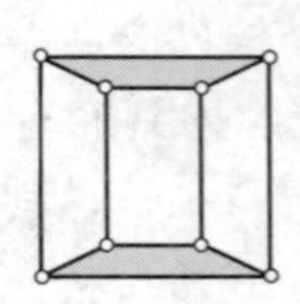

b) N=6,J=8

图 2-13 （6，7）、（6，8）**运动链图谱**

示为（7，8）和（7，9）运动链图谱，分别有4个和20个；图2-15所示为（8，10）运动链图谱，有40个。以上图谱中所示的运动链，分别是对**连接**（Connected）、**封闭**（Closed）且无**切杆**（Cut link）的运动链而言的。

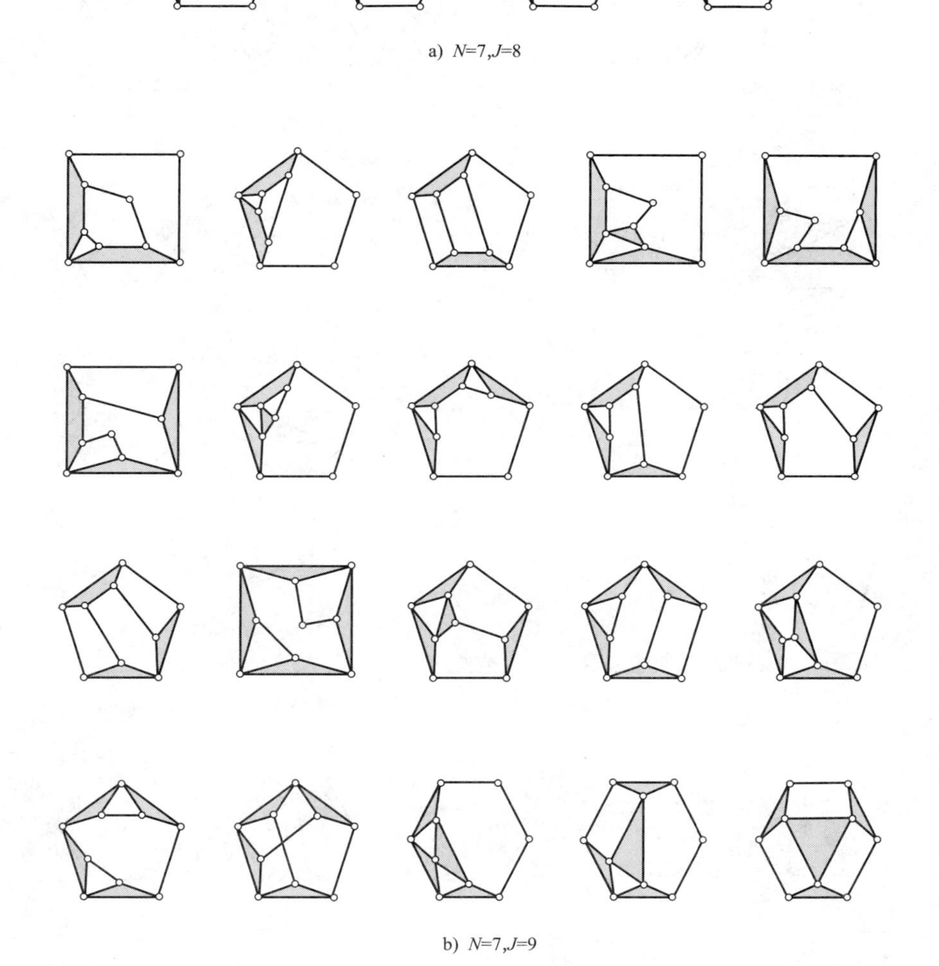

图2-14 （7，8）、（7，9）运动链图谱

若运动链中的运动副都为转动副（用中空小圆表示），则具有三杆环路或者自由度为零的子运动链，将形成一个过约束的结构。因此，在使用上述图谱时，必须将具有三杆环路或者自由度为零的子运动链去除。以图2-13a所示的3个（6，7）运动链为例，若运动副都为转动副，则只有左右两边2个不含三杆环路子链的结构可供使用。

另外，机构中一定有构件为固定杆，即机架。因此，选择运动链中不同的杆件为固定杆，可衍生出许多不同的机构，称为**运动学倒置**（Kinematic inversion）；而具有相同运动链但固定杆不同的机构，互称为**倒置**（Inversion）机构。

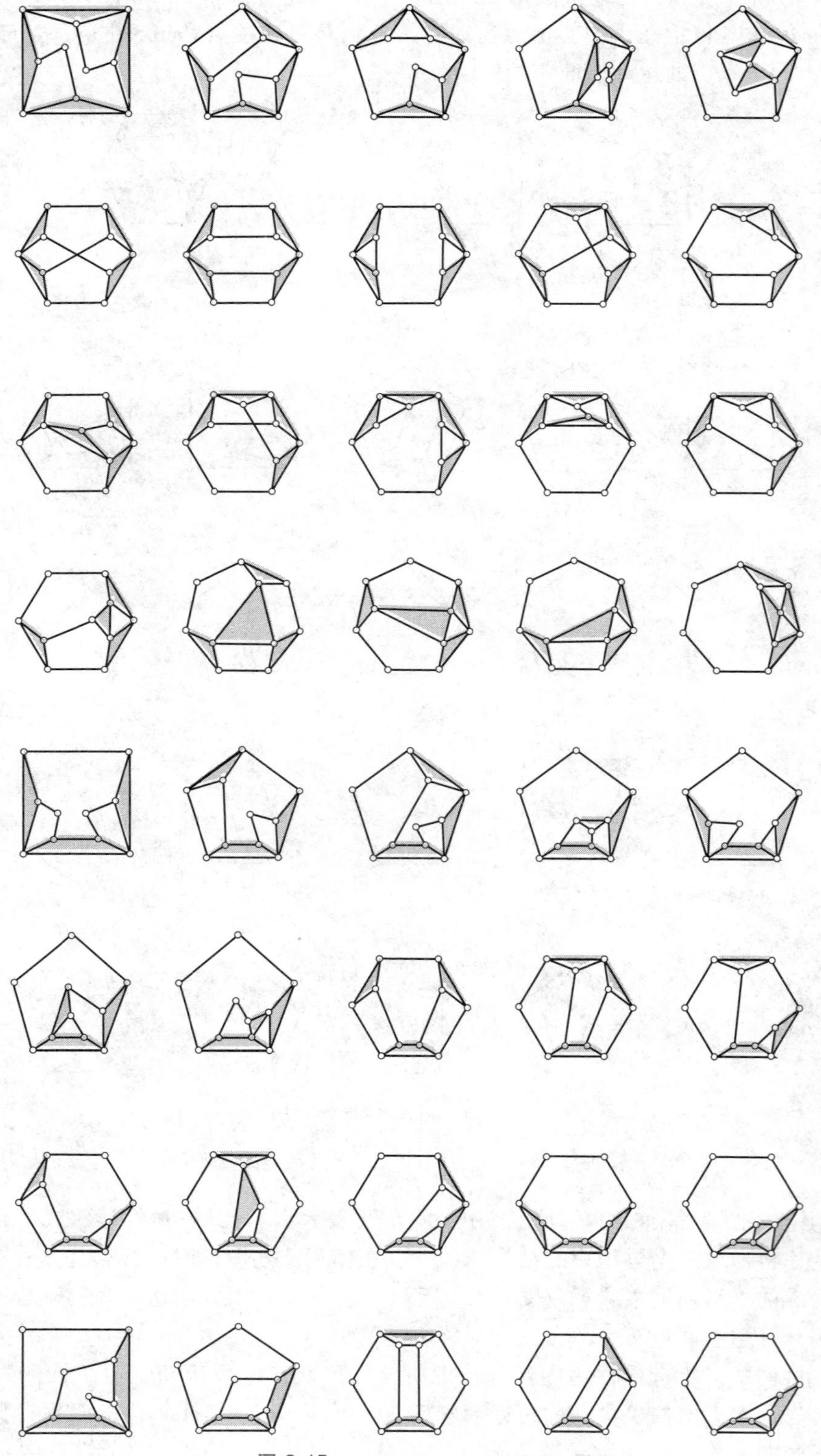

图 2-15 （8，10）运动链图谱

*2.6 拓扑结构

Topological structure

分析一个现有机构的首要步骤为识别其拓扑结构。机构的**拓扑结构**（Topological structure）是指机构中构件与运动副的种类和数目，以及构件和运动副之间的邻接与连接关系。有些机构的构件与运动副很特殊，难以直接观察出它们的类型，必须深入了解其运动功能后，才能正确识别。只有正确地识别出机构的拓扑结构，机构分析才有意义。

机构的拓扑结构可用**机构拓扑结构矩阵**（Mechanism topology matrix，MTM）表示。一个具有 N 个构件的机构拓扑结构矩阵，为一个 $N\times N$ 的方阵，其对角元素 $a_{ij}=\overline{NT}$ 表示构件 i 的类型。假如构件 i 和构件 k 相邻接，则右上角非对角线元素 $a_{ik}=JT(i<k)$ 表示连接构件 i 和构件 k 的运动副类型，左下角非对角线元素 $a_{ki}=JN$ 表示该运动副的标号；若有数个元素的运动副标号相同，则表示该运动副是复合铰链；假如构件 i 和构件 k 不互相邻接，则 $a_{ik}=a_{ki}=0$。

例 2-1 引擎机构，参见图 2-6a。

此机构为一平面机构，具有 4 个构件（1、2、3、4），分别是机架（K_F，构件 1）、曲柄（K_{L1}，构件 2）、连杆（K_{L2}，构件 3）、滑块（K_P，构件 4）。机构含有 4 个单运动副（a_0、a、b、b_0），包括 3 个转动副（a_0、a、b）与 1 个移动副（b_0）。机构的拓扑结构矩阵 MTM 为：

$$MTM=\begin{pmatrix} K_F & R & 0 & P \\ a_0 & K_{L1} & R & 0 \\ 0 & a & K_{L2} & R \\ b_0 & 0 & b & K_P \end{pmatrix}$$

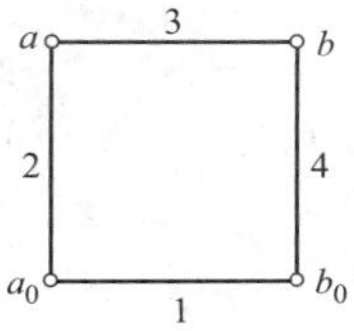

图 2-16 引擎机构的运动链［例 2-1］

其运动链如图 2-16 所示，为一（4，4）运动链。

例 2-2 动力锯机构，参见图 2-7a。

此机构为一空间机构，具有 5 个构件（1、2、3、4、5），分别是机架（K_F，构件 1）、3 个连杆（K_{L1}，构件 2；K_{L2}，构件 3；K_{L3}，构件 4）、滑块（K_P，构件 5）。机构含有 5 个单运动副（a_0、b、c、d、e_0），包括 3 个转动副（a_0、b、d）、1 个圆柱副（c）、1 个移动副（e_0）。机构的拓扑结构矩阵 MTM 为：

$$MTM=\begin{pmatrix} K_F & R & 0 & 0 & P \\ a_0 & K_{L1} & R & 0 & 0 \\ 0 & b & K_{L2} & C & 0 \\ 0 & 0 & c & K_{L3} & R \\ e_0 & 0 & 0 & d & K_P \end{pmatrix}$$

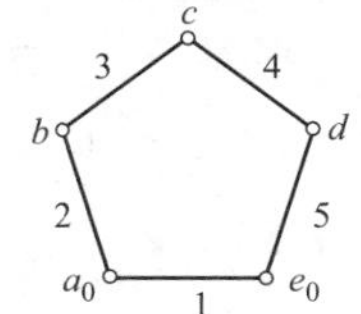

图 2-17 动力锯机构的运动链［例 2-2］

其运动链如图 2-17 所示，为一（5，5）运动链。

例 2-3 **凸轮-滚子-驱动器机构，参见图 2-18。**

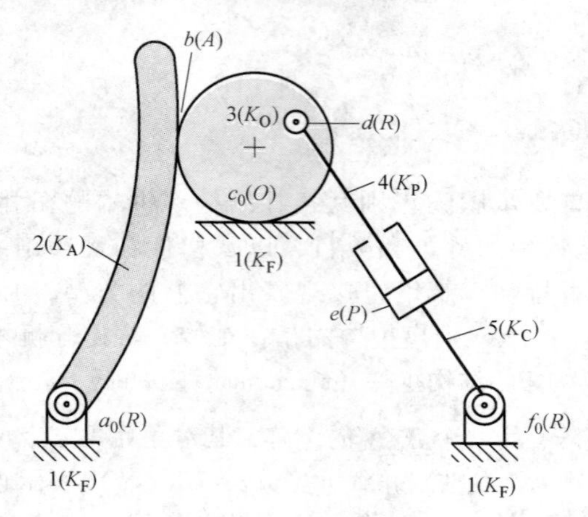

图 2-18 **凸轮-滚子-驱动器机构［例 2-3］**

此机构为一平面机构，具有 5 个构件（1、2、3、4、5），分别是机架（K_F，构件 1）、凸轮（K_A，构件 2）、滚子（K_O，构件 3）、活塞（K_P，构件 4）、气缸（K_C，构件 5）；其中，凸轮、活塞、气缸是二副构件，机架与滚子是三副构件。此机构具有 6 个双运动副（a_0、b、c_0、d、e、f_0），分别为 3 个转动副（a_0、d、f_0）、1 个移动副（e）、1 个滚动副（c_0）、1 个凸轮副（b）。机构的拓扑结构矩阵 MTM 为：

$$MTM=\begin{pmatrix} K_F & R & O & 0 & R \\ a_0 & K_A & A & 0 & 0 \\ c_0 & b & K_o & R & 0 \\ 0 & 0 & d & K_P & P \\ f_0 & 0 & 0 & e & K_C \end{pmatrix}$$

其运动链如图 2-19 所示，为一（5，6）运动链。

例 2-4 **汽车悬挂机构，参见图 2-20。**

此机构为一空间机构，具有 6 个构件（1、2、3、4、5、6），分别是机架（K_F，构件 1）、2 个连杆（K_{L1}，构件 2；K_{L2}，构件 5）、2 个液压缸（K_{C1}，构件 4；K_{C2}，构件 6）、1 个轮轴连接杆（K_X，构件 3）。机构含有 7 个运动副（a_0、b、c、d_0、e、f、g_0），皆为单运动副；其中运动副 a_0 为转动副，运动副 b、d_0、e、f 是球面副，运动副 c、g_0 是移动副。机构的拓扑结构矩阵 MTM 为：

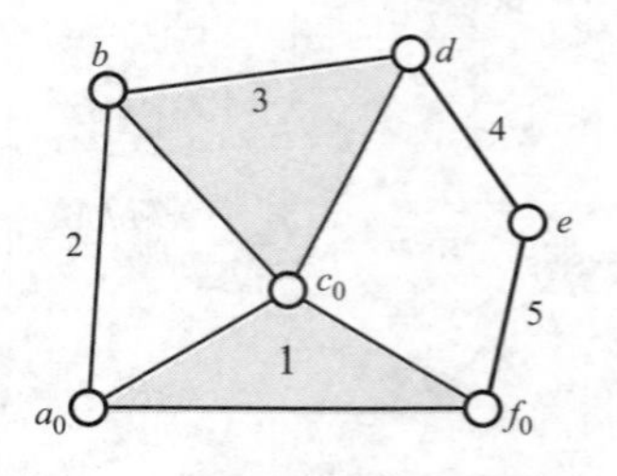

图 2-19 **凸轮-滚子-驱动器机构的运动链［例 2-3］**

$$
MTM=\begin{pmatrix}
K_F & R & 0 & S & 0 & P \\
a_0 & K_{L1} & S & 0 & 0 & 0 \\
0 & b & K_X & P & S & 0 \\
d_0 & 0 & c & K_{C1} & 0 & 0 \\
0 & 0 & e & 0 & K_{L2} & S \\
g_0 & 0 & 0 & 0 & f & K_{C2}
\end{pmatrix}
$$

其运动链如图 2-21 所示，为一（6，7）运动链。

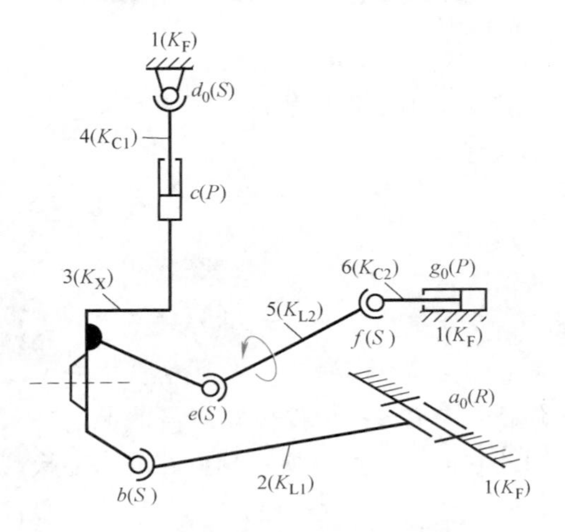

图 2-20 汽车悬挂机构［例 2-4、例 3-7］

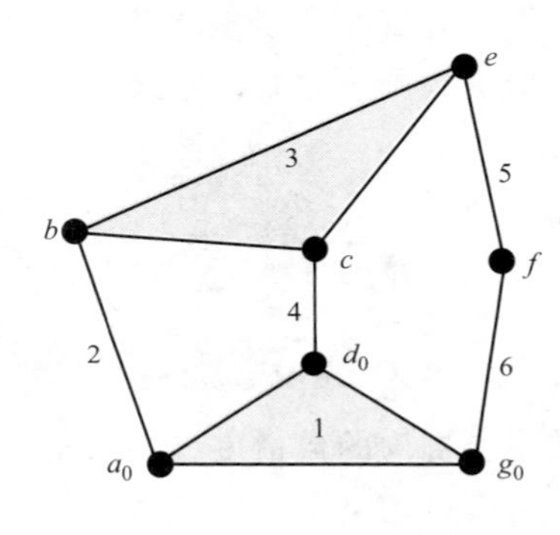

图 2-21 汽车悬挂机构的运动链［例 2-4］

习题Problems

2-1 试列举一辆自行车中的所有构件。

2-2 试从日常生活用品中列举五种转动副的应用。

2-3 试从日常生活用品中列举三种移动副的应用。

2-4 试说明一个球与一个圆筒相接触的运动副特性。

2-5 试构想出一个自由度为 4 的运动副。

2-6 试构想出一个自由度为 5 的运动副。

2-7 试找出一个具有 6 个构件以上的平面机构，说明它的拓扑结构，写出拓扑结构矩阵，并绘出其运动简图与运动链。

2-8 试找出一个具有 3 个构件以上的空间机构，说明它的拓扑结构，写出拓扑结构矩阵，并绘出其运动简图与运动链。

2-9 试绘出一辆三级变速自行车变速机构的机构简图与运动链。

*2-10 针对图 2-13a 所示的（6，7）运动链选择适当的固定杆，试问可衍生出多少种不同结构的机构？

第 3 章

确定性运动

CONSTRAINED MOTION

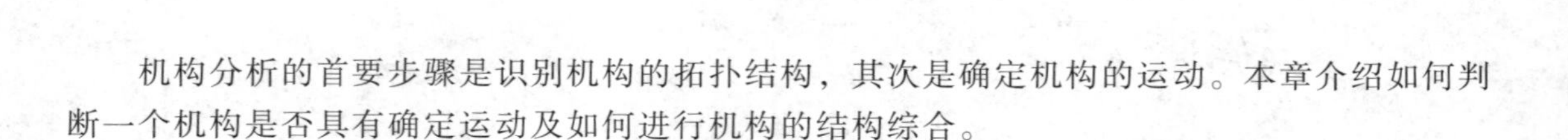

机构分析的首要步骤是识别机构的拓扑结构，其次是确定机构的运动。本章介绍如何判断一个机构是否具有确定运动及如何进行机构的结构综合。

3.1 自由度 Degrees of freedom

一个机构的**自由度**（Degrees of freedom）是确定机构中每一构件位置所需的最少独立参数。由于机构是由构件通过运动副连接而成的，因此它的自由度是所有构件在尚未连接与固定前的总自由度，减去所有运动副的总**约束度**（Degrees of constraint），再减去机架的自由度。下面根据机构的运动空间，分别说明平面机构与空间机构的自由度。

3.1.1 平面机构 Planar mechanism

对平面机构而言，每一个可动的构件具有 3 个自由度，其中两个自由度为沿两互相垂直轴的平移，另一个自由度为绕任意一点的旋转。平面机构所使用的运动副，包括转动副、移动副、滚动副、凸轮副、齿轮副。由于一个平面运动副的约束度是 3 减去该运动副的自由度，因此，转动副的约束度为 2，移动副的约束度为 2，滚动副的约束度为 2，凸轮副的约束度为 1，而齿轮副的约束度也为 1。

一个具有 N 个构件的平面机构，其自由度 F_p 可由下列公式求出：

$$F_p = 3(N-1) - \sum J_i C_{pi} \tag{3-1}$$

式中，J_i 是 i 型运动副的数目，而 C_{pi} 则是 i 型运动副的约束度。式（3-1）可作为平面机构自由度（F_p）计算公式（Grubler-Kutzbach criteria）。如果仅考虑平面运动副的类型，则式（3-1）可表示为：

$$F_p = 3(N-1) - 2(J_R + J_P + J_O) - (J_A + J_G) \tag{3-2}$$

式中，J_R 为转动副的数目；J_P 为移动副的数目；J_O 为滚动副的数目；J_A 为凸轮副的数目；J_G 则为齿轮副的数目。

例 3-1　试求图 2-2 所示内燃机引擎机构的自由度。

解：这是一个具有 4 个构件（杆 1、2、3、4）与 4 个运动副（运动副 a_0、b_0、a、b）的平面机构，参见图 2-6。运动副 a_0、a、b 均为转动副，故 $J_R = 3$；运动副 b_0 为移动副，故

$J_P=1$。根据式（3-2），这个机构的自由度为：

$$\begin{aligned}F_p&=3(N-1)-2(J_R+J_P)\\&=3\times(4-1)-2\times(3+1)\\&=1\end{aligned}$$

例 3-2 **图 3-1a 所示为 Kawasaki Uni-trak 摩托车的后悬挂机构，图 3-1b 为其机构简图，试求此机构的自由度。**

解：这个平面机构具有 6 个连杆（杆 1、2、3、4、5、6）与 7 个运动副（运动副 a_0、b_0、c_0、a、b、c、d），其中运动副 b 为移动副，其余运动副均为转动副；因此，$N=6$，$J_R=6$，$J_P=1$。根据式（3-2），这个机构的自由度为：

$$\begin{aligned}F_p&=3(N-1)-2(J_R+J_P)\\&=3\times(6-1)-2\times(6+1)\\&=1\end{aligned}$$

例 3-3 **试求图 3-2 所示飞机前起落架收放机构的自由度。**

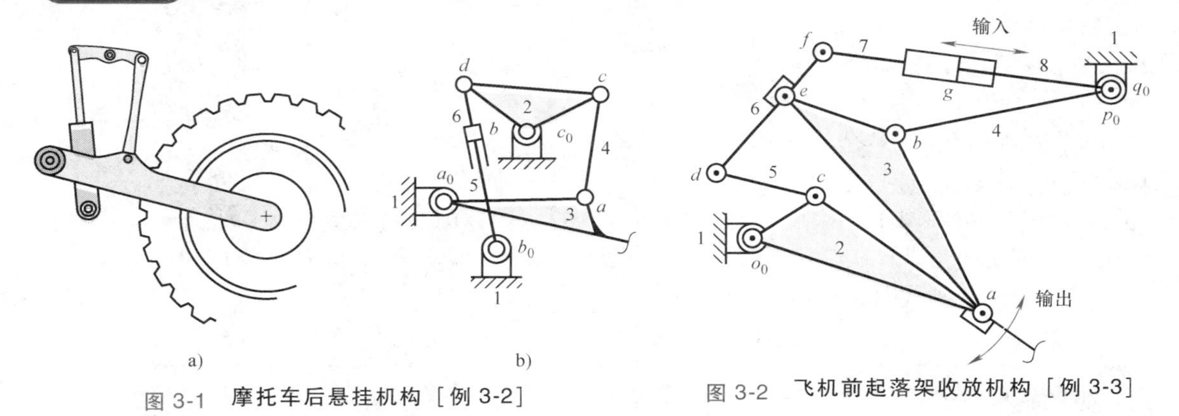

图 3-1 **摩托车后悬挂机构［例 3-2］**

图 3-2 **飞机前起落架收放机构［例 3-3］**

解：这个平面机构具有 8 个连杆（杆 1、2、3、4、5、6、7、8）与 10 个运动副（运动副 o_0、p_0、q_0、a、b、c、d、e、f、g），其中运动副 g 为移动副，其余运动副均为转动副；因此，$N=8$，$J_R=9$，$J_P=1$。根据式（3-2），这个机构的自由度为：

$$\begin{aligned}F_p&=3(N-1)-2(J_R+J_P)\\&=3\times(8-1)-2\times(9+1)\\&=1\end{aligned}$$

值得注意的是，与杆 1、4、8 连接的运动副为复合铰链，它与 3 个连杆相连，因此必须视为两个转动副（p_0、q_0）。

例 3-4 **图 3-3 所示为一种挖土机，试求其机构相对于驾驶座（杆 1）的自由度。**

解：这个机构为平面机构，具有 10 个连杆（杆 1、2、3、4、5、6、7、8、9、10）与 12 个运动副（运动副 a_0、b_0、a、b、c、d、e、f、g、h、i、j），其中杆 1 为固定杆（即机身），运动副 a、e、i 为移动副，其余运动副均为转动副；因此，$N=10$，$J_R=9$，$J_P=3$。根

据式（3-2），这个机构的自由度为：

$$\begin{aligned}F_{\mathrm{p}}&=3(N-1)-2(J_{\mathrm{R}}+J_{\mathrm{P}})\\&=3\times(10-1)-2\times(9+3)\\&=3\end{aligned}$$

3.1.2 空间机构 Spatial mechanism

对空间机构而言，每个可动的构件具有 6 个自由度，其中 3 个自由度为沿三个互相垂直轴的平移，另 3 个自由度为对此三轴的旋转。因此，空间机构自由度（F_{s}）判别准则可表示如下：

$$F_{\mathrm{s}}=6(N-1)-\sum J_{\mathrm{i}}C_{\mathrm{si}} \tag{3-3}$$

式中，N 为总的构件数；J_{i} 是 i 型运动副的数目；C_{si} 则是 i 型运动副的约束度。

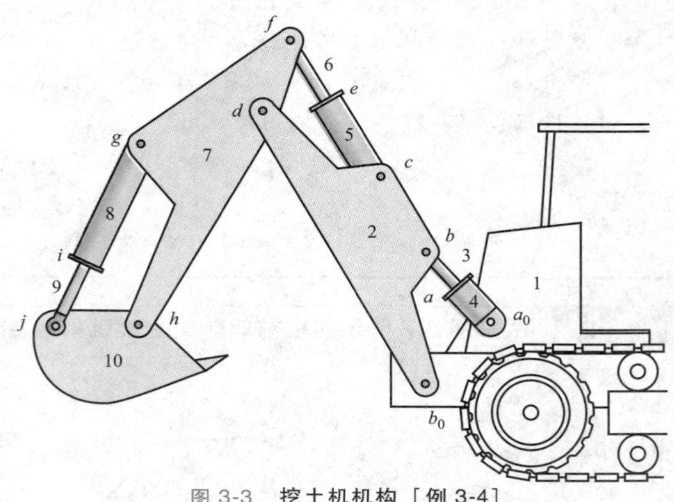

图 3-3 挖土机机构［例 3-4］

由于一个空间运动副的约束度是 6 减去该运动副的自由度，因此转动副的约束度是 5（即 $C_{\mathrm{sR}}=5$），移动副的约束度是 5（即 $C_{\mathrm{sP}}=5$），螺旋副的约束度也是 5（即 $C_{\mathrm{sH}}=5$），圆柱副的约束度是 4（即 $C_{\mathrm{sC}}=4$），球面副的约束度是 3（即 $C_{\mathrm{sS}}=3$），平面副的约束度也是 3（即 $C_{\mathrm{sF}}=3$）。如果空间机构只使用上述六种运动副，则式（3-3）可表示为：

$$F_{\mathrm{s}}=6(N-1)-5(J_{\mathrm{R}}+J_{\mathrm{P}}+J_{\mathrm{H}})-4J_{\mathrm{C}}-3(J_{\mathrm{S}}+J_{\mathrm{F}}) \tag{3-4}$$

例 3-5 试求如图 3-4 所示 RSSR 空间四杆机构的自由度。

解：这个机构具有 4 个连杆（杆 1、2、3、4）与 4 个运动副（运动副 a_0、b_0、a、b），其中运动副 a_0、b_0 为转动副，运动副 a、b 为球面副；因此，$N=4$，$J_{\mathrm{R}}=2$，$J_{\mathrm{S}}=2$。根据式（3-4），这个机构的自由度为：

$$\begin{aligned}F_{\mathrm{s}}&=6(N-1)-5J_{\mathrm{R}}-3J_{\mathrm{S}}\\&=6\times(4-1)-5\times2-3\times2\\&=2\end{aligned}$$

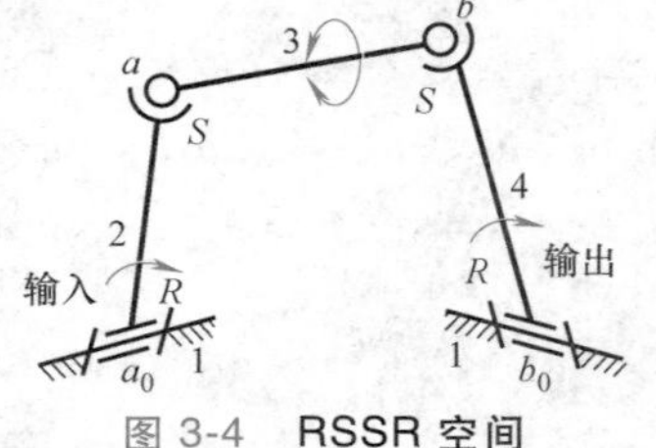

图 3-4 RSSR 空间四杆机构［例 3-5］

例 3-6 试求图 3-5 所示 RRSC 空间四杆机构的自由度。

解：这个机构具有 4 个连杆（杆 1、2、3、4）与 4 个运动副（运动副 a_0、b_0、a、b），其中运动副 a_0 和 a 为转动副，运动副 b_0 为圆柱副，运动副 b 为球面副；因此，$N=4$，$J_{\mathrm{R}}=2$，$J_{\mathrm{C}}=1$，$J_{\mathrm{S}}=1$。根据式（3-4），这个机构的自由度为：

$$F_{\mathrm{s}}=6(N-1)-5J_{\mathrm{R}}-4J_{\mathrm{C}}-3J_{\mathrm{S}}$$

$$=6\times(4-1)-5\times2-4\times1-3\times1$$
$$=1$$

例 3-7 **试求如图 2-20 所示汽车悬挂机构的自由度。**

解：这个空间机构具有 6 个连杆（杆 1、2、3、4、5、6）与 7 个运动副（运动副 a_0、d_0、g_0、b、c、e、f），其中运动副 a_0 为转动副，运动副 c、g_0 为移动副，运动副 b、d_0、e、f 为球面副；因此，$N=6$，$J_R=1$，$J_P=2$，$J_S=4$。根据式（3-4），这个机构的自由度为：

$$F_s=6(N-1)-5(J_R+J_P)-3J_S$$
$$=6\times(6-1)-5\times(1+2)-3\times4$$
$$=3$$

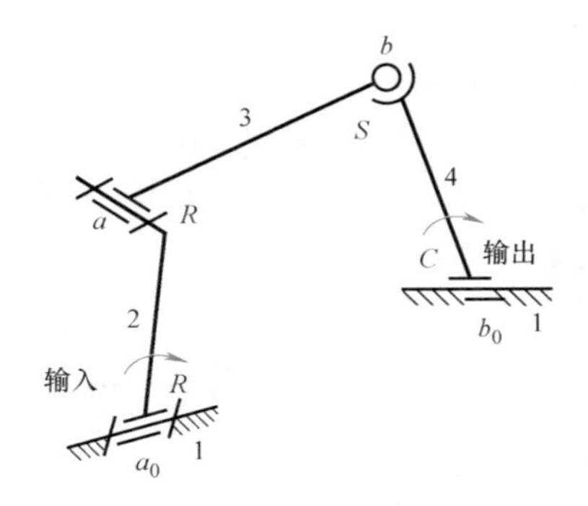

图 3-5 RRSC 空间四杆机构［例 3-6］

3.2 确定性运动
Constrained motion

在设计机构之初，设计者必须根据工程目的来确定这个机构所需具有的**独立输入**（Independent input）数目。机构若要满足设计上的要求，则其运动必须受到约束。所谓**确定性运动**（Constrained motion），是指机构受到应有独立输入的运动条件驱动时，所有构件都会产生确定而可预期的运动。由于机构的自由度是使该机构产生确定运动所需的独立输入数，因此自由度的概念通常用作分析机构运动约束程度的依据。

一般而言，当机构的自由度与其独立输入数目相同时，这个机构的运动是确定的。如图 3-6 所示，一个平面四杆机构具有 1 个自由度，且杆 2 是唯一的输入，因此这个机构的运动是确定的；换言之，当杆 2 在任何位置（θ_2）时，杆 3 的位置（θ_3）与杆 4 的位置（θ_4）是确定的。又如图 3-2 所示的起落架收放机构，它具有 1 个自由度，且液压缸组件（杆 7、8）是唯一的输入，因此它是一个具有确定运动的机构。再如图 3-3 所示的挖土机机构，它有 3 个自由度，且具有 3 个独立的输入，即 3 个液压缸组件（杆 3 和 4、杆 5 和 6、杆 8 和 9），因此这个机构的运动也是确定的。

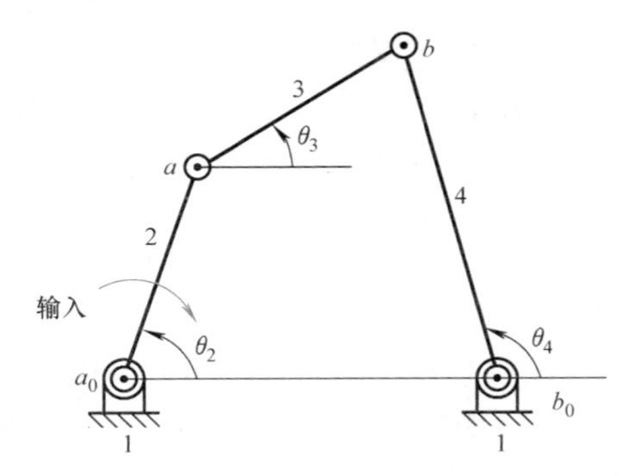

图 3-6 平面四杆机构

例 3-8 **图 3-7 所示为一种飞机水平尾翼操纵机构的简图。图中，输入Ⅰ（杆 2）为操纵杆输入，输入Ⅱ（杆 12）为襟翼输入，输入Ⅲ（杆 7、杆 14）为稳定增效器输入，而杆 8 则为输出杆。试讨论这个机构在各种不同输入组合状况下的自由度。**

解：这个机构具有 14 个连杆（杆 1、2、3、4、5、6、7、8、9、10、11、12、13、14）与 17 个运动副（运动副 a_0、b_0、e_0、g_0、h_0、j_0、a、b、c、d、e、f、g、h、i、j、k），为平面机构；式中，除运动副 k 为移动副外，其余皆为转动副，而运动副 g 为与杆 8、杆 9、杆 13 连接的复合铰链。

由于襟翼输入（输入Ⅱ）与稳定增效器输入（输入Ⅲ）并不是随时都起作用；当襟翼输入不作用时，杆 9、10、11、12、13 均不动而形同结构，运动副 g 成为固定轴；当稳定增效器输入不作用时，杆 7 和 14 可视同一个定长的杆件。因此，本机构根据情况的不同，输入有四种组合，以下分别说明其自由度。

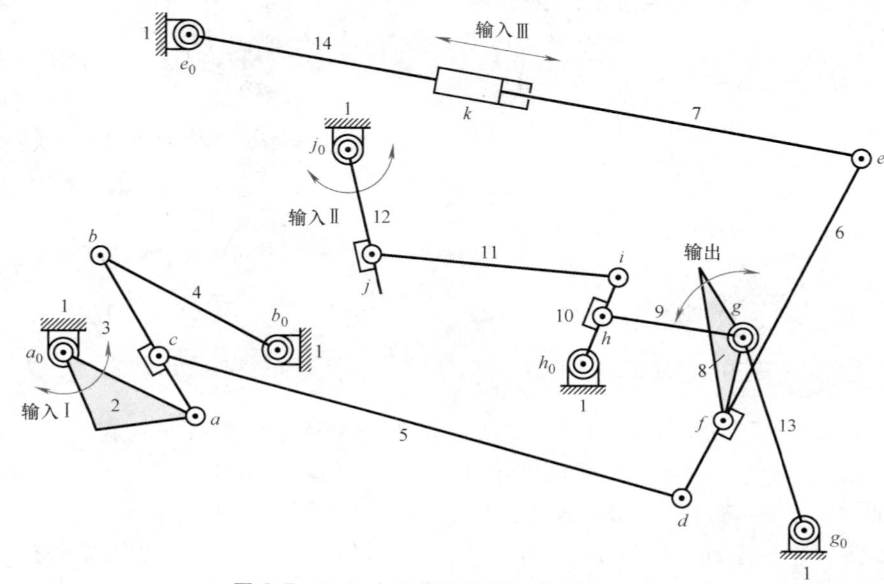

图 3-7 飞机水平尾翼操纵机构［例 3-8］

1. 三个输入同时作用

在这种情况之下，机构有 14 个杆件、17 个转动副、1 个移动副；因此，$N=14$，$J_R=17$，$J_P=1$。根据式（3-2），机构的自由度为：

$$\begin{aligned}F_p&=3(N-1)-2(J_R+J_P)\\&=3\times(14-1)-2\times(17+1)\\&=3\end{aligned}$$

2. 仅操纵杆输入与襟翼输入作用

在这种情况之下，机构有 13 个杆件、17 个转动副；因此，$N=13$，$J_R=17$。根据式（3-2），机构的自由度为：

$$\begin{aligned}F_p&=3(N-1)-2J_R\\&=3\times(13-1)-2\times17\\&=2\end{aligned}$$

3. 仅操纵杆输入与稳定增效器输入作用

在这种情况之下，机构有 9 个杆件、10 个转动副、1 个移动副；因此，$N=9$，$J_R=10$，$J_P=1$。根据式（3-2），机构的自由度为：

$$
\begin{aligned}
F_{p} &= 3(N-1)-2(J_{R}+J_{P}) \\
&= 3\times(9-1)-2\times(10+1) \\
&= 2
\end{aligned}
$$

4. 仅操纵杆输入作用

在这种情况之下，机构有 8 个杆件、10 个转动副；因此，$N=8$，$J_{R}=10$。根据式（3-2），机构的自由度为：

$$
\begin{aligned}
F_{p} &= 3(N-1)-2J_{R} \\
&= 3\times(8-1)-2\times10 \\
&= 1
\end{aligned}
$$

例 3-9 **图 3-8a 所示为一种六轴机械臂，图 3-8b 为其机构简图，试求其自由度。**

解：这是一个空间机构，具有 5 个连杆（杆 1、2、3、4、5）与 4 个运动副（a_0、a、b、c），其中运动副 a_0、a、b 为转动副，运动副 c 为球面副；因此，$N=5$，$J_{R}=3$，$J_{S}=1$。根据式（3-4），机械臂的自由度为：

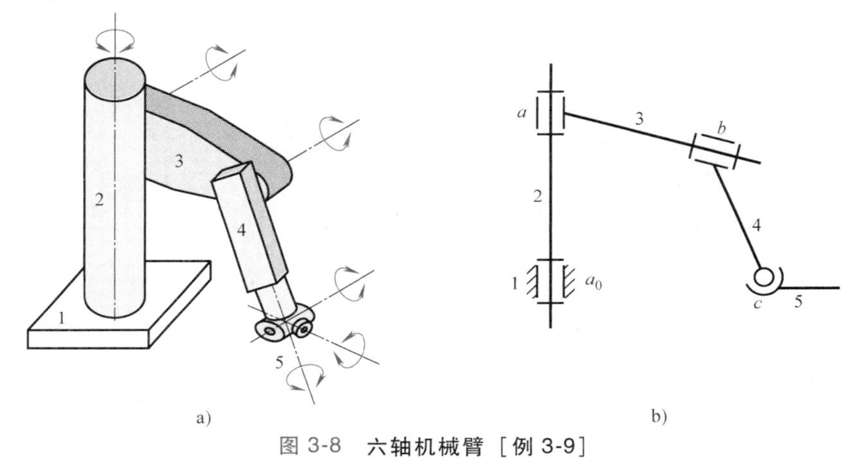

图 3-8 六轴机械臂［例 3-9］

$$
\begin{aligned}
F_{s} &= 6(N-1)-5J_{R}-3J_{S} \\
&= 6\times(5-1)-5\times3-3\times1 \\
&= 6
\end{aligned}
$$

表示这个机构必须有 6 个独立输入，才能产生确定运动。

当机构的自由度大于独立输入数时，它是一个**无确定运动机构**（Unconstrained mechanism），是指其输入构件位置确定后，其他构件的位置无法确定。一个具有 2 个自由度的平面五杆机构（图 3-9），若杆 2 是唯一的输入，则为一个无确定运动机构；因为当杆 2 的位置（θ_2）确定后，杆 3、4、5 的位置不是唯一的。如果杆 5 也是输入杆，则这个机构具有 2 个独立输入，成为确定运动机构；即当杆 2 和 5 的位置（θ_2、θ_5）确定后，杆 3 和 4 的位置也随之而确定。

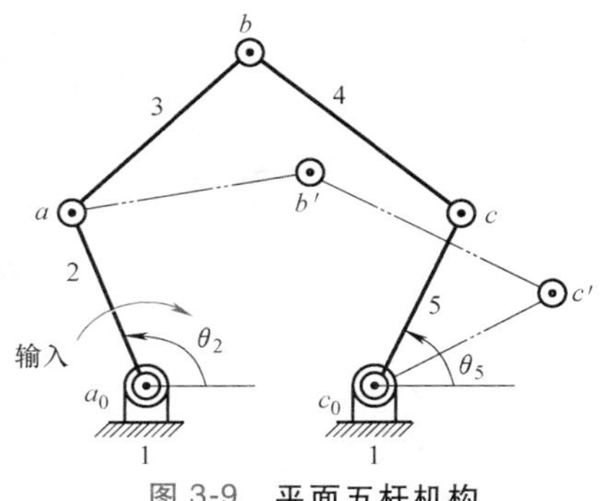

图 3-9 平面五杆机构

当机构的自由度小于 1 时，它是一个不可动的**过约束机构**（Over-constrained mechanism），也称之为**结构**（Structure）。一个结构受到外力作用时，它的构件无法产生相对运动，整个结构如同一个单一的机架。自由度为 0 的结构，称为**静定结构**（Statically determinate structure），例如图 3-10 所示为一个自由度为 0 的平面五杆静定结构。自由度小于零的结构，具有**冗余约束**（Redundant constraint），称为**静不定结构**（Statically indeterminate structure），例如图 3-11 所示为一个自由度是-1 的平面四杆静不定结构。

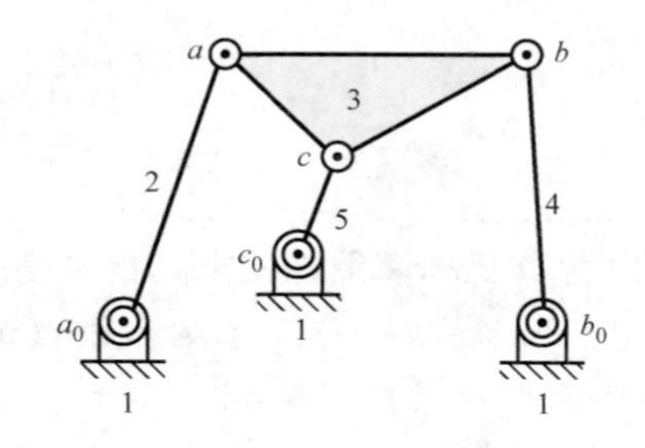

图 3-10　**平面五杆静定结构**

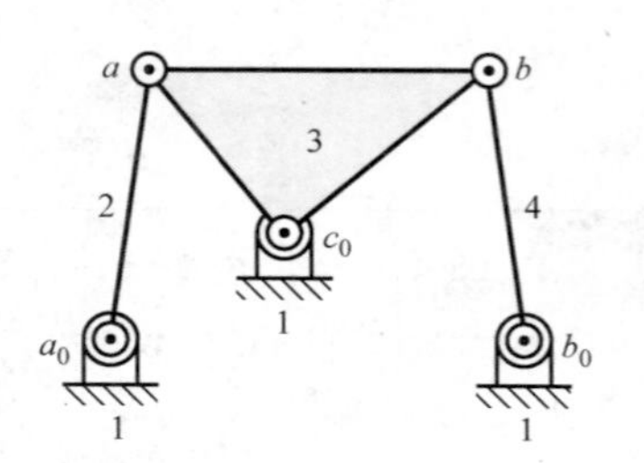

图 3-11　**平面四杆静不定结构**

*3.3 冗余自由度 Redundant degrees of freedom

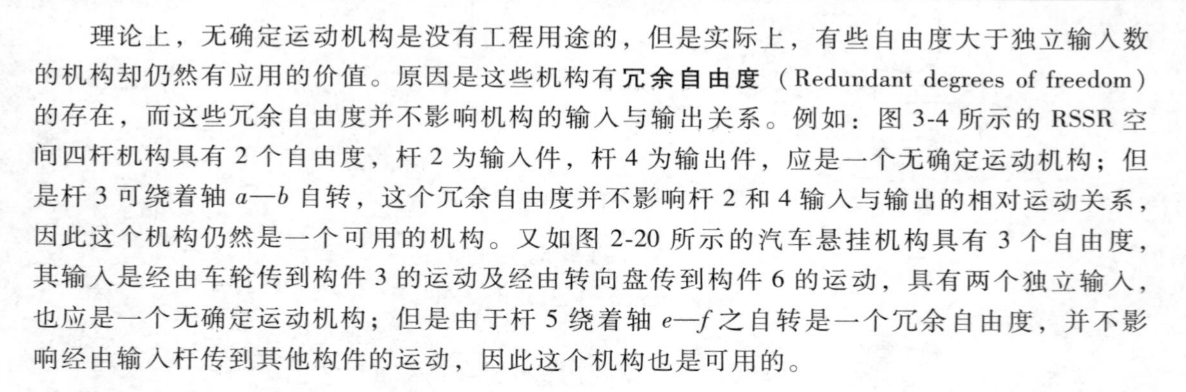

理论上，无确定运动机构是没有工程用途的，但是实际上，有些自由度大于独立输入数的机构却仍然有应用的价值。原因是这些机构有**冗余自由度**（Redundant degrees of freedom）的存在，而这些冗余自由度并不影响机构的输入与输出关系。例如：图 3-4 所示的 RSSR 空间四杆机构具有 2 个自由度，杆 2 为输入件，杆 4 为输出件，应是一个无确定运动机构；但是杆 3 可绕着轴 $a—b$ 自转，这个冗余自由度并不影响杆 2 和 4 输入与输出的相对运动关系，因此这个机构仍然是一个可用的机构。又如图 2-20 所示的汽车悬挂机构具有 3 个自由度，其输入是经由车轮传到构件 3 的运动及经由转向盘传到构件 6 的运动，具有两个独立输入，也应是一个无确定运动机构；但是由于杆 5 绕着轴 $e—f$ 之自转是一个冗余自由度，并不影响经由输入杆传到其他构件的运动，因此这个机构也是可用的。

*3.4 矛盾过约束机构 Paradoxical over-constrained mechanism

机构的自由度可根据式（3-1）或式（3-3）求出，即只需要知道构件的总数、运动副的类型、每一类运动副的数目，即可算出自由度数。基本上，自由度小于独立输入数的机构不具有确定运动。但是，有不少机构，由于它们具有特殊的连杆长度与几何关系，虽然自由度小于独立输入数，却仍然具有确定运动。具有这种特性的机构，称为**矛盾过约束机构**（Paradoxical over-constrained mechanism）。

基本上，所有的平面机构都是空间机构的特例。以图 3-6 所示的平面四杆机构为例，它是空间四杆机构的一个特例；根据空间机构自由度的判定式——式（3-4），它的自由度为 −2，应是具冗余约束度的结构。但是对于具有一个独立输入的平面四杆机构而言，其运动是确定的，这是因为它的四个转动副转轴均互相平行。又如图 3-10 所示的平面五杆机构，是一个自由度为零的结构，但是这个结构的构件杆长与运动副位置若如图 3-12 所示，形成两组串联的平行四边形连杆机构（Parallelogram linkage），则它成为一个具有确定运动的机构。

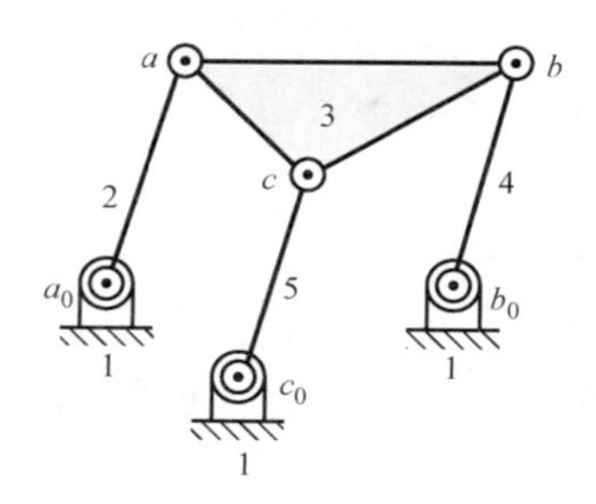

图 3-12 **平面五杆矛盾过约束机构**

总而言之，一个机构的自由度（F）若等于独立输入数（I），则它是一个具有确定运动的机构；但这仅是用来判定确定运动的必要条件，而非充要条件。有很多具有特殊杆长与几何关系的机构，虽然不满足自由度判定式，却仍然具有确定运动。一个机构是否具有确定运动，虽然无法完全利用式（3-1）或式（3-3）求出其自由度来确定，但是由于此项自由度判定式的使用简单，故仍为多数人所采用。图 3-13 所示为判断一个**机械装置**（Mechanical device）是否具有确定运动的流程。

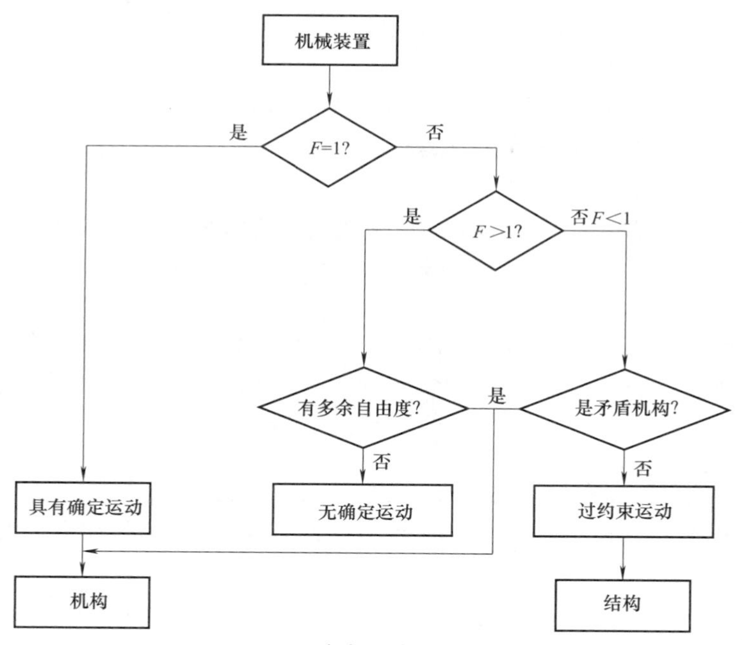

图 3-13 **确定运动的判断流程**

*3.5 构造综合

Structural synthesis

以上介绍了确定性运动的概念，即针对一个已存在、拓扑结构清楚的机构，如何去判定其是否具有确定运动。本节介绍，当已知独立输入数时，应如何综合出机构的拓扑结构，包括自由度数、运动空间类型、构件数、运动副类型、运动副数、运动链图谱、机构结构图谱等，此即所谓的**构造综合**[㊀]（Structural synthesis）。

机构的构造综合，可分为以下几个步骤，其流程如图 3-14 所示。

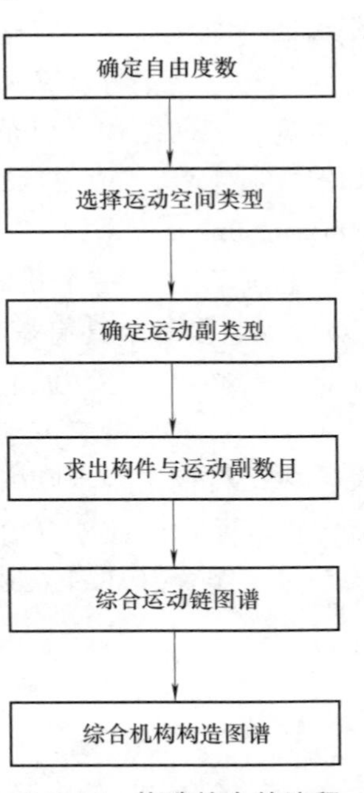

图 3-14 构造综合的流程

1. 确定自由度数

机构的独立输入数是根据其工作目的来决定的，为已知条件。若无特殊考虑，则取自由度为独立输入数；若考虑冗余自由度的存在，则取自由度大于独立输入数；若考虑矛盾机构的存在，则取自由度小于独立输入数。

2. 选择运动空间类型

机构的运动空间类型，必须根据设计规范、设计要求、设计限制、设计者的判断来选择，如输入件与输出件所处的位置与运动方式等。若选择平面机构，则根据式（3-1）来进行结构综合；若选择空间机构，则根据式（3-3）来进行构造综合。

3. 确定运动副类型

机构的运动副类型，必须根据工作目的、运动空间类型、设计者的判断来决定；若无特殊考虑，以取自由度为 1 的运动副为宜。

4. 求出构件与运动副数目

当机构的运动空间类型与运动副类型确定之后，即可根据式（3-1）或式（3-3）解出构件的数目 N 与运动副的数目 J。

5. 综合运动链图谱

具有 N 个构件与 J 个运动副的（N，J）运动链图谱的综合，其原理不在本书介绍的范围。常用运动链的图谱，可由图 2-10~图 2-15 查得。

6. 综合机构构造图谱

最后的步骤是，针对每一个具有 N 个构件与 J 个运动副的运动链，根据设计要求与限制，将构件与运动副类型分别分配到适当的杆件与运动副上。由此可得到满足工作目的的机构的拓扑结构。

以下举例说明机构的构造综合。

例 3-10　试决定具有一个独立输入且运动副自由度均为 1 的平面机构杆数与运动副数。

解：1）由于机构的独立输入数为 1，且无特殊考虑，故取自由度为 1。

2）由于所探讨的机构为平面机构，故根据式（3-1）可得：

$$3(N-1)-\sum J_i C_{pi}=1 \tag{3-5}$$

3）由于平面机构自由度为 1 的运动副，包括转动副、移动副、滚动副，故根据式（3-2）和式（3-5）可得：

$$J_R+J_P+J_O=(3N-4)/2 \tag{3-6}$$

4）求解式（3-6），若取最小构件数 $N=4$，则运动副数 $J=J_R+J_P+J_O=4$，可得下列 15 种排列组合：

㊀ 大陆机械原理教材习惯使用“构型综合”。

J	4	4	4	4	4	4	4	4	4	4	4	4	4	4	4
J_R	0	0	0	0	0	1	1	1	1	2	2	2	3	3	4
J_P	0	1	2	3	4	0	1	2	3	0	1	2	0	1	0
J_O	4	3	2	1	0	3	2	1	0	2	1	0	1	0	0

例 3-11　试综合出含一个减振器的平面六杆摩托车后悬挂机构的拓扑结构。

解：1）一般摩托车悬挂机构的输入为来自地面的运动，独立输入数为 1，取自由度为 1。

2）所探讨的机构为平面机构。

3）为简化机构的设计与制造，运动副以转动副为主，由于减振器具有一个移动副，即 $J_P=1$；因此，根据式（3-2）可得：

$$F_p=3\times(N-1)-2J_R-2\times1=1 \tag{3-7}$$

由式（3-7）可得转动副的数目 J_R 与构件的数目 N 的关系式如下：

$$J_R=(3N-6)/2 \tag{3-8}$$

4）求解式（3-8），若构件数不大于 8，可得下列组合：

N	4	6	8
J	4	7	10
J_R	3	6	9
J_P	1	1	1

5）由于运动副为转动副与移动副，因此由图 2-13a 可得，具有 6 个构件与 7 个运动副且不含三杆子环的（6，7）运动链的图谱有 2 个，如图 3-15 所示。

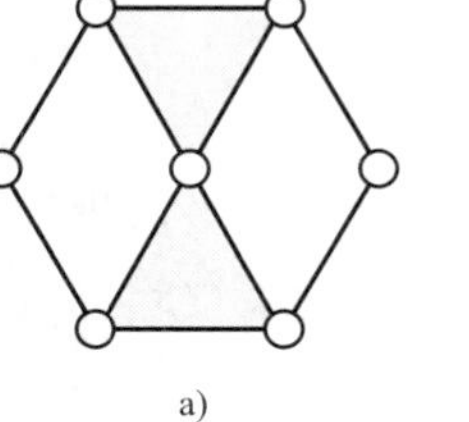

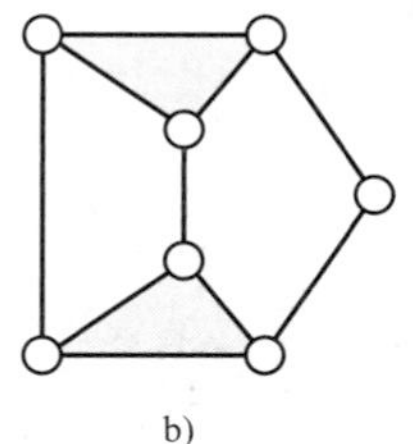

图 3-15　**仅含转动副与移动副的（6，7）运动链图谱**

6）针对图 3-15 所示的两个（6，7）运动链图谱，选择一个杆为机架（杆 1）、一个杆为用来与轮胎邻接的摇臂（杆 3）、两个串联且与移动副相连的二副杆为减振器（杆 5、6），可得多种不同结构的机构。图 3-16 所示为其中的六种，而图 3-16b 所示是 Kawasaki Uni-trak 摩托车的后悬挂机构，图 3-16c 所示是 Suzuki Full-floater 摩托车的后悬挂机构，图 3-16e 所示则是 Honda Pro-link 摩托车的后悬挂机构。

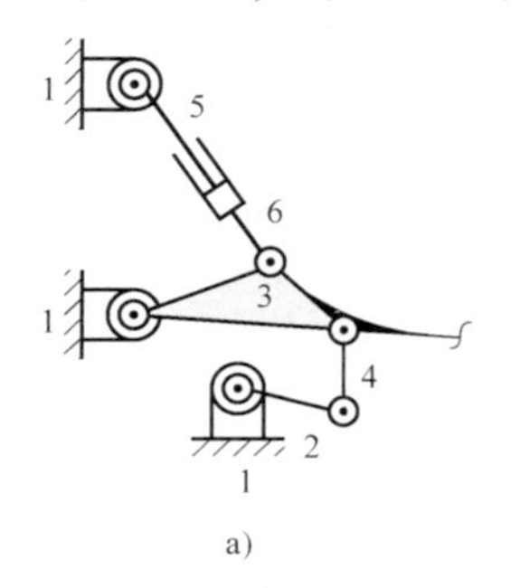

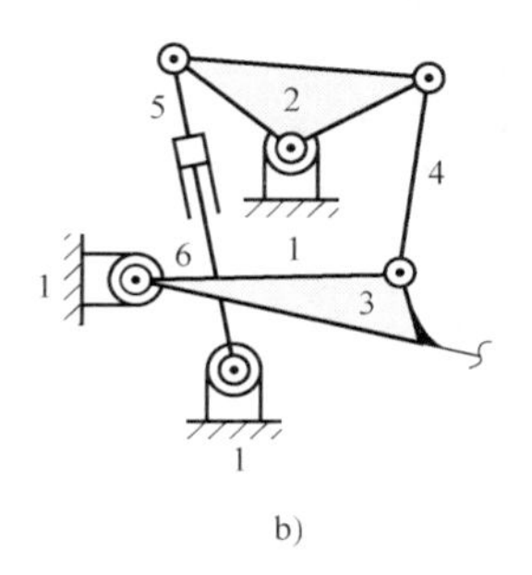

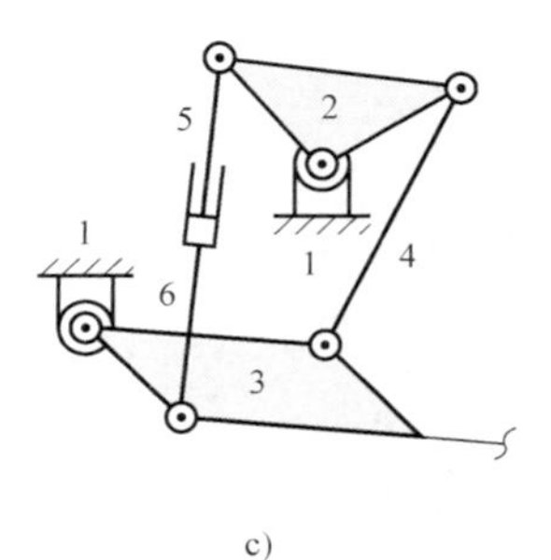

图 3-16　**摩托车单腔后悬挂机构**

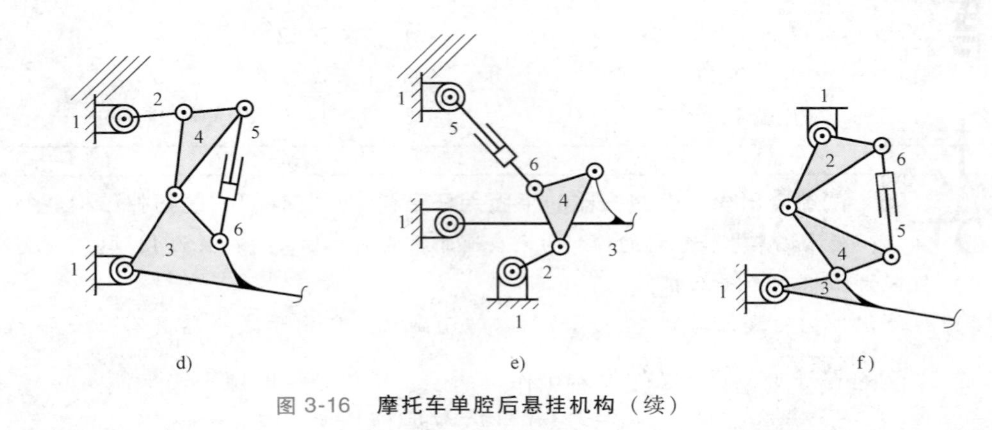

图 3-16 **摩托车单腔后悬挂机构**（续）

习题Problems

3-1 试分析图 2-18 所示平面机构的自由度。

3-2 试分析图 2-3 所示空间机构的自由度，并说明这个机构的运动是否受约束。

3-3 试找出一个具有 2 个以上独立输入的平面机构，说明它的拓扑结构，绘出运动简图，并分析其自由度。

3-4 试找出一个具有 1 个以上独立输入的空间机构，说明它的拓扑结构，绘出运动简图，并分析其自由度。

3-5 试找出一个具有冗余自由度的平面机构，并分析其自由度。

3-6 试找出一个具有冗余自由度的空间机构，并分析其自由度。

3-7 试找出一个矛盾过约束平面机构，并分析其自由度。

3-8 试找出一个矛盾过约束空间机构，并分析其自由度。

*3-9 某汽车公司计划研发一种新型的空间独立悬挂机构，具有减振与转向功能，并且希望构造简单，试综合出三种以上的构造。

*3-10 图 3-7 所示为一种飞机水平尾翼操纵机构的简图，试构思出两种（一种为平面机构，另一种为空间机构）具有功能类似但拓扑结构不同的设计，并详细说明每个设计步骤。

第 4 章

机构的运动

MOTION OF MECHANISMS

机构的功能，主要是产生满足某种工作目的的特定运动，即用来实现预期的确定运动。本章介绍机构中的构件与重要参考点运动的基本概念、运动分类、位移、速度、加速度等，作为后续各章说明的依据。

4.1 基本概念 Fundamental concepts

由于机构学是一种**运动几何学**（Motion geometry），并不考虑构件的粗细、质量、受力等情况，因此可抽象地用线段或多边形来代表构件。对于做平面运动的构件而言，可在其上任选一直线来代表构件的位置与运动；对于做空间运动的构件而言，可在其上任选不共线的三点所构成的平面来代表构件的位置与运动。

要了解构件的运动，必须先描述其位置。构件的**位置**（Position），是指构件相对于一个参考坐标系的向量坐标，一般以**直角坐标系**（Cartesian rectangular coordinate system）为参考系。

4.1.1 运动与路径 Motion and path

构件的位置若有所改变，则称为**运动**（Motion）。构件运动时，其上一点所经过的轨迹，称为**路径**（Path）。

运动有绝对运动与相对运动之分。一物体（构件）相对于另一静止不动物体（构件）的运动关系，称为**绝对运动**（Absolute motion）；若两物体的绝对运动不同，则这两物体有**相对运动**（Relative motion）。由于不知宇宙间是否有绝对静止的物体存在，因此在描述物体的运动时，常将地球视为静止的；而机构中的机架（固定杆），即是固定在地球上的不动杆。所以，将机构中所有的运动构件相对于机架的运动，都称为绝对运动。为方便起见，常将绝对运动简称为**运动**。

4.1.2 平移与旋转 Translation and rotation

构件运动时，若各点的路径均同向且平行，则称此构件做**平移**（Translation）运动。若各点的路径为直线，则为**直线运动**（Rectilinear motion）；若各点的路径为曲线，则为**曲线运

动（Curvilinear motion）。

构件运动时，若其上有一直线的位置不变，而其他不在此直线上的各点，各以该线上某点为圆心做互相平行的圆周路径运动，则称此构件做**旋转**（Rotation）运动。

一般的机构，其输入件与输出件大多做平移运动或者旋转运动，而其他的运动构件大多同时具有平移与旋转运动。以图 4-1 所示的曲柄滑块机构为例，构件 1 为机架、构件 2 为曲柄、构件 3 为连杆、构件 4 为滑块。曲柄上所有点的路径都是以固定轴 a_0 为圆心的圆弧，因此曲柄的运动是旋转运动；滑块上所有点的路径均为同向的平行直线，因此滑块的运动是直线运动；而连杆由位置 a_1b_1 到位置 a_2b_2 的运动，可视为由位置 a_1b_1 平移到位置 $a'b_2$，再由位置 $a'b_2$ 绕点 b_2 旋转到位置 a_2b_2 的合成，因此连杆同时具有平移与旋转运动。

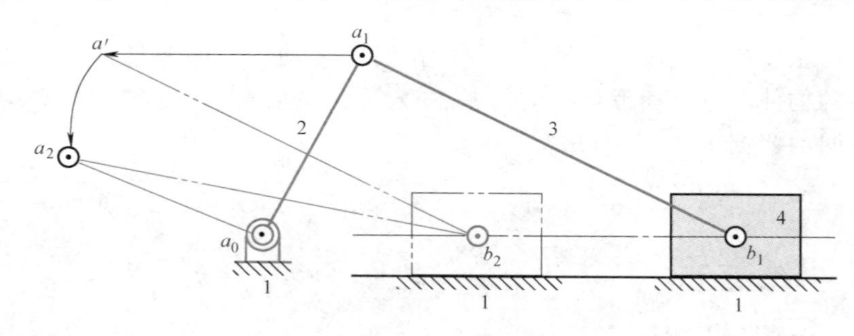

图 4-1 平移与旋转

4.1.3 循环与周期 Cycle and period

构件上各点的路径若为封闭的曲线，则当机构的输入件连续运动时，点的路径会产生重复的封闭曲线；每产生一次重复封闭曲线的运动，就称为一个**循环**（Cycle）。

机构完成一个循环所需的时间，称为**周期**（Period）。以电动机为动力源的机构，大都产生周期性的运动。例如：立式电扇，左右摇摆一次为一个循环，所需的时间即是一个周期，因此，它是具有周期运动的机构。若构件上各点的路径为敞开曲线，则机构的运动不具有周期性；以打开窗户的动作为例，窗户上各点的路径不是封闭曲线，其运动不具有周期性。

4.2 运动分类 Classification of motion

机构的运动，可根据路径所处的空间来加以分类，也可根据运动的断续特性来加以分类，以下分别说明。

4.2.1 根据路径形式分类 Classification based on types of path

机构的运动，根据其构件上点的路径所处的空间，可分为以下四类：

1. 平面运动

若构件上各点的路径，恒与一固定平面保持一定的距离，则为**平面运动**（Plane motion)。例如：图 2-2 所示发动机的曲柄滑块机构，其运动即为平面运动。

2. 螺旋运动

若构件上各点的路径，均绕一定的轴线旋转且沿此轴线方向平移，则为**螺旋运动**（Helical motion, screw motion）。例如：螺母与螺栓的运动，即为螺旋运动。

3. 球面运动

若构件上各点的路径，恒绕同一点旋转，则为**球面运动**（Spherical motion）。例如：有些装在天花板上能整周旋转的电扇，其运动即为球面运动。

4. 其他曲面运动

平面运动、螺旋运动、球面运动之外的运动，称为其他曲面运动。例如：图 2-3 所示动力锯机构的旋转杆，其上点的路径即为一种空间曲面运动。

4.2.2 根据运动连续性分类 Classification based on continuity of motion

机构的运动，根据构件运动的断续性，可分为以下四类：

1. 连续运动

构件在运动循环中，无停止或反向的现象，则称为**连续运动**（Continuous motion）。例如：发动机机构中的曲柄，在发动机运转过程中，皆为连续且同向的运动。

2. 间歇运动

构件在运动循环中，有部分时段静止不动，则称为**间歇运动**（Intermittent motion）。例如：电梯的门，打开之后会暂停一段时间后再关闭，这种运动属间歇运动。

3. 往复运动

做平移运动的构件在运动循环中，运动方向来回改变，则称为**往复运动**（Reciprocating motion）。例如：打孔机的冲头，在一次打孔过程中，冲头做来回的直线运动，属往复运动。

4. 摇摆运动

做旋转运动的构件在运动循环中，运动方向来回改变，则称为**摇摆运动或摆动**（Oscillating motion）。例如：洗衣机中的转轴，它的运动为不停的正转与反转，属摇摆运动。

4.3 质点的直线运动 Rectilinear motion of particles

质点的位置若有变化，则产生运动，且具有不同的运动特性，包括线位移、线速度、线加速度、线跃度等，以下分别说明。

4.3.1 线位移 Linear displacement

质点的**线位移**（Linear displacement）是指该点位置的改变量。

设在原点为 O 的固定直角坐标系 $OXYZ$ 上，有一质点 P，其路径为 $c—c$，如图 4-2 所示，则点 P 的**位置向量**（Position vector）$\boldsymbol{R}$ 或 $\boldsymbol{R}_P$ 可表示为：

$$\boldsymbol{R}=\boldsymbol{R}_P=\overrightarrow{OP}=R_X\boldsymbol{I}+R_Y\boldsymbol{J}+R_Z\boldsymbol{K} \tag{4-1}$$

式中，$\boldsymbol{I}$、$\boldsymbol{J}$、$\boldsymbol{K}$ 分别为轴 X、Y、Z 的单位向量，R_X、R_Y、R_Z 分别为 $\boldsymbol{R}$ 或 $\boldsymbol{R}_P$ 在轴 X、Y、Z 上的分量。

若在 Δt 时间内，质点由位置 P 运动到位置 Q，而 $\boldsymbol{R}_Q=\overrightarrow{OQ}$ 表示 Q 的位置向量，则该质点的线位移 $\Delta\boldsymbol{R}$ 为：

$$\Delta\boldsymbol{R}=\boldsymbol{R}_Q-\boldsymbol{R}_P \tag{4-2}$$

$\Delta\boldsymbol{R}$ 为一向量，通常简称为**位移**（Displacement）。质点的位移，仅由两点的位置决定，与两点间路径的形式及所取的坐标系无关。

由 P 沿路径到 Q 的**距离**（Distance）为 ΔS，是标量，与路径的形式有关，通常和位移 $\Delta\boldsymbol{R}$ 的大小不相等。

在机构学中，位移与距离通常以千米（km）、米（m）、厘米（cm）、毫米（mm）为单位。

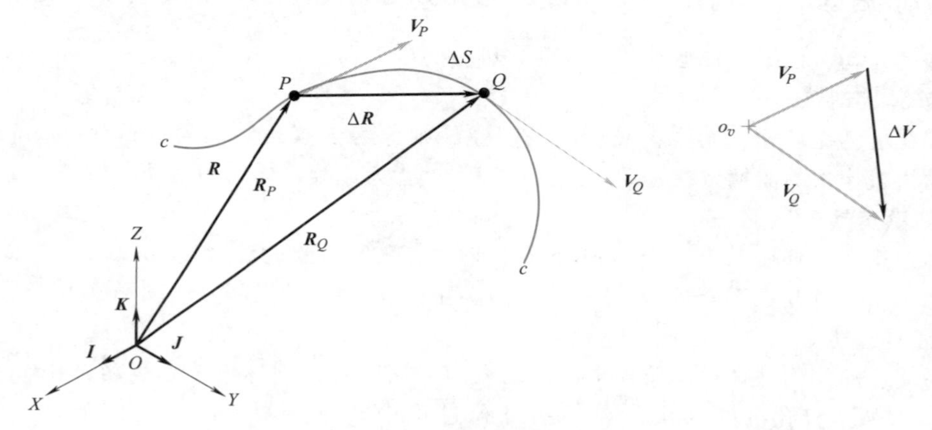

图 4-2 质点的运动

4.3.2 线速度 Linear velocity

线速度（Linear velocity）是指（线）位移对时间的变化率，又简称**速度**（Velocity），在机构学中通常以千米每时（km/h）、米每秒（m/s）、毫米每秒（mm/s）为单位。

速度是向量，有大小、有方向；但是在某些情况下，速度的方向保持不变或者只关注速度的大小而不关注其方向，称之为**速率**（Speed）。

根据上述说明，质点在 Δt 时间内由位置 P 运动到位置 Q 时，其**平均（线）速率**（Average linear speed）v_{av} 的定义为：

$$v_{\mathrm{av}}=\frac{\Delta S}{\Delta t} \tag{4-3}$$

平均（线）速度（Average linear velocity）$\boldsymbol{V}_{\mathrm{av}}$ 的定义为：

$$\boldsymbol{V}_{\mathrm{av}}=\frac{\Delta\boldsymbol{R}}{\Delta t} \tag{4-4}$$

大小为 $\Delta R/\Delta t$，方向与 $\Delta\boldsymbol{R}$ 相同。

若质点由位置 P 到位置 Q 的运动量为无穷小，即时间 Δt 趋近于零，则根据微分学中导数的概念，可定义在位置 P 的**瞬时（线）速率**（Instantaneous linear speed）v 为：

$$v=\lim_{\Delta t\to 0}\frac{\Delta S}{\Delta t}=\frac{\mathrm{d}S}{\mathrm{d}t}=\dot{S} \tag{4-5}$$

瞬时（线）速度（Instantaneous linear velocity）$\boldsymbol{V}$ 为：

$$\boldsymbol{V}=\lim_{\Delta t\to 0}\frac{\Delta \boldsymbol{R}}{\Delta t}=\frac{\mathrm{d}\boldsymbol{R}}{\mathrm{d}t}=\dot{\boldsymbol{R}} \tag{4-6}$$

当质点的位置由 Q 逼向 P 到极近时，$\mathrm{d}\boldsymbol{R}$ 的方向就是 P 的切线方向，此时，其瞬时（线）速度（简称为速度）的方向就是沿质点路径的切线方向。此外，因 $\mathrm{d}S$ 和 $\mathrm{d}R$ 很接近，故有下列关系：

$$V=\frac{\mathrm{d}R}{\mathrm{d}t}=\frac{\mathrm{d}S}{\mathrm{d}t}=\dot{S}=v \tag{4-7}$$

若坐标系为固定坐标系，则质点的平均速度 $\boldsymbol{V}$，可直接通过将点 P 的位置向量，即式（4-1），对时间微分求得：

$$\begin{aligned}\boldsymbol{V}&=\frac{\mathrm{d}\boldsymbol{R}}{\mathrm{d}t}=\dot{\boldsymbol{R}}=\frac{\mathrm{d}R_X}{\mathrm{d}t}\boldsymbol{I}+\frac{\mathrm{d}R_Y}{\mathrm{d}t}\boldsymbol{J}+\frac{\mathrm{d}R_Z}{\mathrm{d}t}\boldsymbol{K}\\&=\dot{R}_X\boldsymbol{I}+\dot{R}_Y\boldsymbol{J}+R_Z\boldsymbol{K}\end{aligned} \tag{4-8}$$

4.3.3 线加速度 Linear acceleration

线加速度（Linear acceleration）是指（线）速度对时间的变化率，简称为**加速度**（Acceleration），在机构学中通常以米每秒平方（$\mathrm{m/s^2}$）、厘米每秒平方（$\mathrm{cm/s^2}$）为单位。

若质点在 Δt 时间内，由位置 P 运动到位置 Q，且在 P 的速度为 $\boldsymbol{V}_P$、在 Q 的速度为 $\boldsymbol{V}_Q$，其速度差 $\Delta\boldsymbol{V}$ 为（图 4-2）：

$$\Delta\boldsymbol{V}=\boldsymbol{V}_Q-\boldsymbol{V}_P \tag{4-9}$$

则**平均（线）加速度**（Average linear acceleration）$\boldsymbol{A}_{\mathrm{av}}$，简称为**平均加速度**，定义为：

$$\boldsymbol{A}_{\mathrm{av}}=\frac{\Delta\boldsymbol{V}}{\Delta t} \tag{4-10}$$

当 Δt 为无穷小时，得质点在位置 P 的**瞬时（线）加速度**（Instantaneous linear acceleration）$\boldsymbol{A}$，简称为**（瞬时）加速度**，其定义为：

$$\boldsymbol{A}=\lim_{\Delta t\to 0}\frac{\Delta\boldsymbol{V}}{\Delta t}=\frac{\mathrm{d}\boldsymbol{V}}{\mathrm{d}t}=\frac{\mathrm{d}^2\boldsymbol{R}}{\mathrm{d}t^2}=\dot{\boldsymbol{V}}=\ddot{\boldsymbol{R}} \tag{4-11}$$

另外，若坐标系为固定坐标系，则质点的加速度 $\boldsymbol{A}$，可直接通过将式（4-8）对时间微分求得：

$$\begin{aligned}\boldsymbol{A}&=\frac{\mathrm{d}\boldsymbol{V}}{\mathrm{d}t}=\dot{\boldsymbol{V}}=\ddot{\boldsymbol{R}}=\frac{\mathrm{d}\dot{R}_X}{\mathrm{d}t}\boldsymbol{I}+\frac{\mathrm{d}\dot{R}_Y}{\mathrm{d}t}\boldsymbol{J}+\frac{\mathrm{d}\dot{R}_Z}{\mathrm{d}t}\boldsymbol{K}\\&=\ddot{R}_X\boldsymbol{I}+\ddot{R}_Y\boldsymbol{J}+\ddot{R}_Z\boldsymbol{K}\end{aligned} \tag{4-12}$$

4.3.4 线跃度 Linear jerk

线跃度（Linear jerk）是指线加速度对时间的变化率，简称为**跃度**（Jerk）。

瞬时（线）跃度（Instantaneous linear jerk）$\boldsymbol{J}_{\mathrm{e}}$，也简称为跃度，定义为：

$$J_e = \lim_{\Delta t \to 0} \frac{\Delta A}{\Delta t} = \frac{dA}{dt} = \dot{A} = \ddot{V} = \dddot{R} \tag{4-13}$$

同理，若坐标系为固定坐标系，则质点的跃度 J_e，可直接通过将式（4-12）对时间微分求得：

$$J_e = \frac{dA}{dt} = \dot{A} = \ddot{V} = \dddot{R} \quad \frac{d\ddot{R}_X}{dt}I + \frac{d\ddot{R}_Y}{dt}J + \frac{d\ddot{R}_Z}{dt}K$$
$$= \dddot{R}_X I + \dddot{R}_Y J + \dddot{R}_Z K \tag{4-14}$$

例 4-1 **机构中有一点，在固定的直角坐标系下，其路径对时间 t 的参数方程式，在 X、Y、Z 轴方向的分量分别为 $R_X = 5t^3$、$R_Y = 4\sin(2t)$、$R_Z = e^{-t}$，试求其位置向量、速度、加速度及跃度。**

解：1）根据式（4-1），位置向量 R 为：

$$R = 5t^3 I + 4\sin(2t)J + e^{-t}K$$

2）根据式（4-6），速度方程 V 为：

$$V = \dot{R} = 15t^2 I + 8\cos(2t)J - e^{-t}K$$

3）根据式（4-12），加速度方程 A 为：

$$A = \dot{V} = \ddot{R} = 30tI - 16\sin(2t)J + e^{-t}K$$

4）根据式（4-14），跃度方程 J 为：

$$J_e = \dot{A} = \ddot{V} = \dddot{R} = 30I - 32\cos(2t)J - e^{-t}K$$

4.4 构件的角运动 Angular motion of members

构件的角位置若有变化，则产生角运动，有角位移、角速度、角加速度等，以下以直线代表构件分别说明。

4.4.1 角位移 Angular displacement

一直线的**角位移**（Angular displacement）是指该线方向的改变量。

就平面运动而言，直线的角位移是指该直线在两位置间的角度变化量，方向为将该线由起始位置旋转到与终了位置平行的方向，大小为该线在两个位置间的夹角，通常以度（°）、分（′）、秒（″）或弧度（rad）为单位。

设有一直线 l，由位置 l_i 运动到位置 l_j，如图 4-3 所示。若 θ_i 和 θ_j 分别为 l_i 和 l_j 与 X 轴的夹角，则线 l 的角位移 $\Delta\theta$ 为：

$$\Delta\theta = \theta_j - \theta_i \tag{4-15}$$

方向为将 l_i 绕与 OXY 平面垂直且通过点 O 的轴逆时针方向旋转到与 l_j 平行的方向。

由于构件上任何一条与旋转轴垂直直线的角位移均相等，因此构件的角位移可以其上任一条适当直线的角位移来代表。

4.4.2 角速度 Angular velocity

角速度（Angular velocity）是指角位移对时间的变化率。

如图 4-3 所示，若直线 l 于时间 Δt 内由位置 l_i 运动到位置 l_j，角位移为 $\Delta\theta$，则定义平均角速率（Average angular speed）ω_{av} 为：

$$\omega_{av}=\frac{\Delta\theta}{\Delta t} \tag{4-16}$$

直线 l 在位置 l_i 的**瞬时角速度**（Instantaneous angular velocity）$\boldsymbol{\omega}$ 简称为角速度，为：

$$\boldsymbol{\omega}=\lim_{\Delta t=0}\frac{\Delta\boldsymbol{\theta}}{\Delta t}=\frac{\mathrm{d}\boldsymbol{\theta}}{\mathrm{d}t}=\dot{\boldsymbol{\theta}} \tag{4-17}$$

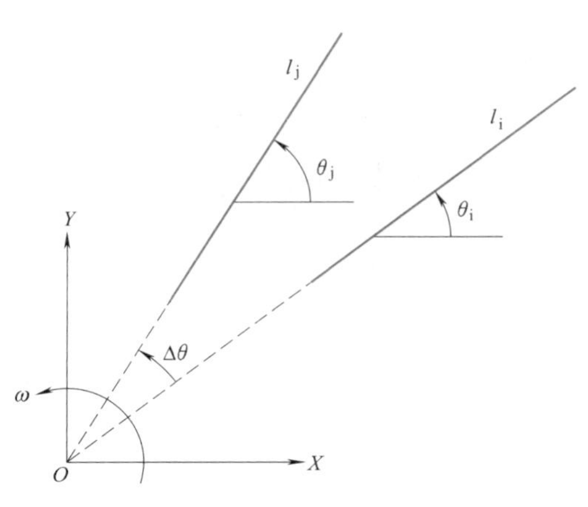

图 4-3 角位移与角速度

在固定直角坐标系 $OXYZ$ 中可表示为：

$$\boldsymbol{\omega}=\boldsymbol{\omega}_X\boldsymbol{I}+\omega_Y\boldsymbol{J}+\omega_Z\boldsymbol{K} \tag{4-18}$$

构件的角速度通常以弧度每秒（rad/sec）、转每分（r/min）为单位。由于一个圆的周长有 2π（弧度），因此构件每分钟的转速若为 n 转，则以弧度每秒（rad/s）为单位的角速度 ω 可表示为：

$$\omega=\frac{2\pi n}{60}=\frac{\pi n}{30} \tag{4-19}$$

另外，角速度的方向，用**右手定则**（Right hand rule）确定；一般以逆时针方向为正，顺时针方向为负。

在固定坐标系下，若构件以角速度 $\boldsymbol{\omega}$ 绕一固定轴旋转（即无平移运动），P 为构件上的一点，其位置向量为 $\boldsymbol{R}$，与转轴的角度为 λ，如图 4-4 所示，则点 P 的路径是以 $R\sin\lambda$ 为半径绕该轴旋转的圆弧，点 P 的速率 v 为：

$$v=\omega R\sin\lambda \tag{4-20}$$

因此，点 P 的速度 $\boldsymbol{V}$ 与角速度 $\boldsymbol{\omega}$ 及位置向量 $\boldsymbol{R}$ 的关系可表示为：

$$\boldsymbol{V}=\dot{\boldsymbol{R}}=\boldsymbol{\omega}\times\boldsymbol{R} \tag{4-21}$$

因此，若在构件内，通过旋转轴的一点，如点 O，定义一直角坐标系，此直角坐标系的单位向量为 $\boldsymbol{i}$、$\boldsymbol{j}$、$\boldsymbol{k}$，则此坐标系的各单位向量因旋转而产生的时间变化率为：

$$\dot{\boldsymbol{i}}=\boldsymbol{\omega}\times\boldsymbol{i} \tag{4-22}$$

$$\dot{\boldsymbol{j}}=\boldsymbol{\omega}\times\boldsymbol{j} \tag{4-23}$$

$$\dot{\boldsymbol{k}}=\boldsymbol{\omega}\times\boldsymbol{k} \tag{4-24}$$

若构件在 OXY 平面上运动，旋转轴为 Z 轴，则 $\lambda=90°$，代入式（4-20）可得：

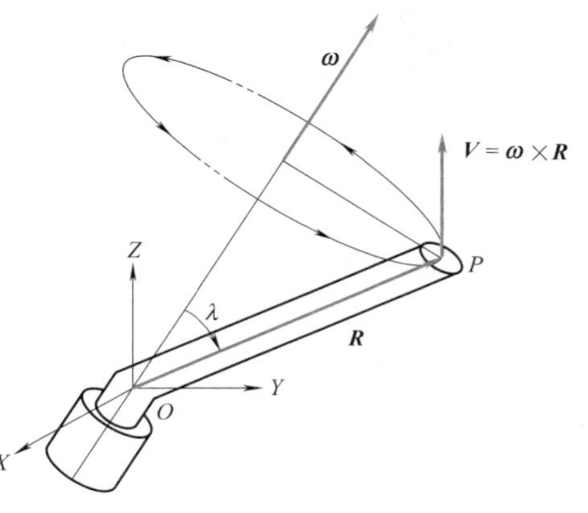

图 4-4 构件对固定轴的运动

$$v=V=R\omega \tag{4-25}$$

例 4-2 **有一铣床（Milling machine），铣刀直径为 100mm，试问铣刀的转速（r/min）必须为多少，才能产生 500cm/s 的切削速度。**

解：1）线速率 $v=V=500\text{cm/s}$，旋转半径 $R=\frac{100}{2}\text{mm}=50\text{mm}=5\text{cm}$，根据式（4-25）可求得角速率 ω 为：

$$\begin{aligned}\omega &= \frac{v}{R}\\ &= \frac{500\text{cm/s}}{5\text{cm}}\\ &= 100\text{rad/s}\end{aligned}$$

2）根据式（4-19），可求得转速 n 为：

$$\begin{aligned}n &= \frac{30\omega}{\pi}\\ &= \frac{30\times100}{3.14}\text{r/min}\\ &= 955\text{r/min}\end{aligned}$$

4.4.3 角加速度 Angular acceleration

角加速度（Angular acceleration）α，是指角速度 ω 对时间 t 的变化率，可表示为：

$$\boldsymbol{\alpha}=\frac{\mathrm{d}\boldsymbol{\omega}}{\mathrm{d}t}=\dot{\boldsymbol{\omega}}=\ddot{\boldsymbol{\theta}} \tag{4-26}$$

在固定直角坐标系 $OXYZ$ 中可表示为：

$$\boldsymbol{\alpha}=\alpha_X\boldsymbol{I}+\alpha_Y\boldsymbol{J}+\alpha_Z\boldsymbol{K} \tag{4-27}$$

构件的角加速度，通常以弧度每秒平方（rad/s^2）为单位，其方向用右手定则决定；逆时针方向为正，顺时针方向为负。

4.5 切向与法向加速度 Tangential and normal accelerations

在机构中，常有构件绕着固定轴或点运动，其加速度可利用 4.4 节的方法分析求得；但是有时利用直角坐标系会感到不方便，而使用质点在其路径的切线与法线方向来表示，也有其便利之处。

若构件在某一瞬间绕着某一固定点旋转，角速度为 $\boldsymbol{\omega}$，角加速度为 $\boldsymbol{\alpha}$，其上点 P 的位置向量为 $\boldsymbol{R}$，则根据定义与式（4-21），点 P 的（线）加速度 $\boldsymbol{A}$ 为：

$$\begin{aligned}\boldsymbol{A} &= \dot{\boldsymbol{V}}=\frac{\mathrm{d}(\boldsymbol{\omega}\times\boldsymbol{R})}{\mathrm{d}t}\\ &= \dot{\boldsymbol{\omega}}\times\boldsymbol{R}+\boldsymbol{\omega}\times\dot{\boldsymbol{R}}\end{aligned}$$

$$=\boldsymbol{\alpha}\times\boldsymbol{R}+\boldsymbol{\omega}\times(\boldsymbol{\omega}\times\boldsymbol{R}) \tag{4-28}$$

式中，$\boldsymbol{\alpha}\times\boldsymbol{R}$ 为点 P 的**切向加速度**（Tangential acceleration）$\boldsymbol{A}^{t}$，方向为点 P 路径的切线方向；$\boldsymbol{\omega}\times(\boldsymbol{\omega}\times\boldsymbol{R})$ 为点 P 的**法向加速度**（Normal acceleration）$\boldsymbol{A}^{n}$，方向为点 P 路径的法线方向，由点 P 到瞬时旋转中心点 O，如图 4-5 所示。

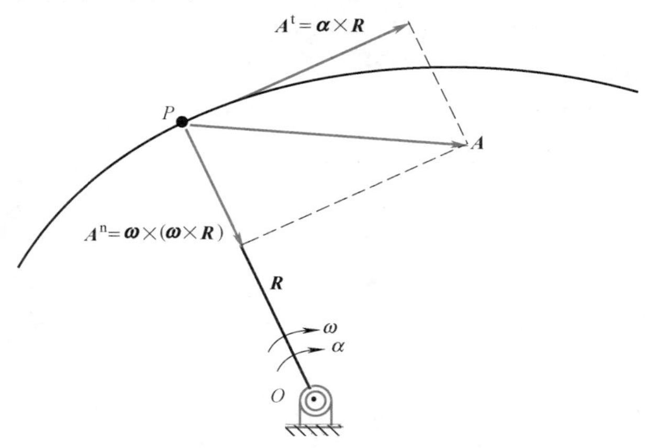

图 4-5 **切向与法向加速度** [例 4-3]

例 4-3 **有一长度为 $\overline{PO}$ = 5cm 的曲柄，在图 4-5 所示的位置以 100rad/s（顺时针方向）的角速度与 7500rad/s² （顺时针方向）的角加速度运动，试求曲柄端点 P 的（瞬时线）加速度。**

解：1）点 P 的切向加速度 A^{t} 为：

$$\begin{aligned}A^{t} &= \alpha R\\ &= -7500\text{rad/s}\times 0.05\text{m}\\ &= -375\text{m/s}^2\end{aligned}$$

（方向与 PO 垂直，向右上）

2）点 P 的法向加速度 A^{n} 为：

$$\begin{aligned}A^{n} &= \omega^2 R\\ &= (100\text{rad/s})^2\times 0.05\text{m}\\ &= 500\text{m/s}^2 \quad （方向由 P 到 O）\end{aligned}$$

3）因此，点 P 的加速度 A 为：

$$\begin{aligned}A &= \sqrt{(A^{t})^2+(A^{n})^2}\\ &= \sqrt{(-375)^2+500^2}\\ &= 625\text{m/s}^2 \quad （方向如图 4-5 所示）\end{aligned}$$

*4.6 移动坐标系内质点的运动 Motion of particles in moving coordinate systems

在机构中，若构件 j 上的一点 P_j 沿着绕点 O 做旋转运动的构件 i 上的路径运动，则点 P_j 相对于构件 i 上点 P_i 的加速度，除了法向加速度与切向加速度之外，还具有所谓的**科氏加**

速度（Coriolis acceleration）。本节利用向量法推导出质点在动坐标系内运动的位移、速度、加速度方程，8.1 节将会用到。

假设质点 P 在一移动的直角坐标系（以下简称动坐标系）$oxyz$ 内运动，而动坐标系原点 o 对固定坐标系 $OXYZ$（原点为 O）做平移与旋转运动，如图 4-6 所示。动坐标系各轴线的单位向量为 $\boldsymbol{i}$、$\boldsymbol{j}$、$\boldsymbol{k}$，固定坐标系各轴线的单位向量为 $\boldsymbol{I}$、$\boldsymbol{J}$、$\boldsymbol{K}$。

若质点 P 相对动坐标系的位置向量为 $\boldsymbol{r}$，而动坐标系原点 o 相对固定坐标系的位置向量为 R_O，则质点 P 在固定坐标系的位置向量 $\boldsymbol{R}$ 可表示为：

$$\boldsymbol{R}=\boldsymbol{R}_O+\boldsymbol{r} \tag{4-29}$$

式中

$$\boldsymbol{R}_O=R_{OX}\boldsymbol{I}+R_{OY}\boldsymbol{J}+R_{OZ}\boldsymbol{K} \tag{4-30}$$

$$\boldsymbol{r}=r_x\boldsymbol{i}+r_y\boldsymbol{j}+r_z\boldsymbol{k} \tag{4-31}$$

而 R_{OX}、R_{OY}、R_{OZ} 及 r_x、r_y、r_z 分别为 $\boldsymbol{R}_O$ 和 $\boldsymbol{r}$ 在固定坐标系与动坐标系的轴向分量。将式（4-30）和式（4-31）代入式（4-29）中可得：

$$\boldsymbol{R}=R_{OX}\boldsymbol{I}+R_{OY}\boldsymbol{J}+R_{OZ}\boldsymbol{K}+r_x\boldsymbol{i}+r_y\boldsymbol{j}+r_z\boldsymbol{k} \tag{4-32}$$

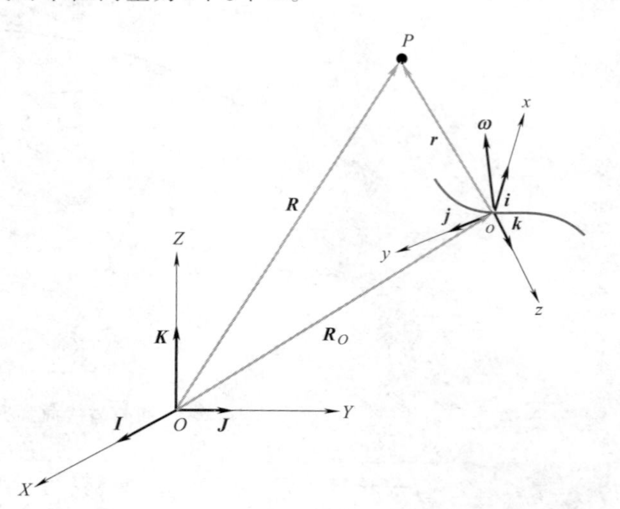

图 4-6　动坐标系内质点的运动

将式（4-32）对时间微分，可得点 P 的速度 $\boldsymbol{V}$ 如下：

$$\begin{aligned}\boldsymbol{V}&=\dot{\boldsymbol{R}}=\dot{\boldsymbol{R}}_O+\dot{\boldsymbol{r}}\\&=\dot{R}_{OX}\boldsymbol{I}+\dot{R}_{OY}\boldsymbol{J}+\dot{R}_{OZ}\boldsymbol{K}\\&\quad+(\dot{r}_x\boldsymbol{i}+\dot{r}_y\boldsymbol{j}+\dot{r}_z\boldsymbol{k})+(r_x\dot{\boldsymbol{i}}+r_y\dot{\boldsymbol{j}}+r_z\dot{\boldsymbol{k}})\end{aligned} \tag{4-33}$$

令点 P 相对于动坐标系的线速度为 $\boldsymbol{v}$，则：

$$\boldsymbol{v}=\dot{r}_x\boldsymbol{i}+\dot{r}_y\boldsymbol{j}+\dot{r}_z\boldsymbol{k} \tag{4-34}$$

根据式（4-22）~式（4-24）及式（4-34），式（4-33）可表示为：

$$\boldsymbol{V}=\dot{\boldsymbol{R}}=\dot{\boldsymbol{R}}_O+\boldsymbol{v}+\boldsymbol{\omega}\times\boldsymbol{r} \tag{4-35}$$

式中，$\boldsymbol{V}$（即 $\dot{\boldsymbol{R}}$），为点 P 在固定坐标系的速度；$\dot{\boldsymbol{R}}_O$ 为动坐标系原点 o 相对固定坐标系的速度，可通过将式（4-30）对时间微分求得；$\boldsymbol{v}$ 为点 P 对动坐标系的速度，可通过将式（4-31）中的 $\boldsymbol{i}$、$\boldsymbol{j}$、$\boldsymbol{k}$ 当作不动，对时间微分求得；$\boldsymbol{\omega}$ 则为动坐标系对固定坐标系的角速度，可表示为 $\boldsymbol{\omega}=\omega_X\boldsymbol{i}+\omega_y\boldsymbol{j}+\omega_z\boldsymbol{k}$；而 $\boldsymbol{\omega}\times\boldsymbol{r}$ 则为瞬时与点 P 重合，固定在动坐标系上的假想点相对于移动坐标原点 o 的速度。

将式（4-35）中的 $\dot{\boldsymbol{R}}_O$ 对时间微分可得：

$$\frac{\mathrm{d}\dot{\boldsymbol{R}}_O}{\mathrm{d}t}=\ddot{\boldsymbol{R}}_O \tag{4-36}$$

将式（4-35）中的 $\boldsymbol{v}$ 对时间微分可得：

$$\frac{\mathrm{d}\boldsymbol{v}}{\mathrm{d}\boldsymbol{t}}=(\ddot{r}_x\boldsymbol{i}+\ddot{r}_y\boldsymbol{j}+\ddot{r}_z\boldsymbol{k})+(\dot{r}_x\dot{\boldsymbol{i}}+\dot{r}_y\dot{\boldsymbol{j}}+\dot{r}_z\dot{\boldsymbol{k}}) \tag{4-37}$$

$$=\boldsymbol{a}+\boldsymbol{\omega}\times\boldsymbol{v}$$

此外，将式（4-35）中的 $\boldsymbol{\omega}\times\boldsymbol{r}$ 对时间微分可得：

$$\frac{\mathrm{d}}{\mathrm{d}t}(\boldsymbol{\omega}\times\boldsymbol{r})=\dot{\boldsymbol{\omega}}\times\boldsymbol{r}+\boldsymbol{\omega}\times\dot{\boldsymbol{r}}$$

$$=\dot{\boldsymbol{\omega}}\times\boldsymbol{r}+\boldsymbol{\omega}\times\boldsymbol{v}+\boldsymbol{\omega}\times(\boldsymbol{\omega}\times\boldsymbol{r}) \tag{4-38}$$

将式（4-35）对时间微分，并将式（4-36）~式（4-38）代入，可得点 P 的加速度 $\boldsymbol{A}$ 如下：

$$\boldsymbol{A}=\ddot{\boldsymbol{R}}_O\times\boldsymbol{\alpha}\times\boldsymbol{r}+\boldsymbol{\omega}\times(\boldsymbol{\omega}\times\boldsymbol{r})+\boldsymbol{a}+2\boldsymbol{\omega}\times\boldsymbol{v} \tag{4-39}$$

式中，$\ddot{\boldsymbol{R}}$ 为动坐标系原点 O 对固定坐标系的加速度；$\boldsymbol{\alpha}=\dot{\boldsymbol{\omega}}$ 为动坐标系对固定坐标系的角加速度；$\boldsymbol{\alpha}\times\boldsymbol{r}$ 即为瞬时与点 P 重合，固定在动坐标系上的假想点相对于动坐标系原点 O 的切线加速度 $\boldsymbol{A}^t$；$\boldsymbol{\omega}\times(\boldsymbol{\omega}\times\boldsymbol{r})$ 为瞬时与点 P 重合，固定在动坐标系上的假想点相对于动坐标系原点 O 的法线加速度 $\boldsymbol{A}^n$；$\boldsymbol{a}$ 为点 P 对动坐标系的线加速度；而 $2\boldsymbol{\omega}\times\boldsymbol{v}$ 则为点 P 对动坐标系的科氏加速度。

例 4-4 **有一作空间运动的质点 P 在动坐标系内运动，若 $\boldsymbol{R}_O=2\boldsymbol{I}+2\boldsymbol{K}$、$\dot{\boldsymbol{R}}_O=\boldsymbol{I}+2\boldsymbol{J}+\boldsymbol{K}$、$\ddot{\boldsymbol{R}}_O=5\boldsymbol{I}+4\boldsymbol{J}+2\boldsymbol{K}$、$\boldsymbol{r}=3\boldsymbol{i}+3\boldsymbol{j}+3\boldsymbol{k}$、$\boldsymbol{v}=4\boldsymbol{i}-4\boldsymbol{j}-4\boldsymbol{k}$、$\boldsymbol{a}=\boldsymbol{i}+\boldsymbol{j}-\boldsymbol{k}$、$\boldsymbol{\omega}=\boldsymbol{i}+2\boldsymbol{j}$、$\boldsymbol{\alpha}=-\boldsymbol{i}+\boldsymbol{j}-\boldsymbol{k}$，使用单位 cm、rad、s，又在此瞬间 $\boldsymbol{I}$ 和 $\boldsymbol{i}$ 同方向、$\boldsymbol{J}$ 和 $\boldsymbol{j}$ 反方向、$\boldsymbol{K}$ 和 $\boldsymbol{k}$ 反方向，试求点 P 在固定坐标系的位置 $\boldsymbol{R}$、速度 $\boldsymbol{V}$ 及加速度 $\boldsymbol{A}$。**

解：1）点 P 在固定坐标系的位置向量 $\boldsymbol{R}$（cm）见式（4-32），即：

$$\begin{aligned}\boldsymbol{R}&=\boldsymbol{R}_O+\boldsymbol{r}\\&=2\boldsymbol{I}+2\boldsymbol{J}+2\boldsymbol{K}+3\boldsymbol{i}+3\boldsymbol{j}+3\boldsymbol{k}\\&=2\boldsymbol{I}+2\boldsymbol{J}+2\boldsymbol{K}+3\boldsymbol{I}-3\boldsymbol{J}-3\boldsymbol{K}\\&=5\boldsymbol{I}-\boldsymbol{J}-\boldsymbol{K}\end{aligned}$$

2）点 P 在固定坐标系的速度 $\boldsymbol{V}$（cm/s）见式（4-35），即：

$$\begin{aligned}\boldsymbol{V}&=\dot{\boldsymbol{R}}_O+\boldsymbol{v}+\boldsymbol{\omega}+\boldsymbol{r}\\&=\boldsymbol{I}+2\boldsymbol{J}+\boldsymbol{K}+4\boldsymbol{i}-4\boldsymbol{j}-4\boldsymbol{k}+(\boldsymbol{i}+2\boldsymbol{j})\times(3\boldsymbol{i}+3\boldsymbol{j}+3\boldsymbol{k})\\&=\boldsymbol{I}+2\boldsymbol{J}+\boldsymbol{K}+10\boldsymbol{i}-7\boldsymbol{j}-7\boldsymbol{k}\\&=11\boldsymbol{I}+9\boldsymbol{J}+8\boldsymbol{K}\end{aligned}$$

3）点 P 在固定坐标系的加速度 $\boldsymbol{A}$（cm/s^2）见式（4-39），即：

$$\begin{aligned}\boldsymbol{A}&=\ddot{\boldsymbol{R}}_O+\boldsymbol{\alpha}\times\boldsymbol{r}+\boldsymbol{\omega}\times(\boldsymbol{\omega}\times\boldsymbol{r})+\boldsymbol{a}+2\boldsymbol{\omega}\times\boldsymbol{v}\\&=5\boldsymbol{I}+4\boldsymbol{J}+2\boldsymbol{K}+(-\boldsymbol{i}+\boldsymbol{j}-\boldsymbol{k})\times(3\boldsymbol{i}+3\boldsymbol{j}+3\boldsymbol{k})+(\boldsymbol{i}+2\boldsymbol{j})\times[(\boldsymbol{i}+2\boldsymbol{j})\\&\quad\times(3\boldsymbol{i}+3\boldsymbol{j}+3\boldsymbol{k})]+\boldsymbol{i}+\boldsymbol{j}-\boldsymbol{k}+2(\boldsymbol{i}+2\boldsymbol{j})\times(4\boldsymbol{i}-4\boldsymbol{j}-4\boldsymbol{k})\\&=5\boldsymbol{I}+4\boldsymbol{J}+2\boldsymbol{K}-15\boldsymbol{i}+12\boldsymbol{j}-46\boldsymbol{k}\\&=-10\boldsymbol{I}-8\boldsymbol{J}+48\boldsymbol{K}\end{aligned}$$

习题Problems

4-1 机构中构件的运动，有些是平移运动，有些是旋转运动，有些是兼具平移与旋转运动，试各举一实例说明。

4-2 机构的运动，有些具有周期性，有些不具有周期性，试各举一实例说明。

4-3 机构的运动，其质点路径的形式有平面运动、螺旋运动、球面运动、其他曲面运动等，试各举一实例说明。

4-4 机构的运动，根据其中构件运动的连续性，有连续运动、间歇运动、往复运动、摇摆运动等，试各举一实例说明。

4-5 从宿舍到教室，无论是走路还是利用交通工具，试问两地之间的距离与位移各为多少？平均速度为多少？要如何搭配适当的交通工具（包括走路），所需的时间才会最少？

4-6 机构中有一点，在固定直角坐标系下，其位置向量为 $R=2t^3I+3\sin(4t)J+4\cos(5t)K$，$t$ 为时间，长度单位为 m，试求其速度 v、加速度 a、跃度 J_e 的通式，并绘出 R-t、v-t、a-t、J-t 图，$t=1\sim10$s，$\Delta t=1$s。

4-7 利用车床加工出直径为 400mm 的钢棒，若切削速率为 2cm/s，试问钢棒的转速（r/min）应为多少？

4-8 有一汽车以 50km/h 的等速率在一个半径为 20m 的弯道行驶，试求此车的加速度及其在切线与法线方向的分量。

4-9 有一做空间运动的质点 P 在动坐标系内运动，若 $\boldsymbol{R}_O=10\boldsymbol{I}$、$\dot{\boldsymbol{R}}_O=20\boldsymbol{J}$、$\ddot{\boldsymbol{R}}_O=30\boldsymbol{K}$、$\boldsymbol{r}=10\boldsymbol{i}+20\boldsymbol{j}$、$\boldsymbol{v}=20\boldsymbol{i}-30\boldsymbol{k}$、$\boldsymbol{a}=30\boldsymbol{j}-10\boldsymbol{k}$、$\boldsymbol{\omega}=50\boldsymbol{i}+40\boldsymbol{j}$、$\boldsymbol{\alpha}=-20\boldsymbol{j}+10\boldsymbol{k}$，单位使用 cm、rad、s，在此瞬间 $\boldsymbol{i}$、$\boldsymbol{j}$、$\boldsymbol{k}$ 分别与 $\boldsymbol{I}$、$\boldsymbol{J}$、$\boldsymbol{K}$ 同方向，试求点 P 在固定坐标系的位置 $\boldsymbol{R}$、速度 $\boldsymbol{v}$ 及加速度 $\boldsymbol{A}$。

第 5 章

连杆机构

LINKAGE MECHANNISMS

连杆机构（Linkage mechanism）是指全部由杆件组成的机构，其主要功能为运动形式与方向的转换、运动特性（位移、速度、加速度）的对应、刚体位置的导引、运动路径的生成，其在工程上的应用不胜枚举。基本上，连杆机构根据路径所处的空间分类，可分为**平面连杆机构**（Planar linkage mechanism）与**空间连杆机构**（Spatial linkage mechanism）；根据结构分类，可分为由单环构成的**简单连杆机构**（Simple linkage mechanism）及由多环构成的**复杂连杆机构**（Complex linkage mechanism）；根据功能分类，可分为**急回机构**（Quick-return mechanism）、**平行导向机构**（Parallel-motion mechanism）、**直线机构**（Straight-line mechanism）、**肘杆机构**（Toggle mechanism）及其他机构。图 5-1 所示为连杆机构的分类。

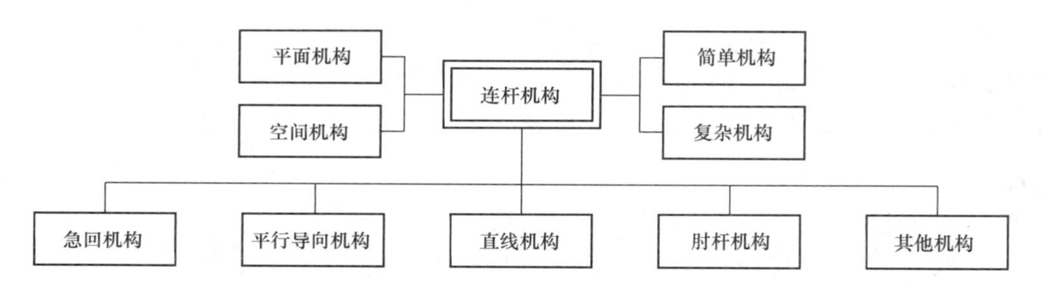

图 5-1　**连杆机构的分类**

本章主要介绍连杆机构的定义、结构、作用原理、功能及应用。用以产生**间歇运动**（Intermittent motion）的连杆机构，将在第 11 章“其他机构”中介绍。另外，连杆机构的拓扑结构分析与综合，可参见第 3 章；而连杆机构的运动分析，则可查阅第 6~8 章。

5.1　四杆机构

Four-bar linkages

广义言之，**四杆机构**（Four-bar linkage）是指由四个连杆与四个运动副所组成的简单机构。若四个运动副均为转动副，且轴线互相平行，则称之为**平面四杆机构**（Planar four-bar linkage）；若四个运动副均为转动副，且轴线交于一点，则称之为**球面四杆机构**（Spherical four-bar linkage）；若四个运动副均为转动副，且轴线不平行也不相交，则称之为**空间四杆机**

构（Spatial four-bar linkage）。四杆机构是最简单的连杆机构，也是组成复杂连杆机构的基本单元。一般而言，若无特别说明，下文中的四杆机构（或机构）都是指平面四杆机构。本节说明平面四杆机构的各种特性。

5.1.1 术语与符号 Terminology and symbols

平面四杆机构如图 5-2 所示。**固定杆**（Fixed link）是指固定于机架上的构件，一般用杆 1 表示。**主动杆**（Driving link）或**输入杆**（Input link）是指接受动力源用来驱动其他连杆的构件，一般是指杆 2。**从动杆**（Driven link）或**输出杆**（Output link）是指受主动杆影响而随动的构件，以杆 3、杆 4 表示；其中杆 3 同时与杆 2 和杆 4 邻接，运动时无固定的旋转中心，又称为**连接杆**（Connecting link）或者**连杆**（Coupler link）。与杆 2 和杆 1 及杆 4 和杆 1 相连的运动副为**固定铰链**（Fixed pivot），分别用 a_0、b_0 表示；与杆 2 和杆 3 及杆 4 和杆 3 相连的运动副为**活动铰链**（Moving pivot），分别用 a、b 表示。含固定铰链的连杆，若相对于固定杆能做 360°的旋转，则称为**曲柄**（Crank）；反之，则称为**摇杆**（Rocker, lever）。

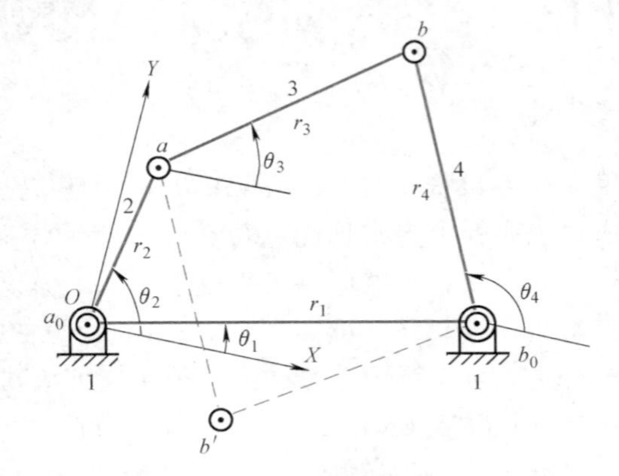

图 5-2 平面四杆机构

为方便说明各杆的长度与位置，定义以 a_0 为坐标原点 O 的直角坐标系 XOY，如图 5-2 所示。令 $r_1=a_0b_0$，则杆 1 的杆长为 r_1，位置为 θ_1；$r_2=a_0a$，则杆 2 的杆长为 r_2，位置为 θ_2；$r_3=\overline{ab}$，则杆 3 的杆长为 r_3，位置为 θ_3；$r_4=b_0b$，则杆 4 的杆长为 r_4，位置为 θ_4；其中，θ_i 以正 X 轴逆时针方向量到各杆轴心线方向为正。若已知 r_1、r_2、r_3、r_4、θ_2，且取 $\theta_1=0°$，则 θ_4、θ_3 值可利用余弦定理，求出其封闭解的形式之一如下：

$$\theta_4=\arccos\frac{r_1-r_2\cos\theta_2}{\sqrt{r_1^2+r_2^2-2r_1r_2\cos\theta_2}}+\arccos\frac{-r_1^2-r_2^2+r_3^2-r_4^2+2r_1r_2\cos\theta_2}{2r_4\sqrt{r_1^2+r_2^2-2r_1r_2\cos\theta_2}} \tag{5-1}$$

$$\theta_3=\arccos\frac{r_1-r_2\cos\theta_2+r_4\cos\theta_4}{r_3} \tag{5-2}$$

四杆机构在已知四个杆长的情况下，有两种可能的**装配位置**（Assembly position），一种为 a_0abb_0，另一种为 $a_0ab'b_0$，如图 5-2 所示。

5.1.2 四杆机构的类型 Types of four-bar linkages

在机构设计的初始阶段，动力源给予输入杆的运动形式以及输出杆所产生的运动类型，都是相当重要的设计条件。以下介绍**葛氏定则**（Grashof law），用来判定四杆机构中的杆件能否做 360°的旋转，还是仅能做小于 360°的摆动；包括曲柄摇杆机构、双曲柄机构、双摇杆机构以及三摇杆机构。

1. 葛氏机构

对于一个四杆运动链而言，令最短杆的杆长为 r_s，最长杆的杆长为 r_l，其余两杆的杆长为 r_p、r_q。若杆长的关系满足下式：

$$r_s+r_l \leqslant r_p+r_q \tag{5-3}$$

则至少有一杆能做 360°的旋转，此即为所谓的**葛氏定则**（Grashof law）。满足式（5-3）的运动链（或连杆机构），称为**葛氏运动链**（或**机构**）（Grashof chain or mechanism）；否则称为**非葛氏运动链**（或**机构**）（Non-Grashof chain or mechanism），无任何杆件可做 360°的旋转。

图 5-3a 所示为一满足式（5-3）的葛氏运动链。通过选择不同的杆为固定杆，葛式运动链可衍生出四种**倒置**（Inversion）机构，分别如图 5-3b～d 所示。这四种倒置机构可依据最短杆功能的不同而有以下三种不同的运动分类：

1）若最短杆为输入杆，则此机构为**曲柄摇杆机构**（Crank-rocker mechanism）；输入杆可做 360°的旋转运动，而输出杆仅为摇摆运动，如图 5-3b 所示。

2）若最短杆为固定杆，则为**双曲柄机构**（Double-crank mechanism），又称为**牵杆机构**（Drag link mechanism）；输入杆与输出杆均可做 360°的旋转运动，如图 5-3c 所示。

3）若非以上两种情形，则为**双摇杆机构**（Double-rocker mechanism）；输入杆与输出杆均仅能做小于 360°的摇摆运动，连杆可做 360°的旋转运动，如图 5-3d 所示。

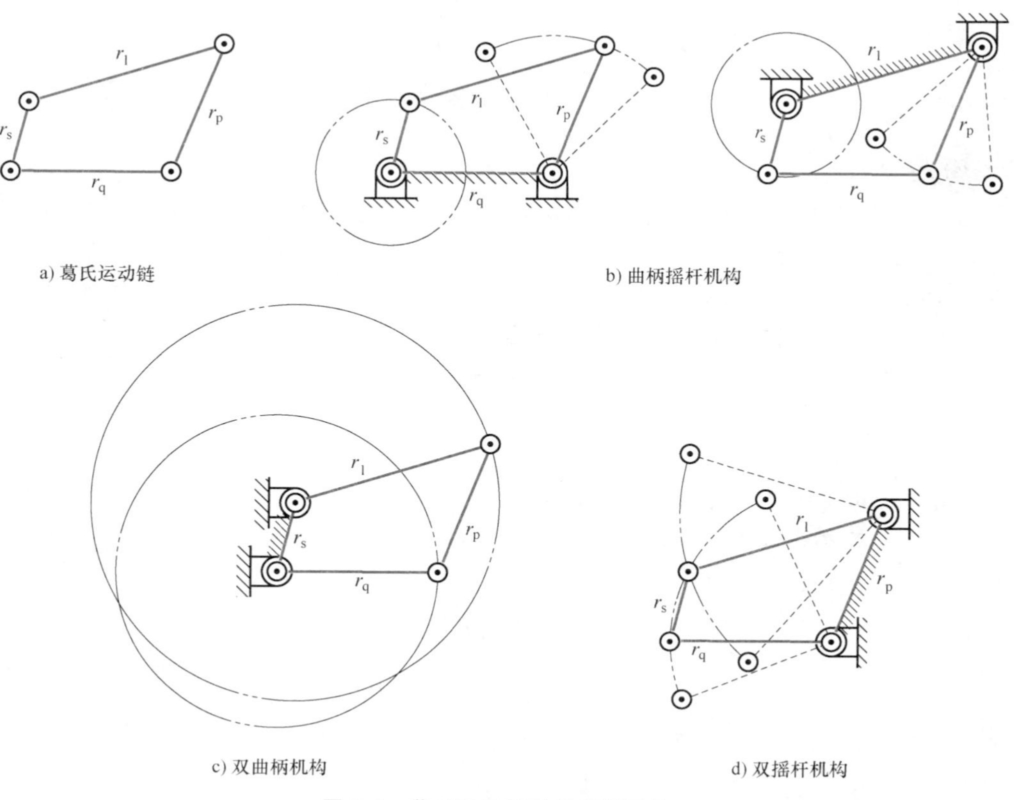

图 5-3 葛氏运动链及其倒置机构

2. 非葛氏机构

对于非葛氏运动链而言，图 5-4a 所示机构的杆长关系为：

$$r_s+r_l>r_p+r_q \tag{5-4}$$

所衍生出的四个倒置机构，分别如图 5-4b ~ e 所示。由于所有的可动杆均仅能做小于 360°的摇摆运动，因此这类机构称为**三摇杆机构**（Triple-rocker mechanism）。

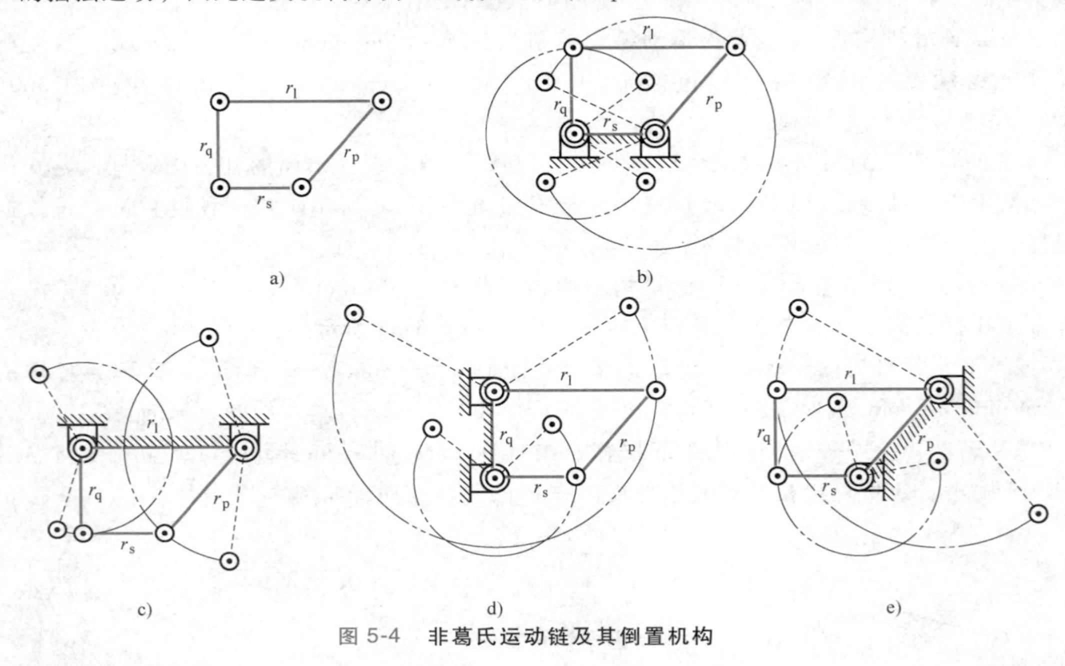

图 5-4 非葛氏运动链及其倒置机构

例 5-1 **有一个四杆机构，其杆 2、3、4 的杆长分别为 $r_2=12$、$r_3=18$、$r_4=24$，若此四杆机构为（1）曲柄摇杆机构，（2）三摇杆机构，试分别求固定杆（杆 1）杆长 r_1 的范围。**

解：（1）若四杆机构为曲柄摇杆机构，则杆 2 为最短杆，且杆长必须满足葛氏定则：

1）若杆 1 为最长杆，即 $r_l=r_1$，则最短杆杆长 $r_s=r_2$，由葛氏定则可得：

$$r_2+r_1\leqslant r_3+r_4$$

$$12+r_1\leqslant 18+24$$

即
$$24\leqslant r_1\leqslant 30$$

2）若杆 1 为最短杆，则此四杆机构不可能为曲柄摇杆机构，因此杆 1 不可以为最短杆。

3）若杆 1 不是最长杆也不是最短杆，即 $r_p=r_1$，则最短杆杆长 $r_s=r_2$、最长杆杆长 $r_l=r_4$，由葛氏定则可得：

$$r_2+r_4\leqslant r_1+r_3$$

$$12+24\leqslant r_1+18$$

即
$$18\leqslant r_1\leqslant 24$$

4）综合上述，r_1 的范围为：$18\leqslant r_1\leqslant 30$。

（2）若四杆机构为三摇杆机构，则不需满足葛氏定则：

1）若杆 1 为最长杆，即 $r_l=r_1$，则最短杆杆长 $r_s=r_2$，由葛氏定则可得：

$$r_2+r_1>r_3+r_4$$

$$12+r_1>18+24$$

即 $$r_1>30$$

2）若杆 1 为最短杆，即 $r_s=r_1$，则最长杆杆长 $r_l=r_4$，由葛氏定则可得：

$$r_1+r_4>r_2+r_3$$

$$r_1+24>12+18$$

即 $$6<r_1\leqslant 12$$

3）若杆 1 不是最长杆也不是最短杆，即 $r_p=r_1$，则最短杆杆长 $r_s=r_2$、最长杆杆长 $r_l=r_4$，由葛氏定则可得：

$$r_2+r_4>r_1+r_3$$

$$12+24>r_1+18$$

即 $$12\leqslant r_1<18$$

4）另外，杆 1 的杆长不能大于其他三个杆件的杆长之和，即 $r_1<12+18+24=54$，否则四杆机构无法组装。综合上述，r_1 的范围为：$30<r_1<54$ 或 $6<r_1<18$。

5.1.3 变点机构 Change point mechanism

通常机构中各杆件均会在某些特定的范围内做约束运动，但有些特殊杆长所组成的机构在某些特定的位形下，杆件的运动有多种可能。对于这种杆件运动不明确的状态，称为**变点**（Change point），或称这种位形为**不定位形**（Uncertainty configuration），而具有这种特性的机构则称为**变点机构**（Change point mechanism）。

变点机构为葛氏机构的特殊情形，其存在的必要条件为：

$$r_s+r_l=r_p+r_q \tag{5-5}$$

当所有连杆位于一直线位置时，即是变点状态。图 5-5a 所示为一种变点机构，$a_0a'b'b_0$ 位置即是变点状态，其传动角为 180°，也处于死点位置。

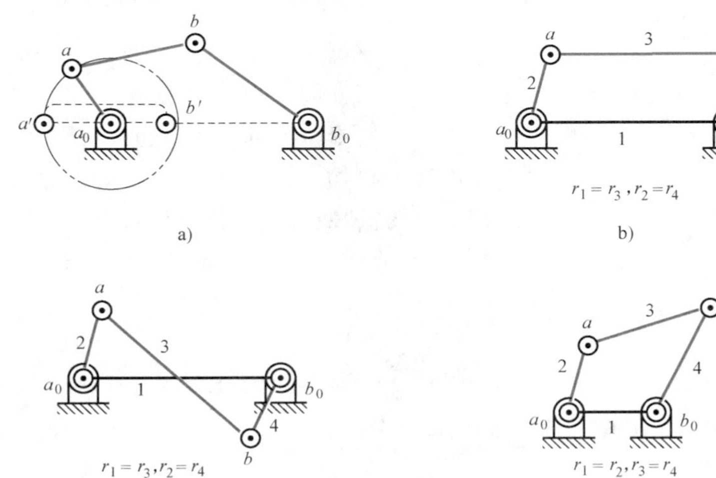

图 5-5 变点机构

变点机构的杆长关系有两种特殊情形：一种为对边等长，另一种为邻边等长。对边等长的机构有**平行四边形机构**（Parallelogram linkage）与**反平行四边形机构**（Anti-parallelogram linkage），分别如图 5-5b、c 所示；邻边等长的机构称为**风筝机构**（Kite linkage）或**等腰双曲柄机构**（Isosceles double-crank linkage），如图 5-5d 所示。

5.1.4 极限位置（肘杆位置）与死点位置 Limit positions（toggle positions）and dead center positions

欲设计一个四杆机构，以便输入杆与输出杆（或连杆）的位置能相对应时，设计者必须验证机构是否能连续地通过这些位置，而极限位置与死点位置是验证机构是否可做连续运动的关键所在。

当一个四杆机构的主动杆（杆 2）与连杆（杆 3）成一直线时，其输出杆位于**极限位置**（Limit position）。图 5-6 所示的曲柄摇杆机构，在 $a_0a_1b_1b_0$ 和 $a_0a_2b_2b_0$ 两位置时，输出杆（杆 4）在极限位置（θ_{41}、θ_{42}）。当输入杆做 360°旋转时，输出杆即在此两极限位置间做摇摆运动。由三角函数的第二余弦定理，可求得输出杆的极限位置 θ_{41}、θ_{42} 分别为：

$$\theta_{41}=\arccos\frac{(r_2-r_3)^2-r_1^2-r_4^2}{2r_1r_4} \tag{5-6}$$

$$\theta_{42}=\arccos\frac{(r_2+r_3)^2-r_1^2-r_4^2}{2r_1r_4} \tag{5-7}$$

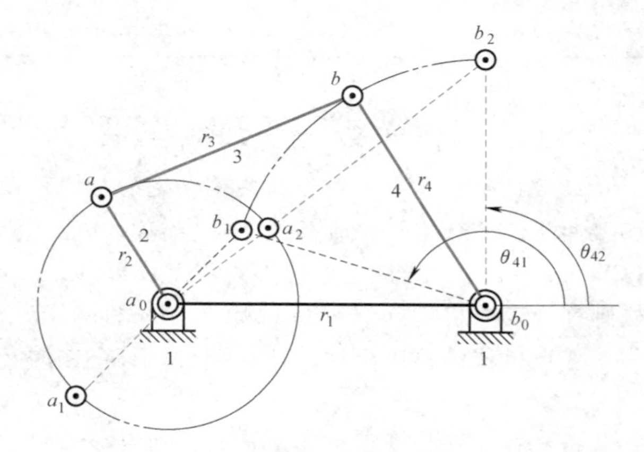

图 5-6 极限位置与死点位置

极限位置又称为**肘杆位置**（Toggle position），在此位置仅需很小的输入转矩，即可产生很大的输出转矩，这时，**机械增益**（Mechanical advantage）为无穷大，将此称为**肘杆效应**（Toggle effect）。肘杆效应与肘杆机构将在 5.7 节加以详细说明。

若将图 5-6 所示的曲柄摇杆机构反过来应用，即以摇杆（杆 4）为主动杆，则当连杆（杆 3）与输出杆（杆 2）共线时，即在 $a_0a_1b_1b_0$ 和 $a_0a_2b_2b_0$ 位置时，杆 3 作用于杆 2 的力通过 a_0，力矩为零，故无法驱动输出杆旋转，机构在此位置不能运动，如同结构一般，称此机构位于**死点位置**（Dead center position）。若欲使机构在死点位置仍能连续运动，则必须朝输出杆所要运动的方向施加外力，以越过死点位置。

5.1.5 传动角 Transmission angles

对于一个四杆机构而言，如图 5-7a 所示，t_a 为活动铰链 b 相对于活动铰链 a 的运动方向，t_b 为输出杆（杆 4）受驱动点（即活动铰链 b）的运动方向，则 t_a 和 t_b 的夹角即为这个机构的**传动角**（Transmission angle），一般以 μ 表示。传动角的大小随着机构的运动而改变。当传动角为 90°时，传动效果最好；而当传动角为 0°或 180°，即在死点位置时，机械增益为零，力无法传递。利用三角函数的第二余弦定理可得：

$$r_1^2+r_2^2-2r_1r_2\cos\theta_2=r_3^2+r_4^2-2r_3r_4\text{cso}\mu \tag{5-8}$$

由式（5-8）可得传动角 μ 为：

$$\mu=\arccos\frac{-r_1^2-r_2^2+r_3^2+r_4^2+2r_1r_2\cos\theta_2}{2r_3r_4} \tag{5-9}$$

将式（5-8）对输入角 θ_2 进行微分可得：

$$2r_1r_2\sin\theta_2=2r_3r_4\sin\mu\frac{\mathrm{d}\mu}{\mathrm{d}\theta_2} \tag{5-10}$$

即

$$\frac{\mathrm{d}\mu}{\mathrm{d}\theta_2}=\frac{r_1r_2\sin\theta_2}{r_3r_4\sin\mu} \tag{5-11}$$

当 $\frac{\mathrm{d}\mu}{\mathrm{d}\theta_2}=0$，即 $\theta_2=0°$或 180°时，传动角 μ 有极值。因此，曲柄摇杆机构或双曲柄机构的传动角在输入杆的位置为 $\theta_2=0°$时最小，即输入杆与固定杆重合时的传动角最小，如图 5-7b 所示；在输入杆的位置为 $\theta_2=180°$时最大，即输入杆与固定杆成一直线时的传动角最大，如图 5-7c 所示。

若要求一个四杆机构的转速高或载荷大，则其传动角越接近 90°越好。

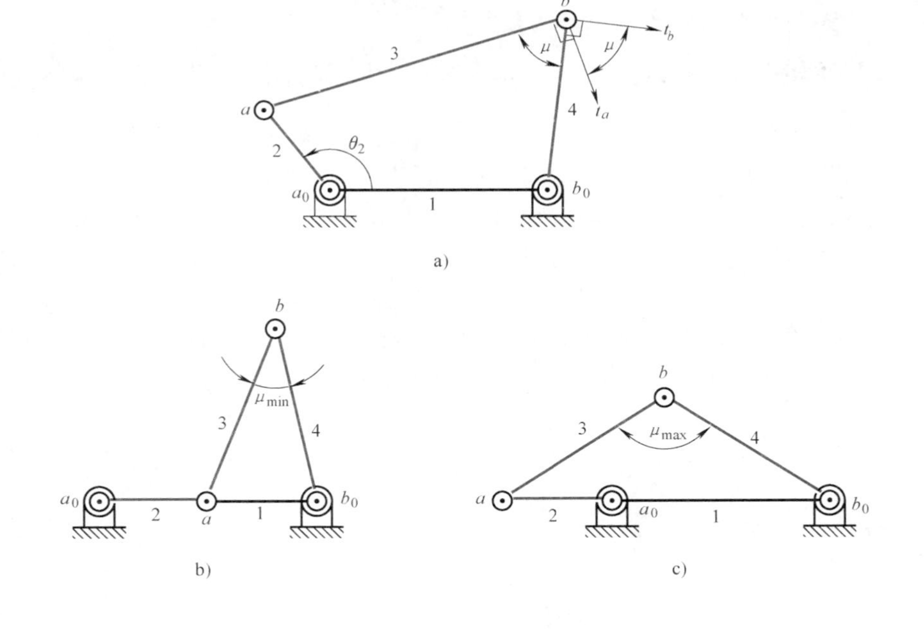

图 5-7 **传动角及其极限值**

5.1.6 连杆曲线 Coupler curves

一个四杆机构连杆上的点，称为**连杆点**（Coupler point），一般以点 c 表示，如图 5-8 所示；其路径称为**连杆曲线**（Coupler curve），其代数方程式为如下的六次曲线：

$$r_{bc}^2[(x-r_1)^2+y^2](x^2+y^2+r_{ac}^2-r_2^2)^2-2r_{ac}r_{bc}[(x^2+y^2-r_1x)\cos\gamma+r_1y\sin\gamma](x^2+y^2+r_{ac}^2-r_2^2)$$
$$[(x-r_1)^2+y^2+r_{bc}^2-r_4^2]+r_{ac}^2(x^2+y^2)[(x-r_1)^2+y^2+r_{bc}^2-r_4^2]^2-4r_{ac}^2r_{bc}^2[(x^2+y^2-r_1x)^2\sin\gamma-r_1y\cos\gamma]^2=0 \tag{5-12}$$

不同的杆长与不同的连杆点，会产生不同种类与形状的连杆曲线。以图 5-8 所示的四杆机构为例，连杆点 c_c 的曲线中有**尖点**（Cusp），即具有两个不同切线的点；连杆点 c_d 的曲线中有**重点**（Double point）；连杆点 c_s 的曲率半径为无穷大，可产生近似**直线**（Straight line）运动；也有连杆曲线部分区段的曲率半径几乎不变，可产生近乎**圆弧**（Circular arc）运动。早期有不少的工程应用，是利用连杆曲线的类型来进行**刚体导引**（Rigid body guidance）或**路径生成**（Path generation）。

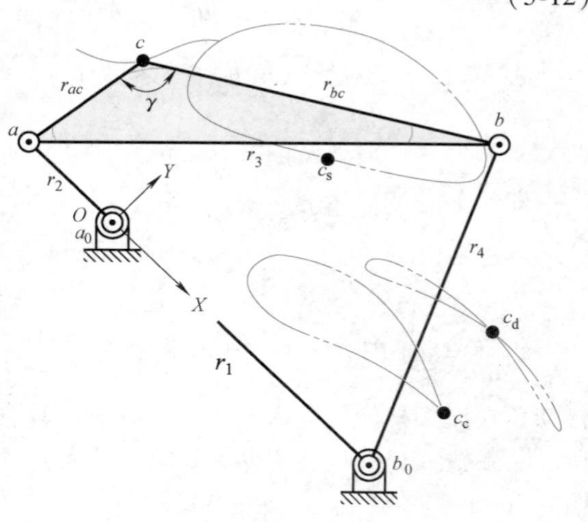

图 5-8 连杆曲线

5.2 含有滑块的四杆机构

Four-bar linkage mechanisms with sliders

5.1 节所述的平面四杆机构，其运动副均为转动副；若运动链中含有移动副，则形成含滑块的四杆机构。滑块可在圆弧导槽内滑动，也可在直线导槽内滑动。图 5-9a 所示为一个曲柄摇杆机构，若将杆 4 以一个圆弧滑块取代，且这个滑块在以 b_0 为曲率中心的圆弧导槽内滑动，则所得机构的运动特性与原机构完全一样。这个含单滑块的四杆机构，可视为由曲柄摇杆机构演变而成；就运动学而言，称此两者为**等效机构**（Equivalent mechanism），而称杆 4 为滑块的等效杆。当导槽的曲率半径为无穷大时，运动副 b 的路径为直线，圆弧导槽成为直线导槽，其等效杆的杆长为无穷大，如图 5-9b 所示。

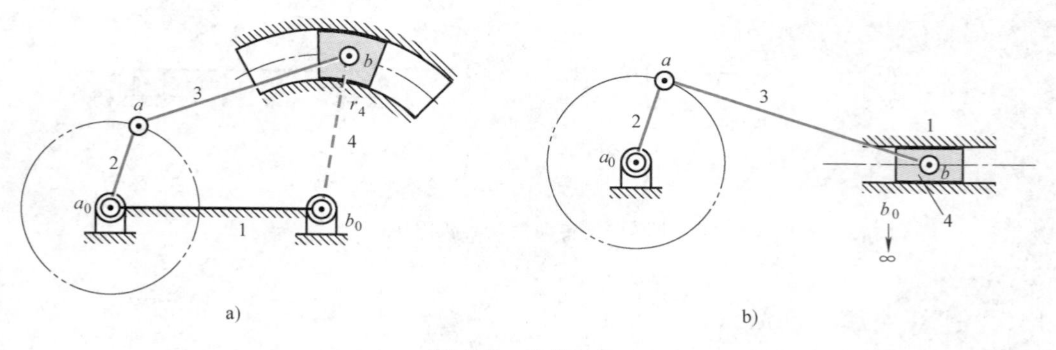

图 5-9 等效机构

含滑块的四杆机构，可根据所含移动副的数目区分为单滑块机构、双滑块机构、三滑块机构、四滑块机构。若用 R 表示转动副、P 表示移动副，则理论上含滑块的四杆运动链有 RRRP、PRRP、RPRP、RPPP、PPPP 五种类型，分别如图 5-10 所示。以下根据移动副的个数，介绍各种具有滑块的四杆运动链及其倒置机构。

5.2.1 单滑块四杆机构 Four-bar linkage mechanisms with single slider

含一个移动副与三个转动副的四杆运动链，称为**单滑块四杆运动链**（Four-bar kinematic chains with single slider），以 RRRP 表示，如图 5-10a 所示；若分别取不同的杆件为机架，则得到四个倒置机构，如图 5-11 所示。

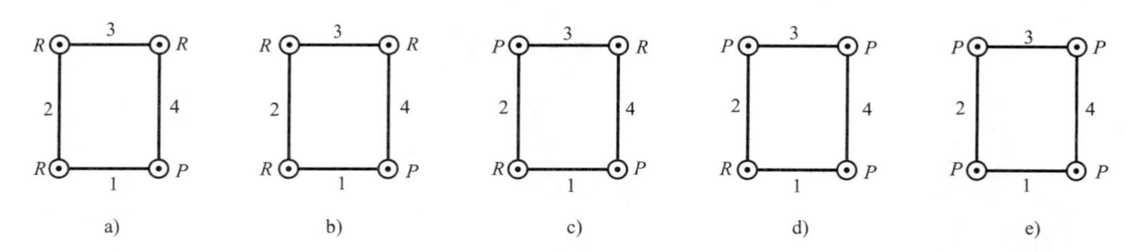

图 5-10 含滑块的四杆运动链类型

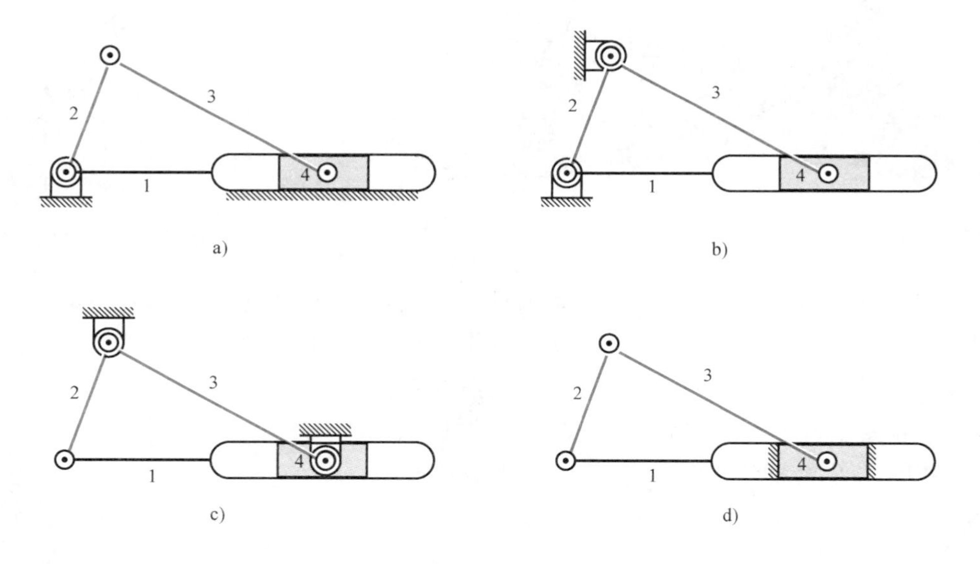

图 5-11 **含单滑块的四杆机构类型**

图 5-12 所示为**曲柄滑块机构**（Slider-crank mechanism），其中图 5-12a 所示机构无偏距（Offset），即 $e=0$；而图 5-12b 所示机构有偏距，即 $e\neq0$。当曲柄（杆 2）与连杆（杆 3）共线时（即 $\theta_2=0°$或 $180°$时），滑块在极限位置，两极限位置间的距离 s 称为**冲程**（Stroke），又称**行程**。图 5-13 所示机构，为以一偏心圆盘作曲柄的曲柄滑块机构的模型。

图 5-14 所示为一种连杆式**冲床**（Press）的机构简图，是图 5-11a 所示机构的一种应用。曲柄（杆 2）为输入杆，模具则附在滑块（杆 4）上，当杆 2 和 3 接近共线位置（即极限位置或肘杆位置）时，可产生极大的机械增益将胚料冲压成形。

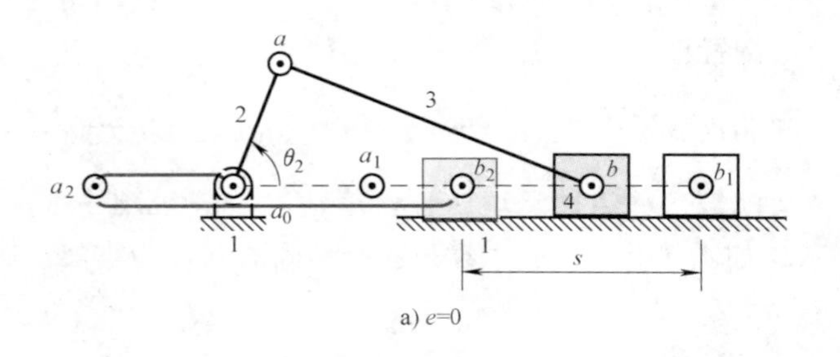

a) e=0

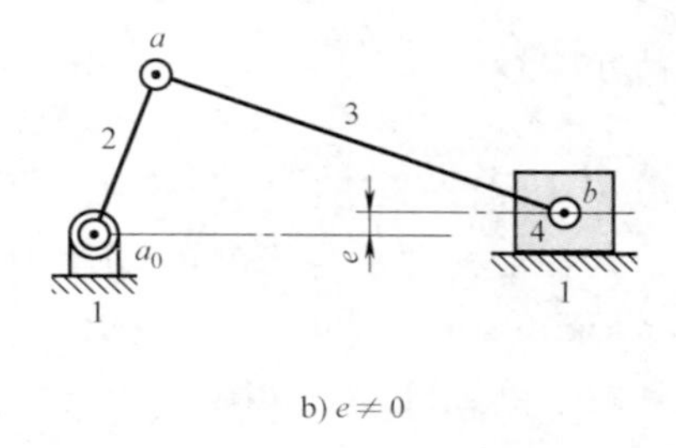

b) $e \neq 0$

图 5-12　**曲柄滑块机构**

图 5-13　**曲柄滑块机构的模型**

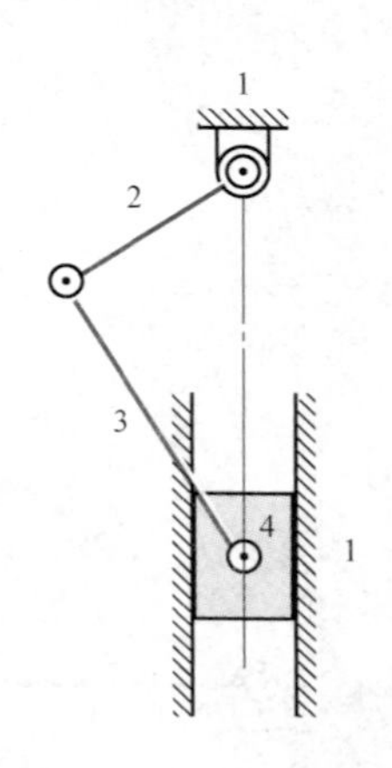

图 5-14　**连杆式冲床机构**

图 5-11a 所示机构的另一种应用为**压缩机**（Compressor），曲柄（杆 2）由电动机带动，利用滑块（杆 4）的往复运动来将气体挤压。传统的发动机机构也是图 5-11a 所示的曲柄滑块机构，但以滑块（杆 4）为输入杆、以曲柄（杆 2）为输出杆，当滑块（即活塞）与导槽（即气缸）承受燃料燃烧的爆炸力后，即推动连杆（杆 3）、带动曲柄（杆 2）旋转，并输出转矩。一般用于发动机的曲柄滑块机构，都具有少许的偏距。

图 5-11b 所示机构，被应用于在机床上来产生急回效果，也被应用于飞机的发动机。关于急回机构，将在 5.4 节再加以详述。图 5-15 所示为**旋缸式发动机**（Rotary cylinder engine）机构，早期用于飞机上，曲柄（杆 2）用螺栓锁定在机身上，活塞（杆 4）与曲轴箱（杆 1）旋转，螺旋桨则锁在曲轴箱上一同旋转。

图 5-11c 所示机构，应用于随车移动的液压缸式吊车。图 5-16 所示为用在玩具上的**摇缸发动机**（Rocking cylinder engine）机构，利用气缸（杆 4）的摆动，蒸汽得以经由机架（杆 3）上的通口自动推入或排出气缸，而无须使用阀门与阀门机构。此种机构应用于冰箱的压缩机中。

图 5-17 所示为图 5-11d 所示机构的应用机构，是一种**手摇泵**（Hand pump）机构，杆 2 延伸形成泵的手柄，杆 4 为固定杆，杆 1 则为活塞，用来打水。

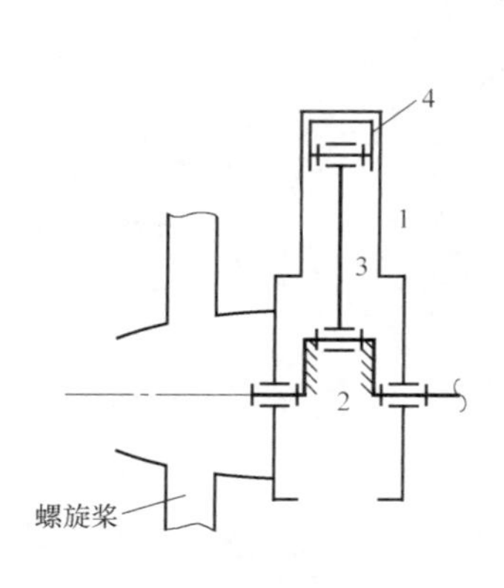

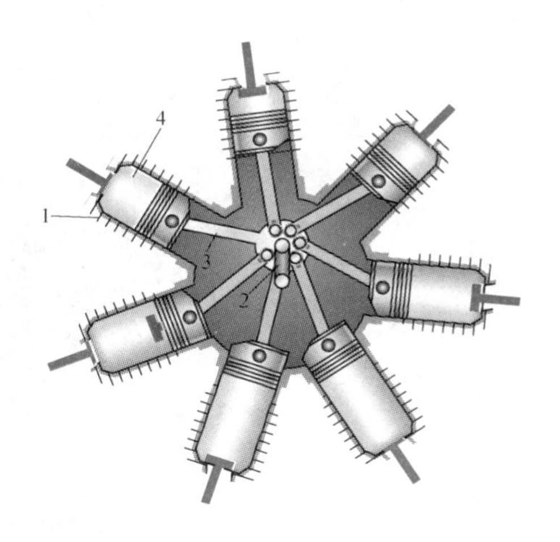

图 5-15 旋缸式发动机机构

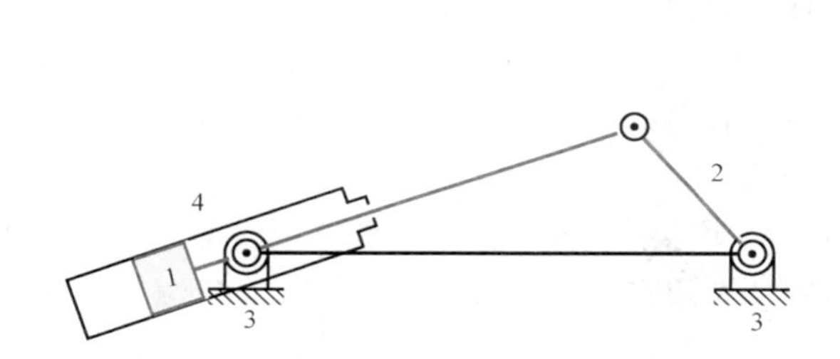

图 5-16 摇缸发动机机构

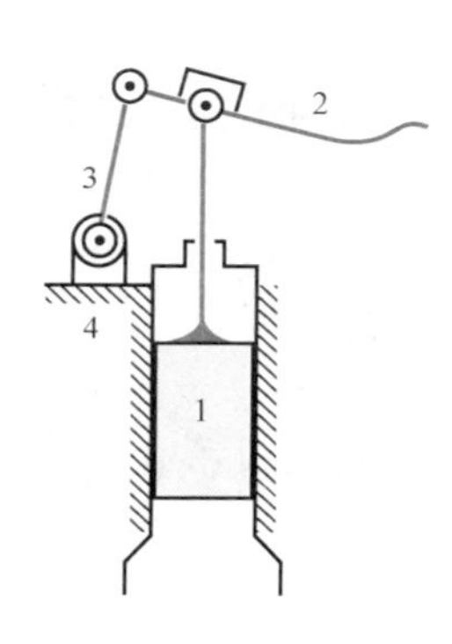

图 5-17 手摇泵机构

例 5-2 **有一个偏置曲柄滑块机构，其曲柄长为 200mm、连杆长为 600mm、偏距为 50mm，试计算出滑块的冲程及曲柄滑块机构的最大与最小传动角。**

解：1）滑块的冲程为滑块在两极限位置间的距离，即：

$$冲程=\sqrt{(600+200)^2-50^2}\,\text{mm}-\sqrt{(600-200)^2-50^2}\,\text{mm}=401.57\text{mm}$$

2）与滑块等效的连杆杆长为无穷大，即绕着位于无穷远的铰链旋转，所以偏置曲柄滑块机构的传动角，在输入杆的位置为 270°时最小，在输入杆的位置为 90°时最大，如图 5-18 所示，即：

$$\mu_{\min}=90°-\arcsin\frac{200+50}{600}=65.38°$$

$$\mu_{\max}=90°+\arcsin\frac{200-50}{600}=104.48°$$

5.2.2 双滑块四杆机构 Four-bar linkage mechanisms with double sliders

具有两个移动副与两个转动副的四杆运动链，称为**双滑块四杆运动链**（Four-bar kine-

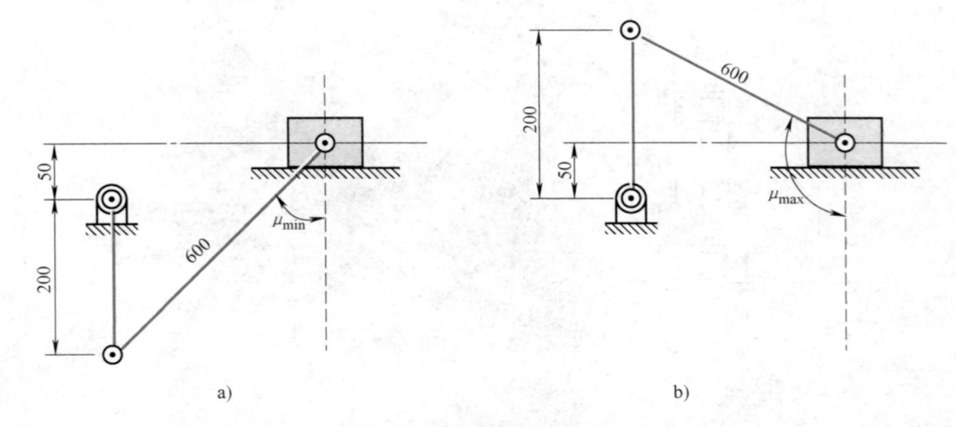

图 5-18 偏置曲柄滑块机构最大与最小传动角［例 5-2］

matic chains with double sliders），根据运动副的连接次序有 PRRP、RPRP 两种不同的运动链，分别如图 5-10b、c 所示。另外，在各种倒置机构中，因导槽的形状（直线或圆弧）与导槽夹角的不同，又有不同形式的变化。

若选择图 5-10b 所示 PRRP 型双滑块四杆运动链中的杆 1 为固定杆，则得到图 5-19 所示的机构。若导槽的夹角 $\varphi=90°$，则形成图 5-20 所示的**椭圆规**（Elliptic trammel），其为绘制椭圆的仪器，杆 3 上任一点 c 的路径为椭圆；若点 c 位于 a、b 两个转动副的中间（即点 c'），则其路径为正圆。

若选择图 5-10b 所示 PRRP 型双滑块四杆运动链中的杆 3 为固定杆，则所形成的机构可作为制椭圆用夹盘，也可作为欧丹联轴器。**制椭圆用夹盘**（Elliptic chuck）的结构如图 5-21 所示，杆 4 为主动杆，杆 1 以移动副与杆 2 和 4 邻接，杆 1 上各点相对于固定杆 3 的路径为椭圆。应用时将杆 3 固定在车床机体上，杆 4 的轴则锁定于车床心轴鼻端由心轴带动，工件则固定在杆 1 上。由于圆盘（杆 1）上各点的路径为椭圆，因此固定在圆盘 1 上的工件可由刀具切削成椭圆外廓。

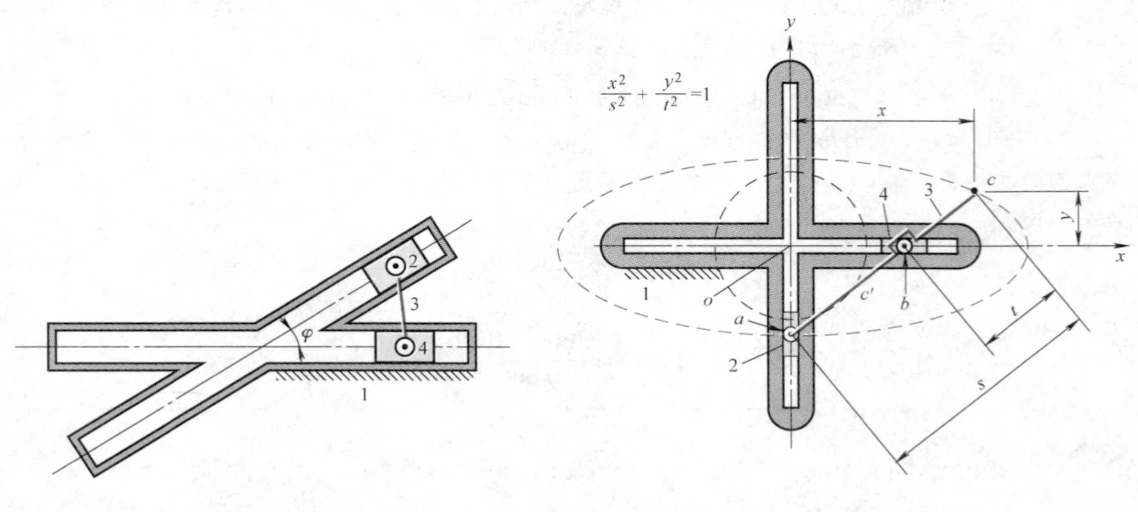

图 5-19 PRRP 双滑块四杆机构

图 5-20 椭圆规

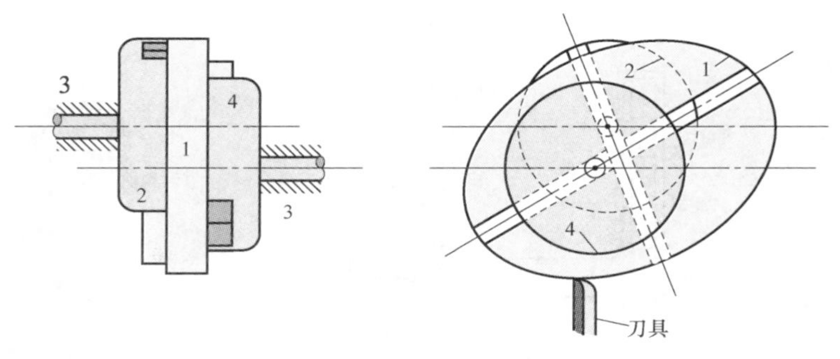

图 5-21 **制椭圆用夹盘**

欧丹联轴器（Oldham coupling）可用来作平行但不共线轴间的传动，其互相嵌合滑动的键槽大多为直线形，如图 5-22a、b 所示，其机构简图如图 5-22c 所示，杆 2 和杆 4 夹一定角度 β，即 $\theta_4=\theta_2+\beta$，且杆 1 在杆 2 和杆 4 上滑动，因此各杆件间仅做相对滑动，故输入轴（杆 2）、输出轴（杆 4）、中间浮盘（杆 1）的角速度均相同，做等角速度运动。

若选择图 5-10b 所示 PRRP 型双滑块四杆运动链中的杆 2 为固定杆，则所得的机构称为**苏格兰轭**（Scotch yoke），如图 5-23a 所示，相当于连杆为无限长的曲柄滑块机构。当 $\beta=90°$且输入杆（杆 3）以等角速度旋转时，滑块（杆 1）做**简谐运动**（Simple harmonic motion）。此机构用于模拟简谐振动的试验机中，也可用来驱动蒸汽泵与压缩机等。由于增加了滑块的摩擦，机械效率较低，在应用上仅适用于轻载荷下操作的小型机器。图 5-23b 所示为一苏格兰轭模型。

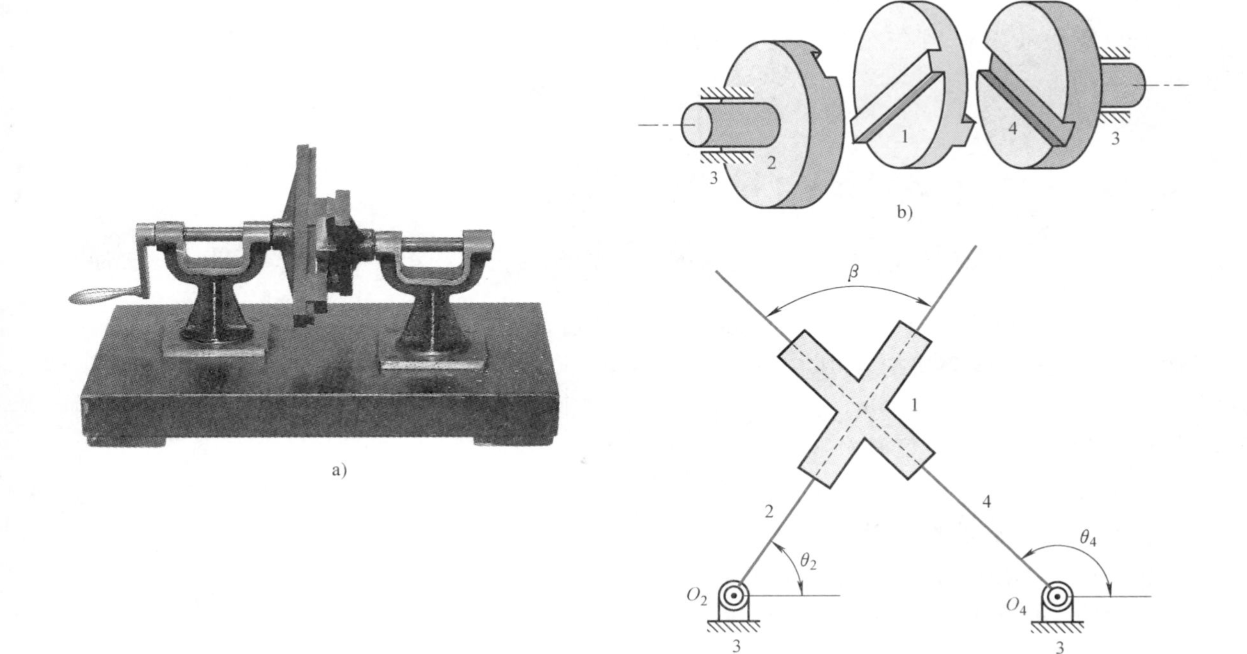

图 5-22 **欧丹联轴器**

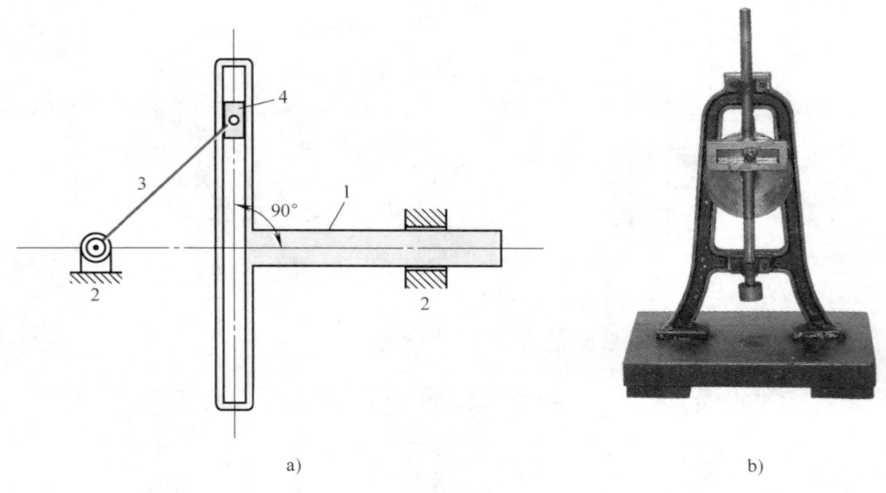

图 5-23 **苏格兰轭**

图 5-10c 所示为 RPRP 型双滑块四杆运动链，以固定杆 1 所得的机构较为有名。图 5-24 所示为一种船用操舵机构，称为**拉普森滑行装置**（Rapson slide）；方向舵安装在十字头上（图上未示出），杆 2 为操作杆或舵柄，滑块 4 经由滑块 3 的传递，使方向舵偏转。当舵柄偏转较大时，此机构能自动提供一较大的杠杆作用，以克服波浪作用在舵上的较大转矩，而做转向运动。

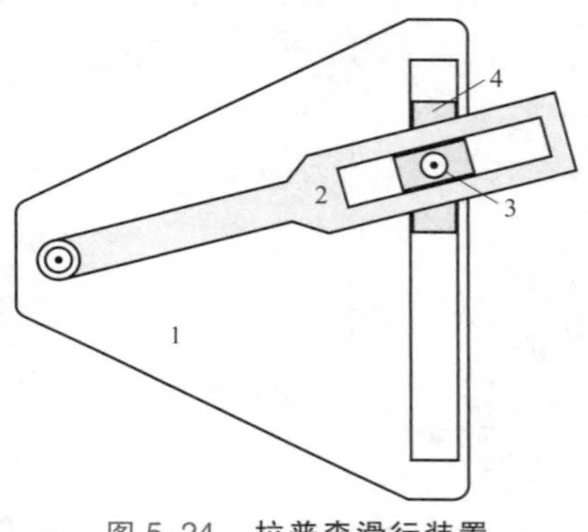

图 5-24 **拉普森滑行装置**

5.3 复杂连杆机构

Complex linkage mechanisms

复杂连杆机构（Complex linkage mechanism）通常包含四杆机构或由多组四杆机构连接而成，故也称为**多环机构**（Multi-loop mechanism）。

六杆机构（Six-bar linkage mechanism）是指具有六个构件的机构，是一类仅次于四杆机构的重要单自由度连杆机构。当四杆机构不满足应用上的需求，或在应用上须有较大的弹性以便与其他连杆或构件相配合时，较经济的选择就是使用六杆机构。若运动副均为转动副，则图 2-13a 所示的三种（6，7）运动链中，仅有两种可供应用，即**瓦特型运动链**（Watt chain）与**史蒂芬森型运动链**（Stephenson chain），分别如图 5-25a、

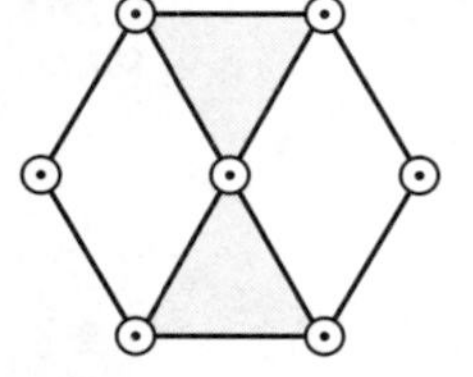

a) 瓦特型运动链

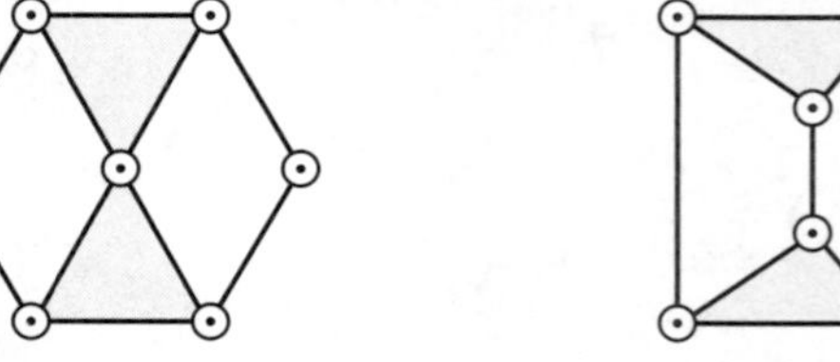

b) 史蒂芬森型运动链

图 5-25 **六杆七副（6，7）运动链**

b 所示。根据此两种运动链，若固定不同的杆件，则可得到五种不同形态的**六杆机构**（Six-bar linkage），分别称为瓦特Ⅰ型、瓦特Ⅱ型、史蒂芬森Ⅰ型、史蒂芬森Ⅱ型以及史蒂芬森Ⅲ型，分别如图 5-26a～e 所示。图 5-27 所示为瓦特Ⅱ型六杆机构在橱柜铰链机构中的应用，图 3-1 和图 5-28 所示则分别为六杆机构在摩托车后悬挂机构及窗户开启装置上的应用。

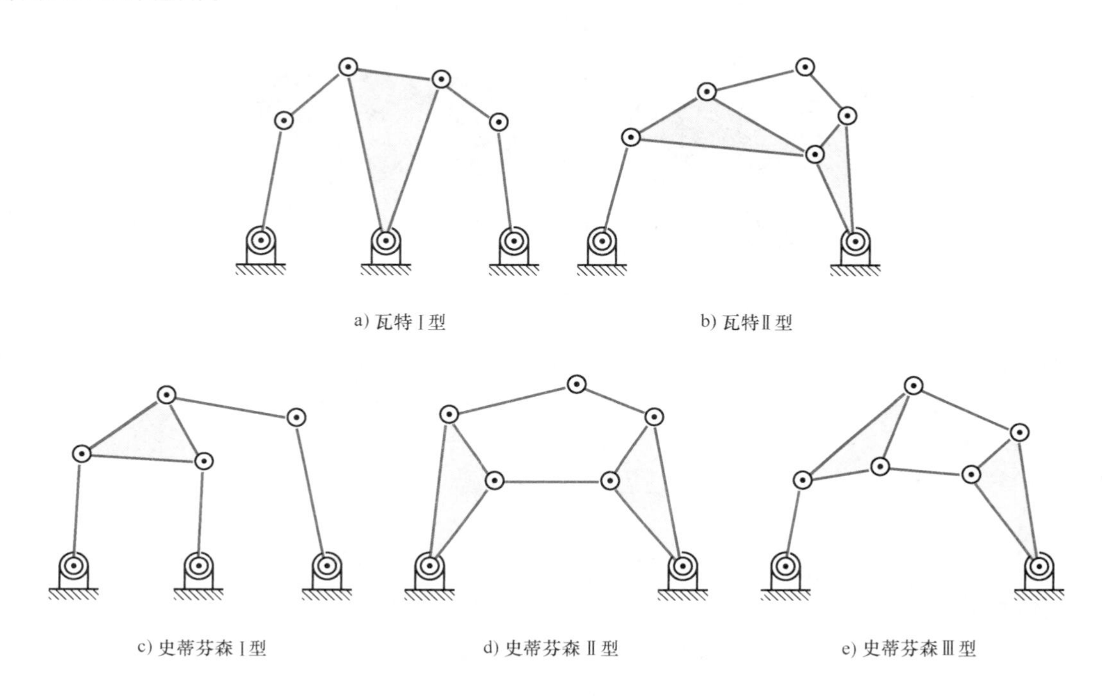

图 5-26 六杆机构

单自由度的**八杆机构**（Eight-bar linkage mechanism）有 10 个运动副，若运动副均为转动副，则（8，10）运动链有 16 种，可从图 2-15 中得到。若选取不同运动链的不同杆件为固定杆，则可得到数十种可供应用的**八杆机构**（Eight-bar linkage）。图 3-2 所示的飞机前起落架收放机构，就是一种含单滑块的八杆十副（8，10）机构。

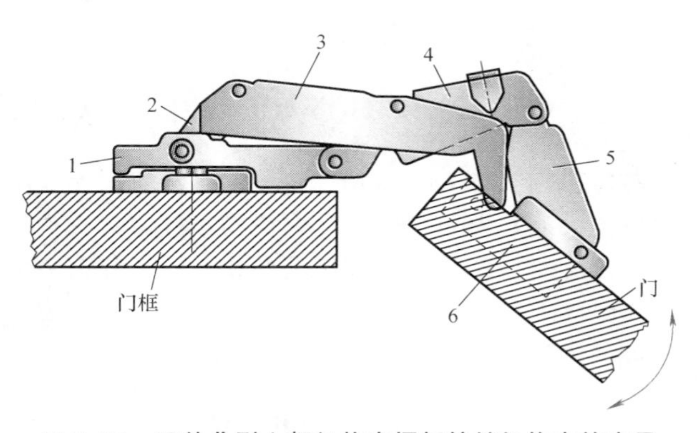

图 5-27 互特Ⅱ型六杆机构在橱柜铰链机构中的应用

大于八杆的连杆机构，常因工程上的需要而散见于各种设计中。图 3-7 所示的飞机水平尾翼操纵机构，即是一个具有 3 个自由度的 14 杆、18 单副（14，18）的复杂连杆机构；而图 5-29 所示为一种四条腿的步行机器马机构，每条腿均是一个 8 杆、10 副连杆机构，因四条腿共享一个曲柄与拖车，再加上车轮与地面，整个步行机器马机构的总杆数达 28 个。

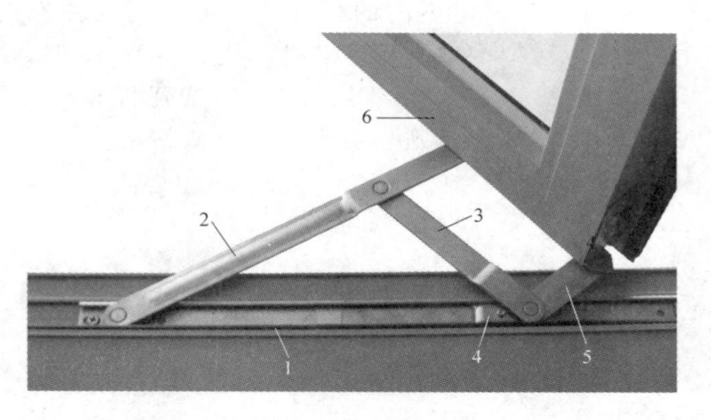

图 5-28　六杆机构在窗户开启装置上的应用

本章以下各节所介绍的连杆机构大多为复杂连杆机构的应用。

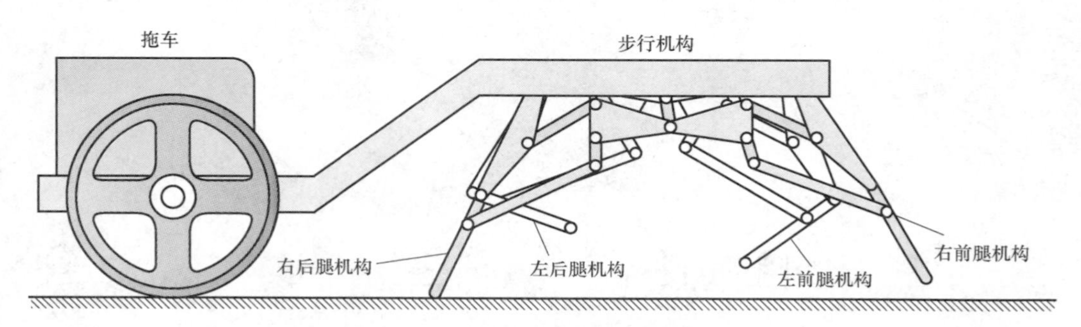

图 5-29　四条腿的步行机器马机构

5.4 急回机构 Quick-return mechanisms

急回机构（Quick-return mechanism）应用于机床中，大多是由一个四杆机构与一个曲柄滑块机构，或是由一个曲柄滑块机构与其倒置机构所组成的复杂连杆机构。当驱动曲柄以等角速度旋转时，能为做往复运动的切削刀具提供一个慢的工作冲程及一个快的返回冲程以节省工作时间。切削冲程与返回冲程所需的时间比值，称为**时间比**（Time ratio），其值恒大于1。以下介绍四种常用的急回机构。

5.4.1 牵杆机构 Drag link mechanism

牵杆机构（Drag link mechanism）是由双曲柄机构与曲柄滑块机构复合而成的，如图5-30所示。当主动杆（杆 2）以等角速度逆时针方向旋转时，滑块（杆 6）做左右往复直线运动，产生较慢的工作冲程（$c_1 \rightarrow c_2$）与较快的返回冲程（$c_2 \rightarrow c_1$）。此时，较慢的工作冲程主动杆转动角度为 φ_W，较快的工作冲程主动杆转动角度为 φ_R，由于主动杆（杆 2）以等角速度旋转，因此时间比为 φ_W / φ_R。

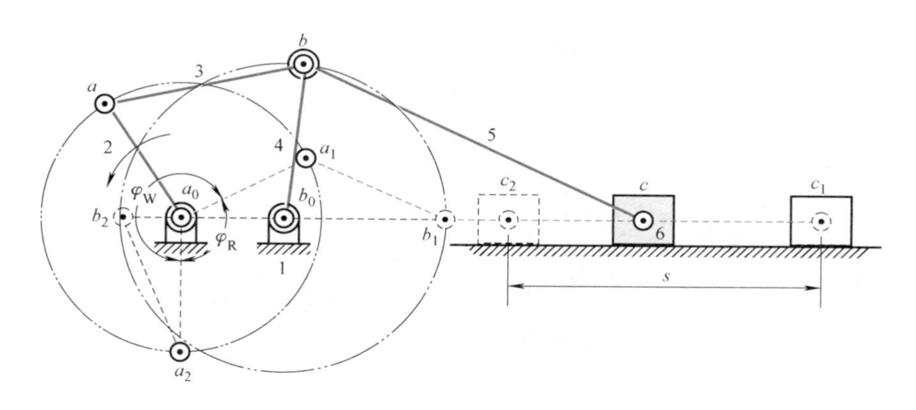

图 5-30 **牵杆机构**

5.4.2 惠氏急回机构 Whitworth quick-return mechanism

惠氏急回机构（Whitworth quick-return mechanism）是由图 5-11b 所示的单滑块四杆机构与曲柄滑块机构复合而成的，如图 5-31 所示。当曲柄（杆 2）以等角速度做整周顺时针方向旋转运动时，滑块（杆 6）的冲程 $c_1 \rightarrow c_2$ 为工作冲程，而 $c_2 \rightarrow c_1$ 为返回冲程，时间比为 φ_W/φ_R。

5.4.3 牛头刨床急回机构 Crank-shaper quick-return mechanism

牛头刨床急回机构（Crank-shaper quick-return mechanism）是由图 5-11b 所示的单滑块四杆机构与曲柄滑块机构复合而成的，如图 5-32 所示。当曲柄（杆 2）以等角速度做整周逆时针方向旋转运动时，滑块（杆 6）的冲程 $c_1 \rightarrow c_2$ 为工作冲程，而 $c_2 \rightarrow c_1$ 为返回冲程，时间比为 φ_W/φ_R。

a) 机构模型

图 5-31 **惠氏急回机构**

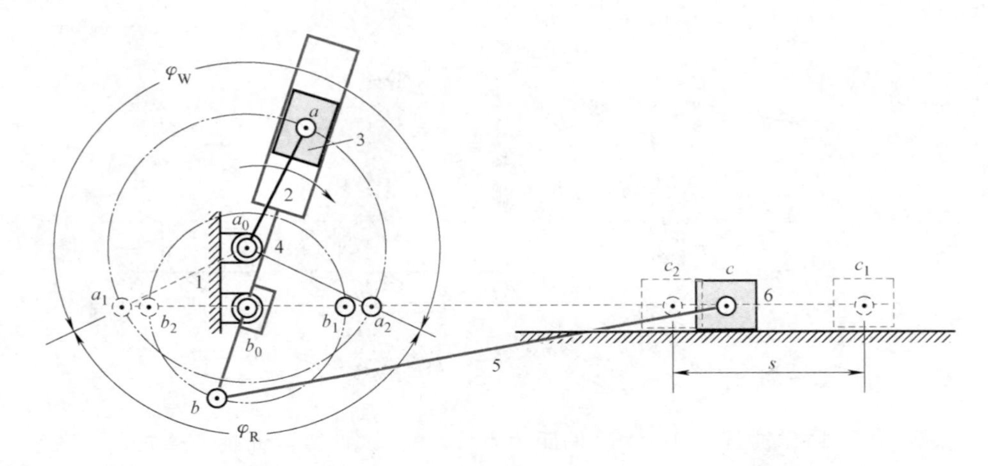

b) 机构简图

图 5-31 **惠氏急回机构**（续）

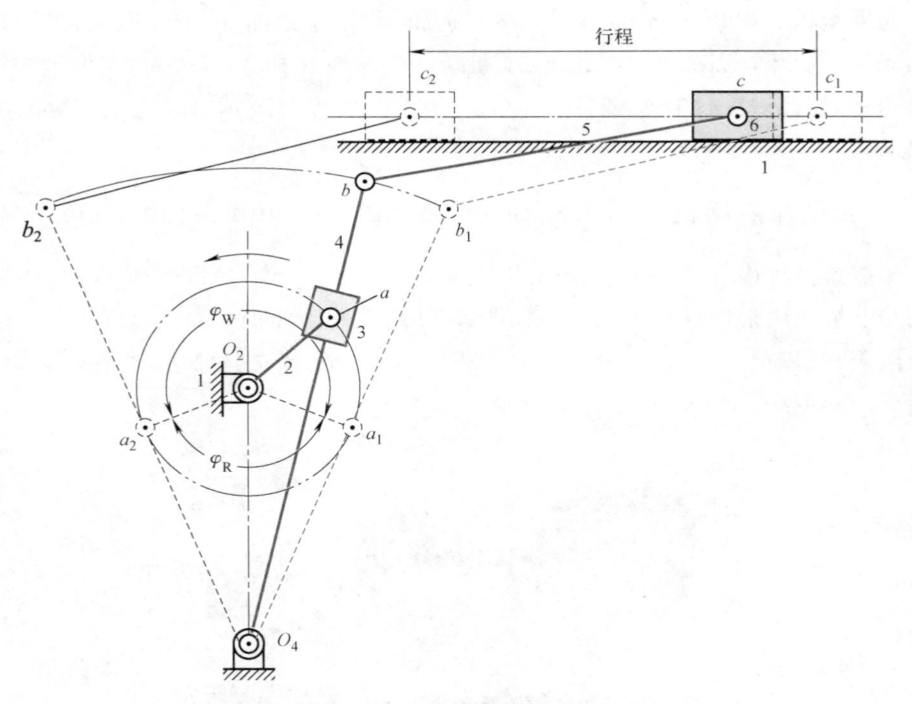

图 5-32 **牛头刨床急回机构**

5.4.4 偏置曲柄滑块机构 Offset slider-crank mechanism

图 5-12b 所示为**偏置曲柄滑块机构**（Offset slider-crank mechanism），当曲柄（杆 2）与连杆（杆 3）共线时，滑块在两端极限位置，如图 5-33 所示。若用在机床中，以产生预期的急回效果，则滑块（杆 4）的冲程 $c_1 \to c_2$ 为工作冲程，而 $c_2 \to c_1$ 为返回冲程，时间比为 φ_W / φ_R。

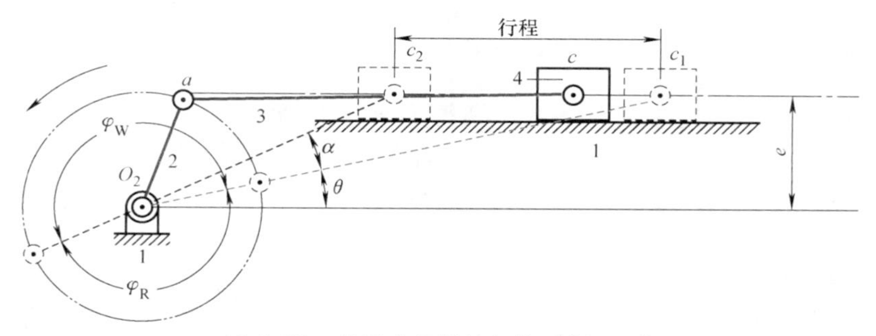

图 5-33 偏置曲柄滑块机构［例 5-3］

例 5-3 如图 5-33 所示，有一可作为急回机构的偏置曲柄滑块机构，其时间比为 13/11，冲程为 10cm，偏距为 $5\sqrt{3}$cm，试计算其曲柄与连杆的长度。

解：1）由时间比与图 5-33 可得：

$$\frac{\varphi_W}{\varphi_R}=\frac{180°+\alpha}{180°-\alpha}=\frac{13}{11} \tag{5-13}$$

由式（5-13）可解得 $\alpha=15°$。

2）由余弦定理可得：

$$(r_3+r_2)^2+(r_3-r_2)^2-2(r_3+r_2)(r_3-r_2)\cos\alpha=10^2 \tag{5-14}$$

即

$$(2-2\cos\alpha)r_3^2+(2+2\cos\alpha)r_2^2=100 \tag{5-15}$$

将 $\alpha=15°$代入式（5-15）可得：

$$0.068r_3^2+3.93r_2^2=100 \tag{5-16}$$

3）由正弦定理可得：

$$\frac{10}{\sin\alpha}=\frac{r_3-r_2}{\sin\theta} \tag{5-17}$$

即

$$\sin\theta=\frac{r_3-r_2}{10}\sin\alpha \tag{5-18}$$

4）偏距与杆长的关系可表示为：

$$(r_3+r_2)\sin\theta=5\sqrt{3} \tag{5-19}$$

将式（5-18）代入式（5-19）可得：

$$r_3^2-r_2^2=334.6 \tag{5-20}$$

5）联立解式（5-16）和式（5-20），可得连杆与曲柄的长度分别为 $r_3=18.81$cm，$r_2=4.39$cm。

5.5 平行导向机构

Parallel motion mechanisms

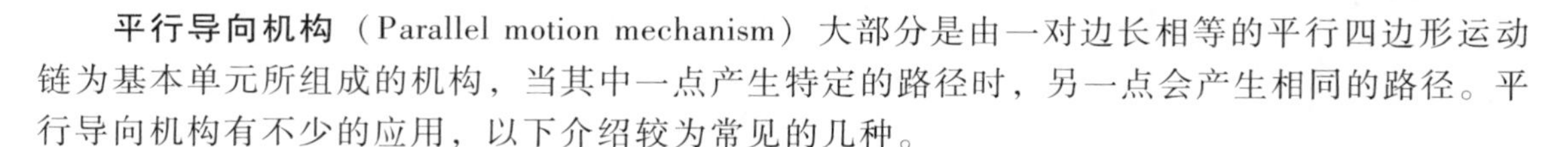

平行导向机构（Parallel motion mechanism）大部分是由一对边长相等的平行四边形运动链为基本单元所组成的机构，当其中一点产生特定的路径时，另一点会产生相同的路径。平行导向机构有不少的应用，以下介绍较为常见的几种。

5.5.1 平行四边形机构 Parallelogram

固定平行四边形运动链中的某一杆，便得到**平行四边形机构**（Parallelogram），其用来产生输入杆与输出杆的平行旋转运动及连杆沿着圆弧的平移运动。平行四边形机构可应用于天平机构（图5-34）、家具橱柜收放机构（图5-35）、码头扶桥机构（图5-36）、加工中心的自动换刀装置（图5-37）。图5-37所示为加工中心的**自动换刀装置**（Automatic tool changer, ATC），该自动换刀装置将刀库刀套与换刀臂合二为一，每支换刀臂上都有一把刀具环绕在主轴上端，且每支换刀臂均为平行四杆机构的连杆，由一个单独的气动单元带动，利用平行四杆机构在运动时连杆只有平移没有旋转的运动特性来换刀。当刀具脱离主轴时，气缸动作将旧刀具移出，此时另一只气缸开始动作，将新刀具置于主轴正下方，主轴头再向下移动抓住刀具完成换刀。

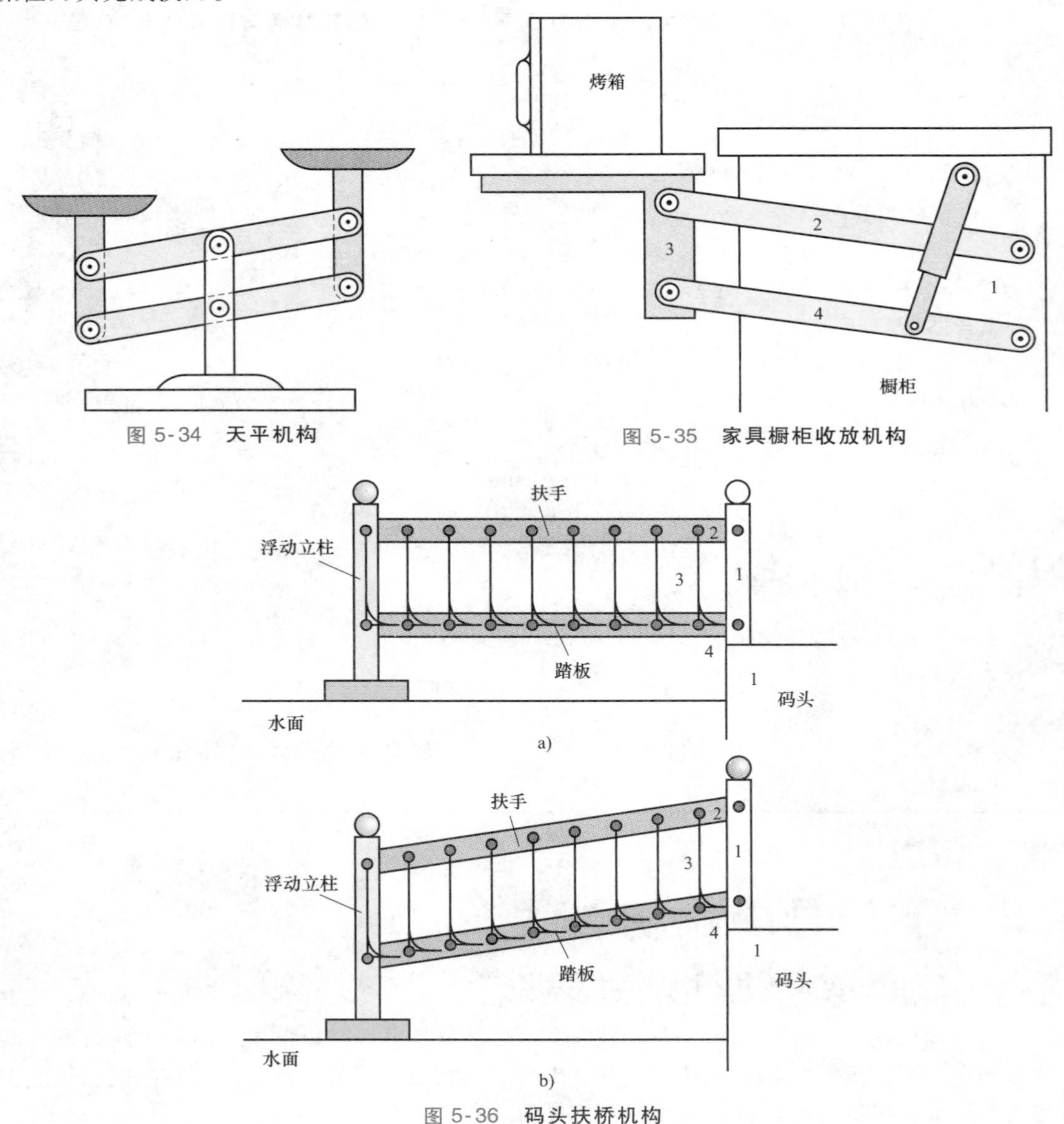

图5-34 **天平机构**

图5-35 **家具橱柜收放机构**

图5-36 **码头扶桥机构**

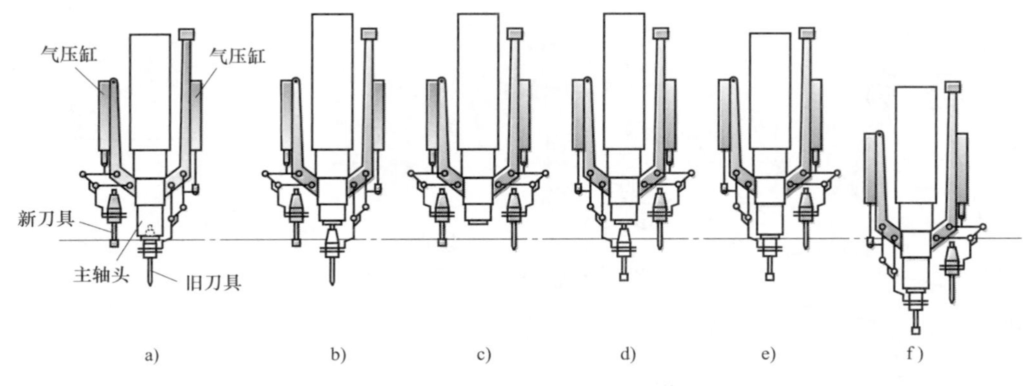

图 5-37 **加工中心的自动换刀装置**

另外，**万能制图仪**（Universal drafting machine）也是一种常见的平行四边形机构，由 a_0abb_0 和 $cdef$ 两个平行四边形机构构成，如图 5-38 所示。若将杆 a_0b_0 固定在绘图板上，则推动杆 7 时，其上的直尺就做平行位移运动，以绘制平行线。图 5-39 所示为古代画平行线用的四杆界尺。图 5-40 所示为一**签名机构**（Signing mechanism），其结构与万能绘图仪相似，使用时将笔插满平板（杆 7）上所有的笔洞，而签名者只需在 s 处签名，即可得到 12 份签名单。

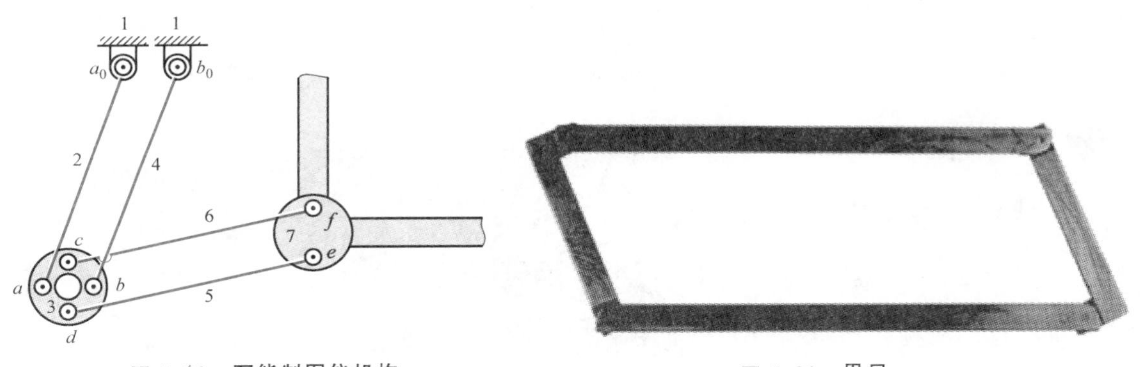

图 5-38 **万能制图仪机构**

图 5-39 **界尺**

5.5.2 缩放仪 Pantograph

在平行四边形运动链的任何杆（或延长杆）上，任取一点（不论是否为运动副）作为固定铰链，并由此点作任意一直线与其他杆相交，所得交点将做一定比例关系的相似运动，如此所得的机构称为**缩放仪**（Pantograph），常用于图形放大与缩小的复制工作，也可用于钢笔刻名机。图 5-41 所示为基本缩放仪机构，$abcd$ 为一平行四边形运动链，o 为杆 2 延长线上的一点，也是固定铰链，通过点 o 画一射线分别交杆 3、杆 4、杆 5 于点 S、点 P、点 T，由几何关系可证明，S、P、T 三点所画出的图形恒成正比。较复杂的缩放仪机构由数个基本缩放机构组成。图 5-42 所示的**伸缩铁**（Lazy tongs）机构，用于需要非常大比例的运动，如长冲程发动机压力与容积指示图的绘制；而图 5-43 所示为剪式安全门机构。

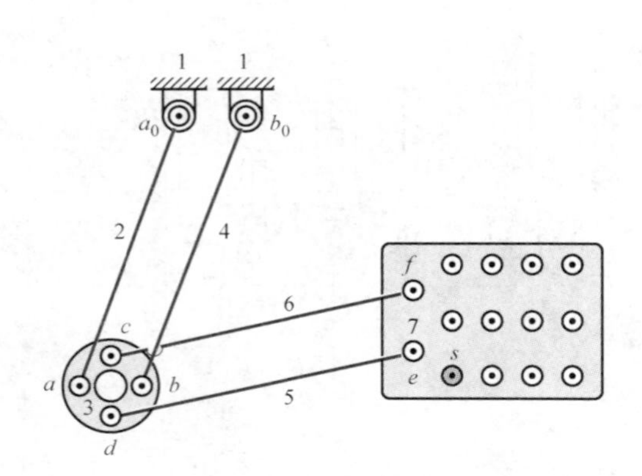

图 5-40 签名机构

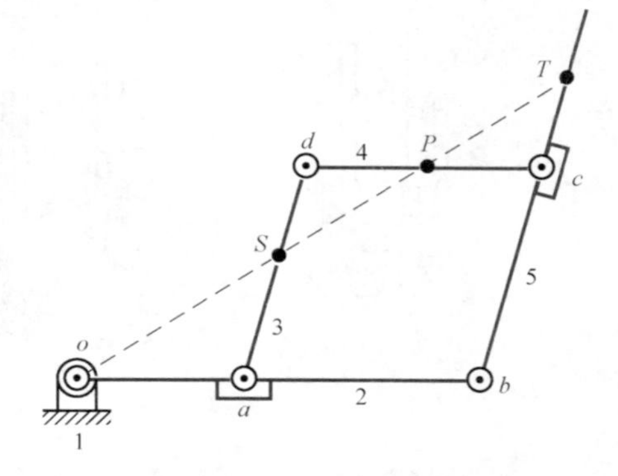

图 5-41 基本缩放仪机构

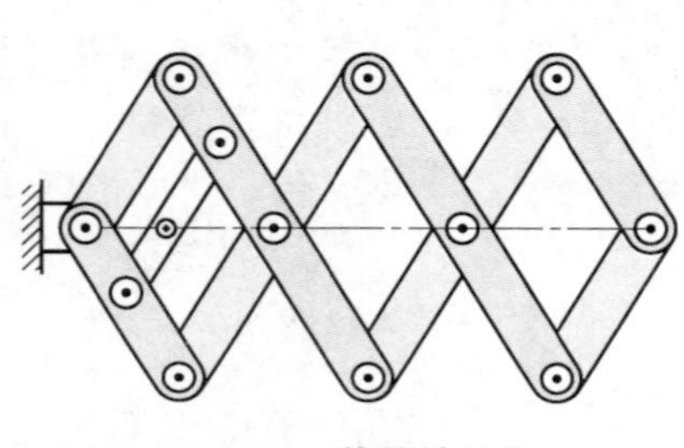

图 5-42 伸缩铁机构

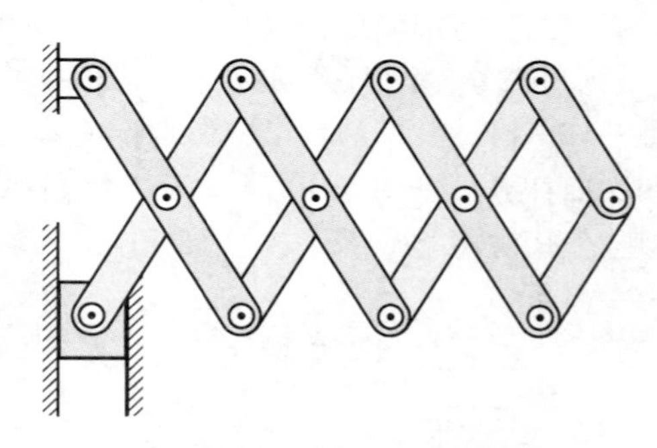

图 5-43 剪式安全门机构

*5.6 直线运动机构 Straight-line motion mechanisms

直线运动机构是指机构中某杆上的某点，不需要通过直线导槽的引导，而能一直保持直线运动的机构。早期平面导槽还不能精确加工制造以前，大部分的直线运动机构便已设计出来。如今这些直线运动机构虽然不如过去那般重要，但因其具有优于导槽的低摩擦阻力与准确性，仍然具有应用价值。直线运动机构所产生的直线，可分为**精确直线**（Exact straight line）与**近似直线**（Approximate straight line）两类。以下介绍几种著名的设计。

5.6.1 司罗氏直线机构 Scott-Russell's straight-line mechanism

司罗氏直线机构（Scott-Russell's straight-line mechanism）为一曲柄滑块机构，杆长比例为$\overline{a_0a}=\overline{ab}=\overline{ac}$，点 c 的路径为通过点 a_0 的精确直线，如图 5-44 所示。

5.6.2 哈氏直线机构 Hart's straight-line mechanism

哈氏直线机构（Hart's straight-line mechanism）为一种含六杆、七副的连杆机构，是对边等长的反平行四边形运动链的一种应用实例，如图 5-45 所示。其特殊几何关系为$\overline{a_0b_0}=\overline{b_0b}$、$\overline{ad}=\overline{ce}$、$\overline{ac}=\overline{de}$。令点 T 为 a_0b 延长线与 ce 的交点，因为 $acde$ 恒为等腰梯形，故 a_0、b、T 三点恒在一条直线上，且恒与 cd 和 ae 平行。机构运动时，点 T 的路径为一个垂直于 a_0b_0 的精确直线。

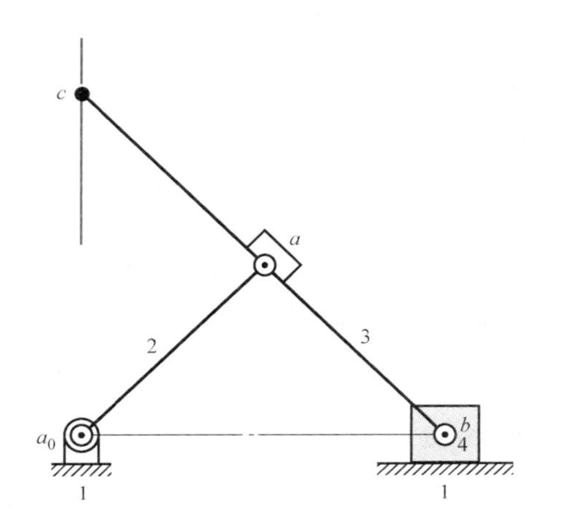

图 5-44 **司罗氏直线机构**

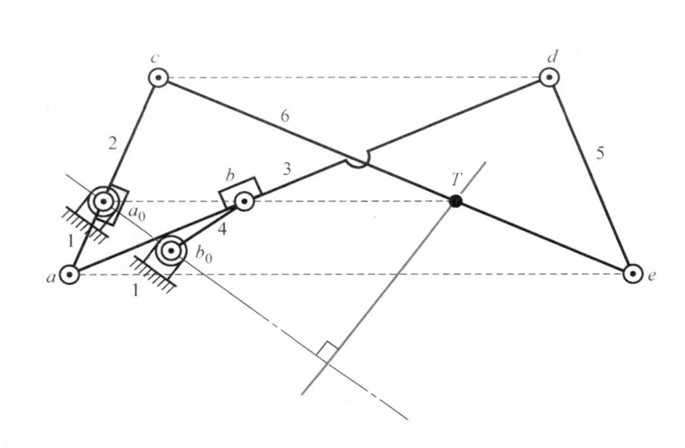

图 5-45 **哈氏直线机构**

5.6.3 波氏直线机构 Peaucellier's straight-line mechanism

波氏直线机构（Peaucellier's straight-line mechanism）为一种含八杆、十副的连杆机构，如图 5-46 所示。运动时，点 c 在通过点 c 和与固定铰链a_0b_0 垂直的直线上做精确直线运动，可作为邻边等长的四杆运动链的一种应用实例。在等腰四杆运动链 a_0acd 加上杆 6 和 7，形成菱形 $acdb$，杆 bb_0（和固定杆 a_0b_0 等长）能绕点 b 做圆周运动，各等长杆的关系为$\overline{ab}=\overline{ac}=\overline{bd}=\overline{cd}$、$\overline{a_0a}=\overline{a_0d}$、$\overline{a_0b_0}=\overline{b_0b}$。

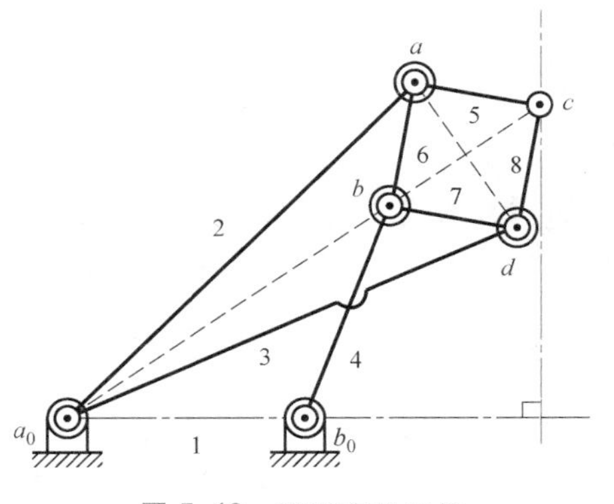

图 5-46 **波氏直线机构**

5.6.4 肯氏直线机构 Kempe's straight-line mechanism

肯氏直线机构（Kempe's straight-line mechanism），如图 5-47 所示，是由四个风筝运动链对称布置而形成的十杆、十三副连杆机构，杆长比例关系为$\overline{a_0c_0}=\overline{c_0c}=\overline{bf}=\overline{df}=2\ \overline{a_0a}=2\ \overline{ab}=2\ \overline{ac}=2\ \overline{ad}=4\ \overline{a_0b_0}=4\ \overline{b_0b}=4\ \overline{ce}=4\ \overline{de}$。由于杆 8（$def$）仅能在铅垂方向上做平行于杆 1（$a_0b_0c_0$）的直线平移运动，杆 8 上任意点的路径均为精确直线。肯式直线机构也是一种平行导向机构。

5.6.5 沙氏直线机构 Sarrut's straight-line mechanism

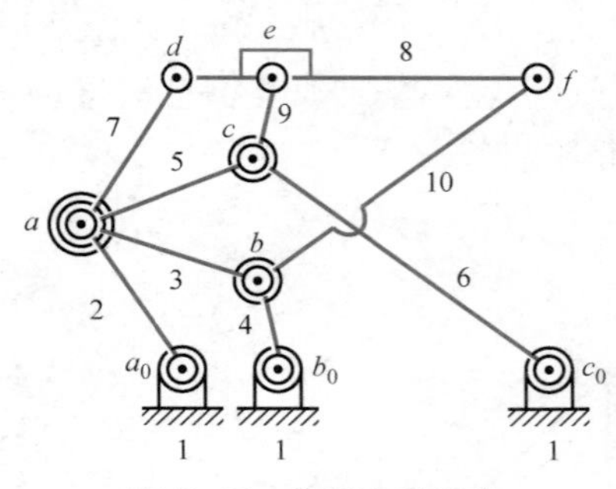

图 5-47 肯氏直线机构

沙氏直线机构（Sarrut's straight-line mechanism）是一个空间六杆、六副的机构，包括两组各有三个转轴互相平行的转动副，如图 5-48 所示。由于杆 6 仅能在铅垂方向上做平行于杆 1 的直线平移运动，杆 6 上任意点的路径均为精确直线。沙式直线机构也是平行导向机构。

5.6.6 伊氏直线机构 Evans' straight-line mechanism

伊氏直线机构（Evans' straight-line mechanism）俗称**蚱蜢机构**（Grasshopper mechanism），通过用一摇杆（杆 4）取代司罗氏机构的滑块演化而成（图 5-49），摇杆越长，点 c 的路径越接近直线。在应用上，运动副 b 并不位于杆 3 的中点。此机构最早作为发动机机构，可实现用一很短的曲柄产生大的冲程。

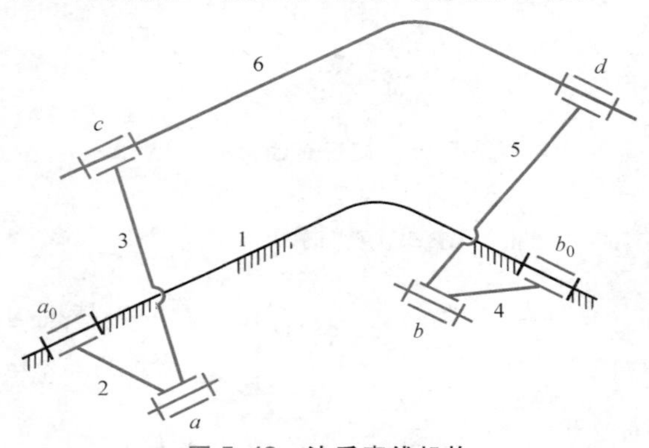

图 5-48 沙氏直线机构

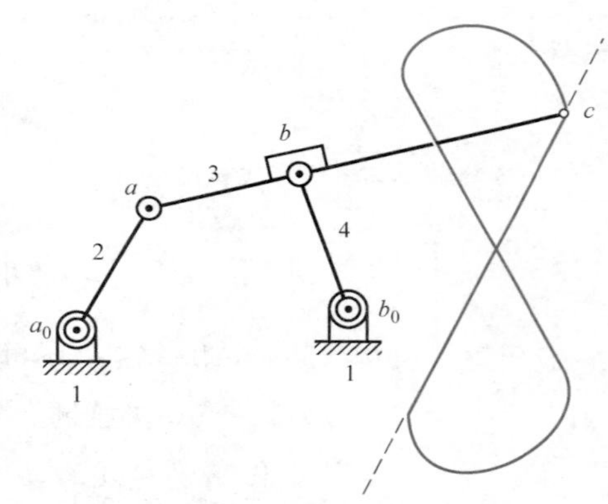

图 5-49 伊氏直线机构

5.6.7 罗伯氏直线机构 Robert's straight-line mechanism

罗伯氏直线机构（Robert's straight-line mechanism）是一个平面四杆机构，杆长比例为$\overline{a_0a}=\overline{b_0b}=\overline{ac}=\overline{bc}$、$\overline{a_0c}=\overline{b_0c}=\overline{ab}$，点 c 的路径中有一段为与 a_0b_0 重合的近似直线，如图 5-50 所示。当增大该机构高与宽的比例时，其直线运动部分的精确性也相对提高。

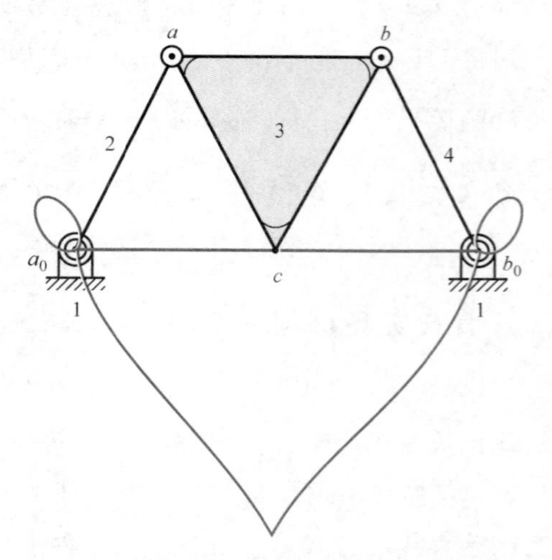

图 5-50 罗伯氏直线机构

5.6.8 切氏直线机构 Chebyshev's straight-line mechanism

切氏直线机构（Chebyshev's straight-line mechanism）也是一个平面四杆机构，杆长比例为$\overline{a_0a}=\overline{b_0b}=1.25\ \overline{a_0b_0}$、$\overline{a_0b_0}=2\ \overline{ab}$、$\overline{ac}=\overline{bc}$，点 c 的路径中有一段为与 a_0b_0 平行的近似直线，如图 5-51 所示。

5.6.9 瓦特氏直线机构 Watt's straight-line mechanism

瓦特氏直线机构（Watt's straight-line mechanism）也是一个平面四杆机构，若杆长的比例为$\overline{ac}:\overline{bc}=\overline{b_0b}:\overline{a_0a}$，则点 c 的路径为近似“8”字形，其中有两段近似直线，如图 5-52 所示。该机构最早由英国人瓦特（Watt）于 1782 年用在双驱型蒸汽发动机中；杆 2 和杆 3、摇杆 4 限制点 c 的路径，而点 c 则连接蒸汽发动机气缸的活塞杆。

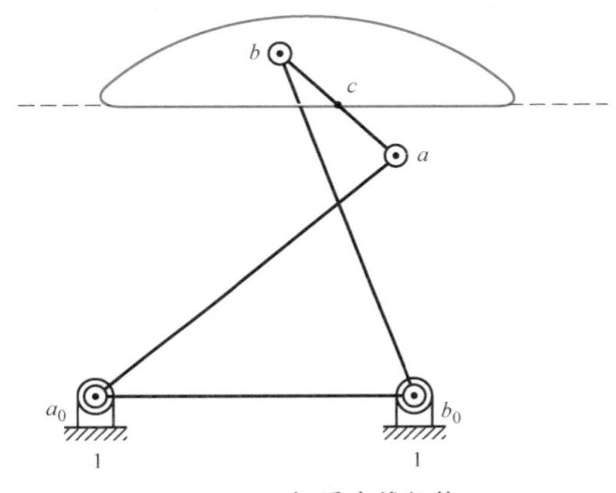

图 5-51 **切氏直线机构**

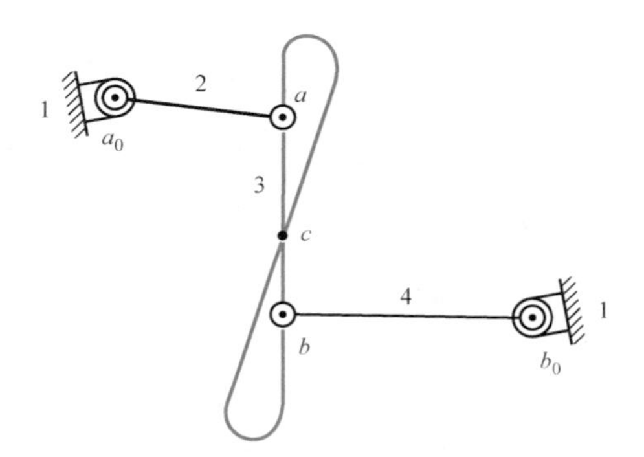

图 5-52 **瓦特氏直线机构**

5.7 肘杆机构 Toggle mechanisms

具有肘杆效应的机构称为**肘杆机构**（Toggle mechanism），使用于需要在短距离内产生极大力量的场合，如肘杆夹钳、碎石机、冲压机、铆钉机等。当机构在死点位置时，其中某些杆件相对于机架具有瞬时静止的特性，若选择这些静止杆为输入杆，而以死点机构的输入杆为输出杆，则输出杆将产生极大的力量。图 5-53 说明**肘杆效应**（Toggle effect）的原理，加在运动副 a 上的力 F_a 是用来克服运动副的反作用力 F_b 的；若忽略摩擦力的作用，则由静力平衡的原理可知，当杆 2 杆 3 共线，即 $\beta=0$ 时，F_b 为无穷大。

图 5-54 所示为四种不同形式的四杆型**肘杆夹**（Toggle clamp），其中图 5-54b、c 所示的机构以连杆（杆 3）为输入杆，而图 5-54d 所示机构的输出杆为滑块（杆 4）。杆型夹紧装置的特点在于操作简单，且夹紧点若选在超过两共线杆件的中心线上，则可不用其他方式也能发挥自锁机能。

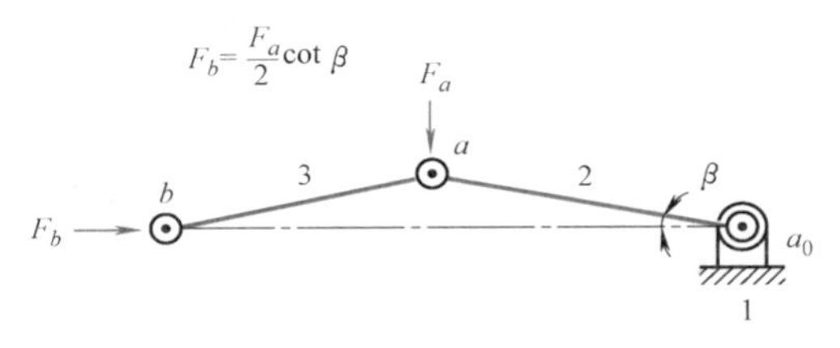

图 5-53 **肘杆作用**

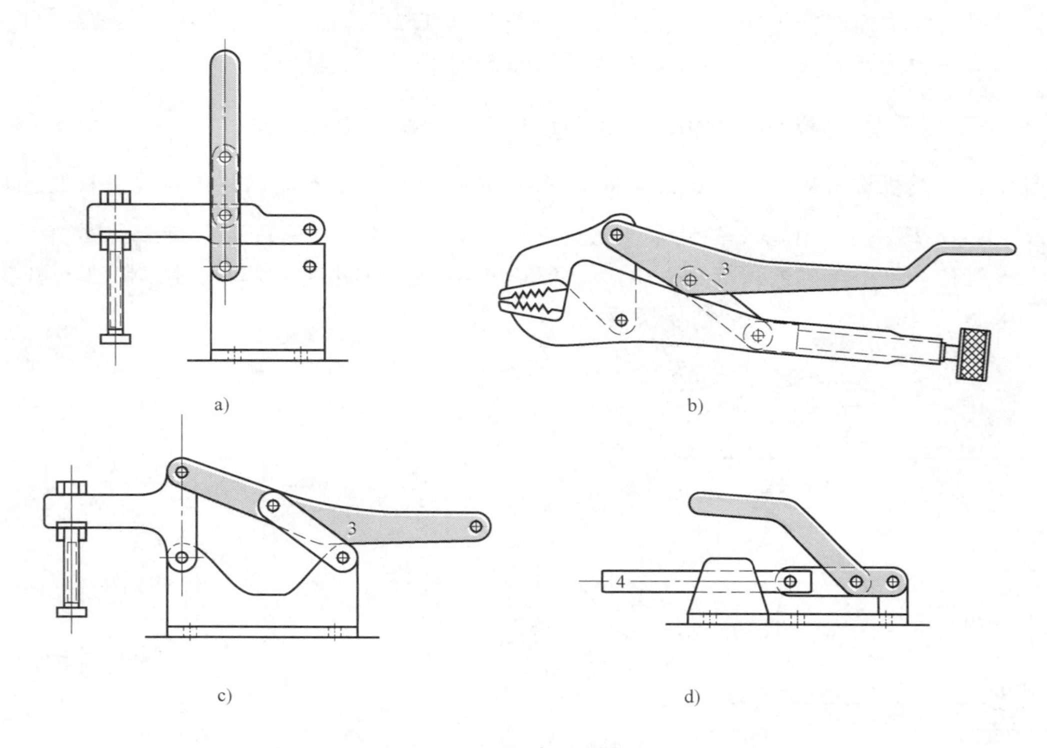

a) b) c) d)

图 5-54 四杆型肘杆机构

图 5-55a 所示为一种六杆型肘杆机构的模型，图 5-55b 所示为该机构在碎石机中的应用。当杆 2 达到冲程的最高位置时，杆 2 和杆 3 共线形成肘杆效应，同时杆 4 和杆 5 共线也可形成肘杆效应。利用此同时发生的两组肘杆效应，可产生极大力量以压碎石块。

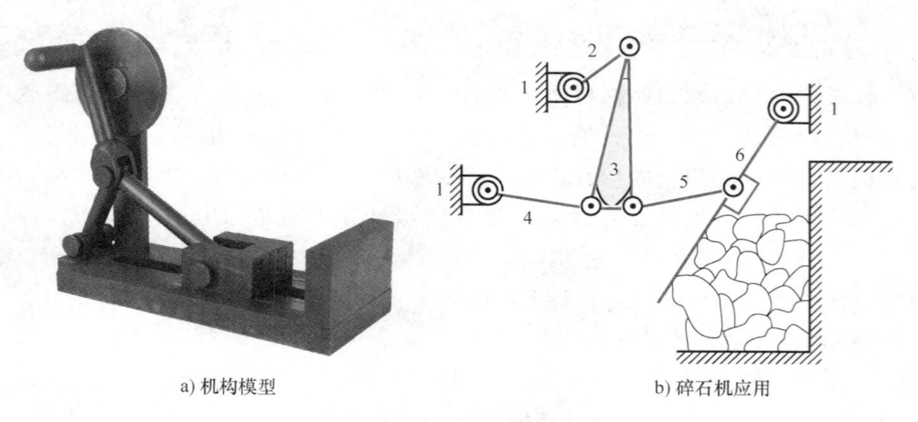

a) 机构模型　　b) 碎石机应用

图 5-55 六杆型肘杆机构

图 5-56a 所示为一种八杆型肘杆机构，作用时，杆 2 和杆 3 共线，且杆 6 和杆 7 共线，具有双重肘杆效应。图 5-56b 所示为一种具有三重肘杆效应的八杆型肘杆机构，作用时，杆 2 和杆 3、杆 4 和杆 5 共线，且杆 6 和杆 7 共线。

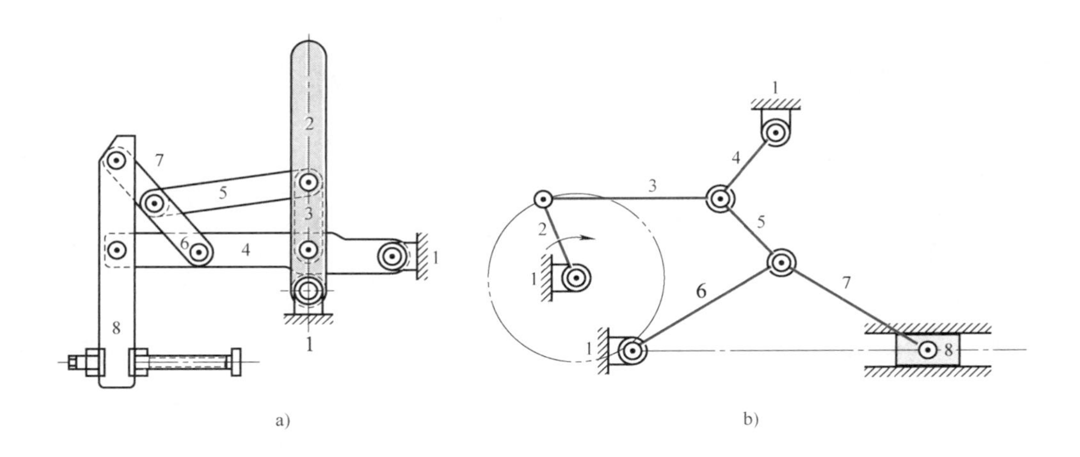

图 5-56 八杆型肘杆机构

5.8 球面机构 Spherical mechanisms

球面机构（Spherical mechanism）为一种特殊的空间机构，有不少的应用。本节介绍球面四杆机构及其衍生的机构。

5.8.1 球面四杆机构 Spherical four-bar linkage

球面四杆机构（Spherical four-bar linkage）为一具有四个转动副的空间四杆机构，所有转动副的轴线交于圆球的球心，且连杆均位于球的**大圆弧线**（Great circle line），如图 5-57a 所示。此种机构运动时，其杆上每一点的路径距球心的距离恒定，称为**球面运动**（Spherical motion）。另外，描述球面四杆机构时，通常以大圆弧线的球心角来取代球面上的杆长，如图 5-57b 的 φ_1、φ_2、φ_3、φ_4，这些球心角在机构运动时恒为定值。

图 5-57 所示的球面四杆机构是一个空间机构，具有四根杆（杆 1、2、3、4）与四个运动副（a_0、a、b、b_0），其运动副均为转动副；因此 $N=4$，$J_R=4$。根据空间机构自由度的计算公式（3-4），球面四杆机构的自由度为-2，即：

$$F_s=6(N-1)-5J_R=6\times(4-1)-5\times4=-2$$

理论上，球面四杆机构应是一个具有冗余约束的结构；但是由于四个转动副的轴线交于球心，符合特殊几何尺寸，因此是一个运动受到约束的**矛盾过约束机构**（Paradoxical over-constrained mechanism）。

平面四杆机构所有的运动形式，在球面四杆机构中均有其对应的形式。若以图 5-57a 中最短的杆 2 为输入曲柄，绕轴线 a_0o 做完整的旋转运动，则点 b 的路径为球面上的一个圆弧，而杆 4 做摇摆运动，故为空间的曲柄摇杆机构。用于天花板的一种旋转吊扇机构，也是球面四杆机构的一种应用。如图 5-57c 所示，电动机与转扇本体放在连杆（杆 3）上，电动

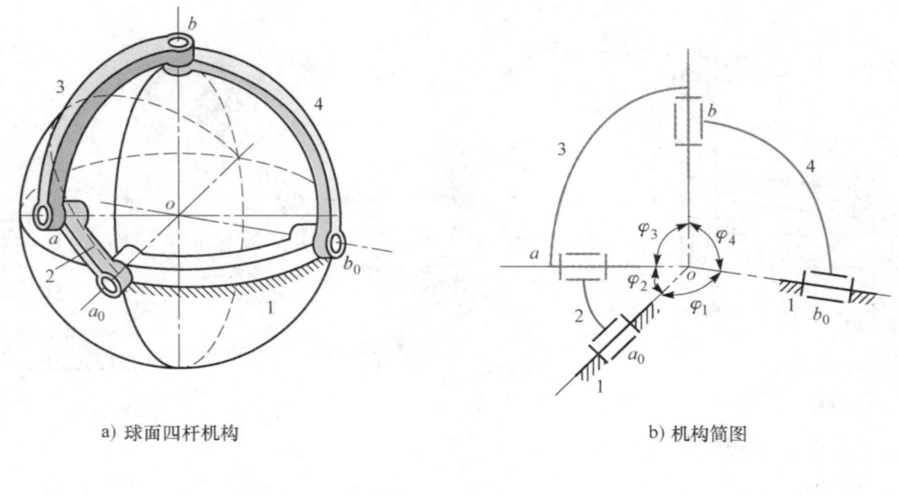

a) 球面四杆机构　　　　b) 机构简图

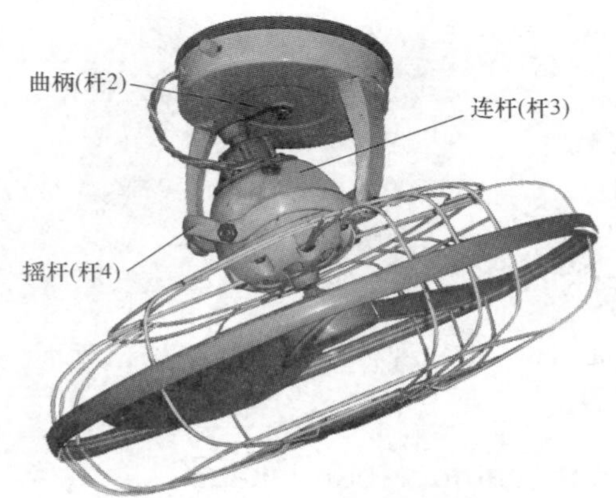

c) 天花板吊扇

图 5-57　球面四杆机构及应用

机减速后通过连杆（杆 3）与曲柄（杆 2）间的销带动曲柄做 360°旋转，使连杆产生绕圆锥面的运动，使电扇可将风吹到各个方向，此机构也是一种空间曲柄摇杆机构。

5.8.2　万向联轴器　Universal joint

球面四杆机构的另一种应用为**虎克铰**（Hooke's joint）。如图 5-58 所示，它由两个作为主动件与从动件的轭及一个“十”字形连杆构成，用来传输相交轴线的运动，俗称为**万向联轴器**（Universal joint）。输入杆（杆 2）和输出杆（杆 4）通过转动副 a 和 b 分别与杆 3 邻接，且运动副 a 和 b 的轴线互相垂直。此外，运动副 a_0 和 a 的轴线垂直，运动副 b_0 和 b 的轴线垂直。此三组垂直的轴线，构成了万向联轴器的特色，而由四根轴线交于固定点 o 可知，万向联轴器实际上为球面四杆机构的特例。

若以 θ_2 表示输入轴的角位移，以 θ_4 表示输出轴的角位移，以 β 表示输入轴与输出轴间的夹角，且起始位置为杆 4 的轭在轴线 2 和轴线 4 所决定的平面上时，则 θ_2 和 θ_4 的关系为：

$$\theta_4 = \arctan\frac{\tan\theta_2}{\cos\beta} \tag{5-21}$$

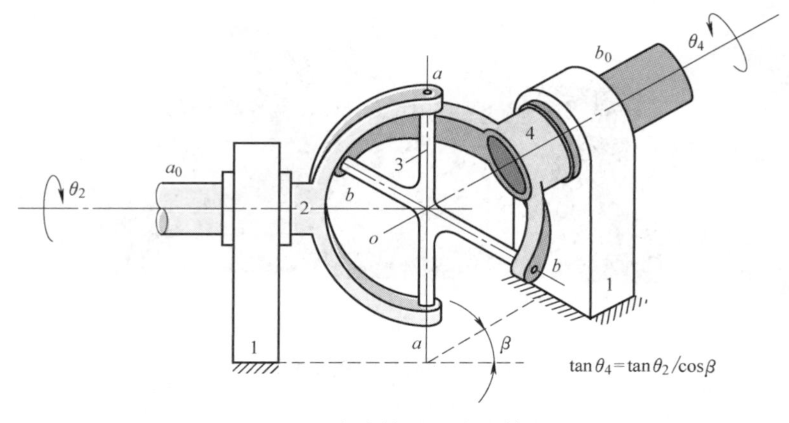

图 5-58 **虎克铰**（万向联轴器）

令 ω_2 和 ω_4 分别为输入轴与输出轴的角速度，且 ω_2 为固定值，则将式（5-21）对时间进行微分可得：

$$\omega_4=\frac{\cos\beta}{1-\sin^2\beta\cos^2\theta_2}\omega_2 \tag{5-22}$$

由于角 β 为定值，因此输出轴与输入轴的角速度比值不为定值，而是波动式的变化。令 α_4 为输出轴的角加速度，则将式（5-22）对时间进行微分可得：

$$\alpha_4=-\frac{\sin^2\beta\cos\beta\sin2\theta_2}{(1-\sin^2\beta\cos^2\theta_2)^2}\omega_2^2 \tag{5-23}$$

由式（5-22）和式（5-23）可知，当 β 变大时，输出轴角速度的波动变大，所产生的角加速度也变大，以致惯性力增大而容易造成振动现象，故应用在主动杆的角速度较大且传输功率较大的场合；β 以不超过 30°为宜。当 β 大于 45°时，整个机构可能锁死而使运动无法传递。

若万向联轴器的输入轴为等角速度，则其输出轴为变角速度，此种变角速度的传动限制了万向联轴器的应用。相反，利用两组万向联轴器连接而成的**双“十”字虎克铰**（Double Hooke's joint），若满足两组间的夹角相等（$\beta_2=\beta_4$），且当轭 A 在轴线 2 和轴线 3 所决定的平面上，轭 B 在轴线 3 与 4 所决定的平面上时，则可得到常值角速度的输出，如图 5-59a 所示。图 5-59b 所示即为一双“十”字虎克铰模型。

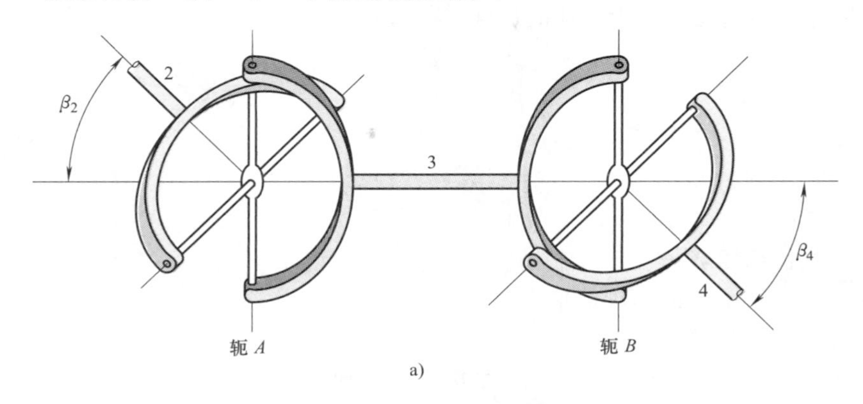

图 5-59 双“十”字虎克铰

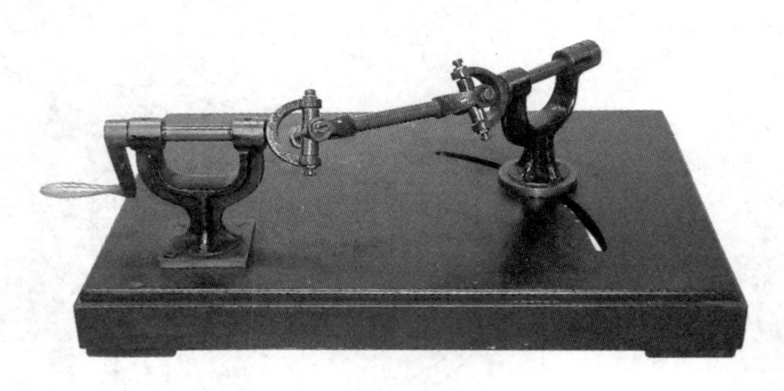

b)

图 5-59 双“十”字虎克铰（续）

习题Problems

5-1 试针对下列不同类型的四杆机构，各举出一种应用实例，量出杆长，并利用葛氏定则验证：

（1）曲柄摇杆机构。

（2）双曲柄机构。

（3）双摇杆机构。

（4）三摇杆机构。

5-2 有一个四杆机构，其杆长分别为 5cm、2cm、4cm、4cm，试问：

（1）若分别将各杆固定，则将形成何种运动类型的机构？

（2）与固定杆邻接杆的运动范围。

5-3 有一个四杆机构，其杆 1、杆 2、杆 4 的长度分别为 300cm、100cm、280cm，试求出连杆 3 的长度范围，使其为曲柄摇杆机构。

5-4 继续习题 5-3，试表示出曲柄摇杆机构的极限位置，并求出摇杆的运动范围。

5-5 继续习题 5-3，试求出曲柄摇杆机构的最大与最小传动角。

5-6 继续习题 5-3，试求出连杆 3 的长度，使其为变点机构。

5-7 试自行选定一个曲柄摇杆机构的杆长，编制一套连杆曲线动画仿真的计算机程序，找出产生具有下列连杆曲线特征的连杆点位置：

（1）尖点。

（2）二重点。

（3）直线。

（4）圆弧。

5-8 对于曲柄滑块机构而言，试：

（1）定义其传动角。

（2）找出具有最大与最小传动角的位置。

（3）求其冲程的封闭解。

5-9 试设计一冲程为 100mm 的牵杆机构，且去程与回程的时间比接近 2 : 1。

5-10 试利用简单材料设计与制作出一个能将原图放大 2~4 倍的缩放仪。

5-11 试找出可实现精确直线运动与近似直线运动的机构各一种，注明其尺寸，并绘出其连杆曲线。

5-12 试举出一种肘杆机构的应用实例，绘出其运动简图，并说明其作用原理。

5-13 利用“十”字虎克铰来传动两相交轴时，此两轴能否等速运转？若能等速运转，试说明其理由；若不能等速运转，应如何配置才能使“十”字虎克铰能传动两等速轴？

5-14 针对图 2-15 所示的 40 种（8，10）运动链，试问：

（1）若运动副均为转动副，则可得到多少种可用的（8，10）运动链图谱？

（2）针对上问所得到的答案，若选择不同的杆件为固定杆，则可以得到多少种不同的机构？

第 6 章

位置分析

POSITION ANALYSIS

分析机构运动特性的首要步骤，是由已知机构的拓扑结构、构件杆长、输入杆的位置，利用适当的方法，求得特定构件与参考点的位置，此即**位置分析**（Position analysis）；用来验证机构输出构件或参考点与输入构件间的位置关系是否满足设计要求，并作为进行速度与加速度分析的依据。本章介绍如何利用图解法、封闭向量法及计算机辅助法来进行机构的位置分析。

6.1 图解法 Graphical method

图解法（Graphical method）位置分析是利用作图技巧与工具，求出机构的输入件在某特定位置时，其他构件或参考点的位置。基本上，利用图解法可以很直接地得到结果，而且设计者对于问题的了解更具有直观感。

以下举例说明如何利用图解法来进行机构的位置分析。

例 6-1 **有一个四杆机构 a_0abb_0，杆长 $r_1=\overline{a_0b_0}$（杆 1）、$r_2=\overline{a_0a}$（杆 2）、$r_3=\overline{ab}$（杆 3）、$r_4=\overline{b_0b}$（杆 4）为已知，如图 6-1a 所示。若杆 2 相对于杆 1 的角度为 θ_2（由杆 1 逆时针方向量至杆 2），试利用图解法求出杆 3 与 4 相对于杆 1 的位置。**

解：1）选择适当的位置为固定铰链 a_0，如图 6-1b 所示。

2）通过 a_0 画直线 l_1；以 a_0 为圆心、r_1 为半径画弧，交 l_1 于固定铰链 b_0。

3）通过 a_0 画另一直线 l_2，与 l_1 成 θ_2 角（由 l_1 逆时针方向量至 l_2）；以 a_0 为圆心、r_2 为半径画弧，交 l_2 于活动铰链 a。

4）分别以 a 为圆心、r_3 为半径、b_0 为圆心、r_4 为半径画弧，两弧的交点即为活动铰链 b 的位置。

5）利用量角器即可量得杆 3 相对于杆 1 的位置（θ_3）及杆 4 相对于杆 1 的位置（θ_4）。

一个机构中的四杆环路，若其中相邻两杆的位置为已知，则另外两杆有两种不同的**装配位形**（Assembly position）。设计者必须根据使用状况，选择一种装配位形来应用。图 6-1b 中的杆 3 有 r_3（θ_3）和 r_3'（θ_3'）两个装配位形，杆 4 也有 r_4（θ_4）和 r_4'（θ_4'）两个装配

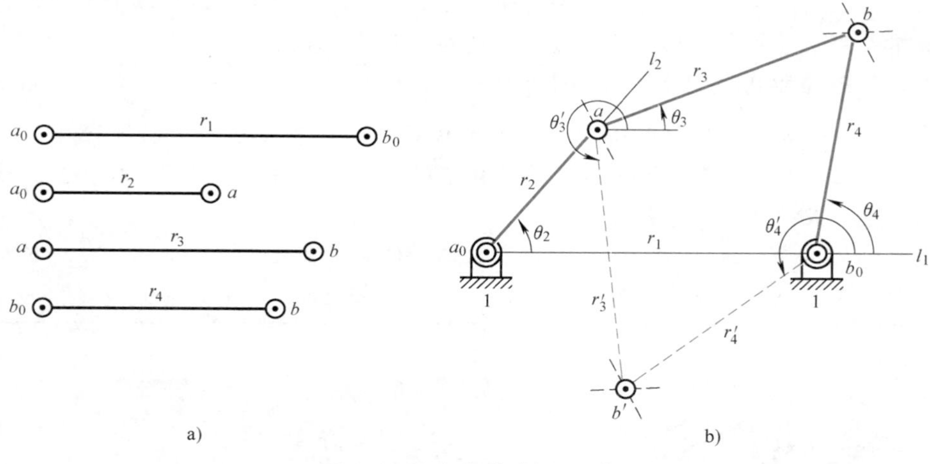

图 6-1　**四杆机构［例 6-1］**

位形，即有 a_0abb_0 和 $a_0a'b'b_0$ 两种装配位形。

例 6-2　**有一个六杆机构，其杆长为已知，如图 6-2a 所示。若杆 2 为输入杆（即 θ_2 已知），试利用图解法求解杆 6 的位置（即 θ_6）。**

解：1）选择适当的位置为固定铰链 a_0、b_0、c_0，如图 6-2b 所示。

2）仿照例 6-1 求得活动铰链 a 与活动铰链 b 的位置，a_0b_0 和 a_0a 间的角度为 θ_2（由 a_0b_0 逆时针方向量至 a_0a）。

3）分别以 a 为圆心、$\overline{ad}$ 为半径，b 为圆心、$\overline{bd}$ 为半径画弧，两弧的交点即为杆 3 另一个活动铰链 d 的位置。

4）分别以 d 为圆心、$\overline{dc}$ 为半径，c_0 为圆心、c_0c 为半径画弧，两弧的交点即为与杆 5 和 6 相连的活动铰链 c。

5）利用量角器量得杆 6 相对于 c_0b_0 的位置，即 θ_6（由 c_0c 逆时针方向量至 b_0c_0）。

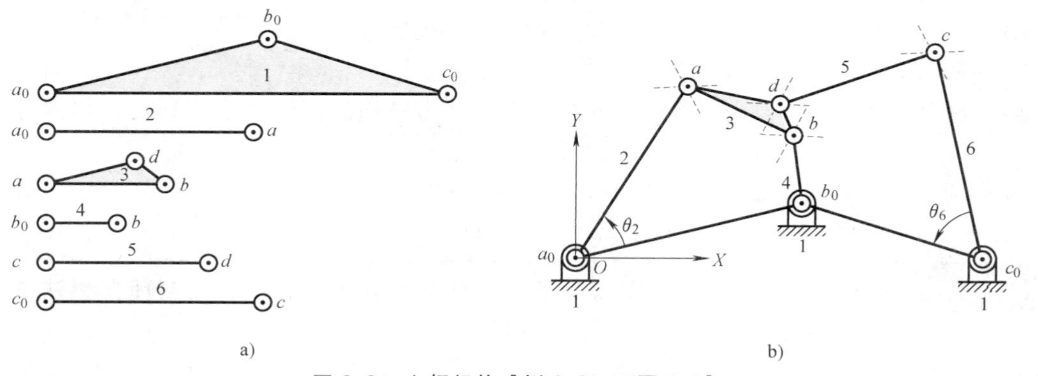

图 6-2　**六杆机构［例 6-2、习题 6-3］**

虽然利用图解法可以很直接地找出机构在某一位置时，其他构件相对于参考构件的位置；但若是要求机构在不同位置时所有杆件间的相对位置，则整个图解过程必须重新来过，相当不方便，此为图解法的缺点之一。对于位置与角度精确度要求高的应用而言，难以利用图解法来分析机构的位置，此为图解法的缺点之二。另外，由于图解法在平面的纸上作图实现，因此不是用来分析空间机构的好方法，此为图解法的缺点之三。此外，以例 6-2 为例，若杆 6 是输入件（即 θ_6 为已知），则因为杆 6 在一个五杆环路（$c_0cdbb_0c_0$）内，无法由已知的杆长（$\overline{c_0c}$、$\overline{cd}$、$\overline{bd}$、$\overline{b_0b}$、$\overline{b_0c_0}$）及输入杆的位置（θ_6）直接求出活动铰链 d 与活动铰链 b 的位置，所以杆 2 的位置（即 θ_2）无法直接求得；因此，图解法并不能完全直接地用来分析机构的运动，此为图解法的缺点之四。

有关机构的运动分析，图解法很少用来求解，但可用来验证利用其他方法进行机构位置分析的结果是否正确。以下介绍如何利用封闭向量法来进行机构的位置分析。

6.2 封闭向量法 Vector loop method

利用解析法来推导机构的位移方程，可利用**复数法**（Complex number method）、**向量法**（Vector method）或**矩阵法**（Matrix method）来求解，本节介绍**封闭向量法**（Vector loop method）。

封闭向量法可用以分析含不同类型运动副的平面机构，不论是简单机构、复杂机构、单自由度机构还是多自由度机构，均可分析。封闭向量法可配合数值分析法与计算机来求解，可系统地进行位置分析、速度分析、加速度分析甚至动力学分析，是分析平面机构运动特性的重要方法。封闭向量法也可用来分析空间机构，不过有关空间机构的运动分析一般多使用矩阵法。

6.2.1 封闭向量法的步骤 Procedure for vector loop method

利用封闭向量法进行机构位置分析的步骤如下：

1）建立固定坐标系。

2）在各杆件上定义适当的向量（包括长度与角位置），使之形成封闭向量。

3）针对每一独立的封闭向量，写出其所对应的**封闭向量方程**（Vector loop equation）。

4）将每一封闭向量方程分解成沿坐标轴方向的投影方程。

5）写出必要的约束方程，如滚动接触方程。

6）联立由步骤 4）与步骤 5）所得的方程，即为机构的位移方程。利用适当的方法解此联立方程，求得各杆件的位置。

7）利用步骤 6）所得到各杆件的位置，进行杆件质心或重要点的位置分析。

以下以四杆机构为例，介绍封闭向量法的步骤。

例 6-3　有一个四杆机构，如图 6-3 所示，杆 2 为输入杆，试利用封闭向量法进行杆 3、杆 4 及杆 3 上点 c 的位置分析。

解：1）固定坐标系。以固定铰链 a_0 为坐标原点，X 轴的正向如图 6-3 所示，Y 轴的正向由 X 轴正向逆时针方向旋转 90°而得。

2）各杆向量。在各杆上定义向量：$\boldsymbol{r}_1=\overrightarrow{a_0b_0}$，在杆 1 上，与 X 轴正向成 θ_1 角度；$\boldsymbol{r}_2=\overrightarrow{a_0a}$，在杆 2 上，与 X 轴正向成 θ_2 角度；$\boldsymbol{r}_3=\overrightarrow{ab}$，在杆 3 上，与 X 轴正向成 θ_3 角度；$\boldsymbol{r}_4=$

$\overrightarrow{b_0b}$，在杆 4 上，与 X 轴正向成 θ_4 角度；所有的角度，都是由 X 轴正向逆时针方向到该角度所对应的向量。

3）封闭向量方程。向量 $\boldsymbol{r}_1$、$\boldsymbol{r}_2$、$\boldsymbol{r}_3$、$\boldsymbol{r}_4$ 构成如下的封闭向量方程：

$$-\boldsymbol{r}_1+\boldsymbol{r}_2+\boldsymbol{r}_3-\boldsymbol{r}_4=0 \tag{6-1}$$

4）投影方程。式（6-1）在 X 轴和 Y 轴上的投影方程分别为：

$$-r_1\cos\theta_1+r_2\cos\theta_2+r_3\cos\theta_3-r_4\cos\theta_4=0 \tag{6-2}$$

$$-r_1\sin\theta_1+r_2\sin\theta_2+r_3\sin\theta_3-r_4\sin\theta_4=0 \tag{6-3}$$

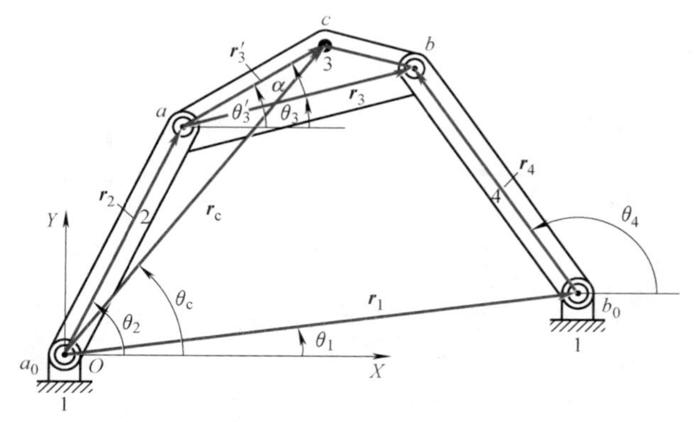

图 6-3 四杆机构［例 6-3、例 6-12、例 7-13、例 8-9］

5）约束方程。本例无约束方程。

6）式（6-2）和式（6-3）中的变量为 θ_2、θ_3、θ_4，其中杆 2 的角位置 θ_2 为已知。因此，联立解式（6-2）和式（6-3），即可求得杆 3 的位置 θ_3 及杆 4 的位置 θ_4。

7）定义向量 $\boldsymbol{r}_3'=\overrightarrow{ac}$：与 X 轴正向成 θ_3' 角度、与 $\boldsymbol{r}_3$ 成 α 角度，即 $\theta_3'=\theta_3+\alpha$，则杆 3 上参考点 c 的位置向量 $\boldsymbol{r}_c$ 为：

$$\boldsymbol{r}_c=\boldsymbol{r}_2+\boldsymbol{r}_3' \tag{6-4}$$

将式（6-4）分解成 X 轴和 Y 轴方向的分量，可求得点 c 的 X 和 Y 坐标分别为：

$$\begin{aligned} X_c &= r_2\cos\theta_2+r_3'\cos\theta_3' \\ &= r_2\cos\theta_2+r_3'\cos(\theta_3+\alpha) \end{aligned} \tag{6-5}$$

$$\begin{aligned} Y_c &= r_2\sin\theta_2+r_3'\sin\theta_3' \\ &= r_2\sin\theta_2+r_3'\sin(\theta_3+\alpha) \end{aligned} \tag{6-6}$$

以上为利用封闭向量法来进行机构位置分析的典型步骤，以下详细说明上述步骤中的重要环节。

6.2.2 建立坐标系 Selection of the coordinate system

基本上，坐标原点与坐标轴的选择并无一定之规，但是为了方便分析起见，常以输入件的固定铰链为坐标原点，以此固定铰链到输出件的固定铰链点所在方向为 X 坐标轴的正向，再由其逆时针方向旋转 90°定义 Y 坐标轴的正向，如此可简化机构位置分析的数学推导。

以图 6-4 所示的四杆机构为例，通常以输入件（杆 2）的固定铰链 a_0 为坐标原点，而以由 a_0 到输出件（杆 4）的固定铰链点 b_0 所在方向作为 X 轴正向。有时候在某些应用场合，为了能一般化地表示，也有定义 X 轴正向为水平方向，与两固定铰链点的连线（即杆 1）成一角度 θ_1，如图 6-3 所示。

以图 6-5 所示的曲柄滑块机构为例，通常以曲柄（杆 2）的固定铰链点 a_0 为坐标原点，再取与滑块的路径平行，且以滑块远离固定铰链点 a_0 方向为 X 轴正向的方向，再由其逆时针方向旋转 90°定义 Y 坐标轴的正向。

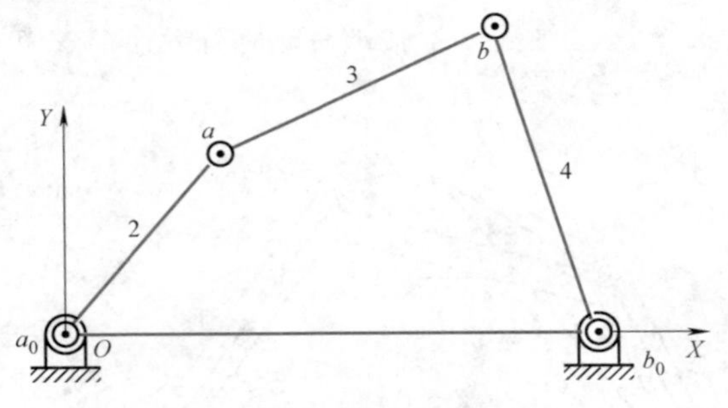

图 6-4 **四杆机构坐标系**

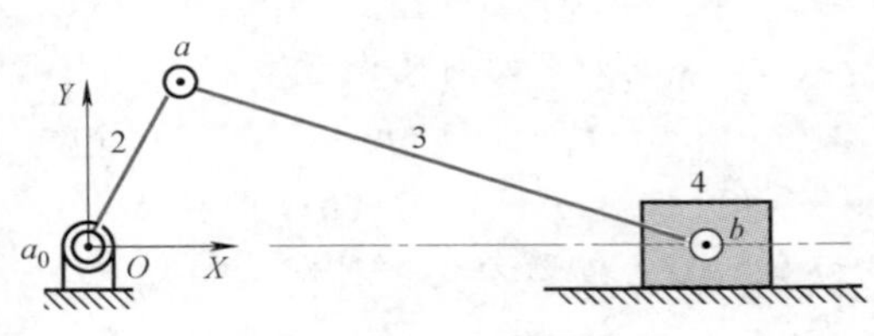

图 6-5 **曲柄滑块机构**

再以图 6-2 所示的六杆机构为例，若杆 2 为输入杆、固定铰链点为 a_0，杆 6 为输出杆、固定铰链点为 c_0，则选 a_0 为坐标原点，由 a_0 到 c_0 方向为 X 轴正向的方向，再由其逆时针方向旋转 90°定义 Y 坐标轴的正向。

6.2.3 向量定义 Definition of vectors

在构件上定义向量，需满足以下两个重要的原则：

1）所定义向量的长度或角位置，必须包括机构位置分析时的所有变量，以期得到完整的结果。

2）根据所定义向量得到的位移方程，其非线性程度应尽量予以减低（使每个待求向量只有大小或方向未知），以期更易于求解。

以下举例说明上述原则的含义。

图 6-6 所示为一个**偏置曲柄滑块机构**（Offset slider-crank mechanism），坐标系的建立如图中所示。若向量的定义如图 6-6a 所示，则其封闭向量方程为：

$$\boldsymbol{r}_2+\boldsymbol{r}_3-\boldsymbol{r}_4=0 \tag{6-7}$$

而其在 X 轴和 Y 轴的投影方程分别为：

$$r_2\cos\theta_2+r_3\cos\theta_3-r_4\cos\theta_4=0 \tag{6-8}$$

$$r_2\sin\theta_2+r_3\sin\theta_3-r_4\sin\theta_4=0 \tag{6-9}$$

杆 2 和 3 的长度 r_2 和 r_3 为已知常数，若杆 2 为输入杆，即 θ_2 为已知，式（6-8）和式（6-9）中有 θ_3、θ_4、r_4 等三个未知变量，必须再加一个约束方程才得以求解；另外，式（6-8）和式（6-9）中有 $r_4\cos\theta_4$ 和 $r_4\sin\theta_4$ 两项，非线性程度较高，不易求解。若向量的定义如图 6-6b 所示，则其封闭向量方程为：

$$\boldsymbol{r}_2+\boldsymbol{r}_3-\boldsymbol{r}_4-\boldsymbol{r}_1=0 \tag{6-10}$$

因 $\theta_1=270°$、$\theta_4=0°$，则在 X 轴和 Y 轴的投影方程分别为：

$$r_2\cos\theta_2+r_3\cos\theta_3-r_4=0 \tag{6-11}$$

$$r_2\sin\theta_2+r_3\sin\theta_3+r_1=0 \tag{6-12}$$

式（6-11）和式（6-12）中只有 θ_3 和 r_4 两个未知变量，可联立求解。虽然图 6-6b 中定义了 4 个向量，较图 6-6a 中所定义的 3 个向量多，但是式（6-11）和式（6-12）的非线性程度比式（6-8）和式（6-9）低，更易于求解。

当机构中有一杆件为做直线运动的滑块时，如图 6-7a 所示，则更好的向量定义方式为左图所示，其中 m 为运动副 a 到运动副 b 相对于杆 3 运动方向的垂足，因此 r_3 为常数、θ_4

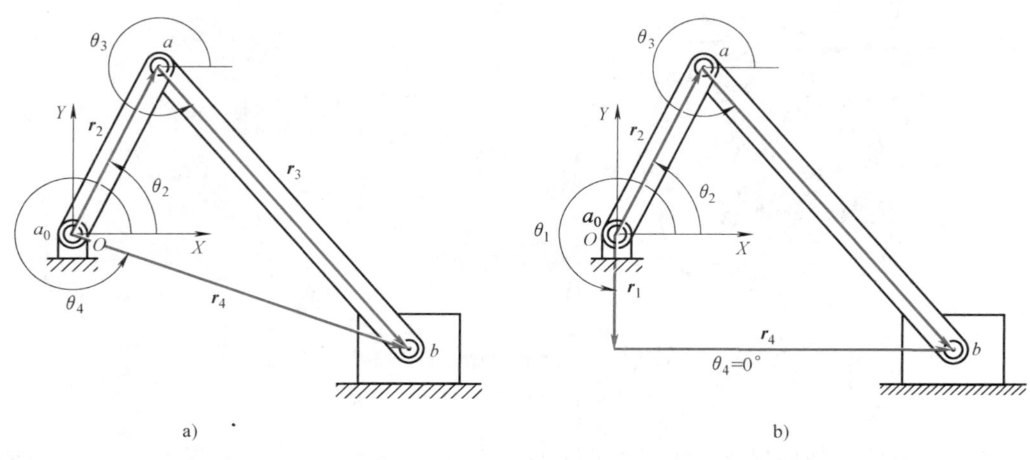

a)　　　　　b)

图 6-6　偏置曲柄滑块机构的向量定义［例 6-4、例 6-9］

为变量、r_4 为变量，$\theta_4=\theta_3-90°$ 为非独立变量；若向量定义为右图的情况，则 r_3 和 θ_3 都是变量，比较不好。当机构中有一圆销在直线滑槽中运动时，如图 6-7b 所示，其向量的选定与图 6-7a 所示的情况相同。当机构中有一圆销在圆弧槽运动时，如图 6-7c 所示，则其向量的定义以左图所示更好些，其中 c 为圆销的中心 b 相对于杆 3 的圆弧运动路径的圆心，而 r_3 和 r_3' 为常数，θ_3 和 θ_3' 为变量；若向量的定义为右图所示的情况，则 r_3 和 θ_3 都是变量，不是一个好的选择。

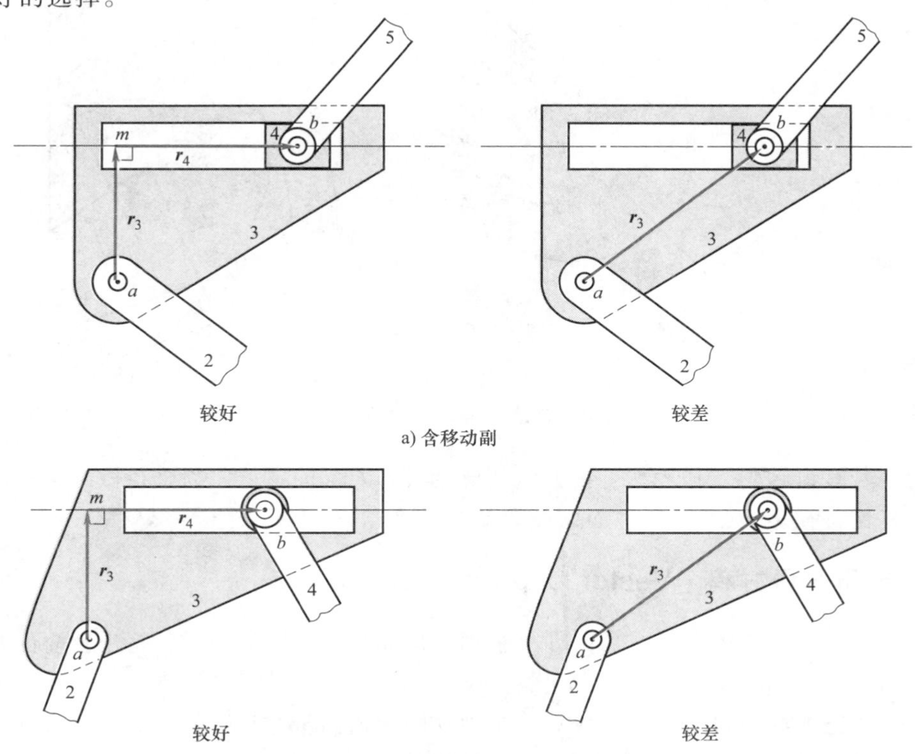

图 6-7　含滑槽机构的向量定义

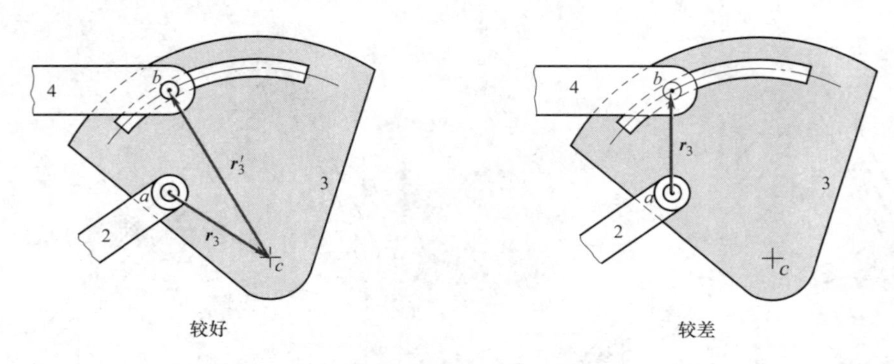

c) 含圆销在圆弧滑槽中移动的运动刷

图 6-7 含滑槽机构的向量定义（续）

当机构中有滚子构件做相对滚动时，其向量的定义如图 6-8 所示。图 6-8a 所示为两滚子以外圆接触时的向量定义，其中 m 和 n 分别是滚子 2 和 3 的圆心，r_2、r_3、r_4 是常数，θ_2、θ_3、θ_4 是变量，但这 3 个角度必须满足滚动接触的约束方程（将在 6.2.5 节介绍）；图 6-8b 所示为滚子 2 的外圆与滚子 3 的内圆滚动接触时的向量定义，其中 m 和 n 分别是滚子 2 和 3 的圆心，r_2、r_3、r_4 是常数，θ_2、θ_3、θ_4 是变量，且这 3 个角度也必须满足滚动接触的约束方程。

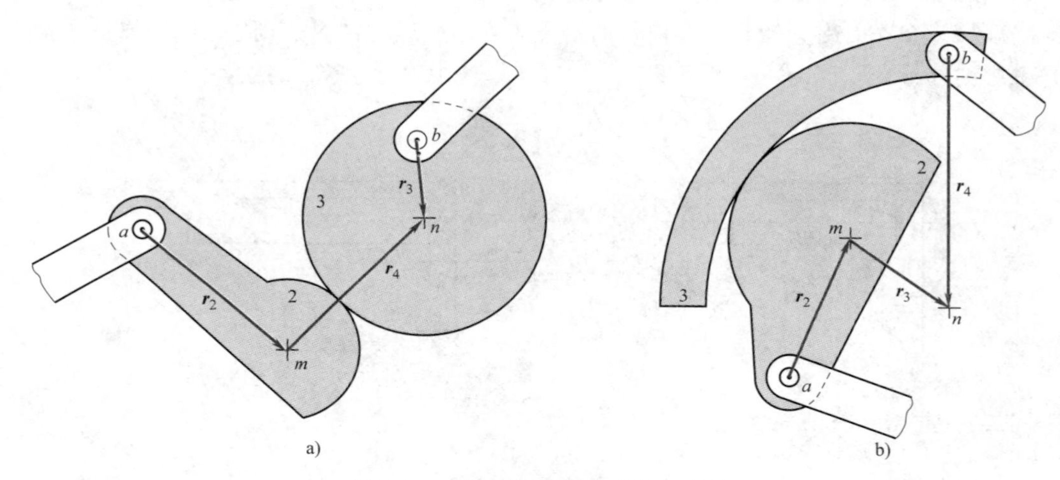

图 6-8 含滚动接触机构的向量定义

机构中若有齿轮副，其运动可视为以其**节径**（Pitch diameter）为直径做纯滚动的两摩擦轮。齿轮机构将在第 10 章介绍，而摩擦传动机构将在第 11 章介绍。

6.2.4 封闭向量方程 Vector loop equations

在各杆件选定适当的向量之后，即可根据所形成封闭环路的向量，写出独立的**封闭向量方程**（Vector loop equation）。

对于单环路的简单机构而言，仅有一个独立的封闭向量方程；但是对于具多环路的复杂机构而言，其封闭向量方程有多种写法，且常会写出一组非独立方程，导致难以求解。因此，对于具有多环路的复杂机构而言，可通过如下的**欧拉定理**（Euler's Theory）来判断其

独立环路（Independent loop）数 U：

$$U=J-N+1 \tag{6-13}$$

式中，J 是自由度为 1 的单运动副的数目；N 为杆件的数目。一个机构若有 U 个独立环路，则应有 U 个独立的封闭向量方程。以图 6-9 所示的机构为例，坐标系与向量的定义如图中所示，杆数 $N=6$（构件 1、2、3、4、5、6），运动副数 $J=7$，包括 6 个转动副（a_0、b_0、d_0、a、b、d）与 1 个移动副（c，杆 3 和滑块 5）；因此，独立环路数 $U=7-6+1=2$，故应有 2 个独立的封闭向量方程。根据图 6-9 中所定义的向量，可以写出如下 3 个封闭向量方程：

$$\boldsymbol{r}_2+\boldsymbol{r}_3-\boldsymbol{r}_4-\boldsymbol{r}_1=0 \tag{6-14}$$

$$\boldsymbol{r}_2+\boldsymbol{r}_3+\boldsymbol{r}_7+\boldsymbol{r}_5-\boldsymbol{r}_6-\boldsymbol{r}_8=0 \tag{6-15}$$

$$\boldsymbol{r}_1+\boldsymbol{r}_4+\boldsymbol{r}_7+\boldsymbol{r}_5-\boldsymbol{r}_6-\boldsymbol{r}_8=0 \tag{6-16}$$

而其中只有任意两个式子是独立的封闭向量方程。

当所要分析机构的独立封闭向量方程列出之后，接下来是将其分解成沿坐标轴方向的投影方程。若投影方程的数目等于独立变量的数目，则有解；否则，必须加入适当的约束方程才能有解。另外，所解出的独立变量，必须能表示各构件的位置状态，才可得到完整的分析结果。

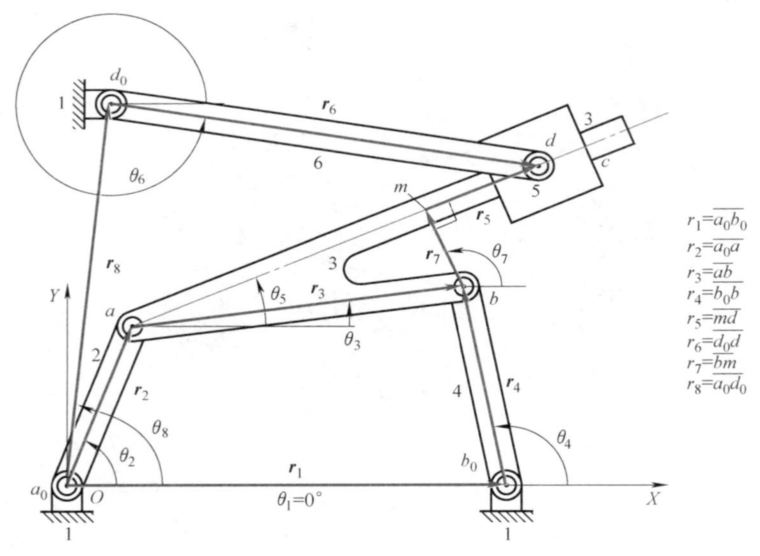

图 6-9 **六杆机构的封闭向量 [例 6-7]**

6.2.5 滚动接触方程 Rolling contact equations

当所要分析的机构含有**齿轮**（Gear）时，该齿轮可视为以其**节圆**（Pitch circle）做滚动接触的**摩擦轮**（Friction wheel）；而此类机构的运动分析，除了需要前述的封闭向量方程外，还需**滚动接触方程**（Rolling contact equation），才能建立完整的分析模式。以下分外圆（外齿轮或摩擦轮）与外圆（外齿轮或摩擦轮）、外圆（外齿轮或摩擦轮）与内圆（内齿轮或摩擦轮）及外圆（外齿轮）与直线（齿条）三种状况加以讨论。

1. 外圆与外圆的滚动接触

图 6-10a 所示为一对外圆相接触的齿轮（或摩擦轮，以下以齿轮为例说明），当齿轮 i 的铰链 a_0 与齿轮 j 的铰链 b_0 均为固定铰链时，其滚动接触方程为：

$$\rho_i \Delta\theta_i = -\rho_j \Delta\theta_j \tag{6-17}$$

式中，ρ_i 和 ρ_j 分别为齿轮 i 和齿轮 j 的半径，$\Delta\theta_i$ 和 $\Delta\theta_j$ 则分别为齿轮 i 和齿轮 j 的角位移；由于齿轮的转向相反，故式（6-17）中有一负号。若两齿轮的铰链为活动铰链，在初始位置时两轮的接触点为 P（即 P_i 和 P_j），如图 6-10b 所示；则在经过相对运动之后，两者做了旋转运动，其铰链位置也有所改变，接触点为 Q（即 Q_i 和 Q_j），如图 6-10c 所示。此时，原始位置接触点分属齿轮 i 和齿轮 j 的 P_i 和 P_j，分别移到 P'_i 和 P'_j，若所定义的向量 $\boldsymbol{r}_i$、$\boldsymbol{r}_j$、$\boldsymbol{r}_k$ 运动前后的角位移分别为 $\Delta\theta_i$、$\Delta\theta_j$、$\Delta\theta_k$，则由于齿轮 i 和齿轮 j 为做纯滚动的相对运动，其接触弧长 $\widehat{Q_iP'_i}$ 和 $\widehat{Q_iP'_j}$ 应为相等，即：

$$\rho_i(\Delta\theta_i - \Delta\theta_k) = -\rho_j(\Delta\theta_j - \Delta\theta_k) \tag{6-18}$$

此即为**滚动接触方程**（Rolling contact equation）；式中，$\Delta\theta_i - \Delta\theta_k$ 和 $\Delta\theta_j - \Delta\theta_k$ 分别为齿轮 i 和 j 相对于其连心线（r_k）所旋转的角度。由于 $\Delta\theta_i = \theta_i - \theta_{i0}$，$\Delta\theta_j = \theta_j - \theta_{j0}$，$\Delta\theta_k = \theta_k - \theta_{k0}$，其中 θ_{i0}、θ_{j0}、θ_{k0} 分别为机构在初始装配位形时 $\boldsymbol{r}_i$、$\boldsymbol{r}_j$、$\boldsymbol{r}_k$ 的角位置，为已知。因此，式（6-18）可改写如下：

$$(\theta_i - \theta_{i0}) + \frac{\rho_j}{\rho_i}(\theta_j - \theta_{j0}) - \left(1 + \frac{\rho_j}{\rho_i}\right)(\theta_k - \theta_{k0}) = 0 \tag{6-19}$$

式（6-19）为外圆与外圆的滚动接触方程。

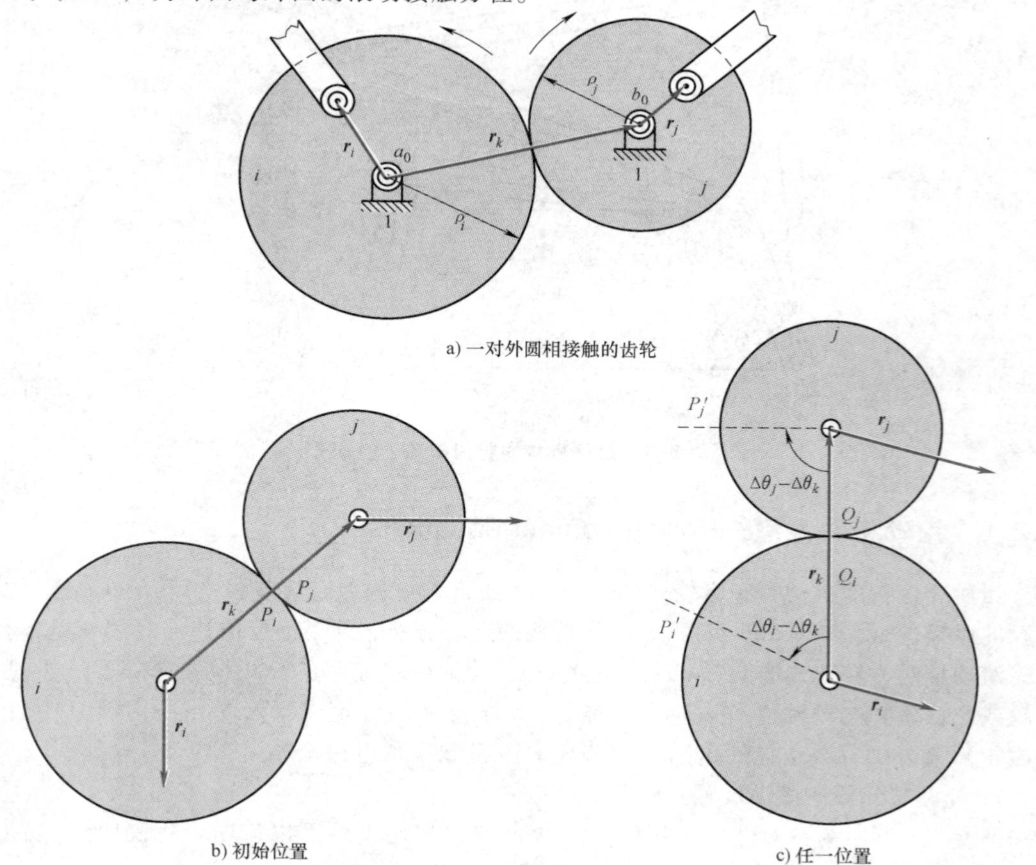

图 6-10 外圆与外圆的滚动接触

2. 外圆与内圆的滚动接触

图 6-11 所示为一对外圆和内圆相接触的齿轮，因其相对于连心线的转动方向相同，故有如下的关系：

$$\rho_i(\Delta\theta_i-\Delta\theta_k)=\rho_j(\Delta\theta_j-\Delta\theta_k) \tag{6-20}$$

因此，外圆与内圆滚动接触的滚动方程为：

$$(\theta_i-\theta_{i0})-\frac{\rho_j}{\rho_i}(\theta_j-\theta_{j0})-\left(1-\frac{\rho_j}{\rho_i}\right)(\theta_k-\theta_{k0})=0 \tag{6-21}$$

3. 外圆与直线的滚动接触

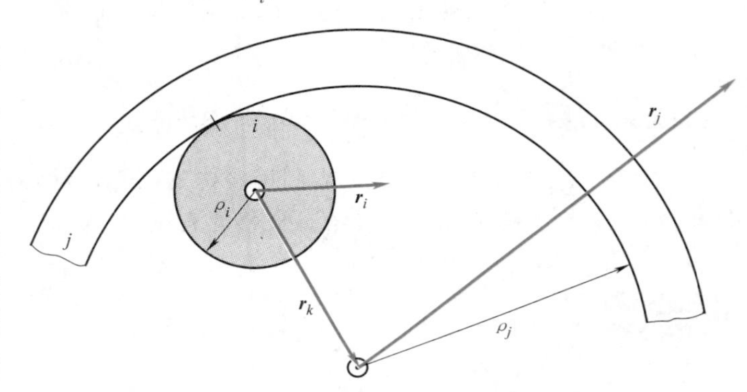

图 6-11 外圆与内圆的滚动接触

若机构中两相邻构件为齿轮与**齿条**（Rack），则相当于一外圆与一半径为无穷大的圆（即直线）做滚动接触，如图 6-12 所示。图 6-12a 所示为初始装配位形，$\boldsymbol{r}_j$ 为杆 j 上由所选定点 b 到接触点 P 所定义的向量，初始接触点为 P（即 P_i 和 P_j）；另外，$\theta_k=\theta_j+90°$。在经过相对运动之后，其状态如图 6-12b 所示，此时原为接触点而分属杆 i 和杆 j 的 P_i 和 P_j 分别移到 P'_i 和 P'_j；若新的接触点为 Q，则其间的接触为滚动接触，圆弧 $\overset{\frown}{P'_iQ}$ 与线段 $\overline{P'_iQ}$ 的长度应相等，故可得：

$$\rho_i(\Delta\theta_i-\Delta\theta_k)=\Delta r_j \tag{6-22}$$

因此，外圆与直线的滚动接触方程为：

$$(\theta_i-\theta_{i0})-(\theta_k-\theta_{k0})-\frac{r_j-r_{j0}}{\rho_i}=0 \tag{6-23}$$

式中，θ_{i0}、r_{j0}、θ_{k0} 分别为该机构在初始装配位形时 $\boldsymbol{r}_i$、$\boldsymbol{r}_j$、$\boldsymbol{r}_k$ 的位置。

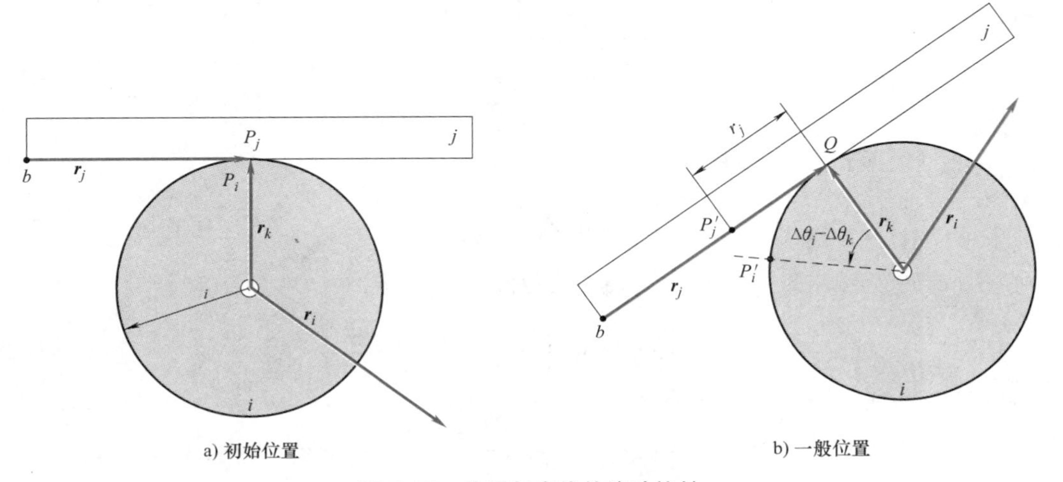

图 6-12 外圆与直线的滚动接触

6.3 位移方程求解

Solutions of displacement equations

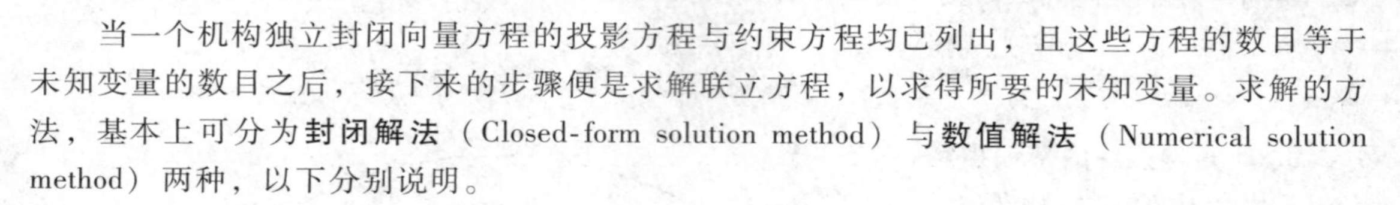

当一个机构独立封闭向量方程的投影方程与约束方程均已列出，且这些方程的数目等于未知变量的数目之后，接下来的步骤便是求解联立方程，以求得所要的未知变量。求解的方法，基本上可分为**封闭解法**（Closed-form solution method）与**数值解法**（Numerical solution method）两种，以下分别说明。

6.3.1 封闭解 Closed-form solution

用封闭解法分析机构的位置，需利用机构的已知设计常数（如各杆杆长）与变量（如输入杆角位移），推导出各杆未知（角）位移的表达式，如此可直接求得各杆位置分析的结果。

以下举例说明机构位置分析的封闭解法。

例 6-4 **有一个偏置曲柄滑块机构，如图 6-6b 所示，杆长 r_1、r_2、r_3 为已知，且 $\boldsymbol{\theta}_1=270°$、$\boldsymbol{\theta}_4=0°$：**

解：1）若杆 2 为输入杆，即 θ_2 为已知，试利用封闭向量法求输出杆（杆 4）位置 r_4 的封闭解。

2）若杆 4 为输入杆，即 r_4 为已知，试利用封闭向量法求输出杆（杆 2）位置 θ_2 的封闭解。

解：1）若杆 2 为输入杆：

① 建立固定坐标系 OXY，如图 6-6b 所示。

② 定义各杆的向量 $\boldsymbol{r}_1$、$\boldsymbol{r}_2$、$\boldsymbol{r}_3$、$\boldsymbol{r}_4$，如图 6-6b 所示。

③ 封闭向量方程为：

$$\boldsymbol{r}_2+\boldsymbol{r}_3-\boldsymbol{r}_4-\boldsymbol{r}_1=0 \tag{6-24}$$

④ 投影方程可表示为：

$$r_2\cos\theta_2+r_3\cos\theta_3-r_4=0 \tag{6-25}$$

$$r_2\sin\theta_2+r_3\sin\theta_3+r_1=0 \tag{6-26}$$

式中，θ_3 和 r_4 为未知变量。

⑤ 由式（6-26）解 θ_3 可得：

$$\theta_3=\arcsin\frac{-r_1-r_2\sin\theta_2}{r_3} \tag{6-27}$$

将式（6-27）代入式（6-25），可得 r_4 的封闭解为：

$$r_4=r_2\cos\theta_2+r_3\cos\left(\arcsin\frac{-r_1-r_2\sin\theta_2}{r_3}\right) \tag{6-28}$$

2）若杆 4（滑块）为输入杆：

① 建立固定坐标系 OXY，各杆的向量（$\boldsymbol{r}_1$、$\boldsymbol{r}_2$、$\boldsymbol{r}_3$、$\boldsymbol{r}_4$）定义、封闭向量方程及投影方程均与 1）部分相同。

② 若杆 4 为输入杆，则投影方程（6-25）和式（6-26）中的 θ_2 和 θ_3 为未知变量，将投影方程移项整理可得：

$$r_3\cos\theta_3 = r_4 - r_2\cos\theta_2 \tag{6-29}$$

$$r_3\sin\theta_3 = -r_1 - r_2\sin\theta_2 \tag{6-30}$$

③ 将式（6-29）和式（6-30）平方后相加，可消去未知变量 θ_3，可得未知变量 θ_2 的方程如下：

$$A\sin\theta_2 + B\cos\theta_2 = C \tag{6-31}$$

式中

$$A = 2r_1r_2 \tag{6-32a}$$

$$B = -2r_2r_4 \tag{6-32b}$$

$$C = r_3^2 - r_1^2 - r_2^2 - r_4^2 \tag{6-32c}$$

④ 由式（6-31）可求得输出杆（杆 2）位置 θ_2 的封闭解如下：

$$\theta_2 = 2\arctan\frac{A \pm \sqrt{A^2+B^2-C^2}}{B+C} \tag{6-33}$$

式中，正负号分别代表两种不同的装配位形。

⑤ 将式（6-33）所得结果代入式（6-29）和式（6-30），可解得 θ_3 为：

$$\theta_3 = \arctan\frac{-r_1 - r_2\sin\theta_2}{r_4 - r_2\cos\theta_2} \tag{6-34}$$

例 6-5　**有一个牛头刨床机构（Crank-shaper mechanism），如图 6-13 所示，杆长 r_1、r_2、r_4、r_5、r_7 为已知。若杆 2 为输入杆，即 θ_2 为已知，试利用封闭向量法推导出各杆件位置的封闭解。**

解：1）建立固定坐标系 OXY，如图 6-13 所示。如此，$\theta_1 = 90°$、$\theta_6 = 0°$、$\theta_7 = 90°$。

2）定义各杆的向量 $\boldsymbol{r}_1 = \overrightarrow{b_0a_0}$、$\boldsymbol{r}_2 = \overrightarrow{a_0a}$、$\boldsymbol{r}_3 = \overrightarrow{b_0a}$、$\boldsymbol{r}_4 = \overrightarrow{b_0b}$、$\boldsymbol{r}_5 = \overrightarrow{bc}$、$\boldsymbol{r}_6$、$\boldsymbol{r}_7$，如图 6-13 所示。

3）封闭向量方程为：

$$\boldsymbol{r}_1 + \boldsymbol{r}_2 - \boldsymbol{r}_3 = 0 \tag{6-35}$$

$$\boldsymbol{r}_4 + \boldsymbol{r}_5 - \boldsymbol{r}_6 - \boldsymbol{r}_7 = 0 \tag{6-36}$$

4）投影方程可表示为：

$$r_1\cos\theta_1 + r_2\cos\theta_2 - r_3\cos\theta_3 = 0 \tag{6-37}$$

$$r_1\sin\theta_1 + r_2\sin\theta_2 - r_3\sin\theta_3 = 0 \tag{6-38}$$

$$r_4\cos\theta_4 + r_5\cos\theta_5 - r_6\cos\theta_6 - r_7\cos\theta_7 = 0 \tag{6-39}$$

$$r_4\sin\theta_4 + r_5\sin\theta_5 - r_6\sin\theta_6 - r_7\sin\theta_7 = 0 \tag{6-40}$$

式中，θ_3、θ_4、θ_5、r_3、r_6 为未知变量。

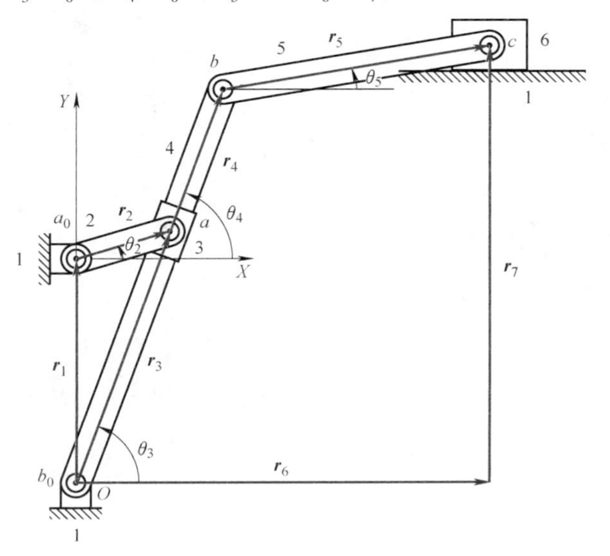

图 6-13　牛头刨床机构［例 6-5］

5）因 $\theta_1=90°$，代入式（6-37）和式（6-38），移项整理可得：

$$r_3\cos\theta_3=r_2\cos\theta_2 \tag{6-41}$$

$$r_3\sin\theta_3=r_1+r_2\sin\theta_2 \tag{6-42}$$

将式（6-41）和式（6-42）相除可得杆 3 的角度 θ_3 为：

$$\theta_3=\arctan\frac{r_1+r_2\sin\theta_2}{r_2\cos\theta_2} \tag{6-43}$$

将式（6-43）代入式（6-41），即可解得 r_3 为：

$$r_3=\frac{r_2\cos\theta_2}{\cos\left(\arctan\frac{r_1+r_2\sin\theta_2}{r_2\cos\theta_2}\right)} \tag{6-44}$$

6）因 $\theta_6=0°$、$\theta_7=90°$ 且 $\theta_4=\theta_3$，代入式（6-39）和式（6-40），整理可得：

$$r_4\cos\theta_3+r_5\cos\theta_5-r_6=0 \tag{6-45}$$

$$r_4\sin\theta_3+r_5\sin\theta_5-r_7=0 \tag{6-46}$$

由式（6-46）可解得 θ_5 为：

$$\theta_5=\arcsin\frac{r_7-r_4\sin\theta_3}{r_5} \tag{6-47}$$

将式（6-47）代入式（6-45），可得 r_6 的封闭解为：

$$r_6=r_4\cos\theta_3+r_5\cos\left(\arcsin\frac{r_7-r_4\sin\theta_3}{r_5}\right) \tag{6-48}$$

例 6-6 有一个四杆机构，如图 6-14 所示，杆长 r_1、r_2、r_3、r_4 为已知。若杆 2 为输入杆，即 θ_2 为已知，试利用封闭向量法求杆 3 和 4 位置（即 $\boldsymbol{\theta}_3$ 和 $\boldsymbol{\theta}_4$）的封闭解。

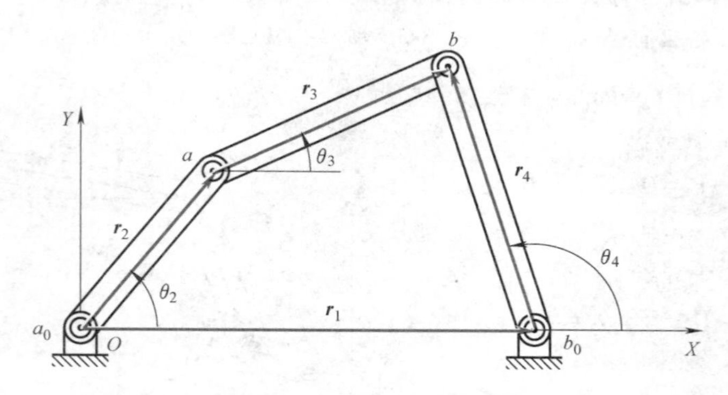

图 6-14 四杆机构［例 6-6］

解：1）建立固定坐标系 OXY，如图 6-14 所示。

2）定义各杆的向量 $\boldsymbol{r}_1$、$\boldsymbol{r}_2$、$\boldsymbol{r}_3$、$\boldsymbol{r}_4$；$\theta_1=0°$。

3）封闭向量方程为：

$$\boldsymbol{r}_2+\boldsymbol{r}_3-\boldsymbol{r}_4-\boldsymbol{r}_1=0 \tag{6-49}$$

4）投影方程可表示为：

$$r_2\cos\theta_2+r_3\cos\theta_3-r_4\cos\theta_4-r_1=0 \tag{6-50}$$

$$r_2\sin\theta_2+r_3\sin\theta_3-r_4\sin\theta_4=0 \tag{6-51}$$

式中，θ_3 和 θ_4 为未知变量。为方便求解，式（6-50）和式（6-51）可改写如下：

$$r_3\cos\theta_3=r_1+r_4\cos\theta_4-r_2\cos\theta_2 \tag{6-52}$$

$$r_3\sin\theta_3=r_4\sin\theta_4-r_2\sin\theta_2 \tag{6-53}$$

将式（6-52）和式（6-53）平方后相加，即可消去未知变量 θ_3，可得未知变量 θ_4 的方程如下：

$$A\cos\theta_4+B\sin\theta_4=C \tag{6-54}$$

式中

$$A=2r_4(r_1-r_2\cos\theta_2) \tag{6-55a}$$

$$B=-2r_2r_4\sin\theta_2 \tag{6-55b}$$

$$C=r_3^2-r_4^2-r_1^2-r_2^2+2r_1r_2\cos\theta_2 \tag{6-55c}$$

5）以下利用三角函数积化和差的方式求解式（6-54）。将式（6-54）除以$\sqrt{A^2+B^2}$可得：

$$\frac{A}{\sqrt{A^2+B^2}}\cos\theta_4+\frac{B}{\sqrt{A^2+B^2}}\sin\theta_4=\frac{C}{\sqrt{A^2+B^2}} \tag{6-56}$$

若假设 $\cos\phi=\frac{A}{\sqrt{A^2+B^2}}$、$\sin\phi=\frac{B}{\sqrt{A^2+B^2}}$，则式（6-56）可表示为：

$$\cos\phi\cos\theta_4+\sin\phi\sin\theta_4=\cos(\theta_4-\phi)=\frac{C}{\sqrt{A^2+B^2}} \tag{6-57}$$

6）因此，由式（6-57）可得 θ_4 的封闭解如下：

$$\theta_4=\phi\pm\arccos\frac{C}{\sqrt{A^2+B^2}} \tag{6-58}$$

式中，正负号分别代表两种不同的装配位形。

7）将式（6-58）所得结果代入式（6-52）和式（6-53），可解出 θ_3 为：

$$\theta_3=\arctan\frac{r_4\sin\theta_4-r_2\sin\theta_2}{r_1+r_4\cos\theta_4-r_2\cos\theta_2} \tag{6-59}$$

8）若 $r_1=6\text{cm}$、$r_2=2\text{cm}$、$r_3=5\text{cm}$、$r_4=5\text{cm}$ 为已知，且输入杆（杆2）为 $\theta_2=60°$，则代入式（6-55）可得：

$$A=2r_4(r_1-r_2\cos\theta_2)=2\times5\times(6-2\times\cos60°)=50$$

$$B=-2r_2r_4\sin\theta_2=-2\times2\times5\times\sin60°=-17.32$$

$$C=(r_3^2-r_4^2-r_1^2-r_2^2)+2r_1r_2\cos\theta_2=(5^2-5^2-6^2-2^2)+2\times6\times2\times\cos60°=-28$$

另外，因 $\cos\phi=\frac{A}{\sqrt{A^2+B^2}}$，且 $\sin\phi=\frac{B}{\sqrt{A^2+B^2}}$，可得：

$$\phi=\arccos\frac{A}{\sqrt{A^2+B^2}}$$

$$=\arccos\frac{50}{\sqrt{(50)^2+(-17.32)^2}}=+19.106°\text{或}-19.106°$$

$$\phi=\arcsin\frac{B}{\sqrt{A^2+B^2}}$$

$$=\arcsin\frac{-17.32}{\sqrt{(50)^2+(17.32)^2}}=-19.106°\text{或}-160.894°$$

由上两式可知 $\phi=-19.106°$。将结果再代入式（6-58）可得：

$$\theta_4=\phi\pm\arccos\frac{C}{\sqrt{A^2+B^2}}$$

$$=-19.106°\pm\arccos\frac{-28}{\sqrt{(50)^2+(-17.32)^2}}$$

$$=-19.106°\pm121.948°$$

$$=102.848°\text{或}-141.048°$$

两个结果分别代表两种不同的装配位形。将 $\theta_4=102.848°$ 代入式（6-59），可得杆 3 的角位置（θ_3）为：

$$\theta_3=\arctan\frac{5\sin102.848°-2\sin60°}{6+5\cos102.848°-2\cos60°}$$

$$=\arctan\frac{3.14}{3.89}=38.91°$$

例 6-7　有一个六杆机构，如图 6-9 所示，其杆长 r_1、r_2、r_3、r_4、r_6、r_7、r_8 为已知。若杆 2 为输入杆，即 θ_2 为已知，试利用封闭向量法求杆 3、杆 4、杆 5、杆 6 位置（即 θ_3、θ_4、r_5、θ_6）的封闭解。

解：1）建立固定坐标系 OXY，如图 6-9 所示。

2）定义各杆的向量 $\boldsymbol{r}_1$、$\boldsymbol{r}_2$、$\boldsymbol{r}_3$、$\boldsymbol{r}_4$、$\boldsymbol{r}_5$、$\boldsymbol{r}_6$、$\boldsymbol{r}_7$、$\boldsymbol{r}_8$；$\theta_1=0°$；$\boldsymbol{r}_3$ 和 $\boldsymbol{r}_7$ 间夹角为 α，即 $\theta_7=\theta_3+\alpha$；$\boldsymbol{r}_7$ 和 $\boldsymbol{r}_5$ 间夹角为 90°，即 $\theta_5=\theta_7-\frac{\pi}{2}=\theta_3+\alpha-\frac{\pi}{2}$。

3）在式（6-14）~式（6-16）的封闭向量方程中，任取两式为独立封闭向量方程；在本例中，取式（6-14）和式（6-15）。

4）投影方程可表示为：

$$r_2\cos\theta_2+r_3\cos\theta_3-r_4\cos\theta_4-r_1=0 \tag{6-60}$$

$$r_2\sin\theta_2+r_3\sin\theta_3-r_4\sin\theta_4=0 \tag{6-61}$$

$$r_2\cos\theta_2+r_3\cos\theta_3+r_7\cos\theta_7+r_5\cos\theta_5-r_6\cos\theta_6-r_8\cos\theta_8=0 \tag{6-62}$$

$$r_2\sin\theta_2+r_3\sin\theta_3+r_7\sin\theta_7+r_5\sin\theta_5-r_6\sin\theta_6-r_8\sin\theta_8=0 \tag{6-63}$$

5）式（6-60）和式（6-61）为四杆子链的投影方程，与例 6-6 中的式（6-50）和式（6-51）相同。例 6-6 是利用三角函数积化和差的方式推导求解 θ_4 的封闭解，但须同时利用正弦与余弦函数来判断 ϕ 的正确值。本例改为利用三角函数二倍角公式求解，可消除前者计算带来的不便。

6）参考例 6-6 的推导，若 $x=\tan\frac{\theta_4}{2}$，则 $\sin\theta_4=\frac{2x}{1+x^2}$、$\cos\theta_4=\frac{1-x^2}{1+x^2}$，将上述关系代入式（6-54），整理后可得：

$$(C+A)x^2-2Bx+C-A=0 \tag{6-64}$$

由式（6-64）可解得 x 的两个根为：

$$x=\frac{B\pm\sqrt{A^2+B^2-C^2}}{A+C} \tag{6-65}$$

7）由于 $x=\tan\frac{\theta_4}{2}$，因此由式（6-65）可求得输出杆（杆4）位置 θ_4 的封闭解如下：

$$\theta_4=2\arctan\frac{B\pm\sqrt{A^2+B^2-C^2}}{A+C} \tag{6-66}$$

式中，正负号分别代表两种不同的装配位形。此时，θ_3 即可利用式（6-59）解出。

8）式（6-62）和式（6-63）中，由于 $\theta_7=\theta_3+\alpha$、$\theta_5=\theta_7-\frac{\pi}{2}=\theta_3+\alpha-\frac{\pi}{2}$，因此 θ_5 和 θ_7 可由 θ_3 的封闭解求得；如此，未知变量仅有 r_5 和 θ_6。

9）移项整理投影方程（6-62）和式（6-63）可得：

$$r_6\cos\theta_6=r_2\cos\theta_2+r_3\cos\theta_3+r_7\cos\theta_7+r_5\cos\theta_5-r_8\cos\theta_8 \tag{6-67}$$

$$r_6\sin\theta_6=r_2\sin\theta_2+r_3\sin\theta_3+r_7\sin\theta_7+r_5\sin\theta_5-r_8\sin\theta_8 \tag{6-68}$$

10）将式（6-67）和式（6-68）平方后相加，可消去未知变量 θ_6，可得未知变量 r_5 的方程如下：

$$r_5^2+Ar_5+B=0 \tag{6-69}$$

式中

$$\begin{aligned}A&=2(r_2\cos\theta_2+r_3\cos\theta_3+r_7\cos\theta_7-r_8\cos\theta_8)\cos\theta_5\\&\quad+2(r_2\sin\theta_2+r_3\sin\theta_3+r_7\sin\theta_7-r_8\sin\theta_8)\sin\theta_5\end{aligned} \tag{6-70a}$$

$$\begin{aligned}B&=(r_2\cos\theta_2+r_3\cos\theta_3+r_7\cos\theta_7-r_8\cos\theta_8)^2\\&\quad+(r_2\sin\theta_2+r_3\sin\theta_3+r_7\sin\theta_7-r_8\sin\theta_8)^2-r_6^2\end{aligned} \tag{6-70b}$$

11）由式（6-69）可求得输出杆（杆5）位置 r_5 的封闭解如下：

$$r_5=\frac{-A\pm\sqrt{A^2-4B}}{2} \tag{6-71}$$

式中，正负号分别代表两种不同的装配位形。

12）将式（6-71）所得结果代入式（6-67）和式（6-68），可解出 θ_6 为：

$$\theta_6=\arctan\frac{r_2\sin\theta_2+r_3\sin\theta_3+r_7\sin\theta_7+r_5\sin\theta_5-r_8\sin\theta_8}{r_2\cos\theta_2+r_3\cos\theta_3+r_7\cos\theta_7+r_5\cos\theta_5-r_8\cos\theta_8} \tag{6-72}$$

在本例中取式（6-14）和式（6-15），即可推导得到所有杆件位置的封闭解。同理，在式（6-14）~式（6-16）非独立的封闭向量方程中，任取其他两式为独立的封闭向量方程，也可得到所有杆件位置的封闭解。

例 6-8 有一个齿轮五杆机构，如图 6-15a 所示。构件 2 为输入齿轮，以 a_0 为固定铰链；杆 3 也以 a_0 为固定铰链，a 为活动铰链；构件 4 为齿轮，以 a 为轴心，并与构件 2 啮合；杆 5 为输出杆件，以 b_0 为固定铰链，并以齿轮 4 上的点 b 为活动铰链；$\rho_2=12$、$\rho_4=24$、$\overline{a_0b_0}=50$、$\overline{a_0a}=36$、$\overline{ab}=14$、$\overline{b_0b}=50$。若图

6-15b 所示位置为此机构的初始装配位形，且此时 $\theta_2=0°$（即 $\boldsymbol{r}_{20}$ 与 $\boldsymbol{r}_1$ 重合），试利用封闭向量法进行位置分析，并求解 θ_3、θ_4 及 θ_5。

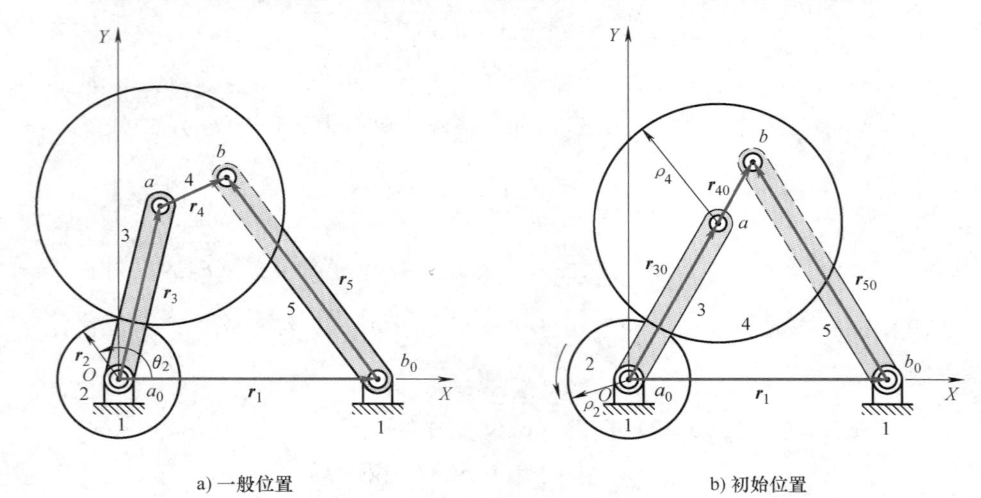

图 6-15 齿轮五杆机构［例 6-8、例 6-10］

解：1）建立固定坐标系 OXY，如图 6-15 所示。

2）定义各杆向量，如图 6-15 所示。

3）封闭向量方程为：

$$\boldsymbol{r}_3+\boldsymbol{r}_4-\boldsymbol{r}_5-\boldsymbol{r}_1=0 \tag{6-73}$$

4）投影方程可表示为：

$$r_3\cos\theta_3+r_4\cos\theta_4-r_5\cos\theta_5-r_1=0 \tag{6-74}$$

$$r_3\sin\theta_3+r_4\sin\theta_4-r_5\sin\theta_5=0 \tag{6-75}$$

5）由于在初始位置时，$\theta_3=\theta_4=\theta_{30}$、$\theta_5=\theta_{50}$，因此式（6-74）和式（6-75）可表示为：

$$(r_3+r_4)\cos\theta_{30}-r_5\cos\theta_{50}=r_1 \tag{6-76}$$

$$(r_3+r_4)\sin\theta_{30}-r_5\sin\theta_{50}=0 \tag{6-77}$$

将各杆尺寸 $r_1=50$、$r_3=36$、$r_4=14$、$r_5=50$ 代入式（6-76）和式（6-77）可得：

$$50\cos\theta_{30}-50\cos\theta_{50}=50 \tag{6-78}$$

$$50\sin\theta_{30}-50\sin\theta_{50}=0 \tag{6-79}$$

由图 6-15b 和式（6-79）可知，$\theta_{50}=180°-\theta_{30}$，因此由式（6-78）可解得：

$$\theta_{30}=60°$$

$$\theta_{50}=120°$$

6）由于杆 2 和杆 4 是外圆与外圆的滚动接触，因此根据式（6-19），杆 2、杆 3、杆 4 间的滚动接触方程为：

$$(\theta_2-\theta_{20})+\frac{\rho_4}{\rho_2}(\theta_4-\theta_{40})-\left(1+\frac{\rho_4}{\rho_2}\right)(\theta_3-\theta_{30})=0 \tag{6-80}$$

式中，θ_{20} 为杆 2 在初始位置时的角度，在本例取 $\theta_{20}=0°$。

7）将投影方程，即式（6-74）、式（6-75）、式（6-80），代入已知数据可分别得到：

$$36\cos\theta_3+14\cos\theta_4-50\cos\theta_5=50 \tag{6-81}$$

$$36\sin\theta_3+14\sin\theta_4-50\sin\theta_5=0 \tag{6-82}$$

$$1.5\theta_3-\theta_4=0.5\theta_2+30° \tag{6-83}$$

给定输入值 θ_2，联立解式（6-81）~式（6-83），即可得到 θ_3、θ_4 及 θ_5。本例无法通过三角代数运算求出其封闭解，必须借助数值方法求解。

封闭解法虽然可以直接求得各杆位置的分析结果，但此法仅适用于较简单的机构。对大部分的机构而言，其投影方程与约束方程大多具有较高的非线性程度，是难以求出其封闭解的。

6.3.2　数值解 Numerical solution

利用封闭向量法所得到的投影方程，即位移方程，为非线性的联立方程组，虽然其封闭解不易求得，但可采用数值分析法求解。**数值分析法**（Numerical analysis method）有很多种类，以下介绍**牛顿-拉福生法**（Newton-Raphson method）。

以图 6-14 所示的四杆机构为例，由封闭向量方程可得其投影方程为式（6-50）和式（6-51）。由于 r_1、r_2、r_3、r_4 为已知常数，θ_2 为已知变量，θ_3 和 θ_4 为未知变量，且以正弦和余弦函数形式出现在式（6-50）和式（6-51）中，为求解此非线性联立方程，令

$$F_1(\theta_3,\theta_4)=r_2\cos\theta_2+r_3\cos\theta_3-r_4\cos\theta_4-r_1 \tag{6-84}$$

$$F_2(\theta_3,\theta_4)=r_2\sin\theta_2+r_3\sin\theta_3-r_4\sin\theta_4 \tag{6-85}$$

对于具有两个变量的函数 $F(X, Y)$，若对 (X_0, Y_0) 进行**泰勒级数**（Taylor series）展开，可得：

$$F(X,Y)=F(X_0,Y_0)+\frac{\partial F(X_0,Y_0)}{\partial X}(X-X_0)+\frac{\partial F(X_0,Y_0)}{\partial Y}(Y-Y_0)+\text{其他高次项} \tag{6-86}$$

若取其一次近似，而忽略所有高次项，则可得：

$$F(X,Y)=F(X_0,Y_0)+\frac{\partial F(X_0,Y_0)}{\partial X}(X-X_0)+\frac{\partial F(X_0,Y_0)}{\partial Y}(Y-Y_0) \tag{6-87}$$

由此可得到 $F(X, Y)$ 于 (X_0, Y_0) 的一次（线性）近似函数。式（6-87）也可表示为：

$$F(X,Y)-F(X_0,Y_0)=\frac{\partial F(X_0,Y_0)}{\partial X}(X-X_0)+\frac{\partial F(X_0,Y_0)}{\partial Y}(Y-Y_0) \tag{6-88}$$

式（6-88）即为利用牛顿-拉福生法解非线性联立方程的主要方程。

回到图 6-14 所示的四杆机构。当式（6-84）和式（6-85）中 F_1 和 F_2 的 (θ_3, θ_4) 为正确解时，$F_1=F_2=0$；但是由于还未得到其解，因此先设估计值 (θ'_3, θ'_4)。一般而言，估计值非正确解，因此将之代入式（6-84）和式（6-85）时，会产生误差。若设误差值分别为 ε_1 和 ε_2，则可得：

$$F_1(\theta'_3,\theta'_4)=r_2\cos\theta_2+r_3\cos\theta'_3-r_4\cos\theta'_4-r_1=\varepsilon_1 \tag{6-89}$$

$$F_2(\theta'_3,\theta'_4)=r_2\sin\theta_2+r_3\sin\theta'_3-r_4\sin\theta'_4=\varepsilon_2 \tag{6-90}$$

将式（6-89）和式（6-90）分别对 (θ'_3, θ'_4) 取一次近似，可得：

$$\frac{\partial F_1(\theta'_3,\theta'_4)}{\partial\theta'_3}(\theta_3-\theta'_3)+\frac{\partial F_1(\theta'_3,\theta'_4)}{\partial\theta'_4}(\theta_4-\theta'_4)\approx F_1(\theta_3,\theta_4)-F_1(\theta'_3,\theta'_4) \tag{6-91}$$

$$\frac{\partial F_2(\theta'_3,\theta'_4)}{\partial\theta'_3}(\theta_3-\theta'_3)+\frac{\partial F_2(\theta'_3,\theta'_4)}{\partial\theta'_4}(\theta_4-\theta'_4)\approx F_2(\theta_3,\theta_4)-F_2(\theta'_3,\theta'_4) \tag{6-92}$$

即

$$(-r_3\sin\theta'_3)\Delta\theta_3+(r_4\sin\theta'_4)\Delta\theta_4\approx0-\varepsilon_1=-\varepsilon_1 \tag{6-93}$$

$$(r_3\cos\theta'_3)\Delta\theta_3+(-r_4\cos\theta'_4)\Delta\theta_4\approx0-\varepsilon_2=-\varepsilon_2 \tag{6-94}$$

式中，$\Delta\theta_3=\theta_3-\theta'_3$，$\Delta\theta_4=\theta_4-\theta'_4$。这样，式（6-50）和式（6-51）组成的非线性方程组，已被转换为一组以 $\Delta\theta_3$ 和 $\Delta\theta_4$ 为变量的线性方程组，而由式（6-93）和式（6-94）很容易求解。

依照上述，赋予 θ_3 和 θ_4 估计值 θ'_3 和 θ'_4，可求得误差修正值 $\Delta\theta_3$ 和 $\Delta\theta_4$。通过修正估计值，可得新的估计值 θ'_3 和 θ'_4 如下：

$$\theta'_{3(\text{new})}=\theta'_3+\Delta\theta_3 \tag{6-95}$$

$$\theta'_{4(\text{new})}=\theta'_4+\Delta\theta_4 \tag{6-96}$$

再将新的估计值 θ'_3 和 θ'_4 代入式（6-89）和式（6-90），而得新的误差值 ε_1 和 ε_2，再以新的估计值和误差值 θ'_3、θ'_4、ε_1、ε_2 代入式（6-93）和式（6-94），求出所得的修正值 $\Delta\theta_3$ 和 $\Delta\theta_4$，然后再通过修正二次估计值 θ'_3 和 θ'_4；如此反复迭代，直到修正值 $\Delta\theta_3$ 和 $\Delta\theta_4$ 的绝对值均小于所要求的精确度为止。

变量的起始估计值，可由图解法取得，即根据输入杆的起始分析位置，可以画出各杆的位置，再由图中量取各变量值为其起始估计值。解线性联立方程组所得的修正值，若其为角度，则不论计算过程中所用的角度值为**度**（Degree）度量或**弧度**（Radian）度量，经过计算机计算处理后，所得的结果均为弧度值。因此，若计算过程中使用度来度量，则须将角度修正值先转换成弧度，再修正估计值。同时应注意的是，修正估计值应放在判断各修正值是否满足精确度要求之前；若次序颠倒，则所得结果未进行最后一次的修正，其精度将不符合要求。

当各修正值的绝对值均小于要求精度时，该位置的分析即完成，而得到精度满足所求的近似解，可进行下一位置的分析。因此，可将输入变量加上分析增量，再代入原方程中进行分析；然而还需一组变量估计值才能够实现，此组估计值可取刚求得（即前一位置）的结果来代替。以数值分析迭代法（牛顿-拉福生法即为其一）求解时，起始估计值越接近正确值越容易收敛，否则可能发散或收敛到不正确的结果（如其他的装配位形）。因此，用前一个位置的结果作为起始估计值时，为避免与正确解差异过大，可适当地调整增量的大小；一般而言，若输入变量为角位移，则增量以不大于 10°为宜。至于精度的要求，角度变量可取 0.01°，长度变量则可取 0.001cm。根据经验，若增量取 5°，而精确度要求如上述，则每一位置迭代 3~4 次即可收敛，且符合精度要求。

图 6-16 所示为利用上述牛顿-拉福生数值分析法进行机构位置分析的流程，以下举例说明。

例 6-9 **有一个偏置曲柄滑块机构，如图 6-6b 所示，其封闭向量的投影方程已由例 6-6 求出，若 $r_1=1\text{cm}$、$r_2=2\text{cm}$、$r_3=4\text{cm}$、$\theta_2=60°$，试利用牛顿-拉福生法解出 θ_3 和 r_4。**

解：1）这个机构的封闭向量投影方程为：

$$r_2\cos\theta_2+r_3\cos\theta_3-r_4=0 \tag{6-97}$$

$$r_2\sin\theta_2+r_3\sin\theta_3+r_1=0 \tag{6-98}$$

2）令 θ_3 的起始估计值 $\theta'_3=330°$，r_4 的起始估计值 $\theta'_4=5\text{cm}$，则误差值 ε_1 和 ε_2 分别为：

$$\begin{aligned}F_1&=r_2\cos\theta_2+r_3\cos\theta'_3-r'_4\\&=2\cos60°+4\cos330°-5\\&=-0.540=\varepsilon_1\end{aligned} \tag{6-99}$$

$$
\begin{aligned}
F_2 &= r_2\sin\theta_2 + r_3\sin\theta'_3 + r_1 \\
&= 2\sin60° + 4\sin330° + 1 \\
&= 0.732 = \varepsilon_2
\end{aligned} \tag{6-100}
$$

3）将式（6-99）和式（6-100）分别对 θ'_3 和 θ'_4 取偏微分可得：

$$
\frac{\partial F_1}{\partial \theta'_3} = -r_3\sin\theta'_3 \tag{6-101}
$$

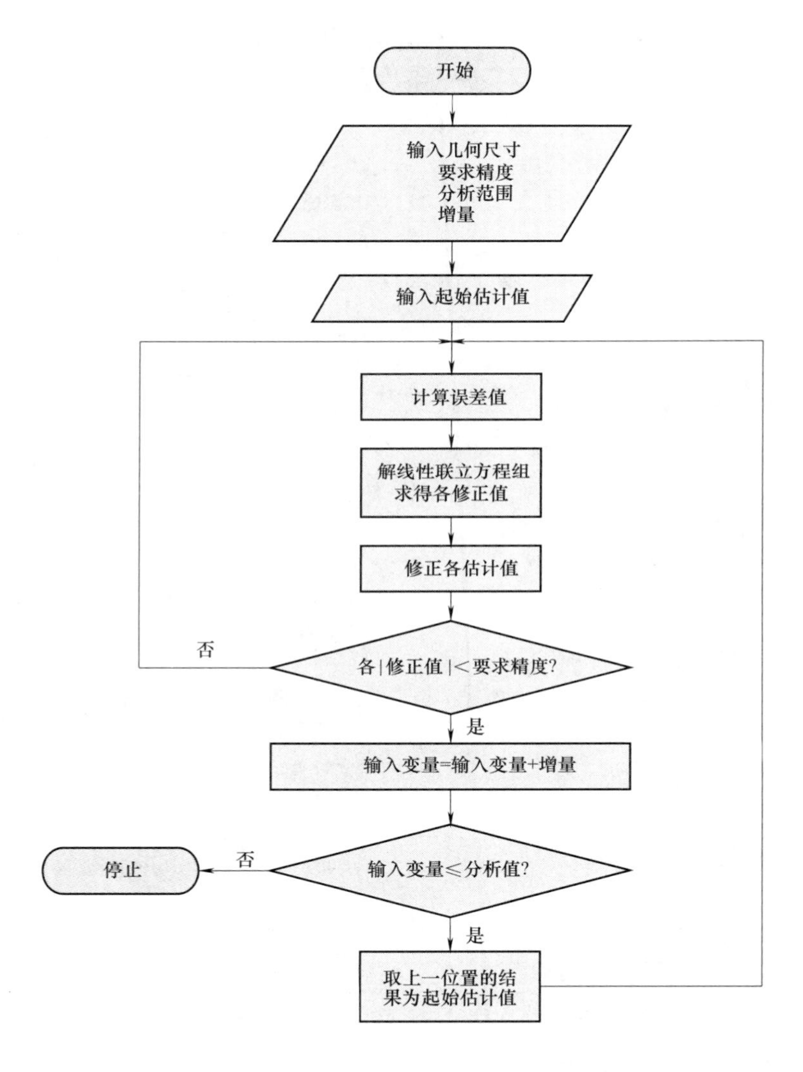

图 6-16　牛顿-拉福生数值分析法的流程

$$
\frac{\partial F_1}{\partial r'_4} = -1 \tag{6-102}
$$

$$
\frac{\partial F_2}{\partial \theta'_3} = r_3\cos\theta'_3 \tag{6-103}
$$

$$\frac{\partial F_2}{\partial r'_4}=0 \tag{6-104}$$

因此，由牛顿-拉福生数值分析法可得如下的线性方程：

$$\frac{\partial F_1}{\partial \theta'_3}\Delta\theta_3+\frac{\partial F_1}{\partial r'_4}\Delta r_4=-\varepsilon_1 \tag{6-105}$$

$$\frac{\partial F_2}{\partial \theta'_3}\Delta\theta_3+\frac{\partial F_2}{\partial r'_4}\Delta r_4=-\varepsilon_2 \tag{6-106}$$

将式（6-101）～式（6-104）代入式（6-105）和式（6-106）中可得：

$$-r_3\sin\theta'_3\Delta\theta_3-\Delta r_4=-\varepsilon_1 \tag{6-107}$$

$$r_3\cos\theta'_3\Delta\theta_3=-\varepsilon_2 \tag{6-108}$$

将已知数值和估计值代入式（6-107）和式（6-108）可得：

$$2\Delta\theta_3-\Delta r_4=0.536 \tag{6-109}$$

$$3.46\Delta\theta_3=-0.732 \tag{6-110}$$

解式（6-109）和式（6-110）可得：$\Delta\theta_3=-0.211$（rad）$=-12.108°$，$\Delta r_4=-0.9585\text{cm}$。

4）根据上述结果，可得第二次估计值为：$\theta'_{3(\text{new})}=\theta'_3+\Delta\theta_3=330°-12.108°=317.892°$，$r'_{4(\text{new})}=r'_4+\Delta r_4=5\text{cm}-0.9585\text{cm}=4.041\text{cm}$。再利用式（6-99）和式（6-100）可得新的误差值为：$\varepsilon_1=-0.074$，$\varepsilon_2=-0.050$。再代回式（6-107）和式（6-108）可解得新的修正值为：$\Delta\theta_3=-0.017\text{rad}=-0.964°$，$\Delta r_4=-0.119\text{cm}$。

5）根据上述结果，可得第三次估计值为：$\theta'_{3(\text{new})}=317.82°-0.964°=316.928°$，$r'_{4(\text{new})}=4.041\text{cm}-0.119\text{cm}=3.922\text{cm}$。

6）重复上述运算步骤，详细迭代过程数据见表 6-1，经过三次迭代后达到精度要求 $|\Delta\theta_3|\leqslant 0.01°$、$|\Delta r_4|\leqslant 0.001\text{cm}$ 为止。因此，由牛顿-拉福生法解出 θ_3 和 r_4 最后结果为：$\theta_3=316.92°$，$r_4=3.922\text{cm}$。

表 6-1 偏置曲柄滑块连杆机构位置分析数值迭代过程［例 6-9］

次数	$\theta'_3/(°)$	r'_4/cm	$\Delta\theta_3/\text{rad}$	$\Delta\theta_3/(°)$	$\Delta r_4/\text{cm}$
1	330.000	5.000	−0.211	−12.108	−0.9585
2	317.892	4.041	−0.017	−0.964	−0.1191
3	316.928	3.922	0.000	−0.008	−0.0008
4	316.920	3.922			

例 6-10 **有一个齿轮五杆机构（图 6-15）如例 6-8 所述，当 $\theta_2=30°$ 时，试利用牛顿-拉福生法解 θ_3、θ_4 及 θ_5。**

解：1）这个机构的封闭向量投影方程为：

$$F_1=36\cos\theta_3+14\cos\theta_4-50\cos\theta_5-50=0 \tag{6-111}$$

$$F_2=36\sin\theta_3+14\sin\theta_4-50\sin\theta_5=0 \tag{6-112}$$

滚动接触方程为：

$$\theta_4=1.5\theta_3-0.5\theta_2-30° \tag{6-113}$$

2）各向量的初始装配位形分别为：$\theta_{20}=0°$，$\theta_{30}=60°$，$\theta_{40}=60°$，$\theta_{50}=120°$。当 $\theta_{20}=30°$时，设 θ_3 和 θ_5 的估计值分别为：$\theta'_3=60°$，$\theta'=120°$；将其代入式（6-113）可得 θ_4 的估计值 $\theta'_4=1.5×60°-0.5×30°-30°=45°$。

3）以牛顿-拉福生法求解时，各误差值与微分值分别为：

$$F_1=36\cos\theta'_3+14\cos\theta'_4-50\cos\theta'_5-50=\varepsilon_1 \tag{6-114}$$

$$F_2=36\sin\theta'_3+14\sin\theta'_4-50\sin\theta'_5=\varepsilon_2 \tag{6-115}$$

$$\begin{aligned}\frac{\partial F_1}{\partial\theta'_3}&=-36\sin\theta'_3-14(\sin\theta'_4)\frac{\partial\theta'_4}{\partial\theta'_3}\\&=-36\sin\theta'_3-21\sin\theta'_4\\&=A\end{aligned} \tag{6-116}$$

$$\begin{aligned}\frac{\partial F_1}{\partial\theta'_5}&=50\sin\theta'_5\\&=B\end{aligned} \tag{6-117}$$

$$\begin{aligned}\frac{\partial F_2}{\partial\theta'_3}&=36\cos\theta'_3+14(\cos\theta'_4)\frac{\partial\theta'_4}{\partial\theta'_3}\\&=36\cos\theta'_3+21\cos\theta'_4\\&=C\end{aligned} \tag{6-118}$$

$$\begin{aligned}\frac{\partial F_2}{\partial\theta'_5}&=-50\cos\theta'_5\\&=D\end{aligned} \tag{6-119}$$

式中，由式（6-113）可得$\frac{\partial\theta'_4}{\partial\theta'_3}=1.5$。因此，由牛顿-拉福生数值分析法可得如下的线性方程：

$$A\Delta\theta_3+B\Delta\theta_5=-\varepsilon_1 \tag{6-120}$$

$$C\Delta\theta_3+D\Delta\theta_5=-\varepsilon_2 \tag{6-121}$$

解式（6-120）和式（6-121）即可得修正值 $\Delta\theta_3$ 和 $\Delta\theta_5$ 的解。

4）将各估计值代入式（6-114）~式（6-119）中可得：

$$\begin{aligned}\varepsilon_1&=36\cos60°+14\cos45°-50\cos120°-50\\&=2.8995\end{aligned}$$

$$\begin{aligned}\varepsilon_2&=36\sin60°+14\sin45°-50\sin120°\\&=-2.2249\end{aligned}$$

$$\begin{aligned}A&=-36\sin60°-21\sin45°\\&=-46.0262\end{aligned}$$

$$\begin{aligned}B&=50\sin120°\\&=43.3013\end{aligned}$$

$$\begin{aligned}C&=36\cos60°+21\cos45°\\&=32.8492\end{aligned}$$

$$\begin{aligned}D&=-50\cos120°\\&=25.0000\end{aligned}$$

再将其代入式（6-120）和式（6-121）中可得：

$$-46.0262\Delta\theta_3+43.3013\Delta\theta_5=-2.8995 \quad (6\text{-}122)$$

$$32.8492\Delta\theta_3+25.0000\Delta\theta_5=2.2249 \quad (6\text{-}123)$$

解得：$\Delta\theta_3=0.06561\text{rad}=3.76°$，$\Delta\theta_5=0.00278\text{rad}=0.16°$。各估计值可修正为：$\theta_3'=60°+3.76°=63.76°$，$\theta_5'=120°+0.16°=120.16°$，$\theta_4'=1.5\times63.76°-0.5\times30°-30°=50.64°$。

5）将修正的估计值再代入式（6-114）~式（6-121）中，重复上述运算步骤，迭代过程见表6-2，经过三次迭代后，由于 $\Delta\theta_3$ 和 $\Delta\theta_5$ 的绝对值均小于0.001°，已符合精度要求。因此，由牛顿-拉福生法求解 θ_3、θ_5、θ_4 的最后结果为：$\theta_3=63.828°$，$\theta_5=120.347°$，$\theta_4=50.741°$。

6）若要进行下一位置的分析，如当 $\theta_2=60°$ 时，则可以 $\theta_2=30°$ 的结果为其起始估计值，即 $\theta_3'=63.83°$，$\theta_5'=120.35°$，$\theta_4'=1.5\times63.83°-0.5\times60°-30°=35.75°$。

表6-2 齿轮五杆机构位置分析数值迭代过程［例6-10］

次数	θ_3'/(°)	θ_5'/(°)	θ_4'/(°)	$\Delta\theta_3$/rad	$\Delta\theta_5$/rad	$\Delta\theta_3$/(°)	$\Delta\theta_5$/(°)
1	60.000	120.000	45.000	0.0656	0.0028	3.7593	0.1593
2	63.759	120.159	50.639	0.0012	0.0033	0.0684	0.1878
3	63.828	120.347	50.742	0.0000	0.0000	-0.0003	-0.0001
4	63.828	120.347	50.741				

例6-11 **有一个史蒂芬森Ⅰ型六杆机构［例6-2］，如图6-17所示，杆6为输入杆，试进行位置分析求解 θ_2、θ_3、θ_4 及 θ_5。**

解：1）在本例中杆6为输入杆，即 θ_6 为已知，由于杆6所在的封闭向量中，杆3、杆4、杆5的位置均未知，即 θ_3、θ_4、θ_5 为未知，无法直接由其投影方程推导出封闭解；因此，以牛顿-拉福生数值法进行位置分析。

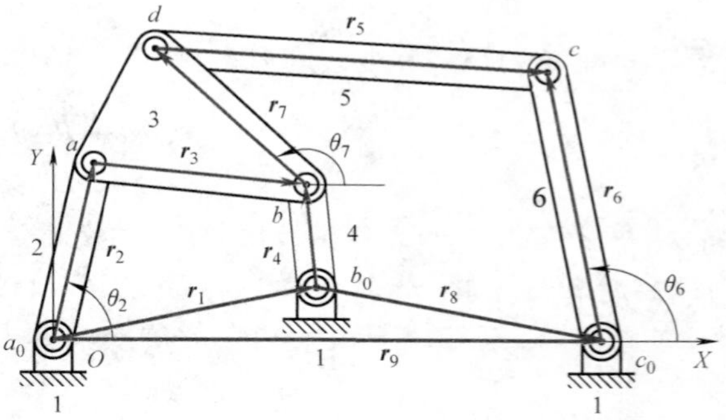

2）根据封闭向量法，建立坐标系，并定义向量，如图6-17所示。其封闭向量方程为：

$$\boldsymbol{r}_2+\boldsymbol{r}_3-\boldsymbol{r}_4-\boldsymbol{r}_1=0 \quad (6\text{-}124)$$

$$\boldsymbol{r}_4+\boldsymbol{r}_7+\boldsymbol{r}_5-\boldsymbol{r}_6-\boldsymbol{r}_8=0 \quad (6\text{-}125)$$

图6-17 史蒂芬森Ⅰ型六杆机构［例6-11、例7-14、例8-10］

式（6-124）和式（6-125）两个封闭向量的投影方程分别定义为 F_1、F_2、F_3、F_4，分别如下：

$$F_1=r_2\cos\theta_2+r_3\cos\theta_3-r_4\cos\theta_4-r_1\cos\theta_1=0 \quad (6\text{-}126)$$

$$F_2=r_2\sin\theta_2+r_3\sin\theta_3-r_4\sin\theta_4-r_1\sin\theta_1=0 \quad (6\text{-}127)$$

$$F_3=r_4\cos\theta_4+r_7\cos\theta_7+r_5\cos\theta_5-r_6\cos\theta_6-r_8\cos\theta_8=0 \quad (6\text{-}128)$$

$$F_4=r_4\sin\theta_4+r_7\sin\theta_7+r_5\sin\theta_5-r_6\sin\theta_6-r_8\sin\theta_8=0 \quad (6\text{-}129)$$

式中，$\theta_7=\theta_3+\alpha$，各杆杆长为已知，且 θ_1 和 θ_8 为已知常数，θ_2、θ_3、θ_4、θ_5 则为未知

变量。

3）令 θ'_2、θ'_3、θ'_4、θ'_5 分别为 θ_2、θ_3、θ_4、θ_5 的起始估计值，ε_1、ε_2、ε_3、ε_4 为投影方程的误差值，可得误差值与微分值如下：

$$F_1=r_2\cos\theta'_2+r_3\cos\theta'_3-r_4\cos\theta'_4-r_1\cos\theta_1=\varepsilon_1 \tag{6-130}$$

$$F_2=r_2\sin\theta'_2+r_3\sin\theta'_3-r_4\sin\theta'_4-r_1\sin\theta_1=\varepsilon_2 \tag{6-131}$$

$$F_3=r_4\cos\theta'_4+r_7\cos(\theta'_3+\alpha)+r_5\cos\theta'_5-r_6\cos\theta_6-r_8\cos\theta_8=\varepsilon_3 \tag{6-132}$$

$$F_4=r_4\sin\theta'_4+r_7\sin(\theta'_3+\alpha)+r_5\sin\theta'_5-r_6\sin\theta_6-r_8\sin\theta_8=\varepsilon_4 \tag{6-133}$$

$$\begin{aligned}
&\frac{\partial F_1}{\partial\theta'_2}=-r_2\sin\theta'_2 &&\frac{\partial F_1}{\partial\theta'_3}=-r_3\sin\theta'_3 &&\frac{\partial F_1}{\partial\theta'_4}=r_4\sin\theta'_4 &&\frac{\partial F_1}{\partial\theta'_5}=0\\
&\frac{\partial F_2}{\partial\theta'_2}=r_2\cos\theta'_2 &&\frac{\partial F_2}{\partial\theta'_3}=r_3\cos\theta'_3 &&\frac{\partial F_2}{\partial\theta'_4}=-r_4\cos\theta'_4 &&\frac{\partial F_2}{\partial\theta'_5}=0\\
&\frac{\partial F_3}{\partial\theta'_2}=0 &&\frac{\partial F_3}{\partial\theta'_3}=-r_7\sin(\theta'_3+\alpha) &&\frac{\partial F_3}{\partial\theta'_4}=-r_4\sin\theta'_4 &&\frac{\partial F_3}{\partial\theta'_5}=-r_5\sin\theta'_5\\
&\frac{\partial F_4}{\partial\theta'_2}=0 &&\frac{\partial F_4}{\partial\theta'_3}=r_7\cos(\theta'_3+\alpha) &&\frac{\partial F_4}{\partial\theta'_4}=r_4\cos\theta'_4 &&\frac{\partial F_4}{\partial\theta'_5}=r_5\cos\theta'_5
\end{aligned} \tag{6-134}$$

4）利用牛顿-拉福生数值分析法，可得线性方程如下：

$$(-r_2\sin\theta'_2)\Delta\theta_2+(-r_3\sin\theta'_3)\Delta\theta_3+(r_4\sin\theta'_4)\Delta\theta_4=-\varepsilon_1 \tag{6-135}$$

$$(r_2\cos\theta'_2)\Delta\theta_2+(r_3\cos\theta'_3)\Delta\theta_3+(-r_4\cos\theta'_4)\Delta\theta_4=-\varepsilon_2 \tag{6-136}$$

$$[-r_7\sin(\theta'_3+\alpha)]\Delta\theta_3+(-r_4\sin\theta'_4)\Delta\theta_4+(-r_5\sin\theta'_5)\Delta\theta_5=-\varepsilon_3 \tag{6-137}$$

$$[r_7\cos(\theta'_3+\alpha)]\Delta\theta_3+(r_4\cos\theta'_4)\Delta\theta_4+(r_5\cos\theta'_5)\Delta\theta_5=-\varepsilon_4 \tag{6-138}$$

用矩阵表示如下：

$$\begin{pmatrix}-r_2\sin\theta'_2 & -r_3\sin\theta'_3 & r_4\sin\theta'_4 & 0\\ r_2\cos\theta'_2 & r_3\cos\theta'_3 & -r_4\cos\theta'_4 & 0\\ 0 & -r_7\sin(\theta'_3+\alpha) & -r_4\sin\theta'_4 & -r_5\sin\theta'_5\\ 0 & r_7\cos(\theta'_3+\alpha) & r_4\cos\theta'_4 & r_5\cos\theta'_5\end{pmatrix}\begin{pmatrix}\Delta\theta_2\\ \Delta\theta_3\\ \Delta\theta_4\\ \Delta\theta_5\end{pmatrix}\begin{pmatrix}-\varepsilon_1\\ -\varepsilon_2\\ -\varepsilon_3\\ -\varepsilon_4\end{pmatrix} \tag{6-139}$$

5）解上述线性联立方程，可得 θ'_2、θ'_3、θ'_4、θ'_5 的修正值 $\Delta\theta_2$、$\Delta\theta_3$、$\Delta\theta_4$、$\Delta\theta_5$。另外，将 θ'_2、θ'_3、θ'_4、θ'_5 的估计值可分别修正为：

$$\theta'_{2(\text{new})}=\theta'_2+\Delta\theta_2 \tag{6-140}$$

$$\theta'_{3(\text{new})}=\theta'_3+\Delta\theta_3 \tag{6-141}$$

$$\theta'_{4(\text{new})}=\theta'_4+\Delta\theta_4 \tag{6-142}$$

$$\theta'_{5(\text{new})}=\theta'_5+\Delta\theta_5 \tag{6-143}$$

6）若 $r_1=84\text{mm}$、$r_2=62\text{mm}$、$r_3=65\text{mm}$、$r_4=36\text{mm}$、$r_5=120\text{mm}$、$r_6=95\text{mm}$、$r_7=65\text{mm}$、$r_8=86\text{mm}$、$\theta_1=15°$、$\theta_8=-15°$、$\alpha=140°$，且输入杆（杆6）的角位置为 $\theta_6=100°$，起始估计值为 $\theta'_2=80°$，$\theta'_3=-20°$、$\theta'_4=90°$、$\theta'_5=0°$，代入式（6-130）~式（6-143）进行位置分析，则经由牛顿-拉福生数值法运算步骤，详细迭代过程数据见表6-3，经过四次迭代后达到精度 $|\Delta\theta_2|$、$|\Delta\theta_3|$、$|\Delta\theta_4|$、$|\Delta\theta_5|$ 均小于 $0.001°$ 的要求。因此，由牛顿-拉福生数值法位置分析最后所得结果为：$\theta_2=80.368°$，$\theta_3=-3.412°$、$\theta_4=99.399°$、$\theta_5=-4.248°$。

表 6-3 史蒂芬森Ⅰ型六杆机构位置分析数值迭代过程 [例 6-11]

次数	θ'_2/(°)	θ'_3/(°)	θ'_4/(°)	θ'_5/(°)	$\Delta\theta_2$/rad	$\Delta\theta_3$/rad	$\Delta\theta_4$/rad	$\Delta\theta_5$/rad	$\Delta\theta_2$/(°)	$\Delta\theta_3$/(°)	$\Delta\theta_4$/(°)	$\Delta\theta_5$/(°)
1	80. 00	-20. 000	90. 000	0. 000	0. 0198	0. 3062	0. 1026	-0. 0920	1. 133	17. 543	5. 876	-5. 272
2	81. 133	-2. 457	95. 876	-5. 272	-0. 0137	-0. 0156	0. 0602	0. 0177	-0. 788	-0. 892	3. 450	1. 013
3	80. 345	-3. 349	99. 325	-4. 260	0. 0004	-0. 0011	0. 0013	0. 0002	0. 023	-0. 063	0. 074	0. 012
4	80. 368	-3. 412	99. 399	-4. 248	0. 0000	0. 0000	0. 0000	0. 0000	0. 000	0. 000	0. 000	0. 000
5	80. 368	-3. 412	99. 399	-4. 248								

6.4 计算机辅助位置分析

Computer-aided position analysis

利用图解法来进行机构的位置分析，虽然可不必推导运动方程，又可直接求解，但在精度要求与求解速度上均有不便之处。利用解析法来进行机构的位置分析，虽然可推导出运动方程，但是不容易得到封闭解。利用数值分析法虽然可针对运动方程求出所要未知变量的近似解，但是求解过程必须反复地进行迭代，既浪费时间又容易发生人为错误。虽然图解法、解析法、数值法各有其使用上的缺点，但是随着计算机计算能力的提升、绘图功能的增强、使用的普及，以上所述的缺点均可迎刃而解。

计算机辅助位置分析（Computer-aided position analysis）包括下面几个步骤（图 6-18）：

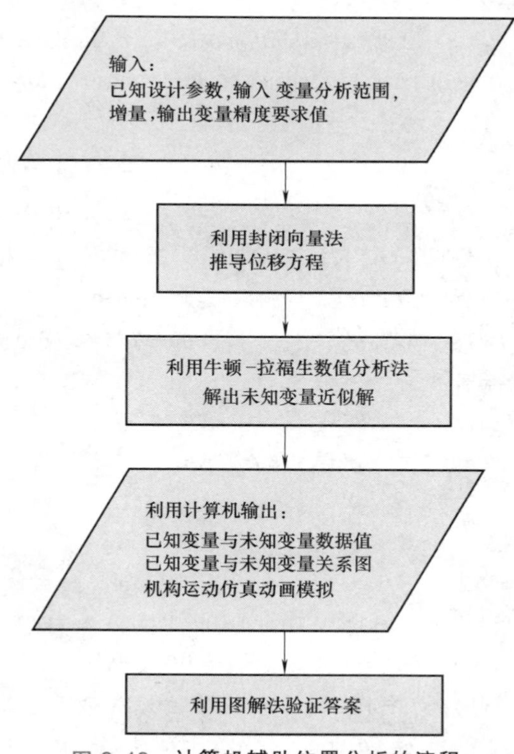

图 6-18 计算机辅助位置分析的流程

1）利用封闭向量法推导出机构的位移方程。

2）利用牛顿-拉福生数值分析法推演未知变量近似解的迭代过程。

3）利用计算机求得所需精度的数值解。

4）利用计算机进行计算机动画仿真。

5）利用图解法验证结果的正确性。

根据上述步骤来进行机构的运动分析，不但可避免图解法、解析法、数值法的缺点，更可保留图解法、解析法、数值法的优点，是分析机构运动特性的有效方法。

基本上，上述计算机辅助位置分析法可用来分析各类机构的运动特性，包括含各种运动副的机构、平面机构与空间机构、单自由度机构与多自由度机构。当机构中含有转动副、移动副、滚动副时，本法可直接用来进行位置分析；当机构中含有齿轮副时，可将齿轮副视为滚动副进行分析；当机构中含有凸轮副时，由于与该运动副相连的两杆所在接触点处的曲率半径一直在变化，直接使用本法分析将有困难，但可将所要分析的机构，求出在各个位置时接触点所对应的曲率半径与曲率中心，形成**等效连杆机构**（Equivalent linkage），再利用本法进行分析。空间机构的运动分析虽然也可用本法，但使用矩阵法更为方便。

以下举例说明如何利用计算机辅助法，来进行机构的位置分析。

例 6-12 **有一个四杆机构，如图 6-3 所示，杆 2 为输入杆，试利用计算机辅助法进行杆 3 上参考点 c 与杆 4 的位置分析。**

解：1）已知设计参数与精度要求为：

$$r_1=\overline{a_0b_0}=6.0$$

$$r_2=\overline{a_0a}=2.0$$

$$r_3=\overline{ab}=5.0$$

$$r_4=\overline{b_0b}=5.0$$

$$r'_3=\overline{ac}=2.5$$

$$\alpha=0°$$

$$|\Delta\theta_3|\leqslant 0.01°$$

$$|\Delta\theta_4|\leqslant 0.01°$$

2）根据封闭向量法，建立坐标系，并且定义向量如图 6-3 所示。在本例取 $\theta_1=0°$，即 X 轴通过输出杆的固定铰链点。其封闭向量方程与投影方程为：

$$\boldsymbol{r}_2+\boldsymbol{r}_3-\boldsymbol{r}_4-\boldsymbol{r}_1=0 \tag{6-144}$$

$$r_2\cos\theta_2+r_3\cos\theta_3-r_4\cos\theta_4-r_1=0 \tag{6-145}$$

$$r_2\sin\theta_2+r_3\sin\theta_3-r_4\sin\theta_4=0 \tag{6-146}$$

3）令 θ'_3 和 θ'_4 分别为 θ_3 和 θ_4 的起始估计值，ε_1 和 ε_2 为误差值，则利用牛顿-拉福生数值分析法可得：

$$F_1(\theta'_3,\theta'_4)=r_2\cos\theta_2+r_3\cos\theta'_3-r_4\cos\theta'_4-r_1=\varepsilon_1 \tag{6-147}$$

$$F_2(\theta'_3,\theta'_4)=r_2\sin\theta_2+r_3\sin\theta'_3-r_4\sin\theta'_4=\varepsilon_2 \tag{6-148}$$

其线性联立方程为：

$$(-r_3\sin\theta'_3)\Delta\theta_3+(r_4\sin\theta'_4)\Delta\theta_4=-\varepsilon_1 \tag{6-149}$$

$$(r_3\cos\theta'_3)\Delta\theta_3+(-r_4\cos\theta'_4)\Delta\theta_4=-\varepsilon_2 \tag{6-150}$$

可解得 θ'_3 和 θ'_4 的修正值 $\Delta\theta_3$ 和 $\Delta\theta_4$ 如下：

$$\Delta\theta_3=\frac{\varepsilon_1\cos\theta'_4+\varepsilon_2\sin\theta'_4}{r_3\sin(\theta'_3-\theta'_4)} \tag{6-151}$$

$$\Delta\theta_4=\frac{\varepsilon_1\cos\theta'_3+\varepsilon_2\sin\theta'_3}{r_4\sin(\theta'_3-\theta'_4)} \tag{6-152}$$

因此，θ_3 和 θ_4 的估计值可分别修正为：

$$\theta'_{3(\text{new})}=\theta'_3+\Delta\theta_3 \tag{6-153}$$

$$\theta'_{4(\text{new})}=\theta'_4+\Delta\theta_4 \tag{6-154}$$

4）令 $\boldsymbol{r}_c$ 代表参考点 c 的位置向量，则：

$$\boldsymbol{r}_c=\boldsymbol{r}_2+\boldsymbol{r}'_3 \tag{6-155}$$

因此，参考点 c 在 X 轴和 Y 轴上的坐标（X_c 和 Y_c）可表示为：

$$X_c=r_2\cos\theta_2+r'_3\cos\theta'_3=r_2\cos\theta_2+r'_3\cos(\theta_3+\alpha) \tag{6-156}$$

$$Y_c=r_2\sin\theta_2+r'_3\sin\theta'_3=r_2\sin\theta_2+r'_3\sin(\theta_3+\alpha) \tag{6-157}$$

即只要求得未知变量 θ_3 后，便可由上式求得点 c 的位置坐标。

5）利用图解法绘出机构在 $\theta_2=0°$ 时的位置，估算得 θ_3 约为 70°、θ_4 约为 120°，据此取起始估计值 $\theta'_3=70°$、$\theta'_4=120°$。

6）编制一套计算机程序，针对每一个输入杆的位置 θ_2，解出 $\Delta\theta_3$ 和 $\Delta\theta_4$，求出新的估计值 θ'_3 和 θ'_4，直到 $|\Delta\theta_3|$ 和 $|\Delta\theta_4|$ 均小于 0.01°为止，此时的 θ'_3 和 θ'_4 即为在所对应的 θ_2 位置时，杆 3 的位置（θ_3）与杆 4 的位置（θ_4）。解出后，即可求出参考点 c 的位置 X_c 和 Y_c。在本例题中，输入杆位置 θ_2 为 0°~360°，增量 $\Delta\theta_2=10°$。计算机程序如下：

```
/* Position analysis of a four-bar linkage */
/*     *******     four_bar.c     ********     */
#include <math.h>
#include <stdio.h>
#define pi 3.141592654
main()
{
  double r1,r2,r3,r4,r3p;
  double t2,t3,t4,dt3,dt4;
  double lower,upper,step,e;
  double e1,e2,xc,yc;
  int i,flag=0;
  r1 = 6.0;
  r2 = 2.0;
  r3 = 5.0;
  r4 = 5.0;
  r3p= 2.5;
  t3 = 70*pi/180;
  t4 = 120*pi/180;
  lower = 0;
```

```
    upper = 360;
    step = 10;
    e=0.01 * pi/180;
    printf("Theta2   Theta3   Theta4   Xc      Yc\n");
    printf("=======================================\n");
    for(i=lower;i<=upper;i+=step)
    {
      flag=0;
      t2 = i * pi/180;
      do
      {
        e1 = r2 * cos(t2)+r3 * cos(t3)-r4 * cos(t4)-r1;
        e2 = r2 * sin(t2)+r3 * sin(t3)-r4 * sin(t4);
        dt3 = (e1 * cos(t4)+e2 * sin(t4))/(r3 * sin(t3-t4));
        dt4 = (e1 * cos(t3)+e2 * sin(t3))/(r4 * sin(t3-t4));
        t3 += dt3;
        t4 += dt4;
        if( fabs(dt3)<e && fabs(dt4)<e )
        flag = 1;
      }
      while( flag==0 );
      xc = r2 * cos(t2)+r3p * cos(t3);
      yc = r2 * sin(t2)+r3p * sin(t3);
      printf("%7.1f   %7.3f   %7.3f %7.3f %7.3f\n",
      t2 * 180/pi,t3 * 180/pi,t4 * 180/pi,xc,yc);
    }
  printf("=========================================\n");
  }
```

7）利用所编制的计算机程序，进行位置分析，列出已知变量 θ_2 与未知变量 θ_3、θ_4、X_c、Y_c，如下所示：

θ_2	θ_3	θ_4	X_c	Y_c
0.0	66.422	113.578	3.000	2.291
10.0	61.213	108.937	3.173	2.538
20.0	55.885	105.264	3.282	2.754
30.0	50.814	102.812	3.312	2.938
40.0	46.243	101.653	3.261	3.091
50.0	42.280	101.714	3.135	3.214
60.0	38.945	102.841	2.944	3.303
70.0	36.208	104.851	2.701	3.356
80.0	34.020	107.560	2.419	3.368

```
90.0      32.334     110.797    2.112     3.337
100.0     31.110     114.411    1.793     3.261
110.0     30.322     118.269    1.474     3.142
120.0     29.956     122.248    1.166     2.980
130.0     30.009     126.240    0.879     2.782
140.0     30.487     130.141    0.622     2.554
150.0     31.403     133.859    0.402     2.303
160.0     32.768     137.308    0.223     2.037
170.0     34.592     140.417    0.088     1.767
180.0     36.870     143.130    -0.000    1.500
190.0     39.583     145.408    -0.043    1.246
200.0     42.692     147.232    -0.042    1.011
210.0     46.141     148.597    0.000     0.803
220.0     49.859     149.513    0.080     0.626
230.0     53.760     149.991    0.192     0.484
240.0     57.752     150.044    0.334     0.382
250.0     61.731     149.678    0.500     0.322
260.0     65.589     148.890    0.686     0.307
270.0     69.203     147.666    0.888     0.337
280.0     72.440     145.980    1.102     0.414
290.0     75.149     143.792    1.325     0.537
300.0     77.159     141.055    1.556     0.705
310.0     78.286     137.720    1.793     0.916
320.0     78.347     133.757    2.037     1.163
330.0     77.188     129.186    2.286     1.438
340.0     74.736     124.115    2.538     1.728
350.0     71.063     118.787    2.781     2.017
360.0     66.422     113.578    3.000     2.291
==============================================
```

8）利用所编制的计算机程序绘出已知变量与未知变量的关系，如图 6-19 所示。

9）利用所编制的计算机程序来绘制机构的动画模拟图，并绘出参考点 c 的轨迹，如图 6-20 所示。

10）利用图解法验证结果。当 $\theta_2=15°$ 时，量得 $\theta_3\approx58.5°$、$\theta_4\approx106.9°$、$X_c\approx3.2$、$Y_c\approx2.6$；当 $\theta_2=162°$ 时，量得 $\theta_3\approx33°$、$\theta_4\approx138°$、$X_c\approx0.19$、$Y_c\approx1.9$；当 $\theta_2=298°$ 时，量得 $\theta_3\approx77°$、$\theta_4\approx141°$、$X_c\approx1.5$、$X_c\approx0.7$；在以上 3 个位置所得的未知变量与计算机计算值相符合。且由［例 6-6］结果可知，当 $\theta_2=60°$ 时，$\theta_3=38.91°$、$\theta_4=102.848°$。据此，可证明本计算机程序无误，以后利用本计算机程序分析不同尺寸四杆机构的位置时，所得的结果可不需再加以验证。

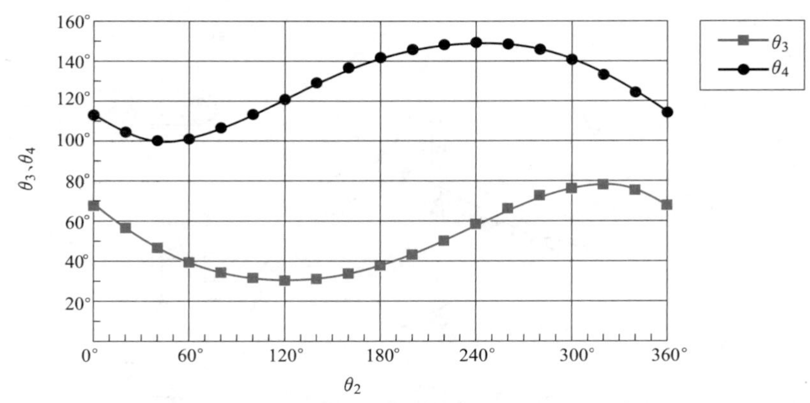

图 6-19 四连杆机构位置分析结果［例 6-12］

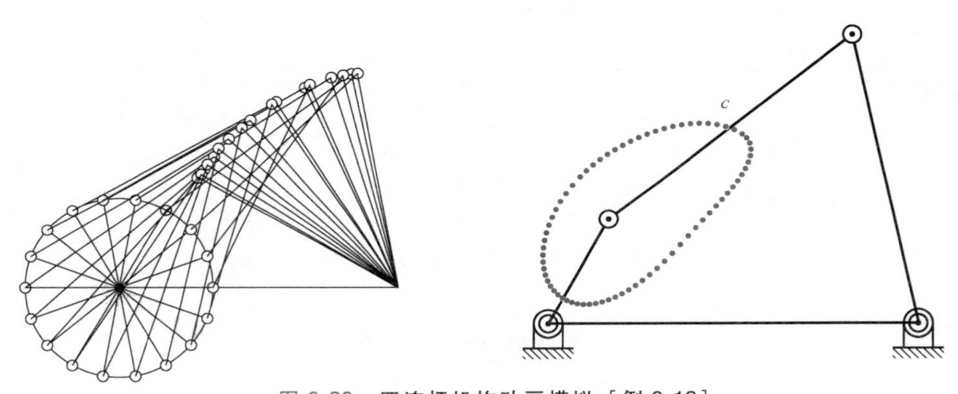

图 6-20 四连杆机构动画模拟［例 6-12］

例 6-13 **有一个橱柜用的瓦特Ⅱ型六杆铰链机构。如图 6-21 所示，门安装在杆 6 上。当 $\theta_6=180°$ 时，门在关闭位置；当 $\theta_6=270°$ 时，门在开启位置。各杆件尺寸见表 6-4，且杆 6 为输入杆。试进行位置分析，并画出杆 6 相对于其他杆件的关系图。**

解：1）在本例中，杆 6 为输入杆，即 θ_6 为已知，但杆 6 所在的封闭向量中，杆 3、杆 4、杆 5 位置均未知，即 θ_3、θ_4、θ_5 为未知，无法由其投影方程直接推导出其封闭解。因此，以牛顿-拉福生数值法进行位置分析。

2）根据封闭向量法，建立坐标系，并定义向量，如图 6-21 所示。其封闭向量方程为：

表 6-4 铰链机构杆件尺寸［例 6-13］

尺寸	mm	角度	(°)
r_1	13.72	α	158.66
r_2	17.80	β	23.28
r_3	9.34		
r_4	24.73		
r_5	27.20		
r_6	20.80		
r_7	22.60		
r_8	25.81		

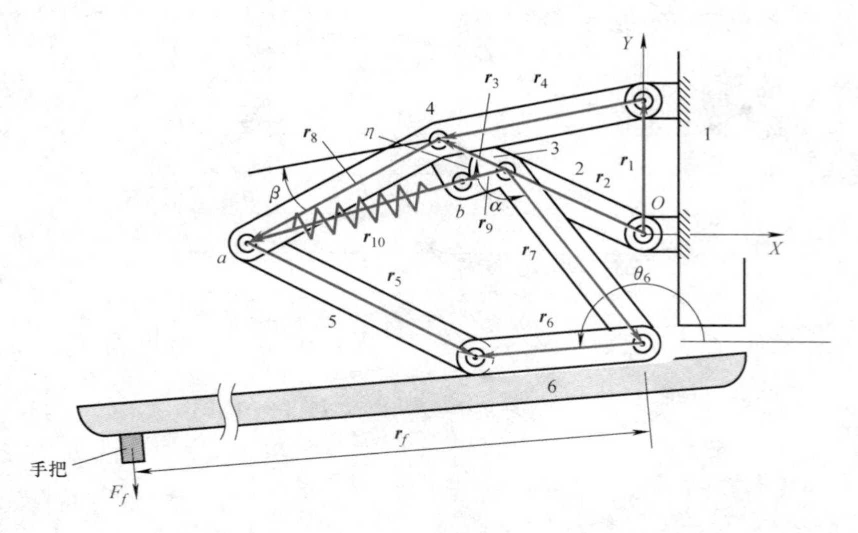

图 6-21　六杆铰链机构［例 6-13］

$$\boldsymbol{r}_2+\boldsymbol{r}_3-\boldsymbol{r}_4-\boldsymbol{r}_1=0 \tag{6-158}$$

$$\boldsymbol{r}_7+\boldsymbol{r}_6-\boldsymbol{r}_5-\boldsymbol{r}_8-\boldsymbol{r}_3=0 \tag{6-159}$$

3）在本例中，$\theta_1=90°$、$\theta_7=\theta_3+\alpha$、$\theta_8=\theta_4+\beta$。上述两个封闭向量的投影方程分别定义为 F_1、F_2、F_3、F_4，分别如下：

$$F_1=r_2\cos\theta_2+r_3\cos\theta_3-r_4\cos\theta_4=0 \tag{6-160}$$

$$F_2=r_2\sin\theta_2+r_3\sin\theta_3-r_4\sin\theta_4-r_1=0 \tag{6-161}$$

$$F_3=r_7\cos(\theta_3+\alpha)+r_6\cos\theta_6-r_5\cos\theta_5-r_8\cos(\theta_4+\beta)-r_3\cos\theta_3=0 \tag{6-162}$$

$$F_4=r_7\sin(\theta_3+\alpha)+r_6\sin\theta_6-r_5\sin\theta_5-r_8\sin(\theta_4+\beta)-r_3\sin\theta_3=0 \tag{6-163}$$

式（6-160）~式（6-163）中，各杆杆长、α、β 为已知，θ_2、θ_3、θ_4、θ_5 则为未知变量。

4）令 θ_2''θ_3'、θ_4'、θ_5'分别为 θ_2、θ_3、θ_4、θ_5 的起始估计值，ε_1、ε_2、ε_3、ε_4 为投影方程误差值，可得误差值与微分值如下：

$$F_1=r_2\cos\theta_2'+r_3\cos\theta_3'-r_4\cos\theta_4'=\varepsilon_1 \tag{6-164}$$

$$F_2=r_2\sin\theta_2'+r_3\sin\theta_3'-r_4\sin\theta_4'-r_1=\varepsilon_2 \tag{6-165}$$

$$F_3=r_7\cos(\theta_3'+\alpha)+r_6\cos\theta_6-r_5\cos\theta_5'-r_8\cos(\theta_4'+\beta)-r_3\cos\theta_3'=\varepsilon_3 \tag{6-166}$$

$$F_4=r_7\sin(\theta_3'+\alpha)+r_6\sin\theta_6-r_5\sin\theta_5'-r_8\sin(\theta_4'+\beta)-r_3\sin\theta_3'=\varepsilon_4 \tag{6-167}$$

$$\begin{aligned}
&\frac{\partial F_1}{\partial\theta_2'}=-r_2\sin\theta_2' && \frac{\partial F_1}{\partial\theta_3'}=-r_3\sin\theta_3' && \frac{\partial F_1}{\partial\theta_4'}=-r_4\sin\theta_4' && \frac{\partial F_1}{\partial\theta_5'}=0\\
&\frac{\partial F_2}{\partial\theta_2'}=-r_2\cos\theta_2' && \frac{\partial F_2}{\partial\theta_3'}=-r_3\cos\theta_3' && \frac{\partial F_2}{\partial\theta_4'}=-r_4\cos\theta_4' && \frac{\partial F_2}{\partial\theta_5'}=0\\
&\frac{\partial F_3}{\partial\theta_2'}=0 && \frac{\partial F_3}{\partial\theta_3'}=r_3\sin\theta_3'-r_7\sin(\theta_3'+\alpha) && \frac{\partial F_3}{\partial\theta_4'}=r_8\sin(\theta_4'+\beta) && \frac{\partial F_3}{\partial\theta_5'}=r_5\sin\theta_5'\\
&\frac{\partial F_4}{\partial\theta_2'}=0 && \frac{\partial F_4}{\partial\theta_3'}=-r_3\cos\theta_3'+r_7\cos(\theta_3'+\alpha) && \frac{\partial F_4}{\partial\theta_4'}=-r_8\cos(\theta_4'+\beta) && \frac{\partial F_4}{\partial\theta_5'}=-r_5\cos\theta_5'
\end{aligned} \tag{6-168}$$

5）利用牛顿-拉福生数值分析法，可得线性联立方程为：

$$(-r_2\sin\theta_2')\Delta\theta_2+(-r_3\sin\theta_3')\Delta\theta_3+(r_4\sin\theta_4')\Delta\theta_4=-\varepsilon_1 \tag{6-169}$$

$$(r_2\cos\theta_2')\Delta\theta_2+(r_3\cos\theta_3')\Delta\theta_3-(r_4\cos\theta_4')\Delta\theta_4=-\varepsilon_2 \tag{6-170}$$

$$[r_3\sin\theta_3'-r_7\sin(\theta_3'+\alpha)]\Delta\theta_3+[r_8\sin(\theta_4'+\beta)]\Delta\theta_4+(r_5\sin\theta_5')\Delta\theta_5=-\varepsilon_3 \tag{6-171}$$

$$[-r_3\cos\theta_3'+r_7\cos(\theta_3'+\alpha)]\Delta\theta_3-[r_8\cos(\theta_4'+\beta)]\Delta\theta_4-(r_5\cos\theta_5')\Delta\theta_5=-\varepsilon_4 \tag{6-172}$$

用矩阵表示如下：

$$\begin{pmatrix} -r_2\sin\theta_2' & -r_3\sin\theta_3' & r_4\sin\theta_4' & 0 \\ r_2\cos\theta_2' & r_3\cos\theta_3' & -r_4\cos\theta_4' & 0 \\ 0 & r_3\sin\theta_3'-r_7\sin(\theta_3'+\alpha) & r_8\sin(\theta_4'+\beta) & r_5\sin\theta_5' \\ 0 & -r_3\cos\theta_3'+r_7\cos(\theta_3'+\alpha) & -r_8\cos(\theta_4'+\beta) & -r_5\cos\theta_5' \end{pmatrix}\begin{pmatrix}\Delta\theta_2\\ \Delta\theta_3\\ \Delta\theta_4\\ \Delta\theta_5\end{pmatrix}=\begin{pmatrix}-\varepsilon_1\\ -\varepsilon_2\\ -\varepsilon_3\\ -\varepsilon_4\end{pmatrix} \tag{6-173}$$

6）求解上述线性联立方程，可得 θ_2'、θ_3'、θ_4'、θ_5'的修正值 $\Delta\theta_2$、$\Delta\theta_3$、$\Delta\theta_4$、$\Delta\theta_5$。另外，将 θ_2'、θ_3'、θ_4'、θ_5'的估计值可分别修正为：

$$\theta_{2(\text{new})}'=\theta_2'+\Delta\theta_2 \tag{6-174}$$

$$\theta_{3(\text{new})}'=\theta_3'+\Delta\theta_3 \tag{6-175}$$

$$\theta_{4(\text{new})}'=\theta_4'+\Delta\theta_4 \tag{6-176}$$

$$\theta_{5(\text{new})}'=\theta_5'+\Delta\theta_5 \tag{6-177}$$

7）进而，编制一套计算机程序，针对每一个输入杆的位置 $\theta_6=180°-270°$，计算出修正值 $\Delta\theta_2$、$\Delta\theta_3$、$\Delta\theta_4$、$\Delta\theta_5$，求出新的估计值 θ_2'、θ_3'、θ_4'、θ_5'，直到 $\Delta\theta_2$、$\Delta\theta_3$、$\Delta\theta_4$、$\Delta\theta_5$ 绝对值均小于 0.01°为止。若 $\theta_6=180°\sim270°$，且每隔 5°进行一次位置分析，则以计算机程序进行位置分析所得的结果见表 6-5。

8）利用位置分析所得结果，绘出已知变量（θ_6）与未知变量（θ_2、θ_3、θ_4、θ_5）的关系图和动画模拟图，分别如图 6-22 和图 6-23 所示。

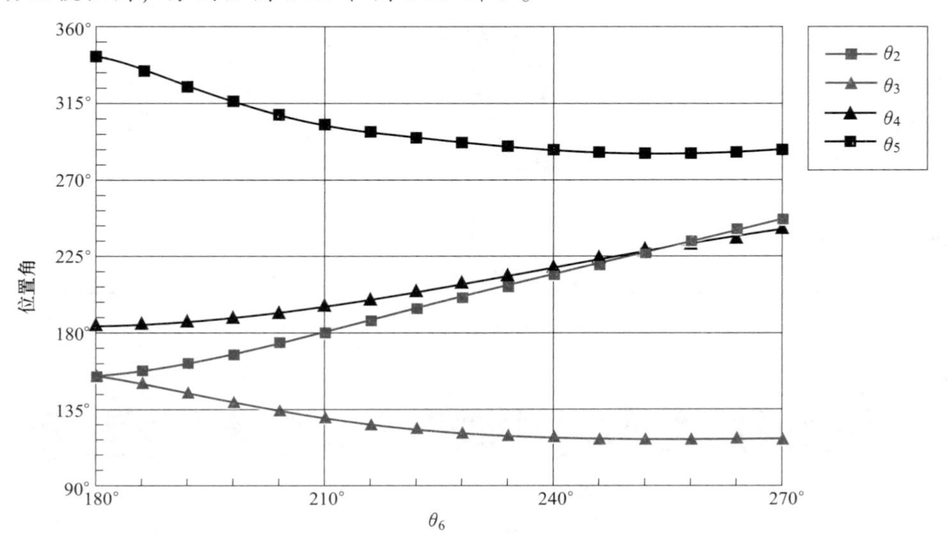

图 6-22 铰链机构位置分析结果［例 6-13］

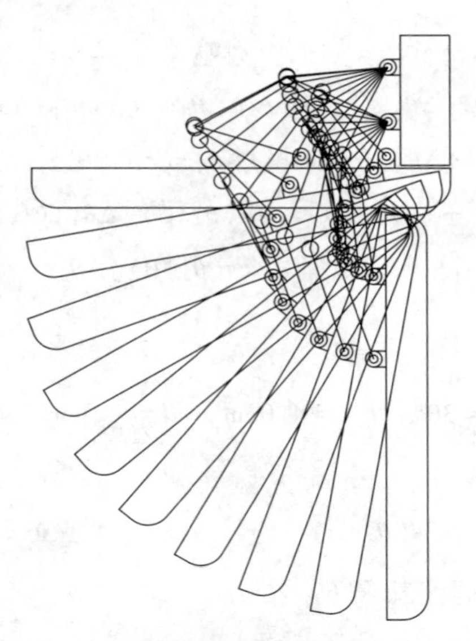

图 6-23 铰链机构运动动画模拟［例 6-13］

表 6-5 铰链机构位置分析结果［例 6-13］

$\theta_6/(°)$	$\theta_2/(°)$	$\theta_3/(°)$	$\theta_4/(°)$	$\theta_5/(°)$
180.0	155.0	155.4	185.3	343.4
185.0	156.8	152.1	185.4	336.4
190.0	160.1	147.2	186.1	328.2
195.0	164.6	141.9	187.5	320.3
200.0	169.9	137.1	189.8	313.5
205.0	175.4	133.1	192.8	308.0
210.0	181.0	129.7	196.1	303.5
215.0	186.6	126.9	199.6	299.9
220.0	192.3	124.6	203.4	296.8
225.0	197.9	122.7	207.3	294.3
230.0	203.5	121.1	211.2	292.2
235.0	209.1	119.8	215.3	290.5
240.0	214.7	118.8	219.3	289.1
245.0	220.2	118.1	223.4	288.2
250.0	225.8	117.6	227.4	287.6
255.0	231.4	117.4	231.4	287.4
260.0	236.9	117.6	235.4	287.6
265.0	242.4	118.1	239.3	288.4
270.0	248.0	119.0	243.1	289.7

习题Problems

6-1 有一个偏置曲柄滑块机构如图 6-6b 所示，杆长 $r_1 = 1.0\text{cm}$、$r_2 = 3.0\text{cm}$、$r_3 = 7.2\text{cm}$ 为已知，且 $\theta_1 = 270°$、$\theta_4 = 0°$。若杆 2 为输入杆，$\theta_2 = 60°$为已知，试分别利用图解法与封闭向量法求输出杆（杆 4）的位置。

6-2 有一个四杆机构 a_0abb_0，杆长 $r_1=\overline{a_0b_0}=8.0\text{cm}$（杆 1）、$r_2=\overline{a_0a}=3.0\text{cm}$（杆 2）、$r_3=\overline{ab}=6.0\text{cm}$（杆 3）、$r_4=7.0\text{cm}$（杆 4）为已知。若杆 2 相对于杆 1 的角度 $\theta_2=60°$（由杆 1 逆时针方向量至杆 2），试分别利用图解法与封闭向量法求出杆 3 和杆 4 相对于杆 1 的位置。

6-3 有一个六杆机构如图 6-2 所示，若杆 2 为输入杆（即 θ_2 已知），试利用封闭向量法求杆 3、杆 4、杆 5、杆 6 的位置的封闭解。

6-4 有一个六杆机构如图 6-24 所示，$\overline{a_0b_0}=6.0\text{cm}$，$\overline{b_0d_0}=8.0\text{cm}$，$\overline{a_0a}=3.0\text{cm}$，$\overline{ab}=6.0\text{cm}$，$\overline{b_0b}=6.0\text{cm}$，$\angle bb_0c=30°$，$b_0c=4.0\text{cm}$，$\overline{cd}=8.0\text{cm}$，$\overline{d_0d}=7.0\text{cm}$。若杆 2 为输入杆，试利用图解法：

（1）分析杆 2 的运动范围。

（2）画出 θ_2-θ_4 的关系图。

（3）画出 θ_2-θ_6 的关系图。

6-5 有一个四杆机构，若 $r_1=6\text{cm}$、$r_2=2\text{cm}$、$r_3=5\text{cm}$、$r_4=5\text{cm}$ 为已知，且输入杆（杆 2）位置为 $\theta_2=60°$，试利用二倍角公式，即式(6-66)，计算杆 4 的角度，并与例 6-6 的结果做比较。

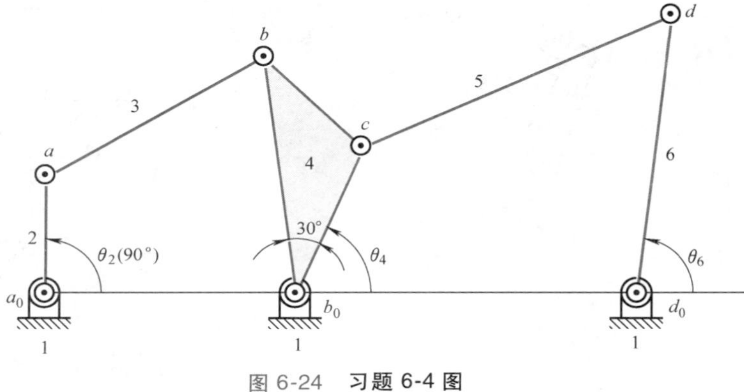

图 6-24 **习题 6-4 图**

6-6 对于图 6-25 所示的各机构，杆 2 为输入杆，试写出封闭向量方程，并列出未知变量。

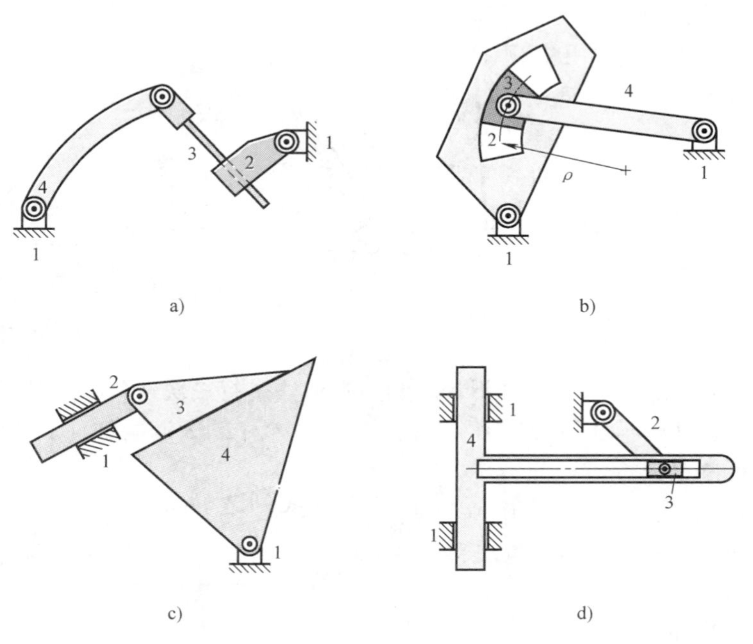

图 6-25 **习题 6-6 图**

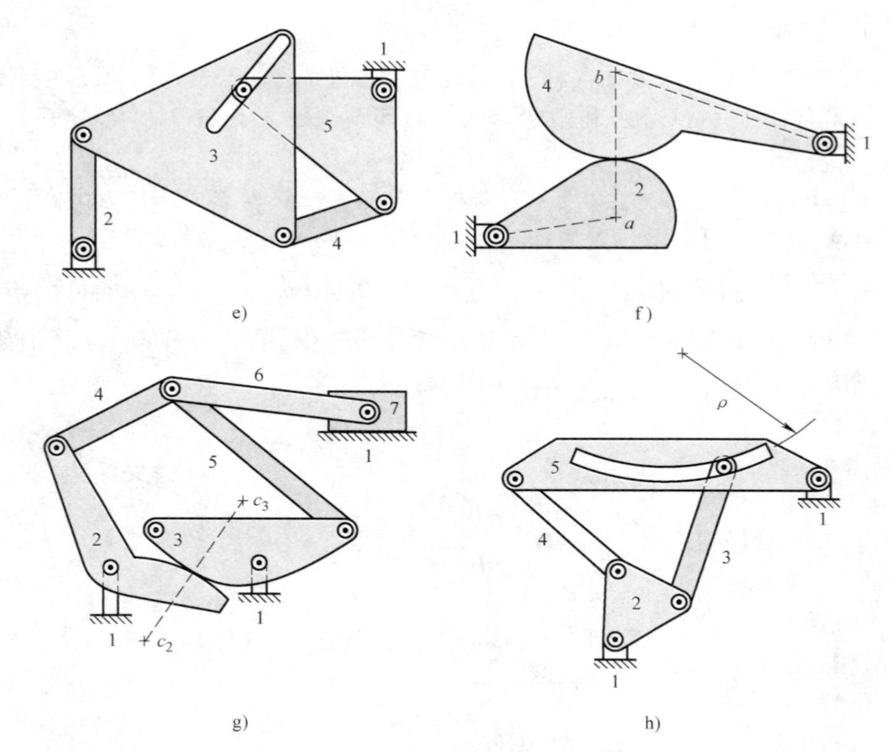

图 6-25　习题 6-6 图（续）

6-7　有一个三杆机构如图 6-26 所示，r_1 = 14.0cm、r_2 = 8.0cm、r_3 = 10.0cm、r_4 = 5.196cm，$\theta_2 = 60°$、$\theta_3 = 120°$，杆 2 为输入杆。当 $\theta_2 = 50°$时，试利用牛顿-拉福生数值法进行两次迭代，求未知变量 θ_3 和 r_3。

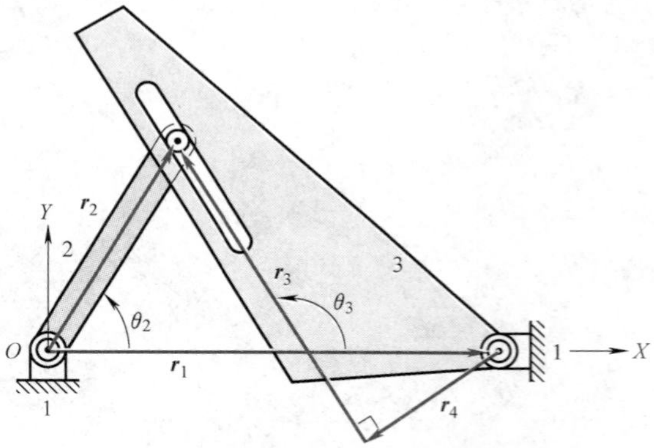

图 6-26　习题 6-7 图

6-8　有一个倒置曲柄滑块机构如图 6-27 所示，$\overline{a_0b_0}$ = 20.0cm，$\overline{a_0a}$ = 5.0cm，$\theta_2 = 60°$，杆 2 为输入杆，试：

（1）利用三角几何法进行位置分析，并求其封闭解，

（2）利用封闭向量法进行位置分析，并利用数值法进行三次迭代，求其近似解。

6-9　有一个四杆机构如图 6-25c 所示，杆 2 为输入杆，试说明如何利用封闭向量法与数值分析法来进行位置分析。

6-10　有一个连杆滚子机构如图 6-28 所示，杆 2 为输入杆，试利用封闭向量法：

（1）建立坐标系。

（2）定义各杆向量。

（3）写出封闭向量方程。

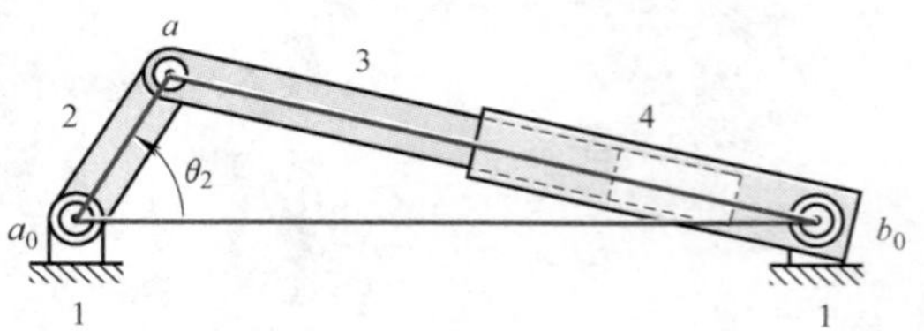

图 6-27　习题 6-8 图

（4）写出滚动方程。

（5）进行一次迭代求解未知变量。

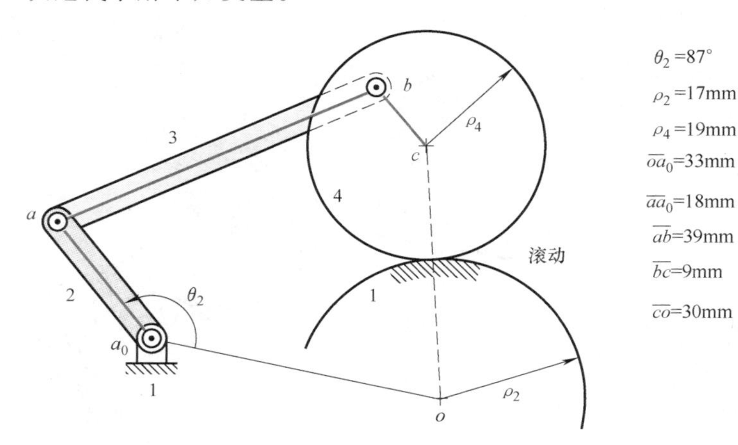

图 6-28 **习题 6-10 图**

6-11 有一个空间三杆机构，杆 1 和 2 通过圆柱副相连，杆 1 和 3 通过球面副相连，杆 2 和 3 也通过球面副相连，如图 6-29 所示。若输入变量为 θ_2，输出变量为 s_2，而 θ_0、s_0、$\overline{ab}$、$\overline{bb_0}$、$\overline{b_0O}$ 等为已知常数，试利用封闭向量法：

（1）建立坐标系。

（2）定义各杆向量。

（3）写出封闭向量方程。

（4）解出输出变量的封闭解。

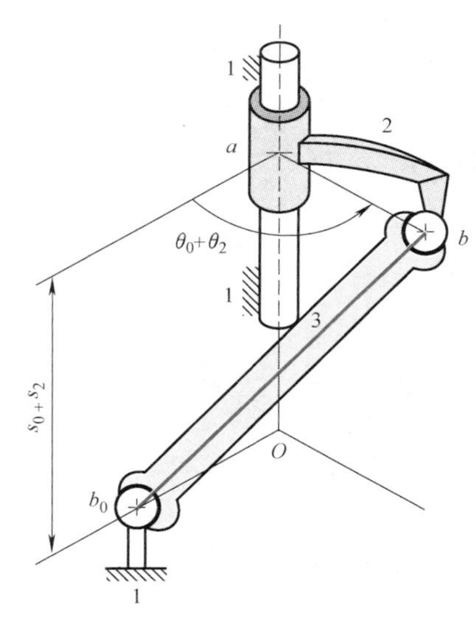

图 6-29 **习题 6-11 图**

6-12 对于习题 6-4 所述的机构，试编制一套计算机程序，用于进行位置分析。

6-13 有一个平面六杆机构如图 6-30 所示，杆 2 为输入杆，$\overline{a_0b_0}=6.928$、$\overline{a_0a}=2.000$、$\overline{ab}=6.000$、$\overline{ac}=5.152$、$\overline{b_0b}=4.000$、$\overline{cd}=3.464$、$\overline{b_0d}=1.000$，$\alpha=5.562°$，试编制一套计算机程序，用于进行位移分析，包括：

1）理论推导。

2）流程图。

3）计算机程序。

4）数据输出结果：θ_2、θ_3、θ_4、θ_5、θ_6。

5）计算机动画仿真。

6）图解验证计算机结果。

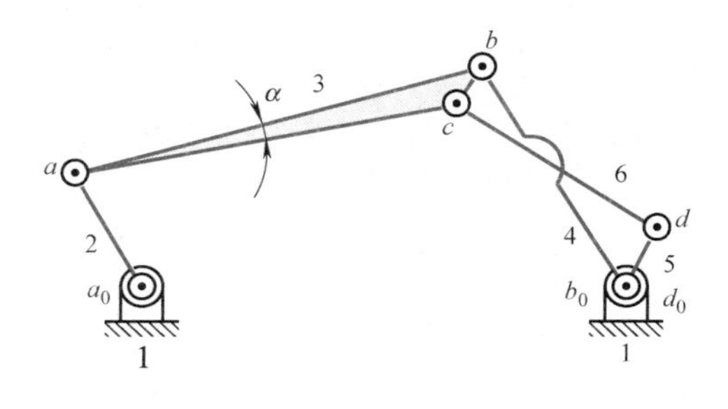

图 6-30 **习题 6-13 图**

6-14 有一个齿轮五杆机构，如图 6-31 所示，杆 2 为输入杆，杆 3 上有一齿轮以活动铰

链 b 为轴心，并和齿轮 5 啮合，齿轮 5 为输出件并与杆 4 的固定铰链 b_0 共轴，试利用封闭向量法编制一套计算机程序，用于进行位置分析，并且：

1）任选一组杆长尺寸，分析输入件（杆 2）与输出件（齿轮 5）的运动范围。

2）找出一组杆长尺寸，使杆 2 转一圈时，齿轮 5 的转动角度大于 210°。

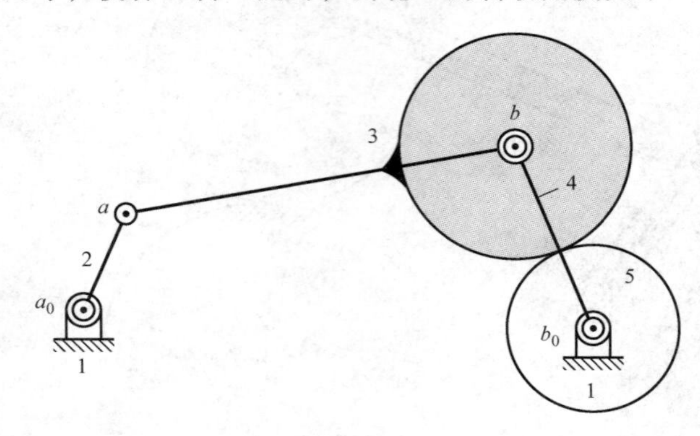

图 6-31　**习题 6-14 图**

第7章 速度分析 VELOCITY ANALYSIS

机构的**速度分析**（Velocity analysis），是根据已知输入构件的速度及已完成的位置分析，采用适当的方法，来求得输出构件的角速度与参考点的线速度。在机构与机器设计中，**速度**（Velocity）扮演一个重要的角色，有相当多的应用，如加速度分析、动力分析、运动能量、摩擦力方向、运动的相对路径、等效质量或惯性矩、虚功原理、动量守恒原理、机械增益等，都需要进行速度分析。分析机构杆件与点速度的方法不少，本章介绍瞬心法、相对速度法及易于计算机程序化的封闭向量法。

7.1 瞬心法 Instant center method

利用**瞬心法**（Instant center method）来进行机构的速度分析，需首先求得机构中两杆的瞬心，再经瞬心由一杆的已知速度求得另外一杆的未知速度。由于瞬心法是一种图解法，加上瞬心的概念无法直接用来进行加速度分析，因此利用瞬心法来进行机构的速度分析，大多是验证利用其他方法进行速度分析结果的正确性。以下介绍瞬心的定义、瞬心的求法以及如何利用瞬心来进行速度分析。

7.1.1 瞬心的定义 Definition of instant centers

一个机构中的任意两个构件（i、j）在任一时刻都有一个共同点，且这个共同点在两个构件上的线速度相同，此共同点称为此二构件的**瞬心**（Instant center，instantaneous center，centro），用 I_{ij} 表示。

两个构件（i、j）若用一个转动副相连，则在任一瞬间，杆 i（或杆 j）相对于杆 j（或杆 i）的运动，为绕此转动副轴心的转动；由于旋转轴的轴心为杆 i 和杆 j 上的共同点，且杆 i 和杆 j 在轴心上无相对速度，因此转动副的轴心即为杆 i 和杆 j 的瞬心。

两个构件（i、j）若用一个移动副相连，则在任一瞬间，杆 i（或杆 j）相对于杆 j（或杆 i）的运动，为平行于滑行面的平移运动，而杆 i（或杆 j）相对于杆 j（或杆 i）的瞬心 I_{ij}（或 I_{ji}），为位于杆 i（或杆 j）上任一点相对于杆 j（或杆 i）路径的曲率中心。

两个构件（i、j）若用一个滚动副相连，则这个滚动副（杆 i 和杆 j）的接触点即为瞬心。两个构件若与其他种类的运动副相连，则此二构件的瞬心可经由瞬心的定义及上述情况间接求得。

7.1.2 三心定理 Theorem of three centros

机构中的瞬心，可利用如下所述的**三心定理**（Theorem of three centros）或称**肯尼迪定理**（Kennedy's theorem）来确定：任意三个构件做相对平面运动时，有三个瞬心，且这三个瞬心必在一条直线上。

设杆 i、杆 j、杆 k 为三个做相对平面运动的构件，如图 7-1 所示。杆 i 和杆 k 的瞬心为 I_{ik}，杆 j 和杆 k 的瞬心为 I_{jk}，若杆 i 和杆 j 的瞬心不在 I_{ik} 和 I_{jk} 的连线上，而在点 P，则在这个瞬间，在杆 i 上点 P 运动方向与 PI_{ik} 垂直，而杆 j 上点 P 的运动方向与 PI_{jk} 垂直，由于这两个方向不同，所以点 P 在杆 i 和杆 j 上的速度不同，不是杆 i 和杆 j 的瞬心。因此，只有杆 i 和杆 j 的瞬心 I_{ij} 在 I_{ik} 和 I_{jk} 的连线上，即三个构件的三个瞬心在一条直线上，才符合瞬心的定义。

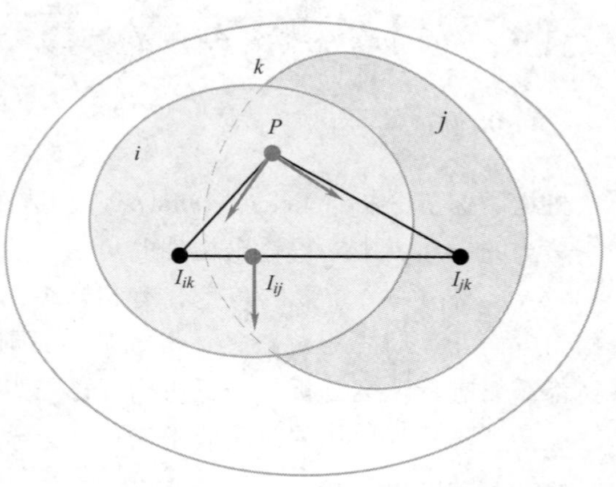

图 7-1 三心定理

图 7-2 所示为一个三杆机构，杆 1 为固定杆，分别用转动副与杆 2 和杆 3 相连，即 a_0 和 b_0 为固定铰链。若杆 2 和杆 3 通过凸轮副连接在接触点 P，则点 P 在杆 2 上的速度 V_{P2} 于公法在线的分量 V_{P2}^{n}，必须等于点 P 在杆 3 上的速度 V_{P3} 于公法在线的分量 V_{P3}^{n}，否则杆 2 和杆 3 将产生分离不接触或构件重合在一起的现象。另外，由于点 P 不在 a_0 和 b_0 的连线上，V_{P2} 在公切线上的分量 V_{P2}^{t} 及 V_{P3} 在公切线上的分量 V_{P3}^{t} 均不相等，而产生相对滑动运动。所以，杆 2 和杆 3 在接触点 P 的相对运动，为沿着公切线方向的相对滑动，且相对旋转中心（即瞬心 I_{23}）必须在公法线上。由于 a_0 为瞬心 I_{12}，b_0 为瞬心 I_{13}，根据三心定理，I_{23} 必须在 I_{12} 和 I_{13} 的连线上；因此，瞬心 I_{23} 位于通过接触点 P 的公法线及瞬心 I_{12} 和 I_{13} 连线的交点上。

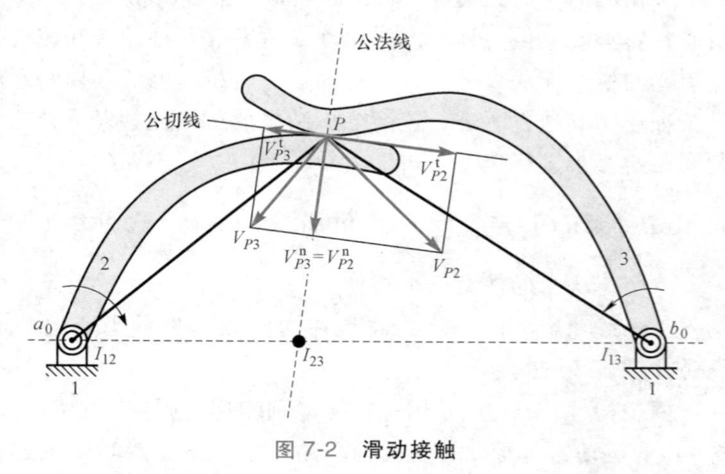

图 7-2 滑动接触

7.1.3 瞬心求法 Determination of instant centers

一个机构中的瞬心位置，可根据瞬心的定义，并利用图解法与三心定理求得，其步骤如下：

1）将机构中的所有构件用阿拉伯数字编号，杆 i 和杆 j 的瞬心用 I_{ij} 表示。

2）计算瞬心数目，并列出所有瞬心。一个具有 N 个构件的机构，有 $\frac{N(N-1)}{2}$ 个瞬心。

3）画一个大小适当的辅助圆，在圆周上标示点 1、2、3、…、N，代表有 N 个构件。

4）利用观察法找出明显的瞬心，如转动副、移动副、滚动副、凸轮副等。

5）若杆 i 和杆 j 的瞬心为已知，则在辅助圆上的点 i 和点 j 间画一条实线，其他未知瞬心则用虚线画出。

6）根据三心定理并配合辅助圆上的已知实线，决定未知瞬心（即虚线）的位置。

以下举例说明。

例 7-1 **有一个四杆机构如图 7-3 所示，试求此机构在所示位置的瞬心位置。**

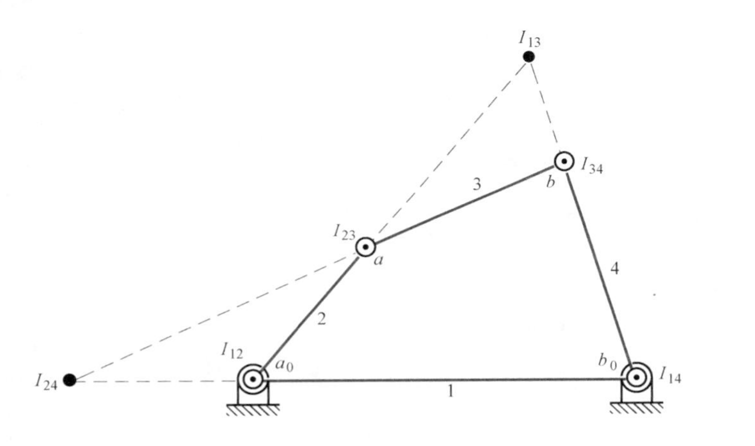

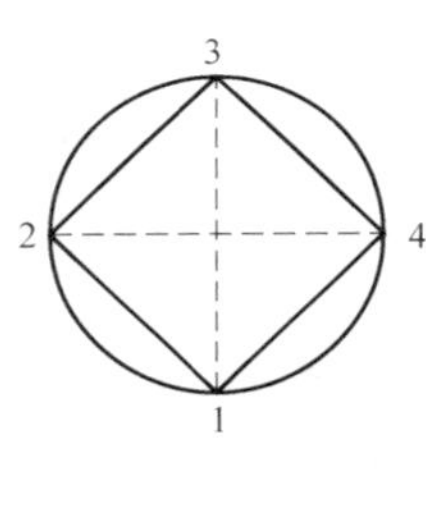

图 7-3 四杆机构［例 7-1］

解：

1）将机构的构件用 1、2、3、4 编号，如图 7-3 所示。

2）这个机构有 4 个构件，因此有 $\frac{4\times(4-1)}{2}=6$ 个瞬心，分别是瞬心 I_{12}、I_{13}、I_{14}、I_{23}、I_{24}、I_{34}。

3）画辅助圆，并在其上标示点 1、2、3、4。

4）固定铰链 a_0 和 b_0 以及活动铰链 a 和 b，分别是瞬心 I_{12}、I_{14}、I_{23}、I_{34}。

5）在辅助圆上点 1 和点 2、点 1 和点 4、点 2 和点 3、点 3 和点 4 间各画一条实线，在点 1 和点 3 及点 2 和点 4 间各画一条虚线。

6）根据三心定理，瞬心 I_{12}、I_{13}、I_{23} 必须在一条直线上，且瞬心 I_{13}、I_{14}、I_{34} 也必须在一条直线上，即辅助圆上虚线瞬心 I_{13} 的位置，在瞬心 I_{12} 和 I_{23} 的连线及瞬心 I_{14} 和 I_{34} 连线的交点上。因此，由瞬心 I_{12} 和 I_{23} 的连线及瞬心 I_{14} 和 I_{34} 连线的交点，即可求出瞬心 I_{13} 的位置。

7）同理，瞬心 I_{24} 在瞬心 I_{12} 和 I_{14} 的连线及瞬心 I_{23} 和 I_{34} 连线的交点上。因此，由瞬心 I_{12} 和 I_{14} 的连线及瞬心 I_{23} 和 I_{34} 连线的交点，即可求出瞬心 I_{24} 的位置。

例 7-2 有一个曲柄滑块机构如图 7-4 所示，试求此机构在图示位置的瞬心位置。

解：

1）将机构的构件用 1、2、3、4 编号，如图 7-4 所示。

2）这个机构有 4 个构件，因此有 $\frac{4\times(4-1)}{2}=6$ 个瞬心，分别是瞬心 I_{12}、I_{13}、I_{14}、I_{23}、I_{24}、I_{34}。

3）画辅助圆，并在其上标示点 1、2、3、4。

4）固定铰链 a_0 及活动铰链 a 和 b 分别是瞬心 I_{12}、I_{23}、I_{34}。而滑块 4 相对于固定杆 1 为平移运动，其瞬心位于滑块 4 相对于固定杆 1 轨迹的曲率中心。因其轨迹为一直线，曲率中心位于无穷远处，即瞬心 I_{14} 位于垂直于滑行面的无穷远处，如图 7-4 所示。

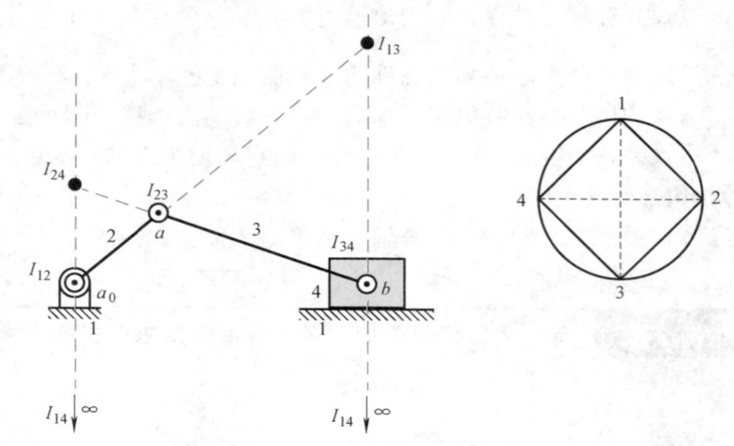

图 7-4 曲柄滑块机构［例 7-2］

5）在辅助圆上点 1 和点 2、点 1 和点 4、点 2 和点 3、点 3 和点 4 间各画一条实线，在点 1 和点 3 及点 2 和点 4 间各画一条虚线。

6）根据三心定理，瞬心 I_{12}、I_{13}、I_{23} 必须在一条直线上，且瞬心 I_{13}、I_{14}、I_{34} 也必须在一条直线上，即辅助圆上虚线瞬心 I_{13} 的位置，在瞬心 I_{12} 和 I_{23} 连线及瞬心 I_{14} 和 I_{34} 连线的交点上。因此，由瞬心 I_{12} 和 I_{23} 连线及瞬心 I_{14} 和 I_{34} 连线的交点，即可求出瞬心 I_{13} 的位置。

7）同理，瞬心 I_{24} 在瞬心 I_{12} 和 I_{14} 连线及瞬心 I_{23} 与 I_{34} 连线的交点上。此时，通过瞬心 I_{12} 画一条线与滑块轨迹垂直，代表瞬心 I_{12} 和 I_{14} 的连线，如图 7-4 所示。由此连线与瞬心 I_{23} 和 I_{34} 连线的交点，即可求出瞬心 I_{24} 的位置。

例 7-3 有一个四杆机构如图 7-5 所示，试求此机构在图示位置时各瞬心位置。

解：

1）将机构的构件用 1、2、3、4 编号，如图 7-5 所示。

2）这个机构有 4 个构件，因此有 I_{12}、I_{13}、I_{14}、I_{23}、I_{24}、I_{34} 六个瞬心。

3）画辅助圆，并在其上标示点 1、2、3、4。

4）固定铰链 b_0 与活动铰链 a 分别是瞬心 I_{14} 和 I_{23}；杆 3 和杆 4 为相对滑动且角速度相等，因此瞬心 I_{34} 在相对滑动方向垂直线的无穷远处；杆 2 和杆 1 为滚动接触，因此接触点 o 为瞬心 I_{12}。

5）在辅助圆上点 1 和点 2、点 1 和点 4、点 2 和点 3、点 3 和点 4 间各画一条实线，在点 1 和点 3 及点 2 和点 4 间各画一条虚线。

6）根据三心定理并且配合辅助圆可知，瞬心 I_{13} 在瞬心 I_{12} 和 I_{23} 连线与通过瞬心 I_{14} 且垂直于杆 3 直线的交点处，如图 7-5 所示。

7）同理，瞬心 I_{24} 在瞬心 I_{12} 和 I_{14} 连线与通过瞬心 I_{23} 且垂直于杆 3 直线的交点处，如图 7-5 所示。

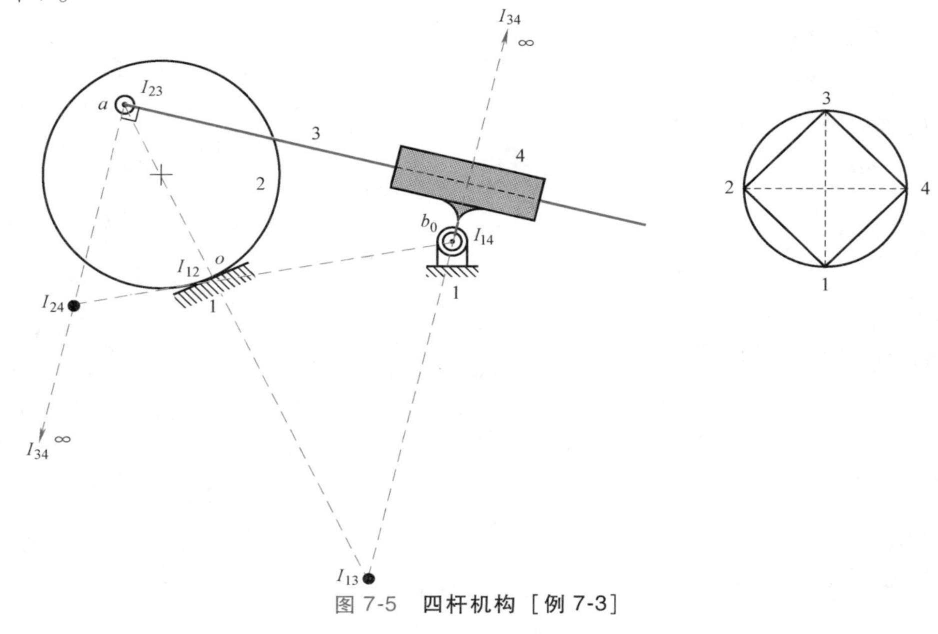

图 7-5 **四杆机构［例 7-3］**

7.1.4 瞬心法速度分析 Velocity analysis by instant centers

一个机构中，若任何一杆的角速度或其上任何一点的线速度已知，则可用瞬心法求得其他各杆的角速度或者其上任何一点的线速度，以下介绍**瞬心法速度分析**（Velocity analysis by instant centers）的步骤：

1）求速度已知构件 i 与速度未知构件 j 的瞬心 I_{ij}。

2）求已知构件与机架的瞬心 I_{i1} 及未知构件与机架的瞬心 I_{j1}。

3）由已知构件的角速度 ω_i 及瞬心 I_{i1} 的位置，求出两构件共同点 I_{ij} 的速度 V_{ij}。

4）由所求得共同点的速度 V_{ij} 及瞬心 I_{j1} 的位置，求出未知构件在此瞬间的角速度 ω_j，并据此求出其上点的线速度。

以下举例说明。

例 7-4　有一个四杆机构如图 7-6 所示，若杆 2 的角速度 ω_2 已知，试利用瞬心法求杆 3 上参考点 c 的线速度 V_c。

解：

1）由于速度已知构件为杆 2，速度未知构件为杆 3，因此先找出瞬心 I_{23}（即活动铰链 a）。

2）接着找出已知构件（杆 2）与机架的瞬心 I_{12}（即固定铰链 a_0）及未知构件（杆 3）与机架的瞬心 I_{13}。

3）由于 I_{23} 是杆 2 上的一点，且在此瞬间杆 2 以角速度 ω_2 绕着瞬心 I_{12} 转动，因此瞬心 I_{23} 的速度 V_{23} 为：

$$V_{23}=\omega_2\overline{I_{23}I_{12}} \tag{7-1}$$

式中，$\overline{I_{23}I_{12}}$ 为瞬心 I_{23} 和 I_{12} 之间的距离。

4）由于 I_{23} 也是杆 3 上的一点，且在此瞬间杆 3 以角速度 ω_3 绕着瞬心 I_{13} 转动，因此可得：

$$V_{23}=\omega_3\overline{I_{23}I_{13}} \tag{7-2}$$

式中，$\overline{I_{23}I_{13}}$ 为瞬心 I_{23} 与 I_{13} 之间的距离。因此，杆 3 的角速度 ω_3 可以表示为：

$$\omega_3=\frac{\overline{I_{23}I_{12}}}{\overline{I_{23}I_{13}}}\omega_2 \tag{7-3}$$

式中，$\overline{I_{23}I_{12}}$ 和 $\overline{I_{23}I_{13}}$ 可在图 7-6 中用尺直接量取，即可计算得杆 3 角速度 ω_3 的解。若 $\omega_2=10\text{rad/s}$，在图 7-6 中用尺直接量得 $\overline{I_{23}I_{12}}=22\text{mm}$、$\overline{I_{23}I_{13}}=45\text{mm}$，则杆 3 角速度 ω_3 的解为：

$$\omega_3=\frac{22}{45}\times 10\text{rad/s}=4.89\text{rad/s}$$

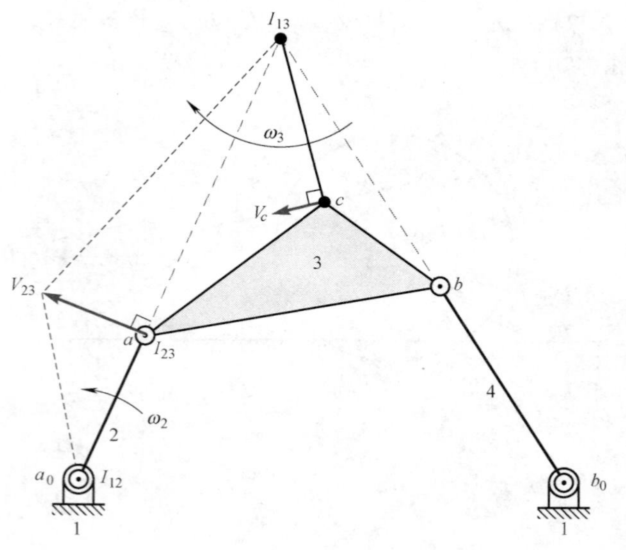

图 7-6 四杆机构［例 7-4］

5）由于参考点 c 是杆 3 上的一点，因此在此瞬间参考点 c 的速度 V_c 为：

$$V_c=\omega_3\overline{cI_{13}}$$

例 7-5 有一个曲柄滑块机构如图 7-7 所示，若杆 2 的角速度 $\boldsymbol{\omega}_2$ 已知，试利用瞬心法求杆 4 上点 b 的线速度 V_b。

解：

1）首先找出瞬心 I_{12}、I_{14}、I_{23}、I_{34} 的位置。

2）接着利用三心定理找出瞬心 I_{24} 的位置。

3）由于瞬心 I_{24} 是杆 2 上的一点，且在此瞬间杆 2 以角速度 ω_2 绕着瞬心 I_{12} 转动，因此瞬心 I_{24} 的速度 V_{24} 为：

$$V_{24}=\omega_2\overline{I_{12}I_{24}} \tag{7-4}$$

式中，$\overline{I_{12}I_{24}}$ 为瞬心 I_{12} 和 I_{24} 之间的距离。

4）由于瞬心 I_{24} 也是杆 4 上的一点，且在此瞬间杆 4 仅有平移滑动，杆 4 上各点的速度均相同，因此可得：

$$V_b=V_{24}=\omega_2\overline{I_{12}I_{24}} \tag{7-5}$$

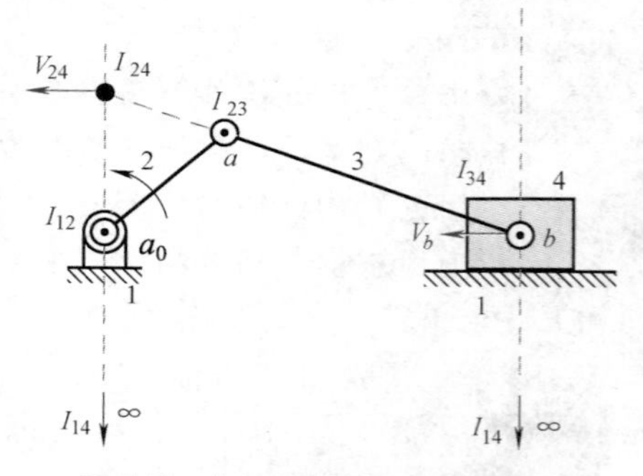

图 7-7 曲柄滑块机构［例 7-5］

例 7-6 有一个四杆机构如图 7-8 所示，若杆 2 的角速度 $\boldsymbol{\omega}_2$ 已知，试利用瞬心法求杆 4 的角速度 $\boldsymbol{\omega}_4$。

解：

1）首先找出瞬心 I_{12}、I_{14}、I_{23}、I_{34} 的位置。

2）接着利用三心定理找出瞬心 I_{24} 的位置。

3）由于瞬心 I_{24} 是杆 2 上的一点，也是杆 4 上的一点，且在此瞬间杆 2 绕着瞬心 I_{12} 转动，杆 4 绕着瞬心 I_{14} 转动，因此可得瞬心 I_{24} 的速度 V_{24} 为：

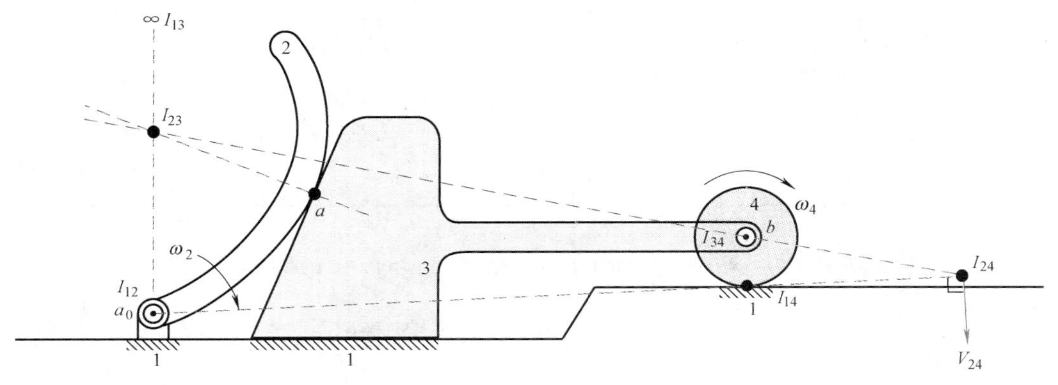

图 7-8 四杆机构［例 7-6］

$$V_{24}=\omega_2\overline{I_{24}I_{12}}=\omega_4\overline{I_{24}I_{14}} \tag{7-6}$$

式中，$\overline{I_{24}I_{12}}$ 和 $\overline{I_{24}I_{14}}$ 分别为瞬心 I_{24} 到瞬心 I_{12} 和 I_{14} 的距离。

4）因此，杆 4 的角速度 ω_4 可以表示为：

$$\omega_4=\frac{\overline{I_{24}I_{12}}}{\overline{I_{24}I_{14}}}\omega_2 \tag{7-7}$$

式中，$\overline{I_{24}I_{12}}$ 和 $\overline{I_{24}I_{14}}$ 可在图 7-8 中用尺直接量取，即可计算得杆 4 角速度 ω_4 的解。

5）若 $\omega_2=10\text{rad/s}$，在图 7-8 中用尺直接量得 $\overline{I_{24}I_{12}}=108\text{mm}$、$\overline{I_{24}I_{14}}=29\text{mm}$，则杆 4 角速度 ω_4 的解为：

$$\omega_4=\frac{108}{29}\times10\text{rad/s}=37.24\text{rad/s}$$

例 7-7 **有一个六杆机构如图 7-9 所示，若杆 2 的角速度 $\boldsymbol{\omega_2}$ 已知，试利用瞬心法求杆 6 的角速度 $\boldsymbol{\omega_6}$。**

解：

1）首先找出瞬心 I_{12}、I_{16}、I_{23}、I_{34}、I_{35}、I_{46}、I_{56} 的位置。

2）接着利用三心定理找出瞬心 I_{36} 的位置。

3）最后利用三心定理找出瞬心 I_{26} 的位置。

4）由于瞬心 I_{26} 是杆 2 上的一点，也是杆 6 上的一点，且在此瞬间杆 2 绕着瞬心 I_{12} 转动，杆 6 绕着瞬心 I_{16} 转动，因此可得瞬心 I_{26} 的速度 V_{26} 为：

$$V_{26}=\omega_2\overline{I_{12}I_{26}}=\omega_6\overline{I_{16}I_{26}} \tag{7-8}$$

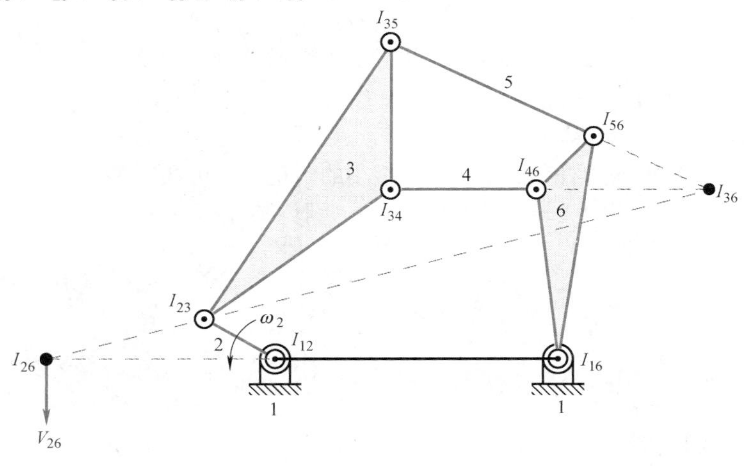

图 7-9 六杆机构［例 7-7］

式中，$\overline{I_{12}I_{26}}$ 和 $\overline{I_{16}I_{26}}$ 分别为瞬心 I_{26} 到瞬心 I_{12} 和 I_{26} 的距离。

5）因此，杆 6 的角速度 ω_6 可以表示为：

$$\omega_6=\frac{\overline{I_{12}I_{26}}}{\overline{I_{16}I_{26}}}\omega_2 \tag{7-9}$$

7.1.5 机械增益分析 Analysis of mechanical advantage

对于一个机械系统而言，其**效率**（Efficiency）E 为输出功率 P_o 与输入功率 P_i 的比值，即：

$$E=\frac{P_o}{P_i} \tag{7-10}$$

对于一个旋转机械系统而言，输出功率 P_o 与输入功率 P_i 可表示为：

$$P_o=T_o\omega_o \tag{7-11}$$

$$P_i=T_i\omega_i \tag{7-12}$$

式中，T_o 和 T_i 分别为输出、输入转矩；ω_o 和 ω_i 分别为输出、输入角速度。一般来说，系统在动力传递过程中，能量损失很小。若假设能量损失为零，即其效率为百分之百，则

$$T_o\omega_o=T_i\omega_i \tag{7-13}$$

机械增益（Mechanical advantage，MA）的定义为输出转矩 T_o 与输入转矩 T_i 的比值。因此，由式（7-13）可得：

$$MA=\frac{T_o}{T_i}=\frac{\omega_i}{\omega_o} \tag{7-14}$$

由于利用瞬心法可以很快地得到输入角速度与输出角速度的比值，因此常利用瞬心法来计算机构在某一个位置的机械增益。以图 7-10 所示的四杆机构为例，其机械增益为：

$$MA=\frac{T_4}{T_2}=\frac{\omega_2}{\omega_4}=\frac{\overline{I_{14}I_{24}}}{\overline{I_{12}I_{24}}} \tag{7-15}$$

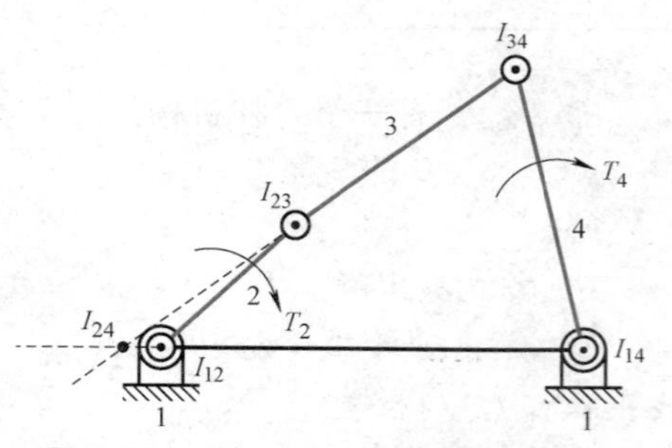

图 7-10 四杆机构：机械增益与瞬心

当此机构在接近杆 4 的极限位置时，杆 2 和 3 接近共线，此时瞬心 I_{24} 和 I_{12} 几乎重合，即瞬心 I_{24} 和 I_{12} 间的距离趋近于零，因此其机械增益趋近于无穷大。此时，只要向输入杆（杆 2）输入很小的转矩，即可在输出杆（杆 4）上产生很大的转矩或力，常用于需要产生很大转矩或力的场合，如肘杆夹钳、碎石机、冲压机、铆钉机等机构上。

7.2 相对速度法 Relative velocity method

利用瞬心法，虽然可以很直接地求得特定构件的角速度或其上重要参考点的线速度，但却无法直接用来进行加速度分析。本节介绍如何利用**相对速度法**（Relative velocity method），

配合图解**速度多边形法**（Velocity polygon method）的作图技巧，来进行机构的速度分析。

7.2.1 一杆上两点 Two points on a common link

利用**相对速度**（Relative velocity）的概念来进行机构的速度分析，常需要作**速度多边形**（Velocity polygon）来辅助。若机构中有一构件在某一瞬间绕固定铰链 o 以角速度 ω 转动，则这个构件上点 a 的速度 $\boldsymbol{V}_a$ 为：

$$\boldsymbol{V}_a=\boldsymbol{\omega}\times\overrightarrow{oa} \tag{7-16}$$

方向与 oa 垂直。点 b 的速度 $\boldsymbol{V}_b$ 为：

$$\boldsymbol{V}_b=\boldsymbol{\omega}\times\overrightarrow{ob} \tag{7-17}$$

方向与 ob 垂直。点 b 相对于点 a 的速度 $\boldsymbol{V}_{ba}$ 为：

$$\boldsymbol{V}_{ba}=\boldsymbol{V}_b-\boldsymbol{V}_a \tag{7-18}$$

方向与 ba 垂直，如图 7-11 所示。可作速度多边形如下：

1）在适当位置取点 o_v 为速度多边形的参考点。

2）通过 o_v 画一条直线与 V_a 平行，在其上取一点 a_v，使 o_va_v 的方向与 V_a 同向，大小与 V_a 成适当的比例 k_v。

3）通过 o_v 画一条直线与 V_b 平行，在其上取一点 b_v，使 o_vb_v 的方向与 V_b 同向，大小与 V_b 也成适当的比例 k_v。

4）量取 b_va_v 的长度，则相对速度 V_{ba} 的大小为此长度乘以比例 k_v，方向为点 a_v 到点 b_v 的方向。

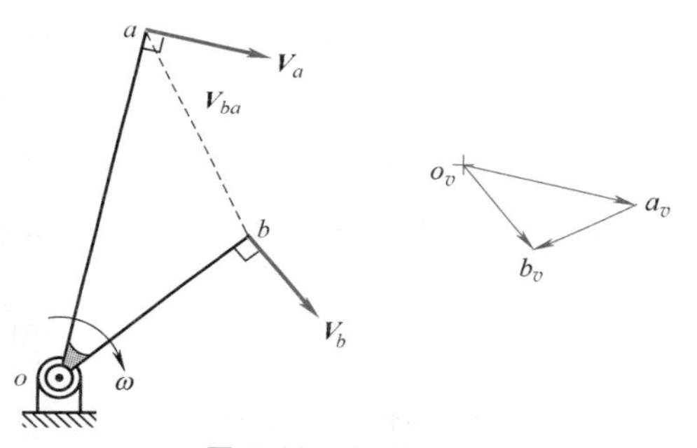

图 7-11 相对速度

以下举例介绍如何利用相对速度法来进行机构的速度分析。

例 7-8 **有一个曲柄滑块机构，$\overline{a_0a}=10\text{cm}$，$\overline{ab}=30\text{cm}$，如图 7-12 所示。若曲柄的角速度 $\omega_2=100\text{rad/s}$（逆时针方向），试利用相对速度法求连杆的角速度 ω_3 及滑块的线速度 V_4。**

解：

1）点 a 的速度 $V_a=\omega_2\overline{a_0a}=100\text{rad/s}\times10\text{cm}=1000\text{cm/s}$，方向与 a_0a 垂直。

2）杆 3 上点 a 和点 b 的相对速度方程为：

$$\begin{matrix}\boldsymbol{V}_b=&\boldsymbol{V}_a+&\boldsymbol{V}_{ba}\\ D\surd & D\surd & D\surd\\ M? & M\surd & M?\end{matrix}$$

式中，$\boldsymbol{V}_a$ 的方向（D）与大小（M）为已知，$\boldsymbol{V}_b$ 的方向与 a_0b 平行、大小未知，$\boldsymbol{V}_{ba}$ 的方向与 ba 垂直、大小未知。

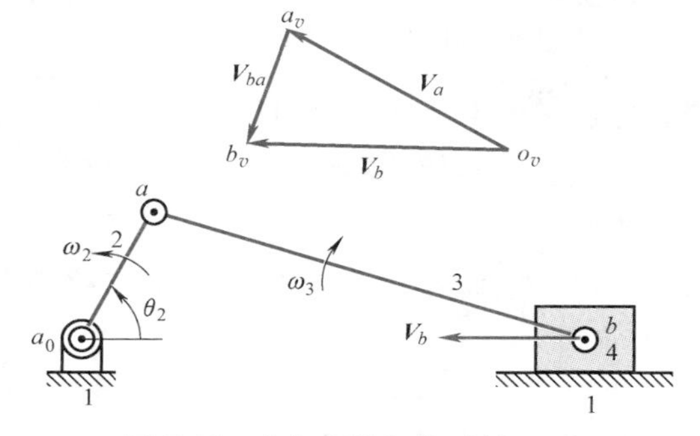

图 7-12 曲柄滑块机构［例 7-8］

3）取 o_v 为速度多边形的参考点，作 $\triangle o_va_vb_v$，并取速度比例 $k_v=400\ \dfrac{\text{cm/s}}{\text{cm}}$，即用 1cm

长度表示400cm/s，使 $\overline{o_v a_v} = \dfrac{1000\text{cm/s}}{400\dfrac{\text{cm/s}}{\text{cm}}} = 2.5\text{cm}$。由于 $o_v a_v$ 和 $\boldsymbol{V}_a$ 同向，$o_v b_v$ 和 $\boldsymbol{V}_b$ 同向，且 $a_v b_v$ 和 $\boldsymbol{V}_{ba}$ 同向，因此可定出点 b_v。量得 $\overline{o_v b_v} = 2.6\text{cm}$，$\overline{a_v b_v} = 1.31\text{cm}$。

4）杆3上点 b 相对于点 a 的速度大小 $V_{ba} = k_v \overline{a_v b_v} = 400\dfrac{\text{cm/s}}{\text{cm}} \times 1.31\text{cm} = 524\text{cm/s}$，因此杆3的角速度 $\omega_3 = \dfrac{V_{ba}}{\overline{ba}} = \dfrac{524\text{cm/s}}{30\text{cm}} = 17.5\text{rad/s}$，顺时针方向。

5）由于点 b 为滑块上的一点，因此滑块的速度 $V_4 = V_b = k_v \overline{o_v b_v} = 400\dfrac{\text{cm/s}}{\text{cm}} \times 2.6\text{cm} = 1040\text{rad/s}$，方向为由点 b 到点 a_0。

7.2.2 滚动件接触点 Contact points of rolling elements

如图7-13所示，若一个滚子（杆2）在一平面（杆1）上滚动，在这个瞬间杆2围绕着滚子与平面的接触点 o 旋转。此时滚子中心点 b 的速度 $\boldsymbol{V}_b$ 为：

$$\boldsymbol{V}_b = \boldsymbol{\omega} \times \overrightarrow{ob} \tag{7-19}$$

方向与 ob 垂直；其中 $\overline{ob}$ 为滚子半径，ω 为滚子的角速度。滚子上任一点 a 相对于中心点 b 的速度 $\boldsymbol{V}_{a/b}$ 为：

$$\boldsymbol{V}_{a/b} = \boldsymbol{\omega} \times \overrightarrow{ba} \tag{7-20}$$

方向与 $\overline{ba}$ 垂直。此时，滚子上点 a 的绝对速度 $\boldsymbol{V}_a$ 可表示为：

$$\boldsymbol{V}_a = \boldsymbol{V}_b + \boldsymbol{V}_{a/b} = \boldsymbol{\omega} \times (\overrightarrow{ob} + \overrightarrow{ba}) \tag{7-21}$$

如图7-13所示。若滚子上点 a 刚好落在接触点 o，则 $\boldsymbol{V}_{a/b}$ 的大小与 $\boldsymbol{V}_b$ 刚好相等，但方向相反，因此接触点 o 的绝对速度为零。

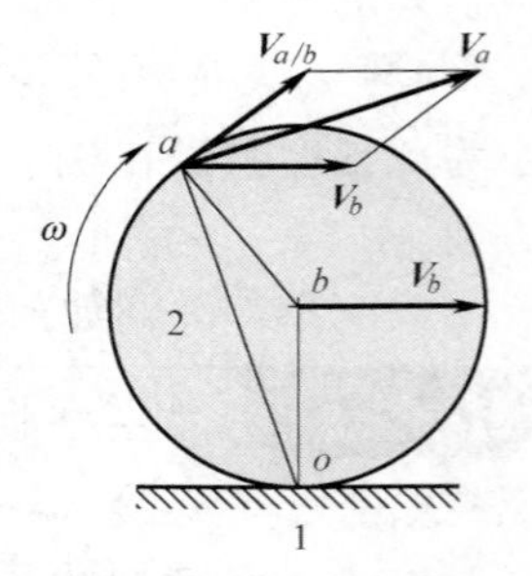

图7-13 滚动件接触点

7.2.3 两杆重合点 Concident points on separate links

以下以一个具有两杆重合点的四杆机构为例，说明如何利用相对速度法求得输出杆的角速度。

例7-9 **有一个四杆机构，如图7-14所示，若滚子（构件2）的角速度为已知，试利用相对速度法求摇杆（构件）的角速度 $\boldsymbol{\omega}_4$。**

解：

1）点 b_2 为滚子（构件2）上的一点，与活动铰链 b_3、b_4 重合，其速度 $V_{b_2} = \omega_2 \overline{ob_2}$，方向与 ob_2 垂直。

2）点 b_3 为滑块（构件3）上的一点，与摇杆（构件4）上的点 b_4 重合，为活动铰链。

3）在点 b，点 b_4 相对于点 b_2 的运动为沿着滑槽方向的滑动，因此点 b_4 相对于点 b_2 的速度方程为：

$$\begin{matrix} \boldsymbol{V}_{b_4} = & \boldsymbol{V}_{b_2} & + \boldsymbol{V}_{b_4 b_2} \\ D\surd & D\surd & D\surd \end{matrix}$$

$M?\quad M\surd\quad M?$

式中，$\boldsymbol{V}_{b_2}$ 的方向（D）与大小（M）为已知；$\boldsymbol{V}_{b_4b_2}$ 的方向为已知，大小未知；$\boldsymbol{V}_{b_4}$ 的方向垂直于 b_0b_4，大小未知。

4）作速度多边形 $o_vb_{2v}b_{4v}$ 如图所示，可求得点 b_4 的速度 $\boldsymbol{V}_{b_4}$。

5）因此，摇杆的角速度 $\omega_4=\dfrac{V_{b4}}{\overline{b_0b_4}}$，逆时针方向。

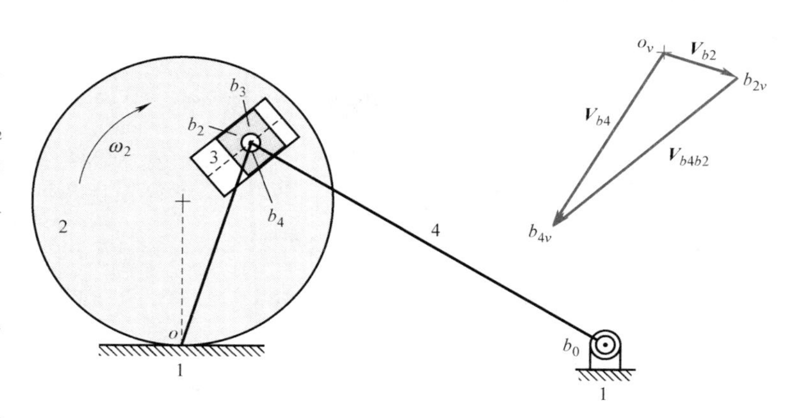

图 7-14　**四杆机构［例 7-9］**

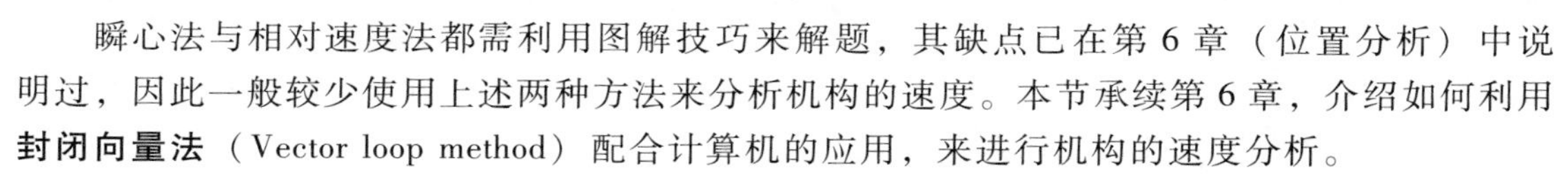

7.3 解析法 Analytical method

瞬心法与相对速度法都需利用图解技巧来解题，其缺点已在第 6 章（位置分析）中说明过，因此一般较少使用上述两种方法来分析机构的速度。本节承续第 6 章，介绍如何利用**封闭向量法**（Vector loop method）配合计算机的应用，来进行机构的速度分析。

对于一个已知尺寸与输入杆运动状态的机构而言，利用封闭向量法可推导出机构的**位移方程**（Displacement equation），在利用数值分析法与计算机求得机构各杆件与参考点的位置后，将位移方程对时间进行一次微分，可得到一组线性联立方程，即**速度方程**（Velocity equation），解此联立方程即可得到各杆件的角速度，据此可推导出各杆件上参考点的线速度。

以下举例说明。

例 7-10　**有一个偏置曲柄滑块机构（图 7-15）如例 6-4 所述，杆 2 为输入杆，角速度 $\omega_2=\dot{\theta}_2=$ 100rad/s 为已知，试利用封闭向量法求杆 3 的角速度 $\dot{\theta}_3$ 及滑块 4 的速度 $\dot{r}_4$。**

解：

1）建立坐标系并定义各杆件向量如图 7-15 所示，其封闭向量方程为：

$$\boldsymbol{r}_2+\boldsymbol{r}_3-\boldsymbol{r}_4-\boldsymbol{r}_1=0 \qquad (7\text{-}22)$$

投影方程为：

$$r_2\cos\theta_2+r_3\cos\theta_3-r_4=0 \qquad (7\text{-}23)$$

$$r_2\sin\theta_2+r_3\sin\theta_3+r_1=0 \qquad (7\text{-}24)$$

2）根据 6.3 节所述，可利用位移方程的封闭解求出 θ_3 和 r_4（例 6-4）。若 $r_2=10\text{cm}$、$r_3=30\text{cm}$、$r_1=0\text{cm}$，且 $\theta_2=60°$，代入式（6-27）

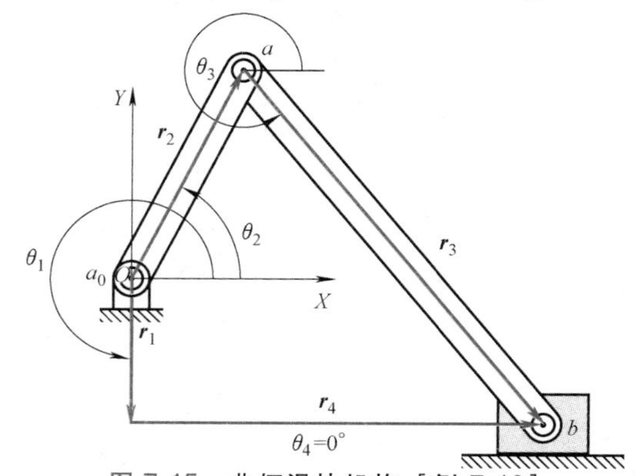

图 7-15　**曲柄滑块机构［例 7-10］**

和式（6-28）可得杆 3 和 4 的位置如下：

$$\theta_3=\arcsin\frac{-0-10\sin60°}{30}=-16.78°$$

$$r_4=10\cos60°+30\cos(-16.78°)=33.72\text{cm}$$

3）将位移方程，即式（7-23）和式（7-24），对时间进行一次微分，可得速度方程如下：

$$(-r_3\sin\theta_3)\dot{\theta}_3+(-1)\dot{r}_4=r_2\dot{\theta}_2\sin\theta_2 \tag{7-25}$$

$$(r_3\cos\theta_3)\dot{\theta}_3+(0)\dot{r}_4=-r_2\dot{\theta}_2\cos\theta_2 \tag{7-26}$$

为线性方程。

4）求解式（7-25）和式（7-26），可得杆 3 的角速度 $\dot{\theta}_3$ 及杆 4 的线速度 $\dot{r}_4$ 如下：

$$\dot{\theta}_3=-\frac{r_2\cos\theta_2}{r_3\cos\theta_3}\dot{\theta}_2 \tag{7-27}$$

$$\dot{r}_4=-r_2(\sin\theta_2-\cos\theta_2\tan\theta_3)\dot{\theta}_2 \tag{7-28}$$

5）将 $r_2=10\text{cm}$、$r_3=30\text{cm}$、$\theta_2=60°$、$\theta_3=-16.78°$、$\dot{\theta}_2=100\text{rad/s}$ 等已知值代入式（7-27）和式（7-28），可得在 $\theta_2=60°$的位置时，杆 3 的角速度 $\dot{\theta}_3$及杆件 4 的线速度 $\dot{r}_4$分别为：

$$\dot{\theta}_3=-\frac{10\cos60°}{30\cos(-16.78°)}\times100\text{rad/s}=-17.4\text{rad/s}$$

$$\begin{aligned}\dot{r}_4&=-10\times[\sin60°-\cos60°\tan(-16.78°)]\times100\text{rad/s}\\&=-1016.8\text{cm/s}\end{aligned}$$

由解析法所得 $\dot{r}_4=-1016.8\text{cm/s}$，与例 7-8 中图解法所得 $V_4=1000\text{cm/s}$（方向为由点 b 到点 a_0）的结果基本一致，验证了结果正确无误。

例 7-11 **有一个齿轮五杆机构（图 7-16）如例 6-8 和例 6-10 所述，输入杆角速度$\boldsymbol{\omega}_2$=10rad/s（逆时针方向），试利用封闭向量法进行速度分析。**

解：

1）根据例 6-8 可知，这个机构的位移方程与滚动接触方程为：

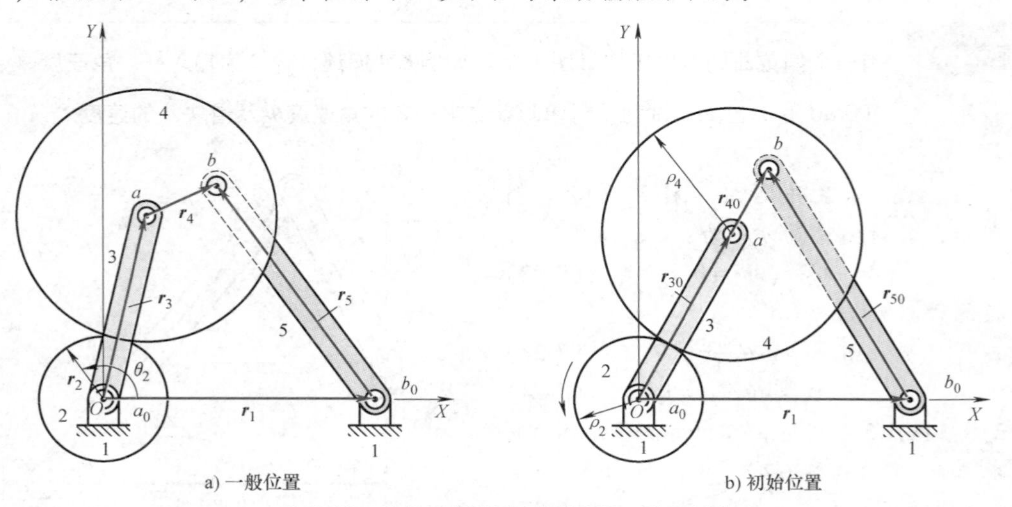

图 7-16 齿轮五杆机构［例 6-8、例 7-11］

$$36\cos\theta_3+14\cos\theta_4-50\cos\theta_5=50 \tag{7-29}$$

$$36\sin\theta_3+14\sin\theta_4-50\sin\theta_5=0 \tag{7-30}$$

$$1.5\theta_3-\theta_4=0.5\theta_2+30° \tag{7-31}$$

2）根据例 6-10 可知，当 $\theta_2=30°$时，$\theta_3=63.83°$，$\theta_4=50.74°$，$\theta_5=120.35°$。

3）将式（7-29）~式（7-31）分别对时间微分一次可得：

$$(-36\sin\theta_3)\omega_3-(14\sin\theta_4)\omega_4+(50\sin\theta_5)\omega_5=0 \tag{7-32}$$

$$(36\cos\theta_3)\omega_3+(14\cos\theta_4)\omega_4-(50\cos\theta_5)\omega_5=0 \tag{7-33}$$

$$1.5\omega_3-\omega_4=0.5\omega_2 \tag{7-34}$$

式中，ω_3、ω_4、ω_5 分别为杆 3、4、5 的角速度。

4）将已知条件与位置分析的结果代入式（7-32）~式（7-34）中，即可解出 ω_3、ω_4、ω_5 如下：

$$\omega_3=1.3199\text{rad/s}$$

$$\omega_4=-3.0202\text{rad/s}$$

$$\omega_5=0.2296\text{rad/s}$$

例 7-12　有一个四杆机构如图 7-17 所示，若杆 2 为输入杆，其速度 $\dot{r}_2$为已知，试利用封闭向量法求杆 4 的角速度$\dot{\theta}_4$。

解：

1）建立固定坐标系 OXY。取固定铰链 b_0 为坐标原点 O，杆 2 的运动方向为正 X 轴的方向。

2）定义各杆向量。令点 m 为点 b_0 到通过活动铰链 a 且与杆 2 运动方向平行线的垂足，点 n 为点 a 到杆 3 与 4 接触面的垂足。定义 $\boldsymbol{r}_1=\overrightarrow{b_0m}$、$\boldsymbol{r}_2=\overrightarrow{ma}$、$\boldsymbol{r}_3=\overrightarrow{na}$、$\boldsymbol{r}_4=\overrightarrow{b_0n}$，则 r_1、r_3、$\theta_1=90°$、$\theta_2=0°$为常数，r_2、r_4、θ_3、θ_4 为变量，其中 r_2 为输入变量，且：

$$\theta_3=\theta_4+90° \tag{7-35}$$

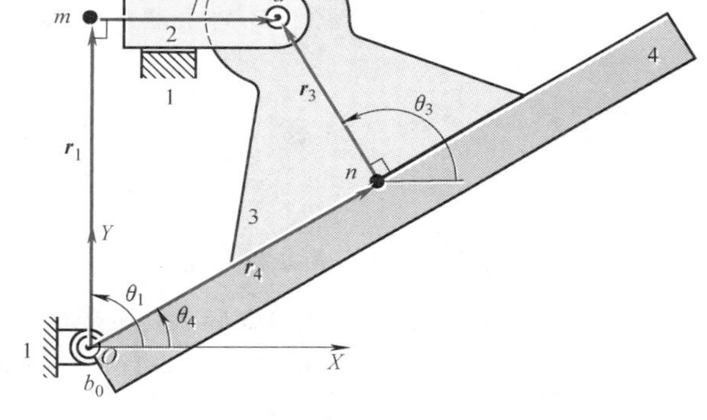

图 7-17　四杆机构［例 7-12］

3）封闭向量方程及其投影方程为：

$$\boldsymbol{r}_1+\boldsymbol{r}_2-\boldsymbol{r}_3-\boldsymbol{r}_4=0 \tag{7-36}$$

$$r_2-r_3\cos\theta_3-r_4\cos\theta_4=0 \tag{7-37}$$

$$r_1-r_3\sin\theta_3-r_4\sin\theta_4=0 \tag{7-38}$$

4）将式（7-35）代入式（7-37）和式（7-38），可得位移方程如下：

$$r_3\sin\theta_4-r_4\cos\theta_4=-r_2 \tag{7-39}$$

$$r_3\cos\theta_4+r_4\sin\theta_4=r_1 \tag{7-40}$$

式中，r_1 和 r_3 为已知常数，r_2 为已知输入变量，因此联立解式（7-39）和式（7-40）可求得未知变量 θ_4 和 r_4。

5）将位移方程，即式（7-39）和式（7-40），对时间进行一次微分，可得速度方程如下：

$$(r_3\cos\theta_4+r_4\sin\theta_4)\theta_4-(\cos\theta_4)\dot{r}_4=-\dot{r}_2 \tag{7-41}$$

$$(r_3\sin\theta_4-r_4\cos\theta_4)\theta_4-(\sin\dot{\theta}_4)\dot{r}_4=0 \tag{7-42}$$

联立求解式（7-41）和式（7-42），可求得杆 4 的角速度 $\dot{\theta}_4$ 为：

$$\dot{\theta}_4=-\frac{\sin\dot{\theta}_4}{r_4}\dot{r}_2 \tag{7-43}$$

例 7-13 **有一个四杆机构如图 6-3 所示［例 6-12］。杆 2 为输入杆，转速（$\dot{\theta}_2$）为 10rad/s，试计算杆 2 在各个位置下，杆 3 和 4 的角速度，并绘出其关系图。**

解：

1）根据封闭向量法，建立坐标系，并定义向量，如图 6-3 所示。其封闭向量方程为：

$$\boldsymbol{r}_2+\boldsymbol{r}_3-\boldsymbol{r}_4-\boldsymbol{r}_1=0 \tag{7-44}$$

因 $\theta_1=0°$，将封闭向量方程分解成如下的投影方程：

$$r_2\cos\theta_2+r_3\cos\theta_3-r_4\cos\theta_4-r_1=0 \tag{7-45}$$

$$r_2\sin\theta_2+r_3\sin\theta_3-r_4\sin\theta_4=0 \tag{7-46}$$

2）将位移方程，即投影方程，对时间微分一次，可得速度方程如下：

$$-r_3\sin\theta_3\dot{\theta}_3+r_4\sin\theta_4\dot{\theta}_4=r_2\sin\theta_2\dot{\theta}_2 \tag{7-47}$$

$$r_3\cos\theta_3\dot{\theta}_3-r_4\cos\theta_4\dot{\theta}_4=-r_2\cos\theta_2\dot{\theta}_2 \tag{7-48}$$

3）由速度方程，可求得杆 3 的角速度 $\dot{\theta}_3$ 及杆 4 的角速度 $\dot{\theta}_4$ 分别为：

$$\dot{\theta}_3=\frac{r_2\sin(\theta_2-\theta_4)}{r_3\sin(\theta_4-\theta_3)}\dot{\theta}_2 \tag{7-49}$$

$$\dot{\theta}_4=\frac{r_2\sin(\theta_2-\theta_3)}{r_4\sin(\theta_4-\theta_3)}\dot{\theta}_2 \tag{7-50}$$

以第 6 章例 6-12 中的位置分析为基础，编制一套计算机程序，针对每一个输入杆的位置 θ_2，转速（$\dot{\theta}_2$）为 10rad/s，计算出杆 3 和 4 的角速度（表 7-1），并绘制关系曲线图（图 7-18）。

表 7-1 四杆机构速度分析结果［例 7-13］

θ_2	$\dot{\theta}_3$	$\dot{\theta}_4$	θ_2	$\dot{\theta}_3$	$\dot{\theta}_4$
0	-5.000	-5.000	190	2.919	2.053
10	-5.340	-4.214	200	3.290	1.594
20	-5.252	-3.089	210	3.597	1.139
30	-4.850	-1.804	220	3.824	0.695
40	-4.276	-0.528	230	3.963	0.264
50	-3.646	0.624	240	4.003	-0.157
60	-3.029	1.600	250	3.938	-0.576
70	-2.454	2.389	260	3.757	-1.002
80	-1.930	2.999	270	3.449	-1.449
90	-1.449	3.449	280	2.999	-1.930
100	-1.002	3.757	290	2.389	-2.454
110	-0.576	3.938	300	1.600	-3.029
120	-0.157	4.003	310	0.624	-3.646
130	0.264	3.963	320	-0.528	-4.276
140	0.695	3.824	330	-1.804	-4.850
150	1.139	3.597	340	-3.089	-5.252
160	1.594	3.290	350	-4.214	-5.340
170	2.053	2.919	360	-5.000	-5.000
180	2.500	2.500			

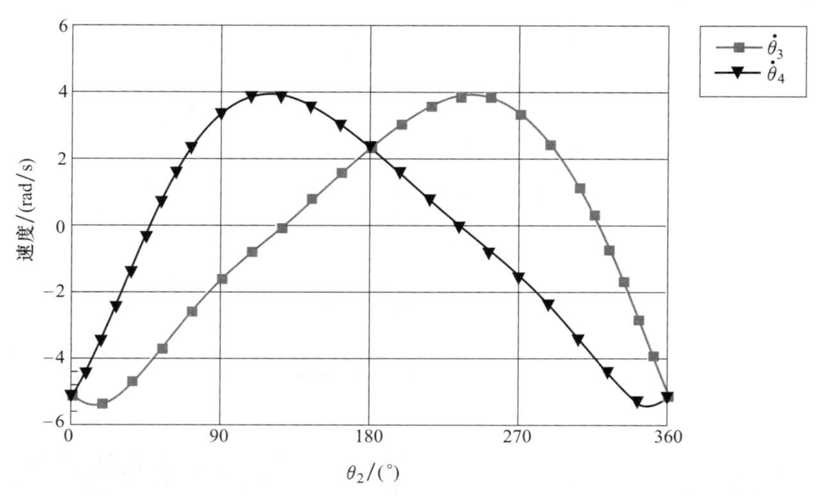

图 7-18 四杆机构速度分析结果［例 7-13］

例 7-14 有一个斯蒂芬森Ⅰ型六杆机构如图 6-17 所示［例 6-11］，若杆 2 为输入杆，试推导其速度方程；若杆 6 为输入杆，试推导其速度方程。

解：

1）根据封闭向量法，建立坐标系，并定义向量，如图 6-17 所示。其封闭向量方程为：

$$\boldsymbol{r}_2+\boldsymbol{r}_3-\boldsymbol{r}_4-\boldsymbol{r}_1=0 \tag{7-51}$$

$$\boldsymbol{r}_4+\boldsymbol{r}_7+\boldsymbol{r}_5-\boldsymbol{r}_6-\boldsymbol{r}_8=0 \tag{7-52}$$

2）式（7-51）和式（7-52）两个封闭向量的投影方程如下：

$$r_2\cos\theta_2+r_3\cos\theta_3-r_4\cos\theta_4-r_1\cos\theta_1=0 \tag{7-53}$$

$$r_2\sin\theta_2+r_3\sin\theta_3-r_4\sin\theta_4-r_1\sin\theta_1=0 \tag{7-54}$$

$$r_4\cos\theta_4+r_7\cos(\theta_3+\alpha)+r_5\cos\theta_5-r_6\cos\theta_6-r_8\cos\theta_8=0 \tag{7-55}$$

$$r_4\sin\theta_4+r_7\sin(\theta_3+\alpha)+r_5\sin\theta_5-r_6\sin\theta_6-r_8\sin\theta_8=0 \tag{7-56}$$

式中，各杆杆长、θ_1、θ_8 为已知常数，且 $\theta_7=\theta_3+\alpha$。

3）将位移方程，即投影方程，对时间进行一次微分，可得速度方程如下：

$$-r_2\sin\theta_2\dot{\theta}_2-r_3\sin\theta_3\dot{\theta}_3+r_4\sin\theta_4\dot{\theta}_4=0 \tag{7-57}$$

$$r_2\cos\theta_2\dot{\theta}_2+r_3\cos\theta_3\dot{\theta}_3-r_4\cos\theta_4\dot{\theta}_4=0 \tag{7-58}$$

$$-r_4\sin\theta_4\dot{\theta}_4-r_7\sin(\theta_3+\alpha)\dot{\theta}_3-r_5\sin\theta_5\dot{\theta}_5+r_6\sin\theta_6\dot{\theta}_6=0 \tag{7-59}$$

$$r_4\cos\theta_4\dot{\theta}_4+r_7\cos(\theta_3+\alpha)\dot{\theta}_3+r_5\cos\theta_5\dot{\theta}_5-r_6\cos\theta_6\dot{\theta}_6=0 \tag{7-60}$$

4）若杆 2 为输入杆，则其速度方程可用矩阵表示为：

$$\begin{pmatrix} -r_3\sin\theta_3 & r_4\sin\theta_4 & 0 & 0 \\ r_3\cos\theta_3 & -r_4\cos\theta_4 & 0 & 0 \\ -r_7\sin(\theta_3+\alpha) & -r_4\sin\theta_4 & -r_5\sin\theta_5 & r_6\sin\theta_6 \\ r_7\cos(\theta_3+\alpha) & r_4\cos\theta_4 & r_5\cos\theta_5 & -r_6\cos\theta_6 \end{pmatrix}\begin{pmatrix} \dot{\theta}_3 \\ \dot{\theta}_4 \\ \dot{\theta}_5 \\ \dot{\theta}_6 \end{pmatrix}=\begin{pmatrix} r_2\sin\theta_2\dot{\theta}_2 \\ -r_2\cos\theta_2\dot{\theta}_2 \\ 0 \\ 0 \end{pmatrix} \tag{7-61}$$

5）若杆6为输入杆，则其速度方程可用矩阵表示为：

$$\begin{pmatrix} -r_2\sin\theta_2 & -r_3\sin\theta_3 & r_4\sin\theta_4 & 0 \\ r_2\cos\theta_2 & r_3\cos\theta_3 & -r_4\cos\theta_4 & 0 \\ 0 & -r_7\sin(\theta_3+\alpha) & -r_4\sin\theta_4 & -r_5\sin\theta_5 \\ 0 & r_7\cos(\theta_3+\alpha) & r_4\cos\theta_4 & r_5\cos\theta_5 \end{pmatrix}\begin{pmatrix} \dot{\theta}_2 \\ \dot{\theta}_3 \\ \dot{\theta}_4 \\ \dot{\theta}_5 \end{pmatrix}=\begin{pmatrix} 0 \\ 0 \\ -r_6\sin\theta_6\dot{\theta}_6 \\ r_6\cos\theta_6\dot{\theta}_6 \end{pmatrix} \tag{7-62}$$

6）若位置分析的结果及输入杆的速度为已知，即可由式（7-61）或式（7-62）求得其他杆件的角速度。

习题Problems

7-1　图7-19所示为四种四杆机构，试求各机构所有瞬心的位置。

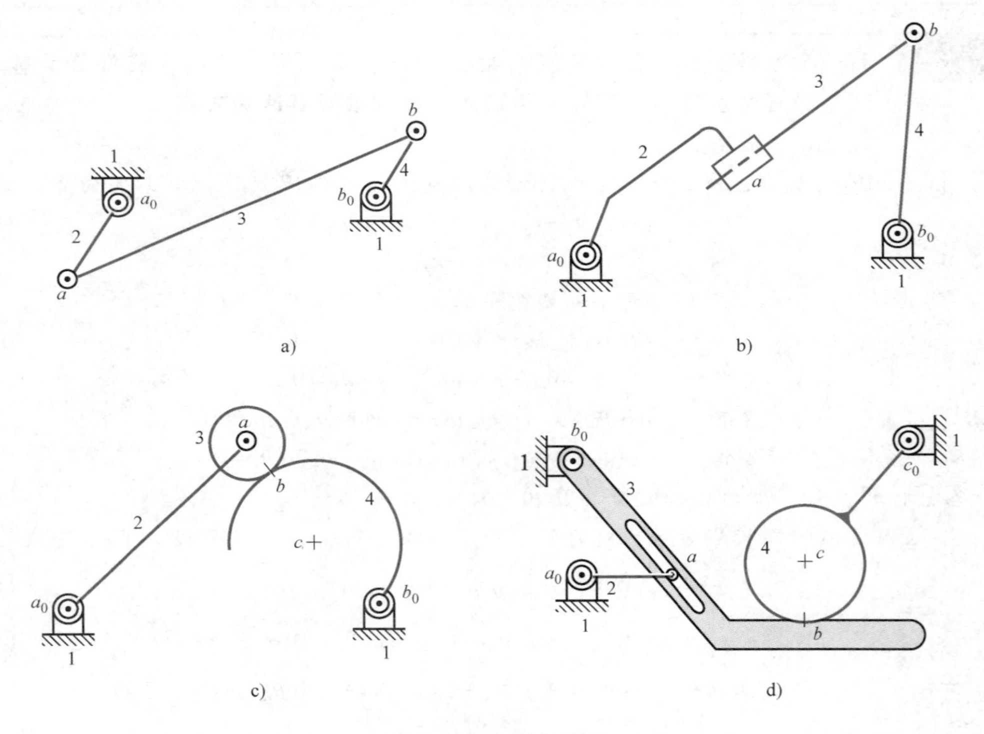

图7-19　习题7-1图

7-2　图7-20所示为三种五杆机构，试求各机构所有瞬心的位置。

7-3　图7-21所示为两种六杆机构，试求各机构所有瞬心的位置。

7-4　图7-22所示为两种四杆机构，杆2均为输入杆，角速度 $\omega_2=1\text{rad/s}$（顺时针方向），试利用瞬心法分别求出杆3的角速度及杆4上参考点 c 的线速度。

7-5　图7-23所示为两种五杆机构，杆2均为输入杆，角速度 $\omega_2=1\text{rad/s}$（顺时针方向），试利用瞬心法分别求出参考点 c 的速度及杆5的角速度。

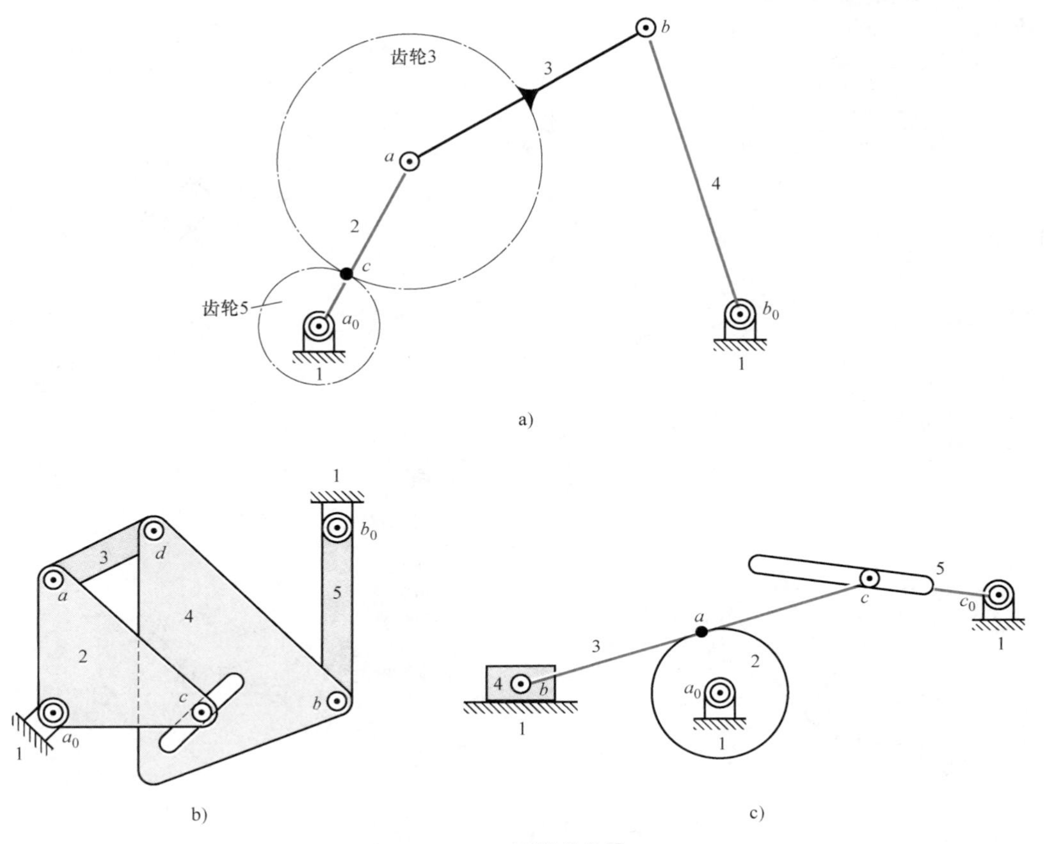

图 7-20 **习题 7-2 图**

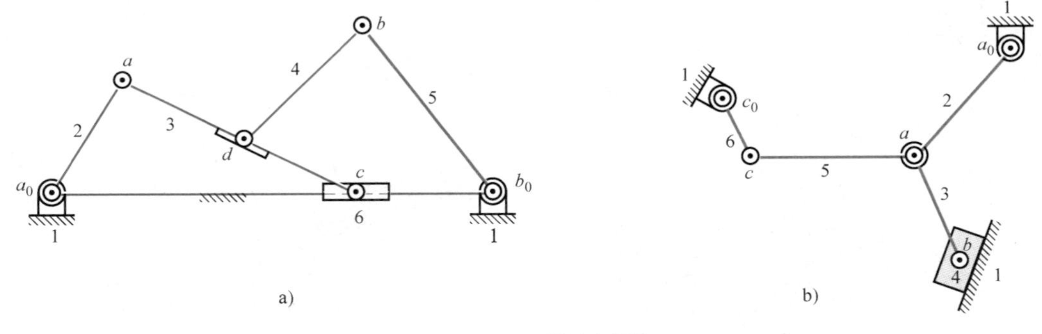

图 7-21 **习题 7-3 图**

7-6 图 7-24 所示为两种六杆机构，试利用瞬心法求杆 6 与杆 2 的角速度比（各构件尺寸自行量取）。

7-7 图 7-25 所示为一个三杆机构，杆 2 为输入杆，角速度 $\omega_2 = 1\text{rad/s}$（顺时针方向），试利用相对速度法求杆 3 的角速度。

7-8 试利用相对速度法求图 7-22 所示四杆机构中参考点 c 的速度。

7-9 图 7-26 所示为两种六杆机构，杆 2 均为输入杆，角速度 $\omega_2 = 1\text{rad/s}$（逆时针方向），试利用相对速度法求滑块 6 的速度。

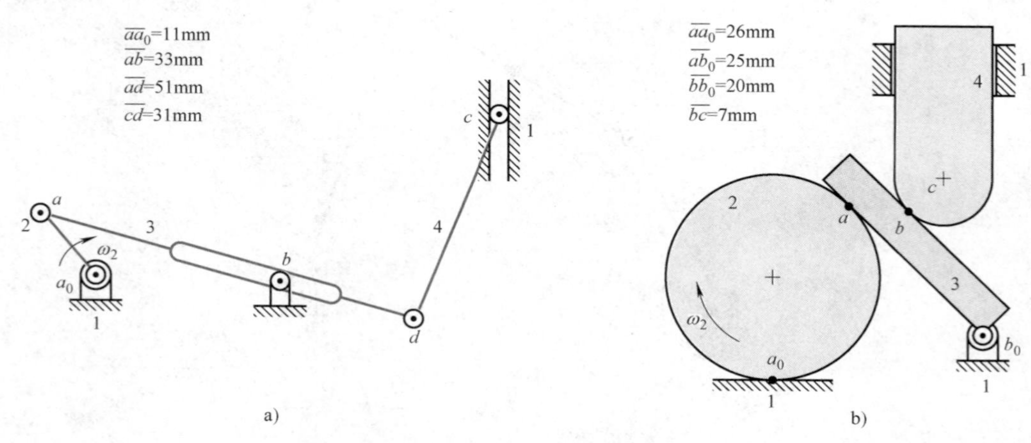

图 7-22 习题 7-4 图

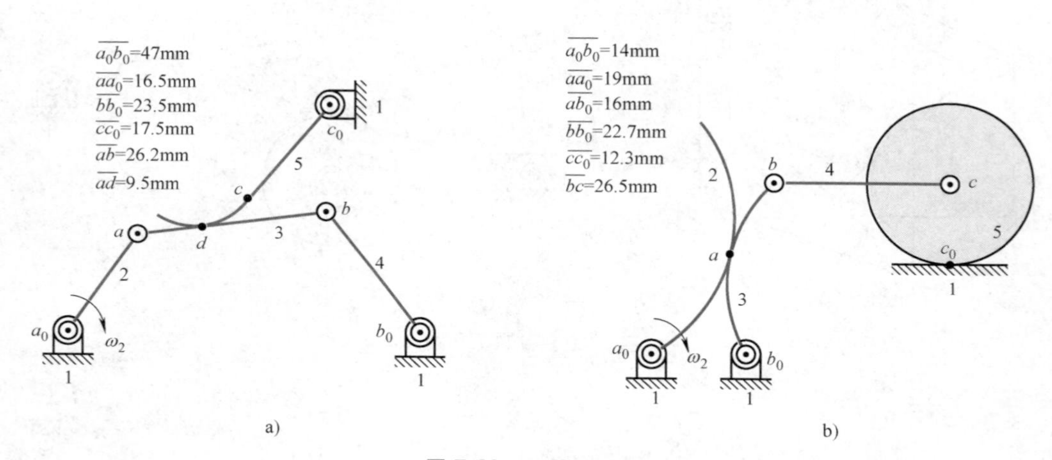

图 7-23 习题 7-5 图

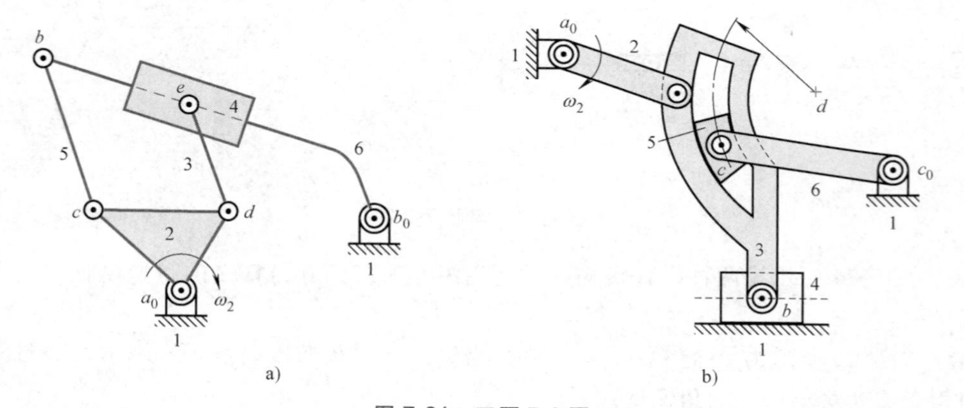

图 7-24 习题 7-6 图

7-10 试利用封闭向量法求图 7-25 所示三杆机构中杆 3 的角速度。

7-11 有一个四杆机构（图 7-27），杆 2 为输入杆，角速度 $\omega_2=1\text{rad/s}$（逆时针方向），

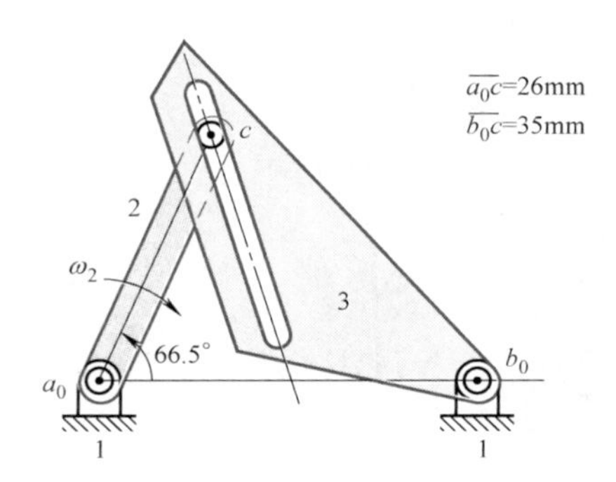

图 7-25 **习题 7-7 图**

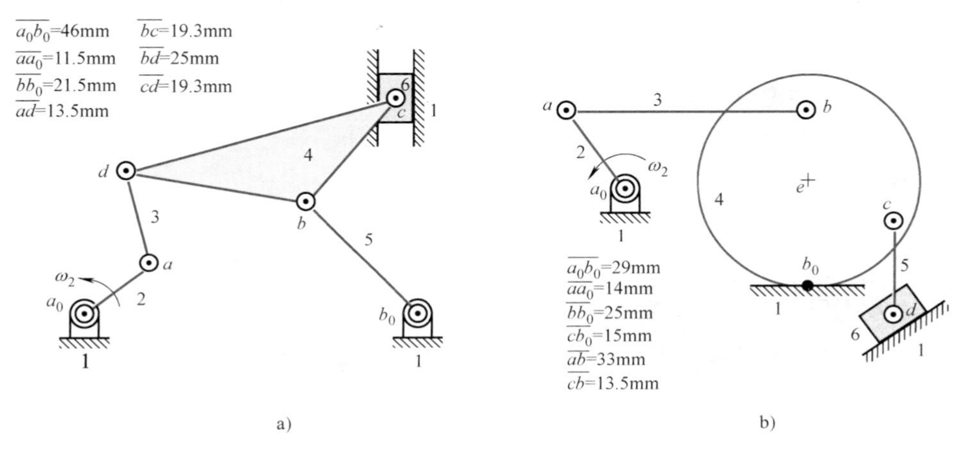

图 7-26 **习题 7-9 图**

试利用封闭向量法分析杆 4 的速度，并找出杆 4 具有最大与最小速度值时杆 3 的相对位置（各构件尺寸自行量取）。

7-12 对于图 7-26a 所示的六杆机构，试编制一套计算机程序进行位置与速度分析（输入杆 $\theta_2 = 0° \sim 360°$，$\Delta\theta = 5°$，各杆尺寸自定），并求：

（1）θ_3、θ_4、θ_5、r_6。

（2）参考点 c 的轨迹图。

（3）$\dot{\theta}_3$、$\dot{\theta}_4$、$\dot{\theta}_5$、$\dot{r}_6$。

（4）点 c 的速度。

（5）计算机动画仿真。

（6）利用瞬心法验证 $\theta_2 = 50°$时的结果。

（7）利用相对速度法验证 $\theta_2 = 290°$时的结果。

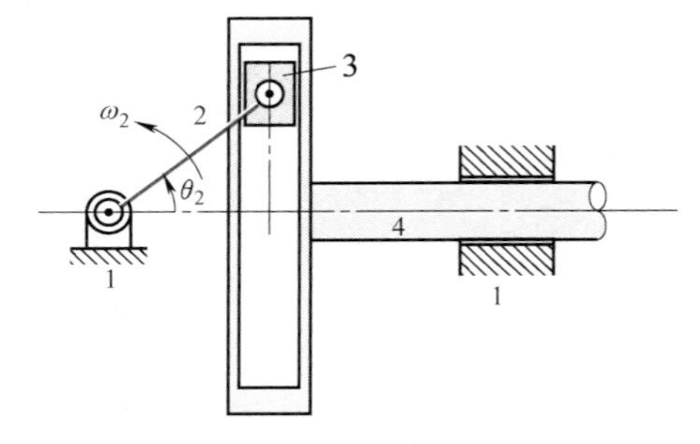

图 7-27 **习题 7-11 图**

第 8 章

加速度分析

ACCELERATION ANALYSIS

机构的**加速度分析**（Acceleration analysis），是根据输入构件的已知加速度及已完成的位置分析与速度分析，采用适当的方法，来求得输出件的角加速度及参考点的线加速度。在设计高速机器时，**加速度**（Acceleration）是一个相当重要的特性，因为构件的惯性力与线加速度成正比，惯性力矩与角加速度成正比。分析机构各杆件与点加速度的方法有多种，本章介绍相对加速度图解法及易于计算机编程的封闭向量法。

8.1 相对加速度法

Relative acceleration method

以下根据一杆上两点、滚动件接触点及两杆重合点来介绍相对加速度。

8.1.1 一杆上两点 Two points on a common link

设 a 和 b 为构件 i 上的两点，点 a 的加速度 $\boldsymbol{A}_a$ 为已知，r_{ba} 为点 b 和点 a 间的长度、α_i 为杆 i 的角加速度，则点 b 的加速度 $\boldsymbol{A}_b$ 可表示为：

$$\boldsymbol{A}_b=\boldsymbol{A}_a+\boldsymbol{A}_{ba} \tag{8-1}$$

式中，$\boldsymbol{A}_{ba}$ 为点 b 相对于点 a 的加速度。因为每一个加速度项 $\boldsymbol{A}$，可分解成在法线方向的分量 $\boldsymbol{A}^{\mathrm{n}}$ 及在切线方向的分量 $\boldsymbol{A}^{\mathrm{t}}$，所以式（8-1）可表示为：

$$\boldsymbol{A}_b^{\mathrm{n}}+\boldsymbol{A}_b^{\mathrm{t}}=\boldsymbol{A}_a^{\mathrm{n}}+\boldsymbol{A}_a^{\mathrm{t}}+\boldsymbol{A}_{ba}^{\mathrm{n}}+\boldsymbol{A}_{ba}^{\mathrm{t}} \tag{8-2}$$

式中

$$A_{ba}^{\mathrm{n}}=\frac{V_{ba}^2}{r_{ba}}=r_{ba}\omega_i^2 \tag{8-3}$$

$$A_{ba}^{\mathrm{r}}=r_{ba}\alpha_i \tag{8-4}$$

由于杆 i 的角速度 ω_i 或点 b 相对于点 a 的速度 $\boldsymbol{V}_{ba}$ 已在速度分析中求得，因此若式（8-1）或式（8-2）中加速度 $\boldsymbol{A}_a$ 的大小与方向已知，即可求得杆 i 的角加速度 α_i 及点 b 的加速度 $\boldsymbol{A}_b$。解题的方法可比照速度分析中速度多边形的概念，选参考点 o_A，定适当的比例 k_A，作**加速度多边形**（Acceleration polygon），利用图解法求解，此即为**相对加速度法**（Relative acceleration method）。

以下举例说明。

例 8-1 有一个曲柄滑块机构，$\overline{a_0a}=10\text{cm}$、$\overline{ab}=30\text{cm}$、$\theta_2=60°$，如图 8-1 所示。若曲柄（构件 2）以等角速度$\omega_2=100\text{rad/s}$ 旋转（逆时针方向），试利用相对加速度法求连杆（构件 3）的角加速度α_3及滑块（构件 4）的线加速度 A_4。

解：

1）根据例 7-10，当 $\theta_2=60°$时，$\theta_3=-16.78°$。

2）根据速度分析［例 7-8］可知：

$$\boldsymbol{V}_b=\boldsymbol{V}_a+\boldsymbol{V}_{ba} \tag{8-5}$$

式中，$V_{ba}=524\text{cm/s}$，$\omega_3=17.5\text{rad/s}$，方向如图 8-1 所示。

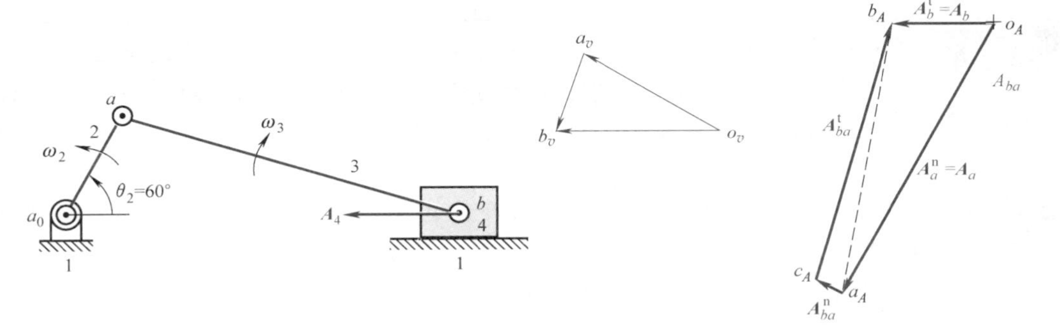

图 8-1 曲柄滑块机构［例 8-1］

3）根据式（8-2），点 b 的加速度可表示为：

$$\boldsymbol{A}_b^{\text{n}}+\boldsymbol{A}_b^{\text{t}}=\boldsymbol{A}_a^{\text{n}}+\boldsymbol{A}_a^{\text{t}}+\boldsymbol{A}_{ba}^{\text{n}}+\boldsymbol{A}_{ba}^{\text{t}} \tag{8-6}$$

$D\surd \quad D\surd \quad D\surd \quad D\surd \quad D\surd \quad D\surd$

$M\surd \quad M? \quad M\surd \quad M\surd \quad M\surd \quad M?$

点 a 的法线加速度 $A_a^{\text{n}}=\overline{a_0a}\omega_2^2=10\text{cm}\times(100\text{rad/s})^2=100000\text{cm/s}^2$（方向由 a 到 a_0），切线加速度 $A_a^{\text{t}}=\overline{a_0a}\alpha_2=10\text{cm}\times0\text{rad/s}^2=0$；由于点 b 也是滑块 4 上的一点，因此点 b 的法线加速度 $A_b^{\text{n}}=\dfrac{V_b^2}{\infty}=0$，切线加速度 A_b^{t} 大小未知，方向与滑块运动方向一致；点 b 相对于点 a 的法线加速度 $A_{ba}^{\text{n}}=\overline{ab}\omega_3^2=30\text{cm}\times(17.5\text{rad/s})^2=9187.5\text{cm/s}^2$，方向由 b 到 a，而切线加速度 A_{ba}^{t} 大小未知，方向与 ba 垂直。

4）取 o_A 为加速度多边形的参考点，作四边形 $o_Aa_Ac_Ab_A$，并取比例 $k_A=25000\dfrac{\text{cm/s}^2}{\text{cm}}$，即用 1cm 长度表示 25000cm/s^2，使$\overline{o_Aa_A}=4.0\text{cm}$、方向与 A_a^{n} 相同，$\overline{a_Ac_A}=0.36\text{cm}$、方向与 A_{ba}^{n} 相同，c_Ab_A 和 A_{ba}^{t} 同向，o_Ab_A 和 A_b^{t} 同向，则可定出点 b_A。量得 $\overline{c_Ab_A}=3.6\text{cm}$，$\overline{o_Ab_A}=1.3\text{cm}$。

5）点 b 相对点 a 切线加速度的大小 $A_{ba}^{\text{t}}=k_A\overline{c_Ab_A}=25000\dfrac{\text{cm/s}^2}{\text{cm}}\times3.6\text{cm}=90000\text{cm/s}^2$，因此杆 3 的角加速度 $\alpha_3=\dfrac{A_{ba}^{\text{t}}}{\overline{ab}}=\dfrac{90000\text{cm/s}^2}{30\text{cm}}=3000\text{rad/s}^2$（逆时针方向）。

6）由于点 b 也在滑块上，所以滑块的线加速度 $A_4 = A_b = A_b^t = k_A \overline{o_A b_A} = 25000 \frac{cm/s^2}{cm} \times 1.3cm = 32500cm/s^2$（方向向左）。

8.1.2 滚动件接触点 Contact points of rolling elements

若机构中有一构件 j 相对于另一构件 i 做滚动运动，则构件 i 上任一点的加速度，可按照 8.1.1 节所述原理加以分析。由于两个做相对滚动的构件必然以某种曲线或曲面在接触点接触，因此必须先求出此曲线或曲面在接触点曲率中心的加速度，再利用相对加速度原理求出滚动件上感兴趣点的加速度。以下举例说明。

例 8-2 **有一个半径为 R_2 的滚子（构件 2），中心为点 o_2，相对于曲面半径为 R_1、中心为点 o_1 的机架（构件 1）做滚动运动，接触点为 P，如图 8-2 所示。若滚子的角速度 ω_2 与角加速度 α_2 为已知，试利用相对加速度法求点 P 的加速度。**

解：

1）由于接触点 P 为杆 2 相对于杆 1 的瞬时旋转中心，而杆 1 为固定杆，因此点 P 的速度为零，即 $V_P = 0$。而点 o_2 的速度 $V_{o_2} = R_2\omega_2$，方向与 o_2P 垂直。

2）根据式（8-1）和式（8-2），点 P 的加速度 $\boldsymbol{A}_P$ 可表示为：

$$\begin{array}{ccccc} \boldsymbol{A}_P = & \boldsymbol{A}_{o_2}^n + & \boldsymbol{A}_{o_2}^t + & \boldsymbol{A}_{Po_2}^n + & \boldsymbol{A}_{Po_2}^t \\ D? & D\surd & D\surd & D\surd & D\surd \\ M? & M\surd & M\surd & M\surd & M\surd \end{array} \tag{8-7}$$

由于点 o_2 路径的曲率半径为 R_1+R_2，因此点 o_2 的法向加速度 $A_{o_2}^n = \frac{V_{o_2}^2}{R_1+R_2} = \frac{R_2^2}{R_1+R_2}\omega_2^2$，方向由 o_2 到 o_1；另外，由于点 o_2 绕着点 P 旋转，因此其切向加速度 $A_{o_2}^t = R_2\alpha_2$，方向与 V_{o_2} 同。点 P 相对于点 o_2 的法线加速度 $A_{Po_2}^n = R_2\omega_2^2$，方向由 P 到 o_2；而切线加速 $A_{Po_2}^t = R_2\alpha_2$，

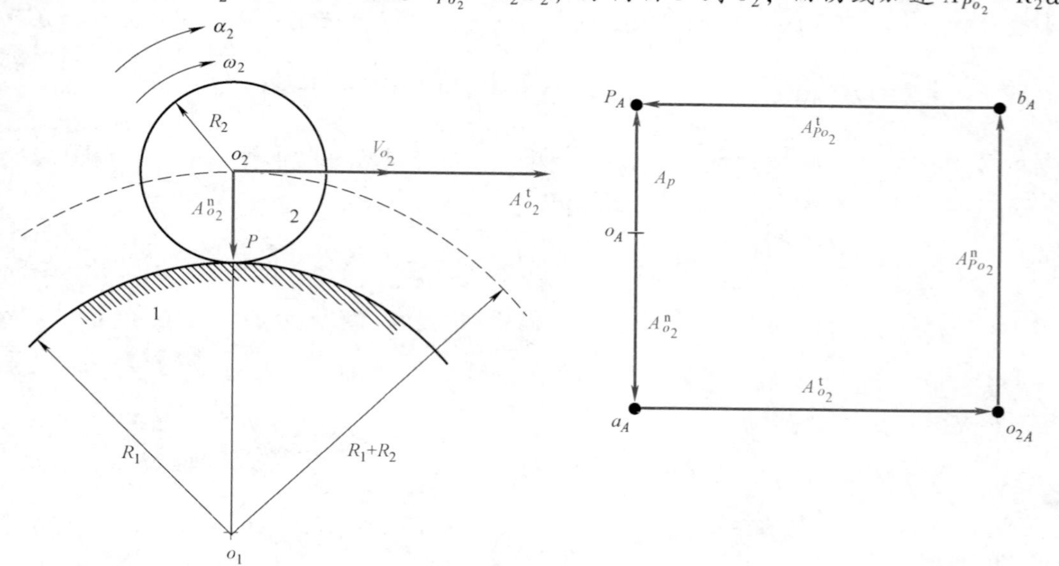

图 8-2 滚动接触［例 8-2］

与 $A^{t}_{o_2}$ 大小相等方向相反。

3）选参考点 o_A，作加速度多边形 $o_A a_A o_A b_A P_A$（图 8-2），可得点 P 的加速度 $A_P=\dfrac{R_1 R_2}{R_1+R_2}\omega_2^2$，方向由 P 到 o_2。

8.1.3 两杆重合点 Coincident points on separate links

当机构中构件 j 上的一点 P_j 沿着绕点 o 做旋转运动的构件 i 上的轨迹运动时（图 8-3），点 P_j 相对于在构件 i 上点 P_i 的加速度，除了法向加速度与切向加速度之外，另具有**科氏加速度**（Coriolis acceleration）。点 P_j 相对于点 P_i 的加速度关系可表示为：

$$\boldsymbol{A}_{P_j}=\boldsymbol{A}_{P_i}+\boldsymbol{A}_{P_jP_i} \tag{8-8}$$

或者

$$\boldsymbol{A}^{n}_{P_j}+\boldsymbol{A}^{t}_{P_j}=\boldsymbol{A}^{n}_{P_i}+\boldsymbol{A}^{t}_{P_i}+\boldsymbol{A}^{n}_{P_jP_i}+\boldsymbol{A}^{t}_{P_jP_i}+2\omega_i\times\boldsymbol{V}_{P_jP_i} \tag{8-9}$$

式中

$$A^{n}_{P_i}=\frac{V^2_{P_i}}{oP_i}=\overline{oP_i}\omega_i^2 \quad（方向由 P_i 到 o） \tag{8-10}$$

$$A^{t}_{P_i}=\overline{oP_i}\alpha_i \quad（方向与 P_io 垂直） \tag{8-11}$$

$$A^{n}_{P_jP_i}=\frac{V^2_{P_jP_i}}{cP_i}=\overline{cP_i}\omega_{ji}^2$$

（方向为轨迹在点 P_i 的法线方向）

$$\tag{8-12}$$

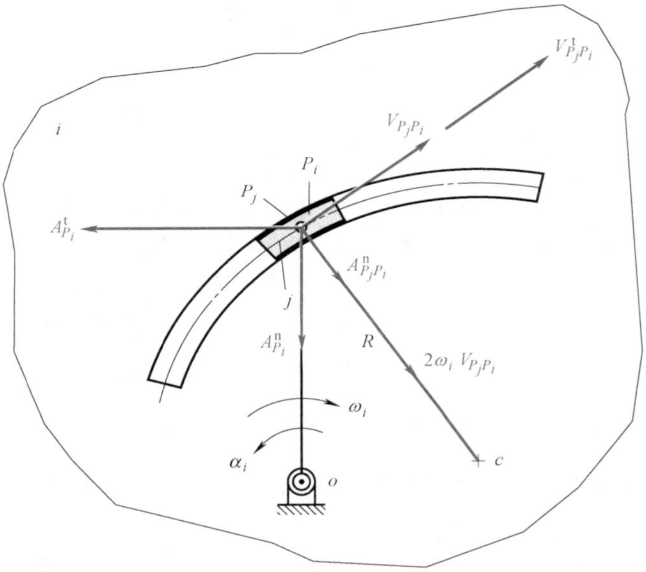

图 8-3 科氏加速度

$$A^{t}_{P_jP_i}=\overline{cP_i}\alpha_{ji} \quad（方向为路径在点 P_i 的切线方向） \tag{8-13}$$

$$2\omega_i V_{P_jP_i}=科氏加速度 \quad（方向为 \omega_i\times V_{P_jP_i}） \tag{8-14}$$

点 c 为路径在点 P 的曲率中心，而此路径（在杆 i 上）则相对固定铰链旋转，ω_i 为杆 i 的角速度，α_i 为杆 i 的角加速度，V_{P_i} 为点 P 在杆 i 上的速度，$V_{P_jP_i}$ 为点 P 在杆 j 上相对于杆 i 的速度，ω_{ji} 为点 P 在杆 j 上相对于点 i 的角速度，α_{ji} 则为相对角加速度。

以下举例说明。

例 8-3 有一个急回机构为倒置型曲柄滑块机构，如图 8-4 所示。杆 2 为输入杆，绕着固定铰链 o_2 旋转，点 P 为活动铰链，与杆 2 和杆 3 相连，杆 3 为滑块，在杆 4 上滑动，杆 4 则绕着固定铰链 o_4 旋转。若 $\overline{o_2o_4}=3.0\text{cm}$，$\overline{Po_2}=7.0\text{cm}$，$\overline{Po_4}=8.9\text{cm}$，且当杆 2 位于 $\theta_2=120°$ 时，角速度 $\omega_2=100\text{r/min}$（逆时针方向），角加速度 $\alpha_2=0$，试求杆 4 的角加速度 α_4。

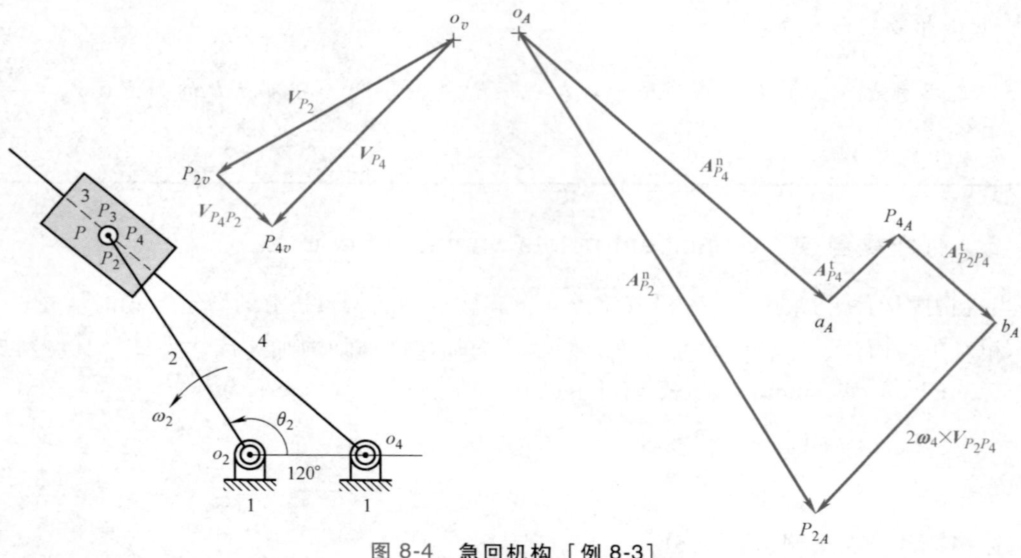

图 8-4 急回机构［例 8-3］

解：

1）点 P 为输入杆 2 和滑块 3 的活动铰链，在杆 2 上称为 P_2 点，在杆 3 上称为 P_3 点，而在杆 4 上与点 P 重合的点则称为 P_4 点。

2）点 P_2 相对于点 P_4 的速度关系为：

$$\boldsymbol{V}_{P_4}=\boldsymbol{V}_{P_2}+\boldsymbol{V}_{P_4P_2} \tag{8-15}$$

式中，$\omega_2=100\text{r/min}=100\times2\pi/60\text{rad/s}=10.46\text{rad/s}$，$V_{P_2}=\overline{P_2o_2}\omega_2=7\times10.46\text{cm/s}=73.2\text{cm/s}$（方向与 P_2o_2 垂直），$V_{P_4}=\overline{P_4o_4}\omega_4$（方向与 P_4o_4 垂直），$V_{P_4P_2}$ 的方向与 P_4o_4 平行。因此，选参考点 o_v，作速度多边形 $o_vP_{4v}P_{2v}$，定比例 $k_v=20\ \dfrac{\text{cm/s}}{\text{cm}}$，可求得 $V_{P_4}=70\text{cm/s}$（方向朝左下），$V_{P_4P_2}=22\text{cm/s}$（方向朝右下），如图 8-4 所示。而 $\omega_4=\dfrac{V_{P_4}}{\overline{P_4o_4}}=\dfrac{70}{8.9}=7.86\text{rad/s}$（逆时针方向）。

3）根据式（8-9），点 P_2 相对于点 P_4 的加速度关系为：

$$\begin{array}{ccccccc}\boldsymbol{A}^{\text{n}}_{P_2}+\boldsymbol{A}^{\text{t}}_{P_2}= & \boldsymbol{A}^{\text{n}}_{P_4}+ & \boldsymbol{A}^{\text{t}}_{P_4}+ & \boldsymbol{A}^{\text{n}}_{P_2P_4}+ & \boldsymbol{A}^{\text{t}}_{P_2P_4}+ & 2\boldsymbol{\omega}_4\times\boldsymbol{V}_{P_2P_4} \\ D\surd\quad D\surd & D\surd & D\surd & D\surd & D\surd & D\surd \\ M\surd\quad M\surd & M\surd & M? & M\surd & M? & M\surd\end{array} \tag{8-16}$$

式中，$A^{\text{n}}_{P_2}=\overline{P_2o_2}\omega_2^2=7.0\text{cm}\times(10.46\text{rad/s})^2=766\text{cm/s}^2$（方向由 P_2 到 o_2），$A^{\text{t}}_{P_2}=7.0\text{cm}\times(0\text{rad/s})^2=0$；$A^{\text{n}}_{P_4}=\overline{P_4o_4}\omega_4^2=8.9\text{cm}\times(7.86\text{rad/s})^2=550\text{cm/s}^2$（方向由 P_4 到 o_4），$A^{\text{t}}_{P_4}=\overline{P_4o_4}\alpha_4$（方向与 P_4o_4 垂直）。因为点 P_2 和点 P_4 做相对直线运动，所以 $A^{\text{n}}_{P_2P_4}=0$，$A^{\text{t}}_{P_2P_4}$ 未知（方向与 P_4o_4 平行）$2\omega_4V_{P_2P_4}=2\times7.86\times22=346\text{cm/s}^2$。（方向垂直 P_4o_4，向左下）。

4）取 o_A 为加速度多边形的参考点，作加速度多边形 $o_Aa_AP_{4A}b_AP_{2A}$，并取比例 $k_A=100\ \dfrac{\text{cm/s}^2}{\text{cm}}$，使 $\overline{o_Aa_A}=\dfrac{A^{\text{n}}_{P_A}}{k_A}=\dfrac{550\text{cm/s}^2}{100\ \dfrac{\text{cm/s}^2}{\text{cm}}}=5.5\text{cm}$（方向与 $A^{\text{n}}_{P_4}$ 相同），$\overline{o_AP_{2A}}=\dfrac{A^{\text{n}}_{P_2}}{k_A}=\dfrac{766\text{cm/s}^2}{100\ \dfrac{\text{cm/s}^2}{\text{cm}}}=$

7.66cm（方向与 $A^{n}_{P_2}$ 相同），$b_A P_{2A}=\dfrac{2\omega_4 V_{P_2P_4}}{k_A}=\dfrac{346}{100}\text{cm}=3.46\text{cm}$（方向与 $\omega_4 V_{P_2P_4}$ 相同）。通过点 a_A 画一条直线平行于 $A^{t}_{P_4}$ 的方向，通过点 b_A 画另一条直线平行于 $A^{t}_{P_2P_4}$ 的方向，两线的交点为 P_{4A}。量得 $\overline{a_A P_{4A}}=1.3\text{cm}$、$\overline{b_A P_{4A}}=1.8\text{cm}$。

5）点 P_4 的切线方向加速度 $A^{t}_{P_4}=k_A\overline{a_A P_{4A}}=100\dfrac{\text{cm/s}^2}{\text{cm}}\times1.3\text{cm}=130\text{cm/s}^2$。因此，$\alpha_4=\dfrac{A^{t}_{P4}}{\overline{Po_4}}=\dfrac{130\text{cm/s}^2}{8.9\text{cm}}=14.6\text{rad/s}^2$（顺时针方向），加速度 $A^{t}_{P_2P_4}=k_A\overline{b_A P_{4A}}=100\dfrac{\text{cm/s}^2}{\text{cm}}\times1.8\text{cm}=180\text{cm/s}^2$（向右下）。

例 8-4 有一个摆动滚子从动件盘形凸轮机构，如图 8-5 所示。凸轮 2 为主动件，绕着固定铰链 o_2 旋转，角速度ω_2和角加速度α_2为已知；杆 3 为滚子，通过转动副在点 P 和从动件 4 相连，并与凸轮直接接触；杆 4 为从动件，绕着固定铰链 o_4 往复摆动。令点 P 在杆 4 上为 P_4，而在杆 2 上与 P_4 重合的点为 P_2，点 P_4 相对于点 P_2 的轨迹如图中的虚线所示，其曲率半径为 $\overline{P_2c}$，而点 c 为凸轮轮廓曲线在接触点的曲率中心。试求从动件的角加速度α_4。

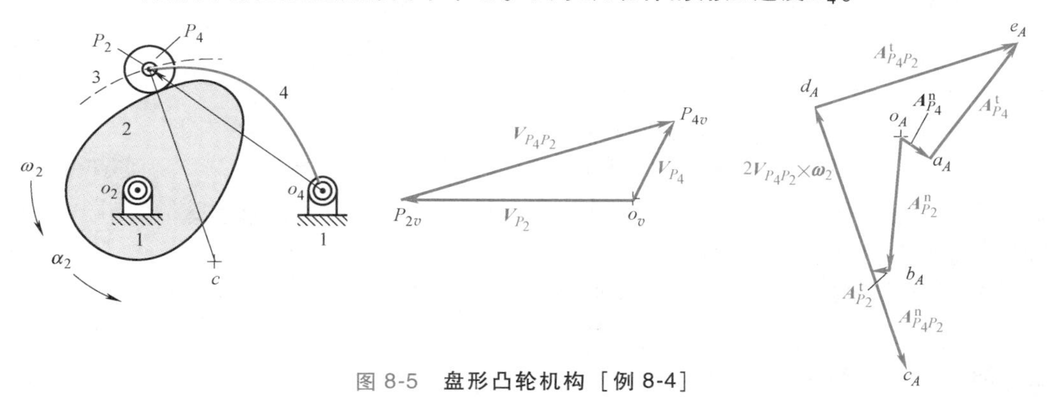

图 8-5 盘形凸轮机构［例 8-4］

解：

1）欲求杆 4 的角加速度 α_4，必须先求得点 P_4 的加速度；而欲求点 P_4 的加速度，则必须先进行速度分析以求得 ω_4 和 $V_{P_4P_2}$。

2）点 P_4 与点 P_2 的相对速度关系为：

$$\begin{matrix} \boldsymbol{V}_{P_4} = & \boldsymbol{V}_{P_2} + & \boldsymbol{V}_{P_4P_2} \\ D\surd & D\surd & D\surd \\ M? & M\surd & M? \end{matrix} \tag{8-17}$$

因为 $V_{P_2}=\overline{P_2o_2}\omega_2$ 可求出，且 V_{P_2} 的方向与 P_2o_2 垂直（向左），V_{P_4} 的方向与 P_4o_4 垂直，$V_{P_4P_2}$ 的方向与 P_2c 垂直，所以通过作速度多边形 $o_vP_{2v}P_{4v}$（图 8-5），可得到 $V_{P_4P_2}$ 和 V_{P_4} 的大小，再由 $\omega_4=\dfrac{V_{P_4}}{\overline{P_4o_4}}$可得到 ω_4 的大小。

3）点 P_4 与 P_2 的相对加速度关系为：

$$\begin{array}{ccccccc} \boldsymbol{A}_{P_4}^{n} + & \boldsymbol{A}_{P_4}^{t} = & \boldsymbol{A}_{P_2}^{n} + & \boldsymbol{A}_{P_2}^{t} + & \boldsymbol{A}_{P_4P_2}^{n} + & \boldsymbol{A}_{P_4P_2}^{t} + & 2\boldsymbol{\omega}_2\times\boldsymbol{V}_{P_4P_2} \\ D\surd & D\surd & D\surd & D\surd & D\surd & D\surd & D\surd \\ M\surd & M? & M\surd & M\surd & M\surd & M? & M\surd \end{array} \tag{8-18}$$

$\boldsymbol{A}_{P_4}^{n}$ 的方向为由 P_4 到 o_4，$\boldsymbol{A}_{P_4}^{t}$ 的方向与 P_4o_4 垂直，$\boldsymbol{A}_{P_2}^{n}$ 的方向为由 P_2 到 o_2，$\boldsymbol{A}_{P_2}^{t}$ 的方向与 P_2o_2 垂直（向左），$\boldsymbol{A}_{P_4P_2}^{n}$ 的方向为由 P_2 到 c，$\boldsymbol{A}_{P_4P_2}^{t}$ 的方向与 P_2c 垂直，$2\boldsymbol{\omega}_2\times\boldsymbol{V}_{P_4P_2}$ 的方向为由 c 到 P_2，即所有的方向均为已知。另外，$A_{P_4}^{n}=\overline{P_4o_4}\omega_4^2$、$A_{P_2}^{n}=\overline{P_2o_2}\omega_2^2$、$A_{P_2}^{t}=\overline{P_2o_2}\alpha_2$、$A_{P_4P_2}^{n}=\dfrac{V_{P_4P_2}^2}{\overline{P_2c}}$以及 $2\omega_2V_{P_4P_2}$ 等的大小都可求得；而仅 $A_{P_4}^{t}$ 和 $A_{P_4P_2}^{t}$ 的大小未知。因此，可作加速度多边形 $o_Aa_Ae_Ad_Ac_Ab_A$（图 8-5），求得 $A_{P_4}^{t}$ 的大小。

4）点 P_4 的切线方向加速度 $A_{P_4}^{t}$ 求得之后，即可得杆 4 的角加速度 $\alpha_4=\dfrac{A_{P_4}^{t}}{\overline{P_4o_4}}$。

8.2 解析法 Analytical method

利用相对加速度的概念及加速度多边形的方法来进行机构的加速度分析，也存在第 6 章（位置分析）中所述图解法的缺点，所得到的结果都是瞬间单一位置的状况，而且有时候在图解过程中，会出现线条的交点在远端，造成作图不方便，因此图解相对加速度法的使用，大多为验证利用其他方法解题所得结果的正确性。本节继续第 6 章“位置分析”及第 7 章“速度分析”，介绍如何利用**封闭向量法**（Vector loop method）配合计算机的应用，来进行加速度分析。

对于一个已知尺寸与输入件运动特性的机构而言，利用封闭向量法、数值分析、计算机来进行加速度分析的步骤如下：

1）建立坐标系。

2）在各杆件上定义适当的向量，使之形成封闭向量。

3）写出独立的封闭向量方程，并将其分解成坐标轴上的投影方程。

4）列出约束方程。

5）将约束方程代入投影方程，即为机构的**位移方程**（Displacement equation）。

6）利用牛顿-拉福生数值分析法配合计算机的使用，解出具有所需精度的位置解。

7）将位移方程对时间求导，即得**速度方程**（Velocity equation）。速度方程为线性联立方程，可利用高斯消去法求解。

8）将速度方程对时间求导，即得**加速度方程**（Acceleration equation）。加速度方程也是线性方程，可利用高斯消去法求解。

9）利用所得各杆件的运动特性，可直接求得其质心或重要参考点的位置、速度、加速度。

10）利用计算机列出在输入杆运动范围内，各杆与其上重要参考点运动特性的数据、图表。

11）利用图解法（瞬心法、相对速度法、相对加速度法）验证结果的正确性。

12）利用计算机的绘图功能，进行机构的动画模拟。

以下举例说明。

例 8-5 **有一个偏置型曲柄滑块机构如图 8-6 所示，杆 2 为输入杆，角速度 $\dot{\theta}_2=100\text{rad/s}$ 与角加速度 $\ddot{\theta}_2=0$ 均为已知，试继续例 7-10，利用封闭向量法进行杆 3 和 4 的加速度分析。**

解：

1）建立 OXY 坐标系，如图 8-6 所示。

2）定义向量 $\boldsymbol{r}_1$、$\boldsymbol{r}_2$、$\boldsymbol{r}_3$、$\boldsymbol{r}_4$；$\theta_1=270°$，$\theta_4=0°$

3）封闭向量方程为：

$$\boldsymbol{r}_2+\boldsymbol{r}_3-\boldsymbol{r}_4-\boldsymbol{r}_1=0 \qquad (8\text{-}19)$$

4）位移方程为：

$$r_3\cos\theta_3-r_4=-r_2\cos\theta_2 \qquad (8\text{-}20)$$

$$r_3\sin\theta_3=-r_2\sin\theta_2-r_1 \qquad (8\text{-}21)$$

式中，r_1、r_2、r_3 为已知常数；θ_2 为输入变量。由例 7-10 可知，在 $\theta_2=60°$ 时，可得解 $\theta_3=-16.78°$，$r_4=33.72\text{cm}$。

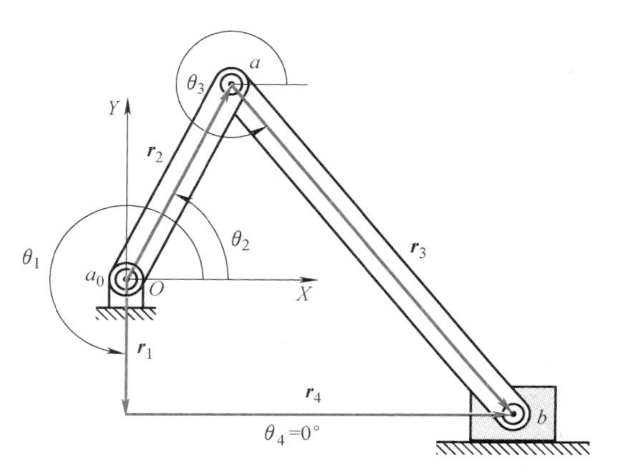

图 8-6 偏置型曲柄滑块机构［例 8-5］

5）将式（8-20）和式（8-21）对时间求导，可得速度方程如下：

$$(-r_3\sin\theta_3)\dot{\theta}_3+(-1)\dot{r}_4=(r_2\sin\theta_2)\dot{\theta}_2 \qquad (8\text{-}22)$$

$$(r_3\cos\theta_3)\dot{\theta}_3=(-r_2\cos\theta_2)\dot{\theta}_2 \qquad (8\text{-}23)$$

式中，$\dot{\theta}_2$为已知输入。因此，利用高斯消去法解式（8-22）和式（8-23），可得 $\dot{\theta}_3$和 $\dot{r}_4$ 如下：

$$\dot{\theta}_3=-\frac{r_2\cos\theta_2}{r_3\cos\theta_3}\dot{\theta}_2 \qquad (8\text{-}24)$$

$$\dot{r}_4=-r_2(\sin\theta_2-\cos\theta_2\tan\theta_3)\dot{\theta}_2 \qquad (8\text{-}25)$$

6）将式（8-22）和式（8-23）对时间求导，可得加速度方程如下：

$$(-r_3\sin\theta_3)\ddot{\theta}_3+(-1)\ddot{r}_4=(r_2\sin\theta_2)\ddot{\theta}_2+(r_2\cos\theta_2)\dot{\theta}_2^2+(r_3\cos\theta_3)\dot{\theta}_3^2 \qquad (8\text{-}26)$$

$$(r_3\cos\theta_3)\ddot{\theta}_3+(0)\ddot{r}_4=(-r_2\cos\theta_2)\ddot{\theta}_2+(r_2\sin\theta_2)\dot{\theta}_2^2+(r_3\sin\theta_3)\dot{\theta}_3^2 \qquad (8\text{-}27)$$

式中，仅 $\ddot{\theta}_3$和 $\ddot{r}_4$为未知变量，其他为已知常数或者已解得的变量。利用高斯消去法解式（8-26）和式（8-27）可得：

$$\ddot{\theta}_3=-\frac{r_2\cos\theta_2}{r_3\cos\theta_3}\ddot{\theta}_2+\frac{r_2\sin\theta_2}{r_3\cos\theta_3}\dot{\theta}_2^2+(\tan\theta_3)\dot{\theta}_3^2 \qquad (8\text{-}28)$$

$$\ddot{r}_4=r_2(\cos\theta_2\tan\theta_3-\sin\theta_2)\ddot{\theta}_2-r_2(\sin\theta_2\tan\theta_3+\cos\theta_2)\dot{\theta}_2^2-r_3\sec\theta_3\dot{\theta}_3^2 \qquad (8\text{-}29)$$

7）将 $r_2=10\text{cm}$、$r_3=30\text{cm}$、$\theta_2=60°$、$\theta_3=-16.78°$、$\dot{\theta}_2=100\text{rad/s}$ 以及例 7-10 中的速度分析结果 $\dot{\theta}_3=-17.4\text{rad/s}$ 等已知值代入式（8-28）和式（8-29），可得在 $\theta_2=60°$的位置时，

杆 3 的角加速度 $\ddot{\theta}_3$及杆件 4 的线加速度 $\ddot{r}_4$如下：

$$\ddot{\theta}_3=\left[-\frac{10\times\cos60°}{30\times\cos(-16.78°)}\times0+\frac{10\times\sin60°}{30\times\cos(-16.78°)}\times100^2\right.$$
$$\left.+\tan(-16.78°)\times(-17.4)^2\right]\text{rad/s}^2$$
$$=(0+3015-91)\text{rad/s}^2=2924\text{rad/s}^2$$
$$\ddot{r}_4=\{10\times[\cos60°\tan(-16.78°)-\sin60°]\times0$$
$$-10\times[\sin60°\tan(-16.78°)-\cos60°]\times100^2$$
$$-30\times\sec(-16.78°)\times(17.4)^2\}\text{cm/s}^2$$
$$=(0-23886-9487)\text{cm/s}^2=33373\text{cm/s}^2$$

8）本例利用封闭向量法加速度分析得到 $\ddot{\theta}_3=2924\text{rad/s}^2$、$\ddot{r}_4=33373\text{cm/s}^2$，与例 8-1 中图解法加速度分析所得结果 $\ddot{\theta}_3=3000\text{rad/s}^2$、$\ddot{r}_4=32500\text{cm/s}^2$ 相比较，可验证本例正确无误。

例 8-6 有一个倒置型曲柄滑块机构如图 8-4 所示［例 8-3］，杆 2 为输入杆，绕着固定铰链 o_2 旋转；点 P 为活动铰链，与杆 2 和杆 3 相连；杆 3 为滑块，在杆 4 上滑动；杆 4 则绕着固定铰链 o_4 旋转。若 $\overline{o_2o_4}=3.0\text{cm}$、$\overline{Po_2}=7.0\text{cm}$、$\overline{Po_4}=8.9\text{cm}$，且当杆 2 位于$\theta_2=120°$时，角速度$\omega_2=100\text{r/min}$（逆时针方向），角加速度$\alpha_2=0$，试利用封闭向量法求杆 4 的角加速度$\alpha_4$。

解：

1）建立 OXY 坐标系，如图 8-7 所示。

2）定义向量 $\boldsymbol{r}_1$、$\boldsymbol{r}_2$、$\boldsymbol{r}_4$；$\theta_1=0°$。

3）封闭向量方程为：

$$\boldsymbol{r}_2-\boldsymbol{r}_1-\boldsymbol{r}_4=0 \tag{8-30}$$

4）位移方程为：

$$r_2\cos\theta_2-r_1-r_4\cos\theta_4=0 \tag{8-31}$$
$$r_2\sin\theta_2-r_4\sin\theta_4=0 \tag{8-32}$$

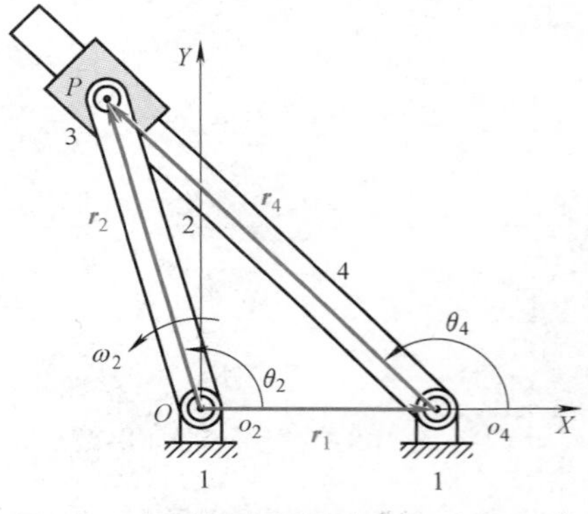

图 8-7 倒置型曲柄滑块机构［例 8-6］

式中，r_1、r_2 为已知常数；θ_2 为输入变量。由式（8-31）和式（8-32）移项整理后相除，可得杆 4 的角位置 θ_4 为：

$$\theta_4=\arctan\frac{r_2\sin\theta_2}{r_2\cos\theta_2-r_1} \tag{8-33}$$

将 $r_1=3.0\text{cm}$、$r_2=7.0\text{cm}$、$\theta_2=120°$代入式（8-33）可得 θ_4 为：

$$\theta_4=\arctan\frac{7\text{cm}\times\sin120°}{7\text{cm}\times\cos120°-3\text{cm}}=137°$$

将 $\theta=137°$代入式（8-32）可得 r_4 为：

$$r_4=\frac{r_2\sin\theta_2}{\sin\theta_4}=\frac{7\text{cm}\times\sin120°}{\sin137°}=8.9\text{cm}$$

5）将式（8-31）和式（8-32）对时间求导，可得速度方程如下：

$$(-r_2\sin\theta_2)\dot{\theta}_2+(r_4\sin\theta_4)\dot{\theta}_4-(\cos\theta_4)\dot{r}_4=0 \tag{8-34}$$

$$(r_2\cos\theta_2)\dot{\theta}_2-(r_4\cos\theta_4)\dot{\theta}_4-(\sin\theta_4)\dot{r}_4=0 \tag{8-35}$$

式中，$\dot{\theta}_2$为已知输入。因此，利用高斯消去法解式（8-34）和式（8-35），可得$\dot{\theta}_4$和$\dot{r}_4$如下：

$$\dot{\theta}_4=\frac{r_2\cos(\theta_2-\theta_4)}{r_4}\dot{\theta}_2 \tag{8-36}$$

$$\dot{r}_4=-r_2\sin(\theta_2-\theta_4)\dot{\theta}_2 \tag{8-37}$$

6）将$r_2=7.0\text{cm}$、$r_4=8.9\text{cm}$、$\theta_2=120°$、$\theta_4=137°$以及$\dot{\theta}_2=100\text{r/min}=100\times2\pi/60\text{rad/s}=10.46\text{rad/s}$代入式（8-36）和式（8-37）可得：

$$\dot{\theta}_4=\frac{7\times\cos(120°-137°)}{8.9}\times10.46=7.87\text{rad/s}$$

$$\dot{r}_4=-7\times\sin(120°-137°)\times10.46=21.41\text{cm/s}$$

7）将式（8-34）和式（8-35）对时间求导，可得加速度方程如下：

$$-(r_2\sin\theta_2)\ddot{\theta}_2-(r_2\cos\theta_2)\dot{\theta}_2^2+(r_4\sin\theta_4)\ddot{\theta}_4+(r_4\cos\theta_4)\dot{\theta}_4^2+2(\sin\theta_4)\dot{\theta}_4\dot{r}_4-(\cos\theta_4)\ddot{r}_4=0 \tag{8-38}$$

$$(r_2\cos\theta_2)\ddot{\theta}_2-(r_2\sin\theta_2)\dot{\theta}_2^2-(r_4\cos\theta_4)\ddot{\theta}_4+(r_4\sin\theta_4)\dot{\theta}_4^2-2(\cos\theta_4)\dot{\theta}_4\dot{r}_4-(\sin\theta_4)\ddot{r}_4=0 \tag{8-39}$$

式中，仅$\ddot{\theta}_4$和$\ddot{r}_4$为未知变量，其他为已知常数或者已解得的变量。利用高斯消去法解式（8-38）和式（8-39）可得：

$$\ddot{\theta}_4=\frac{r_2[\cos(\theta_2-\theta_4)\ddot{\theta}_2-\sin(\theta_2-\theta_4)\dot{\theta}_2^2]-2\dot{r}_4\dot{\theta}_4}{r_4} \tag{8-40}$$

$$\ddot{r}_4=-r_2[\sin(\theta_2-\theta_4)\ddot{\theta}_2+\cos(\theta_2-\theta_4)\dot{\theta}_2^2]+r_4\dot{\theta}_4^2 \tag{8-41}$$

8）将已知数值代入式（8-40）和式（8-41），可得在$\theta_2=120°$的位置时，杆3的角加速度$\ddot{\theta}_4$和线加速度$\ddot{r}_4$如下：

$$\ddot{\theta}_4=\frac{7\times[\cos(-17°)\times0-\sin(-17°)\times10.46^2]-2\times21.41\times7.87}{8.9}\text{rad/s}^2$$
$$=-12.7\text{rad/s}^2$$

$$\dot{r}_4=-7\times[\sin(-17°)\times0+\cos(-17°)\times10.46^2]+8.9\times7.87^2$$
$$=-181.2\text{cm/s}^2$$

9）本例利用封闭向量法加速度分析得到$\ddot{\theta}_4=-12.7\text{rad/s}^2$、$\ddot{r}_4=-181.2\text{cm/s}^2$，与例8-3中图解法加速度分析所得结果$\ddot{\theta}_4=-14.6\text{rad/s}^2$、$\ddot{r}_4=180\text{cm/s}^2$相比较，可验证本例正确无误。图解法加速度的作图误差分别为15%和0.6%左右，尚在可以接受的范围内。

例 8-7 **有一个齿轮五杆机构（图8-8），如例6-10和例7-11所述，根据第6章例6-10中位置分析及第7章例7-11中速度分析的结果，若$\alpha_2=0$，试利用封闭向量法求构件3、4、5的角加速度α_3、α_4、α_5。**

解：

1）坐标系与各杆向量的定义，如图 8-8 所示。

2）位移方程与滚动接触方程为：

$$36\cos\theta_3+14\cos\theta_4-50\cos\theta_5=50 \tag{8-42}$$

$$36\sin\theta_3+14\sin\theta_4-50\sin\theta_5=0 \tag{8-43}$$

$$1.5\theta_3-\theta_4=0.5\theta_2+30° \tag{8-44}$$

在 $\theta_2=30°$ 时，解得 $\theta_3=63.83°$、$\theta_4=50.75°$、$\theta_5=120.35°$。

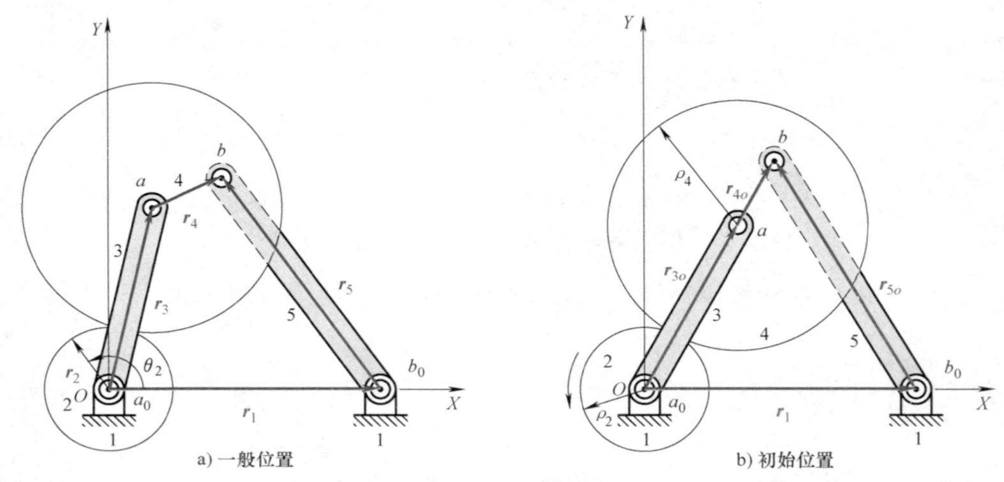

图 8-8 **齿轮五杆机构**［例 8-7］

3）将位移方程与滚动接触方程对时间求导，可得速度方程如下：

$$(-36\sin\theta_3)\omega_3-(14\sin\theta_4)\omega_4+(50\sin\theta_5)\omega_5=0 \tag{8-45}$$

$$(36\cos\theta_3)\omega_3+(14\cos\theta_4)\omega_4-(50\cos\theta_5)\omega_5=0 \tag{8-46}$$

$$1.5\omega_3-\omega_4=0.5\omega_2 \tag{8-47}$$

由于 $\omega_2=10\text{rad/s}$，$\alpha_2=0$，故可解得 $\omega_3=1.3199\text{rad/s}$、$\omega_4=-3.0202\text{rad/s}$、$\omega_5=0.2296\text{rad/s}$。

4）将速度方程对时间求导，可得加速度方程如下：

$$(-36\sin\theta_3)\alpha_3-(36\cos\theta_3)\omega_3^2-(14\sin\theta_4)\alpha_4-(14\cos\theta_4)\omega_4^2+(50\sin\theta_5)\alpha_5+(50\cos\theta_5)\omega_5^2=0 \tag{8-48}$$

$$(36\cos\theta_3)\alpha_3-(36\sin\theta_3)\omega_3^2+(14\cos\theta_4)\alpha_4-(14\sin\theta_4)\omega_4^2-(50\cos\theta_5)\alpha_5+(50\sin\theta_5)\omega_5^2=0 \tag{8-49}$$

$$1.5\alpha_3-\alpha_4=0 \tag{8-50}$$

将式（8-50）的关系式代入式（8-48）和式（8-49）整理后可得：

$$(-36\sin\theta_3-21\sin\theta_4)\alpha_3+(50\sin\theta_5)\alpha_5=(36\cos\theta_3)\omega_3^2+(14\cos\theta_4)\omega_4^2-(50\cos\theta_5)\omega_5^2 \tag{8-51}$$

$$(36\cos\theta_3+21\cos\theta_4)\alpha_3-(50\cos\theta_5)\alpha_5=(36\sin\theta_3)\omega_3^2+(14\sin\theta_4)\omega_4^2-(50\sin\theta_5)\omega_5^2 \tag{8-52}$$

将所求出的 θ_3、θ_4、θ_5、θ_3、θ_4、θ_5 代入式（8-51）和式（8-52），可解得 $\alpha_3=1.5382\text{rad/s}^2$、$\alpha_4=2.3073\text{rad/s}^2$、$\alpha_5=4.2762\text{rad/s}^2$。

例 8-8 有一个四杆机构如图 8-9 所示，若杆 2 为输入杆，且速度 V_2 和加速度 A_2 为已知，试继续例 7-12，利用封闭向量法进行杆 4 的加速度分析。

解：

1）根据例 7-12 可知，这个机构的位移方程为：

$$r_3\sin\theta_4-r_4\cos\theta_4=-r_2 \quad (8\text{-}53)$$

$$r_3\cos\theta_4+r_4\sin\theta_4=r_1 \quad (8\text{-}54)$$

速度方程为：

$$(r_3\cos\theta_4+r_4\sin\theta_4)\dot{\theta}_4-(\cos\theta_4)\dot{r}_4=-\dot{r}_2=-V_2 \quad (8\text{-}55)$$

$$(r_3\sin\theta_4-r_4\cos\theta_4)\dot{\theta}_4-(\sin\theta_4)\dot{r}_4=0 \quad (8\text{-}56)$$

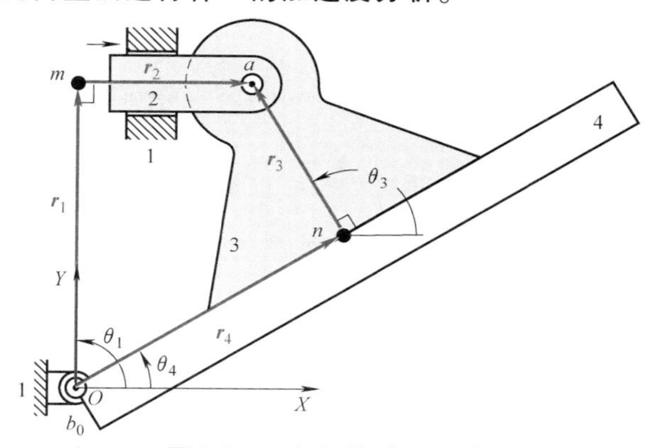

图 8-9 四杆机构［例 8-8］

2）将式（8-55）和式（8-56）对时间求导，可得加速度方程如下：

$$(r_3\cos\theta_4+r_4\sin\theta_4)\ddot{\theta}_4-(\cos\theta_4)\ddot{r}_4=-\ddot{r}_2+(r_3\sin\theta_4-r_4\cos\theta_4)\dot{\theta}_4^2-(2\sin\theta_4)\dot{r}_4\dot{\theta}_4 \quad (8\text{-}57)$$

$$(r_3\sin\theta_4-r_4\cos\theta_4)\ddot{\theta}_4-(\sin\theta_4)\ddot{r}_4=-(r_3\cos\theta_4+r_4\sin\theta_4)\dot{\theta}_4^2+(2\cos\theta_4)\dot{r}_4\dot{\theta}_4 \quad (8\text{-}58)$$

式中，r_3 为已知常数；r_4 和 θ_4 为由位置分析求得的变量；$\dot{r}_4$和 $\dot{\theta}_4$为由速度分析求得的变量；$\ddot{r}_2=A_2$ 为已知输入值；而 $\ddot{r}_4$和 $\ddot{\theta}_4$为所要求的未知变量。

3）因此，利用高斯消去法解此线性方程，即式（8-57）和式（8-58），可得：

$$\ddot{\theta}_4=-\frac{\sin\theta_4}{r_4}\ddot{r}_2+\frac{r_3}{r_4}\dot{\theta}_4^2-\frac{2}{r_4}\dot{r}_4\dot{\theta}_4 \quad (8\text{-}59)$$

例 8-9 有一个四杆机构，如图 6-3 所示［例 6-12、例 7-13］，杆 2 为输入杆，角速度 $\dot{\theta}_2=10\text{rad/s}$，角加速度$\ddot{\theta}_2=0$，试计算杆 2 在各位置下，杆 3 和杆 4 的角加速度，并绘出其关系曲线。

解：

1）根据封闭向量法，建立坐标系，并定义向量，如图 6-3 所示。其封闭向量方程为：

$$\boldsymbol{r}_2+\boldsymbol{r}_3-\boldsymbol{r}_4-\boldsymbol{r}_1=0 \quad (8\text{-}60)$$

因 $\theta_1=0°$，将封闭向量方程分解成投影方程如下：

$$r_2\cos\theta_2+r_3\cos\theta_3-r_4\cos\theta_4-r_1=0 \quad (8\text{-}61)$$

$$r_2\sin\theta_2+r_3\sin\theta_3-r_4\sin\theta_4=0 \quad (8\text{-}62)$$

2）将位移方程，即投影方程对时间求导，可得角速度方程如下：

$$-r_3\sin\theta_3\dot{\theta}_3+r_4\sin\theta_4\dot{\theta}_4=r_2\sin\theta_2\dot{\theta}_2 \quad (8\text{-}63)$$

$$r_3\cos\theta_3\dot{\theta}_3-r_4\cos\theta_4\dot{\theta}_4=-r_2\cos\theta_2\dot{\theta}_2 \quad (8\text{-}64)$$

3）将速度方程对时间求导，可得角加速度方程如下：

$$-r_3\sin\theta_3\ddot{\theta}_3+r_4\sin\theta_4\ddot{\theta}_4=r_2\sin\theta_2\ddot{\theta}_2+r_2\cos\theta_2\dot{\theta}_2^2+r_3\cos\theta_3\dot{\theta}_3^2-r_4\cos\theta_4\dot{\theta}_4^2 \quad (8\text{-}65)$$

$$r_3\cos\theta_3\ddot{\theta}_3-r_4\cos\theta_4\ddot{\theta}_4=-r_2\cos\theta_2\ddot{\theta}_2+r_2\sin\theta_2\dot{\theta}_2^2+r_3\sin\theta_3\dot{\theta}_3^2-r_4\sin\theta_4\dot{\theta}_4^2 \quad (8\text{-}66)$$

4）由加速度方程，可求得杆 3 的角加速度 $\ddot{\theta}_3$ 及杆 4 的角加速度 $\ddot{\theta}_4$ 如下：

$$\ddot{\theta}_3=\frac{r_2[\sin(\theta_2-\theta_4)\ddot{\theta}_2+\cos(\theta_2-\theta_4)\dot{\theta}_2^2]+r_3\cos(\theta_3-\theta_4)\dot{\theta}_3^2-r_4\dot{\theta}_4^2}{r_3\sin(\theta_4-\theta_3)} \tag{8-67}$$

$$\ddot{\theta}_4=\frac{r_2[\sin(\theta_2-\theta_3)\ddot{\theta}_2+\cos(\theta_2-\theta_3)\dot{\theta}_2^2]+r_3\dot{\theta}_3^2-r_4\cos(\theta_3-\theta_4)\dot{\theta}_4^2}{r_4\sin(\theta_4-\theta_3)} \tag{8-68}$$

5）以第 6 章的位置分析及第 7 章的速度分析为基础，编制一套计算机程序，针对每一个输入杆的位置 θ_2，角速度（$\dot{\theta}_2$）为 10rad/s，角加速度（$\ddot{\theta}_2$）为 0，计算出杆 3 和杆 4 的角加速度分析的结果见表 8-1，其关系曲线如图 8-10 所示。

表 8-1 四杆机构加速度分析结果［例 8-9］

θ_2	$\ddot{\theta}_3$	$\ddot{\theta}_4$	θ_2	$\ddot{\theta}_3$	$\ddot{\theta}_4$
0	32.733	32.733	190	22.813	26.107
10	6.467	56.266	200	19.569	26.282
20	15.438	70.850	210	15.422	25.815
30	29.247	74.753	220	10.575	25.057
40	35.342	70.321	230	5.197	24.347
50	36.184	61.247	240	0.635	23.962
60	34.304	50.531	250	6.947	24.105
70	31.474	39.930	260	13.859	24.912
80	28.697	30.209	270	21.551	26.449
90	26.449	21.551	280	30.209	28.697
100	24.912	13.859	290	39.930	31.474
110	24.105	6.947	300	50.531	34.304
120	23.962	0.635	310	61.247	36.184
130	24.347	5.197	320	70.321	35.342
140	25.057	10.575	330	74.753	29.247
150	25.815	15.422	340	70.850	15.438
160	26.282	19.569	350	56.266	6.467
170	26.107	22.813	360	32.733	32.733
180	25.000	25.000			

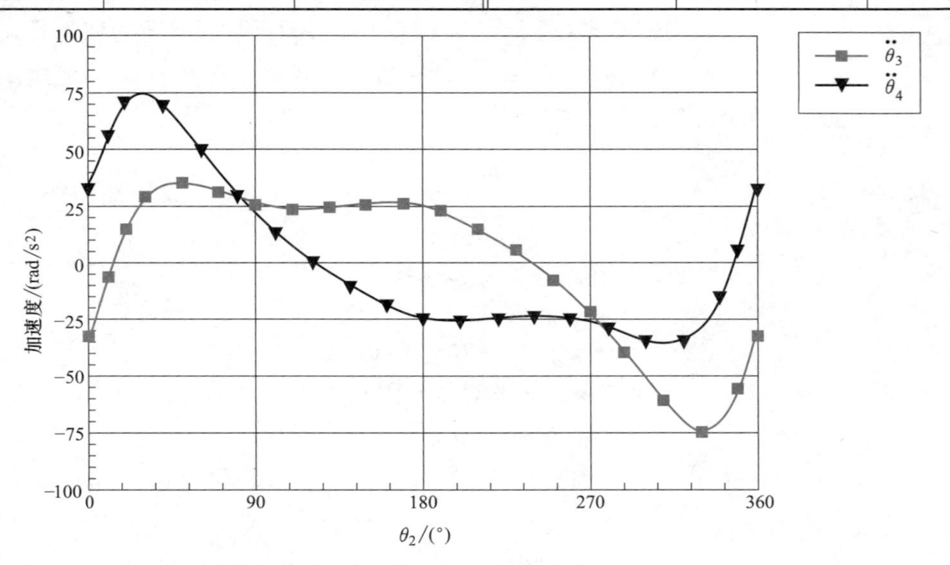

图 8-10 四杆机构加速度分析［例 8-9］

例 8-10 **有一个斯蒂芬森Ⅰ型六杆机构，如图 6-17 所示［例 6-11、例 7-14］，若杆 2 为输入杆，试推导其加速度方程；若杆 6 为输入杆，试推导其加速度方程。**

解：

1）根据封闭向量法，建立坐标系，并定义向量，如图 6-17 所示。

2）封闭向量方程、投影方程、速度方程的推导，参考式（7-51）~式（7-60），在此不再重复说明。

3）将速度方程，即式（7-57）~式（7-60）对时间求导，可得加速度方程如下：

$$-r_2\sin\theta_2\ddot{\theta}_2-r_2\cos\theta_2\dot{\theta}_2^2-r_3\sin\theta_3\ddot{\theta}_3-r_3\cos\theta_3\dot{\theta}_3^2+r_4\sin\theta_4\ddot{\theta}_4+r_4\cos\theta_4\dot{\theta}_4^2=0 \tag{8-69}$$

$$r_2\cos\theta_2\ddot{\theta}_2-r_2\sin\theta_2\dot{\theta}_2^2+r_3\cos\theta_3\ddot{\theta}_3-r_3\sin\theta_3\dot{\theta}_3^2-r_4\cos\theta_4\ddot{\theta}_4+r_4\sin\theta_4\dot{\theta}_4^2=0 \tag{8-70}$$

$$\begin{aligned}&-r_4\sin\theta_4\ddot{\theta}_4-r_4\cos\theta_4\dot{\theta}_4^2-r_7\sin(\theta_3+\alpha)\ddot{\theta}_3-r_7\cos(\theta_3+\alpha)\dot{\theta}_3^2\\&\quad-r_5\sin\theta_5\ddot{\theta}_5-r_5\cos\theta_5\dot{\theta}_5^2+r_6\sin\theta_6\ddot{\theta}_6+r_6\cos\theta_6\dot{\theta}_6^2=0\end{aligned} \tag{8-71}$$

$$\begin{aligned}&r_4\cos\theta_4\ddot{\theta}_4-r_4\sin\theta_4\dot{\theta}_4^2+r_7\cos(\theta_3+\alpha)\ddot{\theta}_3-r_7\sin(\theta_3+\alpha)\dot{\theta}_3^2\\&\quad+r_5\cos\theta_5\ddot{\theta}_5-r_5\sin\theta_5\dot{\theta}_5^2-r_6\cos\theta_6\ddot{\theta}_6+r_6\sin\theta_6\dot{\theta}_6^2=0\end{aligned} \tag{8-72}$$

4）若杆 2 为输入杆，其角加速度方程可以用矩阵表示为：

$$\begin{pmatrix}-r_3\sin\theta_3 & r_4\sin\theta_4 & 0 & 0\\ r_3\cos\theta_3 & -r_4\cos\theta_4 & 0 & 0\\ -r_7\sin(\theta_3+\alpha) & -r_4\sin\theta_4 & -r_5\sin\theta_5 & -r_6\sin\theta_6\\ r_7\cos(\theta_3+\alpha) & r_4\cos\theta_4 & r_5\cos\theta_5 & -r_6\cos\theta_6\end{pmatrix}\begin{pmatrix}\ddot{\theta}_3\\ \ddot{\theta}_4\\ \ddot{\theta}_5\\ \ddot{\theta}_6\end{pmatrix}$$

$$=\begin{pmatrix}r_2\sin\theta_2\ddot{\theta}_2+r_2\cos\theta_2\dot{\theta}_2^2+r_3\cos\theta_3\dot{\theta}_3^2-r_4\cos\theta_4\dot{\theta}_4^2\\ -r_2\cos\theta_2\ddot{\theta}_2+r_2\sin\theta_2\dot{\theta}_2^2+r_3\sin\theta_3\dot{\theta}_3^2-r_4\sin\theta_4\dot{\theta}_4^2\\ r_7\cos(\theta_3+\alpha)\dot{\theta}_3^2+r_4\cos\theta_4\dot{\theta}_4^2+r_5\cos\theta_5\dot{\theta}_5^2-r_6\cos\theta_6\dot{\theta}_6^2\\ r_7\sin(\theta_3+\alpha)\dot{\theta}_3^2+r_4\sin\theta_4\dot{\theta}_4^2+r_5\sin\theta_5\dot{\theta}_5^2-r_6\sin\theta_6\dot{\theta}_6^2\end{pmatrix} \tag{8-73}$$

5）若杆 6 为输入杆，其角加速度方程可以用矩阵表示为：

$$\begin{pmatrix}-r_2\sin\theta_2 & -r_3\sin\theta_3 & r_4\sin\theta_4 & 0\\ r_2\cos\theta_2 & r_3\cos\theta_3 & -r_4\cos\theta_4 & 0\\ 0 & -r_7\sin(\theta_3+\alpha) & -r_4\sin\theta_4 & -r_5\sin\theta_5\\ 0 & r_7\cos(\theta_3+\alpha) & r_4\cos\theta_4 & r_5\cos\theta_5\end{pmatrix}\begin{pmatrix}\ddot{\theta}_2\\ \ddot{\theta}_3\\ \ddot{\theta}_4\\ \ddot{\theta}_5\end{pmatrix}$$

$$=\begin{pmatrix}r_2\cos\theta_2\dot{\theta}_2^2+r_3\cos\theta_3\dot{\theta}_3^2-r_4\cos\theta_4\dot{\theta}_4^2\\ r_2\sin\theta_2\dot{\theta}_2^2+r_3\sin\theta_3\dot{\theta}_3^2-r_4\sin\theta_4\dot{\theta}_4^2\\ r_7\cos(\theta_3+\alpha)\dot{\theta}_3^2+r_4\cos\theta_4\dot{\theta}_4^2+r_5\cos\theta_5\dot{\theta}_5^2-r_6\cos\theta_6\dot{\theta}_6^2-r_6\sin\theta_6\ddot{\theta}_6\\ r_7\sin(\theta_3+\alpha)\dot{\theta}_3^2+r_4\sin\theta_4\dot{\theta}_4^2+r_5\sin\theta_5\dot{\theta}_5^2-r_6\sin\theta_6\dot{\theta}_6^2+r_6\cos\theta_6\ddot{\theta}_6\end{pmatrix} \tag{8-74}$$

6）若位置分析与速度分析的结果及输入杆的速度与加速度为已知，即可由式（8-73）

或式（8-74）求得其他杆件的角加速度。

习题Problems

8-1　图 8-11 所示为一四杆机构，杆 2 为输入杆，试利用相对加速度法，分别根据以下两种已知条件，求杆 3 上点 c 的加速度及杆 4 的角加速度：

（1）$\omega_2 = 10\text{rad/s}$（逆时针方向），$\alpha_2 = 0$。

（2）$\omega_2 = 10\text{rad/s}$（顺时针方向），$\alpha_2 = 300\text{rad/s}^2$（顺时针方向）。

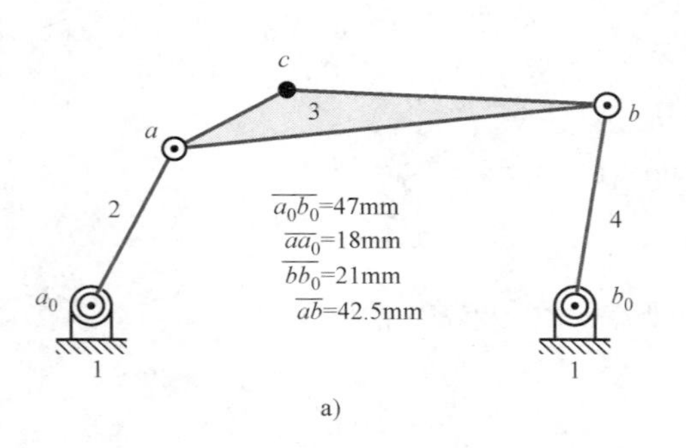

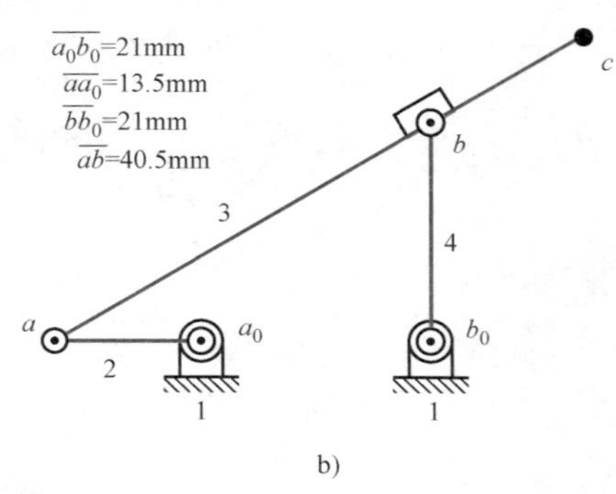

图 8-11　习题 8-1 图

8-2　图 8-12 所示为一具有两个滑块的四杆机构，若杆 2 以等速度 V_a = 20m/s 向左运动，试利用相对加速度法求杆 3 上参考点 c 与滑块 4 的加速度。

8-3　图 8-13 所示为一具有两个滑块的五杆机构，若杆 2 为输入杆，ω_2 = 1rad/s（顺时针方向），试利用相对加速度法求杆 5 上参考点 c 的加速度。

8-4　在图 8-14 所示的机构中，杆 2 的角速度为 ω_2 = 1rad/s（顺时针方向），角加速度为 $\alpha_2 = 0$，试求点 c 的加速度。

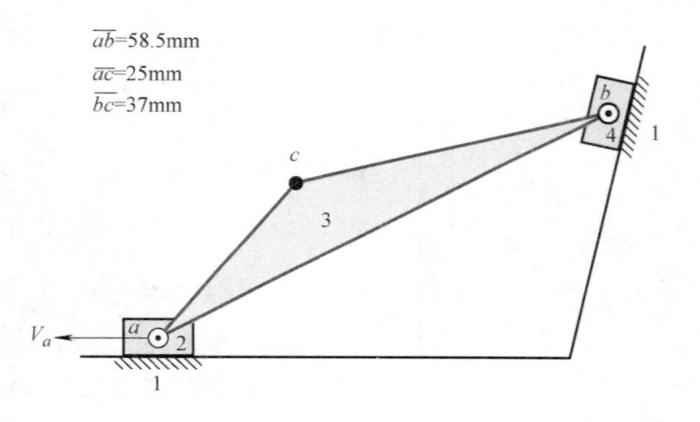

图 8-12　习题 8-2 图

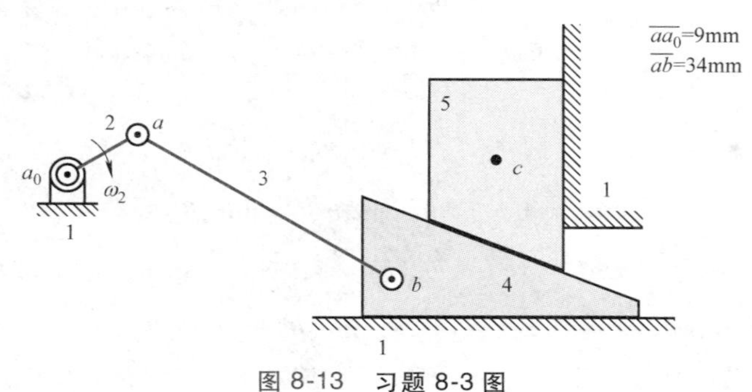

图 8-13　习题 8-3 图

8-5 图 8-15 所示为一个含滚子（杆 4）的四杆机构，杆 2 为输入杆，角速度 $\omega_2 = 10\mathrm{rad/s}$（顺时针方向），角加速度 $\alpha_2 = 400\mathrm{rad/s^2}$（逆时针方向），试利用相对加速度法求杆 3 上参考点 c 的加速度及杆 4 的角加速度。

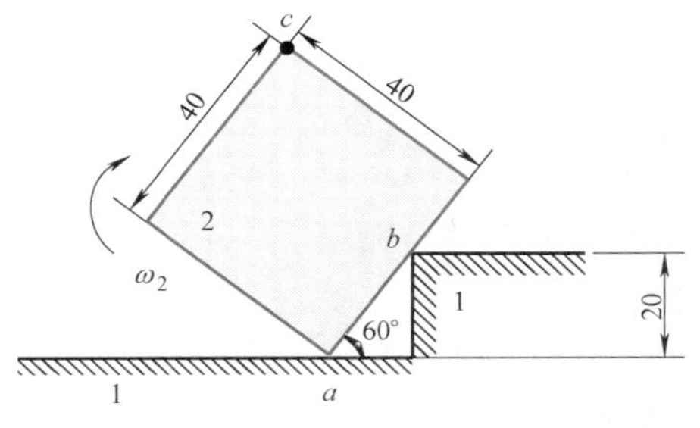

图 8-14 习题 8-4 图

8-6 图 8-16 所示为一个含滑块（杆 4）与滚子（杆 5）的六杆机构，杆 3 和杆 5 为滚动接触，杆 2 为输入杆，以等角速度 $\omega_2 = 10\mathrm{rad/s}$ 旋转（逆时针方向），试利用相对加速度法求杆 3、5 及 6 的角加速度。

8-7 图 8-17 所示为一种转向机构，若杆 2 的速度 $V_2 = 0.4\mathrm{cm/s}$（向左），试利用相对加速度法求点 c 的加速度。

8-8 图 8-18 所示为一个往复直动滚子从动件盘形凸轮机构，凸轮 2 以等角速度 $\omega_2 = 10\mathrm{rad/s}$ 旋转（逆时针方向），试利用相对加速度法求从动件杆 4 的加速度。

8-9 试利用封闭向量法进行图 8-18 所示机构的加速度分析。

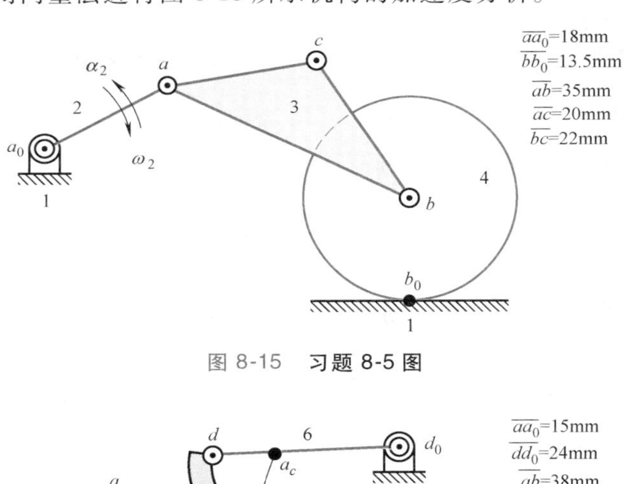

图 8-15 习题 8-5 图

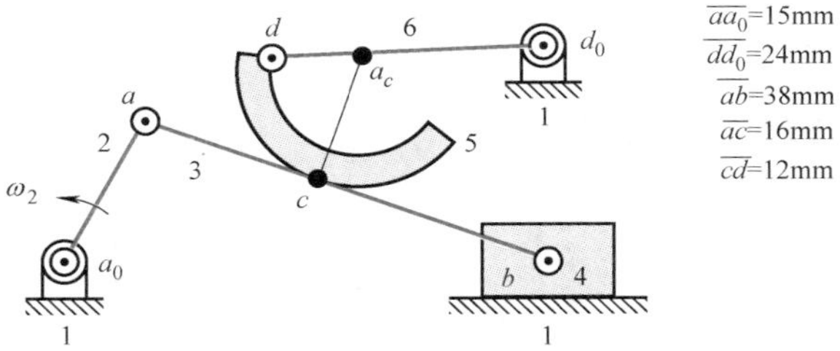

图 8-16 习题 8-6 图

8-10 图 8-19 所示为一个含滑块的六杆机构，杆 2 为输入曲柄，以等角速度 $\omega_2 = 100\mathrm{r/min}$ 旋转（逆时针方向），试继续习题 7-12，利用封闭向量法进行加速度分析，并利用相对加速度法验证在 $\theta_2 = 30°$ 位置时的结果。

8-11 图 8-20 所示为具有四个构件的机构，杆 1 为机架，分别通过转动副与杆 2 和杆 3 相连，杆 2 和杆 3 为具有直线滑槽的独立输入件，都与圆销 c 相连，杆 2 的角速度 $\omega_2 = 30\mathrm{rad/s}$、角加速度 $\alpha_2 = 900\mathrm{rad/s^2}$，杆 3 的角速度 $\omega_3 = 20\mathrm{rad/s}$、角加速度 $\alpha_3 = 400\mathrm{rad/s^2}$，均

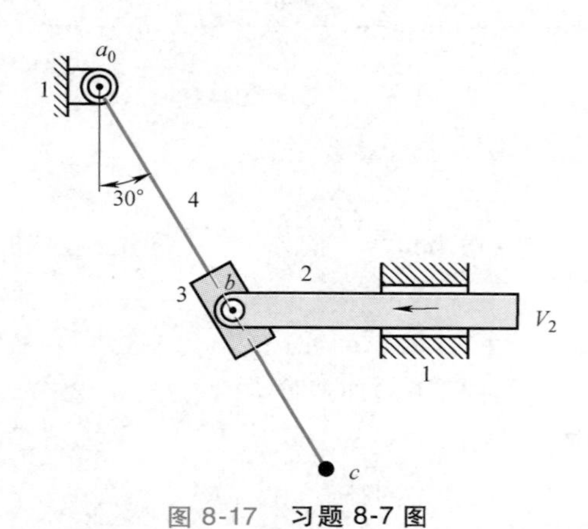

图 8-17 习题 8-7 图

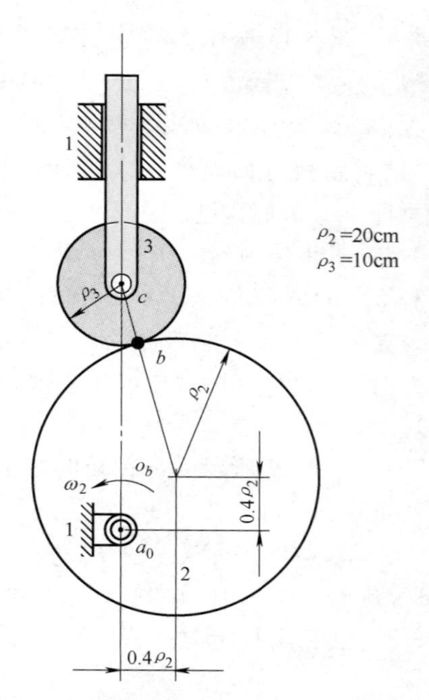

图 8-18 习题 8-8、8-9 图

为顺时针方向。试利用封闭向量法进行：

（1）自由度分析。

（2）点 c 的位置分析。

（3）点 c 的速度分析。

（4）点 c 的加速度分析。

并利用适当的方法验证所得到的结果。

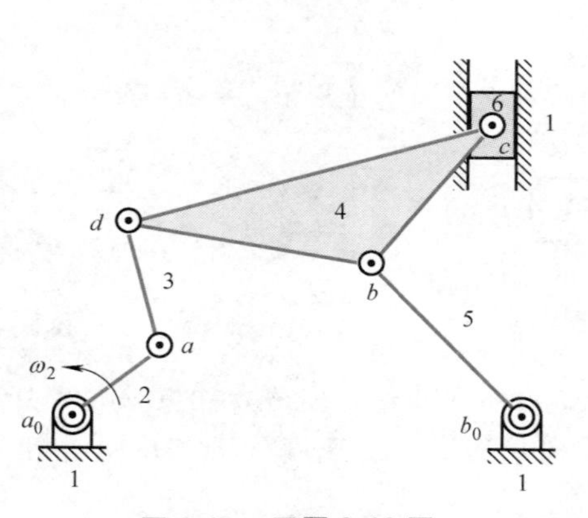

图 8-19 习题 8-10 图

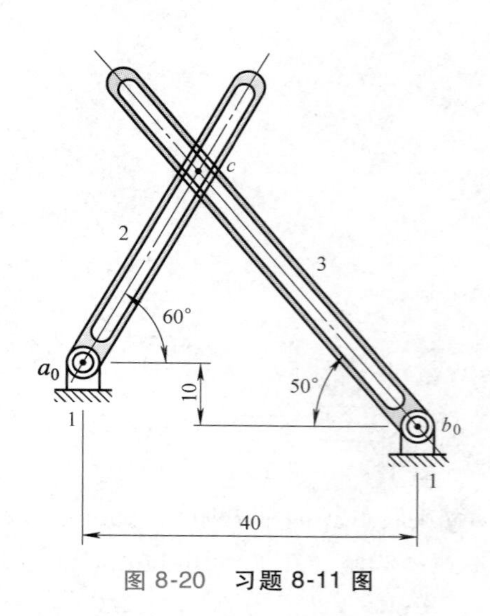

图 8-20 习题 8-11 图

第 9 章

凸轮机构

CAM MECHANISMS

简单的**凸轮机构**（Cam mechanism）由凸轮、从动件和机架三部分组成。**凸轮**（Cam，K_A）是一种不规则形状的构件，一般为等转速的输入件，可通过直接接触传递运动到从动件，使从动件按设定的规律运动，并分别通过凸轮副（A）和转动副（R）与从动件和机架相连；**从动件**（Follower，K_W）为凸轮所驱动的被动件，一般为产生不等速、间歇性、不规则运动的输出件，通过转动副（R）或移动副（P）和机架相连；而机架则是用来支承凸轮与从动件的构件。图 9-1 所示为一简单凸轮机构及其运动链与拓扑结构矩阵（图中 K_F 表示机架），就是图 2-10 所示的（3，3）运动链。

由于凸轮机构的设计步骤明确，运动特性良好，且能以简单的方式来促使从动件完成几乎所有可能的运动形式，因此广泛地用在各种机械与仪器上。人类利用凸轮机构已有很长的历史；古中国最晚在西汉末年就已发明了凸轮，而图 9-2 所示《天工开物》中的连机水碓，

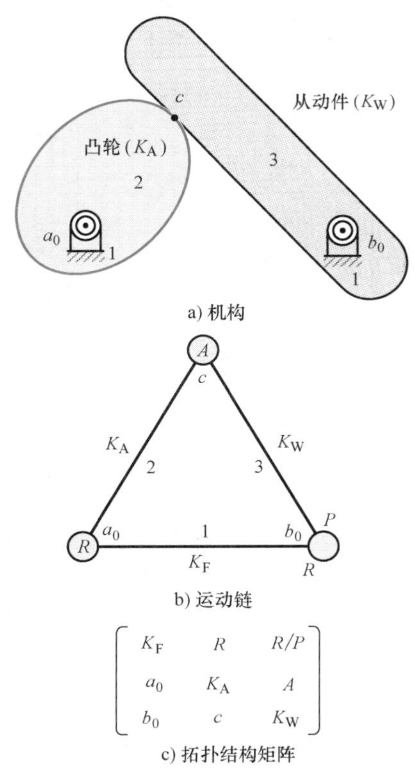

图 9-1　简单凸轮机构

图 9-2　《天工开物》中的连机水碓

是古代在农业机械上应用凸轮机构的一个实例。与连杆机构相比，凸轮机构具有易于多点位置综合、容易获得动平衡、可占有较小空间等优点；但相对的，凸轮机构也具有动态效应对制造误差敏感、制造成本高、表面易磨耗等缺点。此外，凸轮机构的输出也可作为连杆机构的输入源，并结合连杆机构组成**凸轮-连杆机构**（Cam-linkage mechanism）。

本章的目的在于介绍凸轮机构的基本分类、名词定义、运动曲线、设计步骤、凸轮轮廓设计、制造方法。此外，凸轮机构的运动分析，可参照第6~8章的内容。

9.1 基本分类 Classification of cams and followers

凸轮机构的种类很多，大体上可根据其运动空间、从动件类型、凸轮类型来区分，如图9-3所示，以下分别说明。

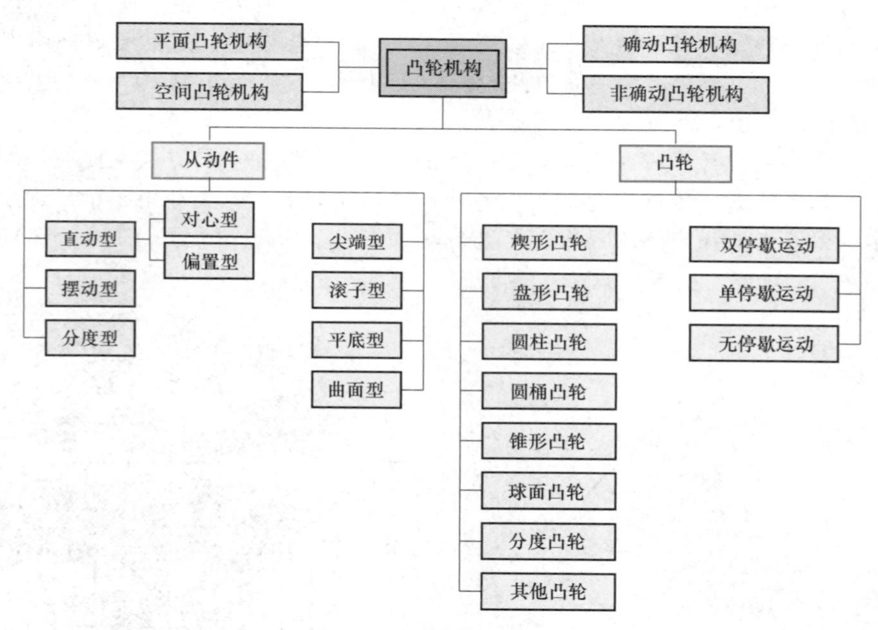

图9-3 **凸轮机构分类**

9.1.1 运动空间分类 Classification based on motion space

凸轮机构可根据与从动件接触点的法线方向分为平面凸轮机构与空间凸轮机构。凸轮机构在运动时，若凸轮轮廓与从动件接触点的法线方向都在同一平面或互相平行的平面上，则这个凸轮机构为**平面凸轮机构**（Planar cam mechanism）；否则，这个凸轮机构为**空间凸轮机构**（Spatial cam mechanism）。

图9-4a所示为一组分度用的**平行分度凸轮**（Parallel indexing cam）机构，由于两个凸轮轮廓（主动件）与滚子（从动件）接触点的法线方向均在同一平面或互相平行的平面上，因此它为平面凸轮机构。图9-4b所示的分度用**滚子齿轮凸轮**（Roller-gear cam）机构，由于

主动件轮廓（滚子齿轮凸轮）与从动件（滚子和转塔）接触点的法线方向不在同一平面上，因此它为空间凸轮机构。

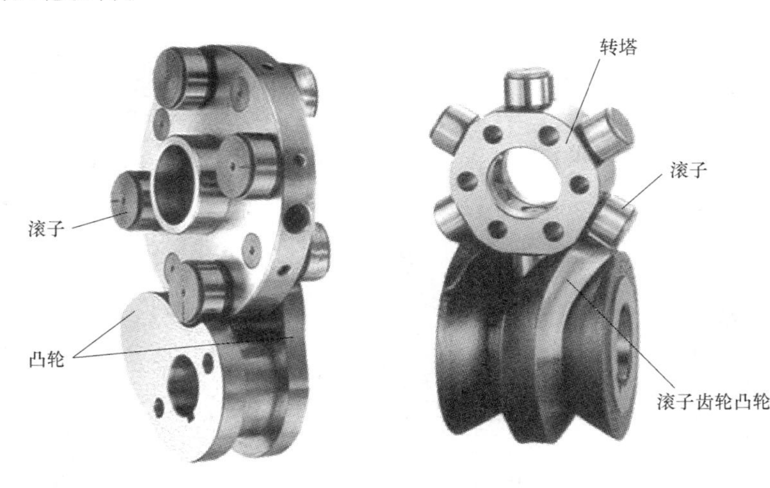

a) 平行分度凸轮-平面凸轮机构　　b) 滚子齿轮凸轮-空间凸轮机构

图 9-4 凸轮机构运动空间分类［德士凸轮］

9.1.2 从动件分类 Classification of followers

凸轮机构的从动件可根据其运动特征与外形进行分类。由从动件的运动特征，可将从动件分为直动型、摆动型和分度型三类。**直动从动件**（Translating follower）通过移动副和机架相连，其输出为往复运动；**摆动从动件**（Oscillating follower）通过转动副和机架相连，其输出为摆动运动；而**分度从动件**（Indexing follower）也通过转动副和机架相连，但其输出为固定方向的间歇性转动。

从动件根据其外形可分为尖端型、滚子型、平底型、曲面型。**尖端从动件**（Knife edge follower）的结构简单，但会产生高度的表面磨耗问题，较少使用。**滚子从动件**（Roller follower）具一圆柱形滚子，这个滚子通过转动副和从动件相连，并直接与凸轮接触，使用相当广泛。**平底从动件**（Flat face follower）通过平面的外表面直接和凸轮滑动接触，**曲面从动件**（Curved face follower）通过曲面的外表面直接和凸轮滑动接触；由于这两种从动件在接触点是滑动接触，使得其磨损问题较滚子型严重，因此需注意适当的润滑。

此外，直动从动件根据移动副中心线是否通过凸轮的轴心，又可区分为**对心从动件**（Radial follower）与**偏置从动件**（Offset follower）两种。

图 9-5a 所示盘形凸轮机构的从动件为直动型、尖端型、对心型，图 9-5b 所示的从动件为直动型、滚子型、偏置型，图 9-5c 所示的从动件为摆动型、滚子型，图 9-5d 所示的从动件为直动型、平底型、对心型，图 9-5e 所示的从动件为直动型、曲面型、对心型，而图 9-5f 所示的从动件为分度型。

9.1.3 凸轮类型 Types of cams

凸轮可根据其外形、从动件的约束情况或者从动件一周期内的运动方式来加以分类，以下分别说明。

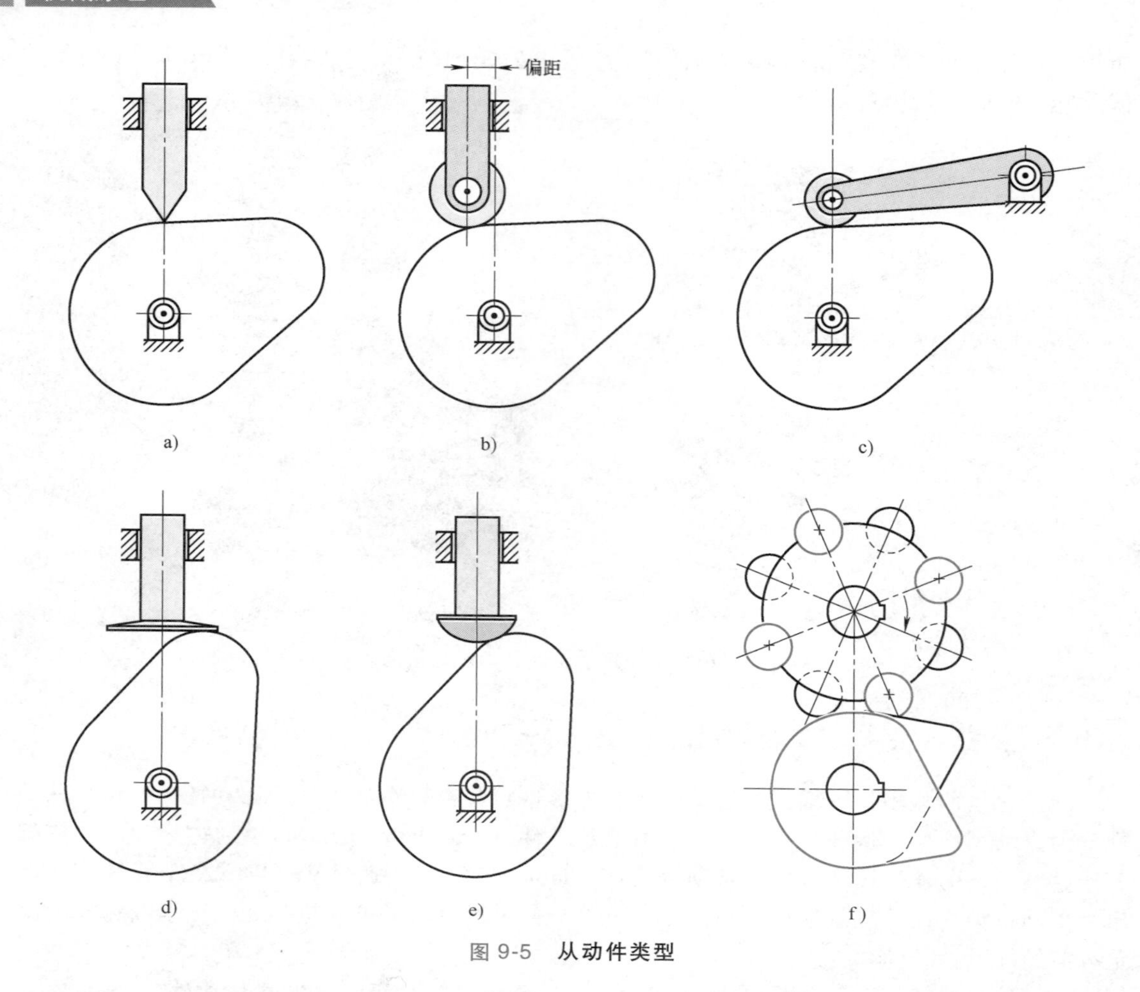

图 9-5 从动件类型

根据外形分类，凸轮有**楔形凸轮**（Wedge cam），如图 9-6a 所示；**盘形凸轮**（Disk，plate，or radial cam），如图 9-6b 所示；**圆柱凸轮**（Cylindrical cam），如图 9-6c 所示；**圆桶凸轮**（Barrel or globoidal cam），如图 9-6d 所示；**锥形凸轮**（Conical cam），如图 9-6e 所示；**球面凸轮**（Spherical cam），如图 9-6f 所示；**滚子齿轮凸轮**（Roller-gear cam），如图 9-6g 所示；其他特殊形状的凸轮。

根据从动件的约束情况进行分类，凸轮可分为形封闭凸轮与力封闭凸轮。凸轮机构运动时，必须有适当的方式使从动件与凸轮面保持紧密接触，以避免从动件因过大的惯性力跳离凸轮面而产生撞击与噪声。一般使用**回动弹簧**（Return spring）来使从动件与凸轮面保持接触；但是使用回动弹簧会有增大机构空间、提高凸轮表面接触应力、降低共振频率、发生弹簧颤振、输入转矩峰值变大等缺点，同时也无法确保凸轮与从动件不会发生分离。因此，某些凸轮机构的设计，采用特殊的凸轮外形使从动件受到约束，无须使用弹簧即可使从动件与凸轮保持接触，这类凸轮机构称为**形封闭凸轮机构**（Positive drive cam）。形封闭凸轮可根据名称进行分类，如**直动凸轮**（Translating cam），如图 9-6h 所示；**平行分度凸轮**（Parallel indexing cam），如图 9-6i 所示；**面凸轮**（Face cam），如图 9-6j 所示；**带肋凸轮**（Ridge cam），如图 9-6k 所示；**轭式凸轮**（Yoke cam），如图 9-6l 所示；**反凸轮**（Inverse cam），如图 9-6m

所示。此外，图 9-6c 所示的圆柱凸轮、图 9-6d 所示的圆桶凸轮以及图 9-6g~m 所示的凸轮，均是形封闭凸轮。图 9-7a 所示为一个具有直动滚子从动件的盘形凸轮模型，而图 9-7b 所示为一个具有直动平底从动件的盘形凸轮模型。

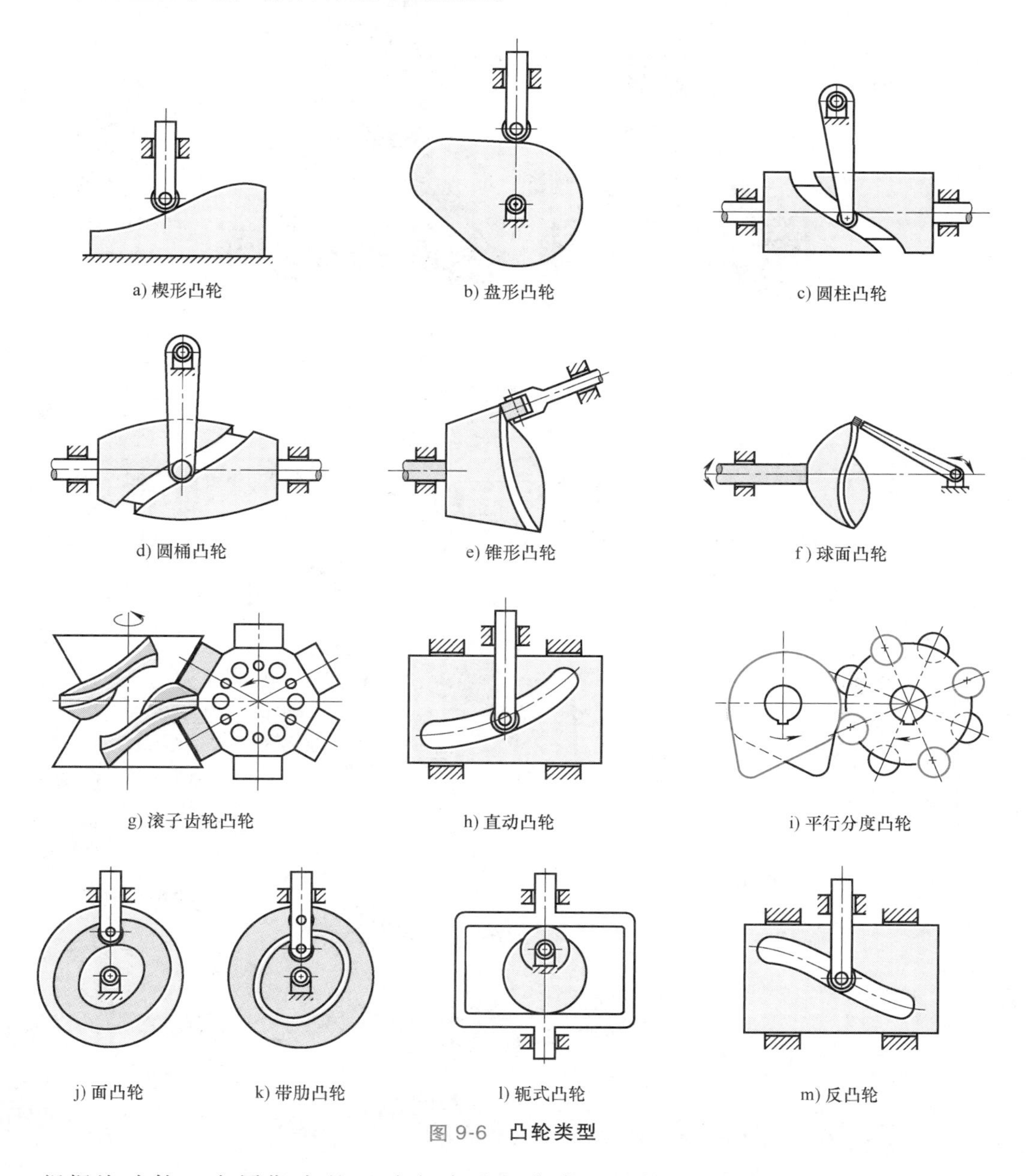

图 9-6　**凸轮类型**

根据从动件一个周期内的运动方式进行分类，凸轮可分为**双休止运动**（D-R-D-F，dwell-rise-dwell-fall）凸轮，如图 9-8a 所示；**单休止运动**（D-R-F，dwell-rise-fall）凸轮，如图 9-8b 所示；**无休止运动**（R-F，rise-fall）凸轮，如图 9-8c 所示。

上述凸轮类型中最基本也常见的类型是盘形凸轮，采用回动弹簧使从动件与凸轮保持接触，且绝大部分从动件的运动方式为单休止或双休止，尤其是双休止运动更是常见。

a) 直动滚子从动件　　b) 直动平底从动件

图 9-7 **盘形凸轮模型**

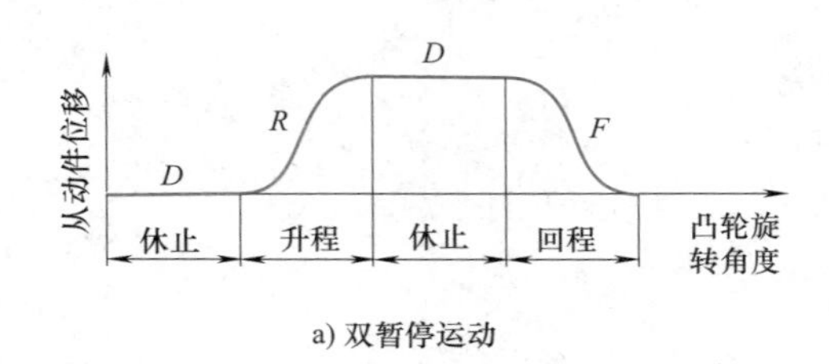

a) 双暂停运动

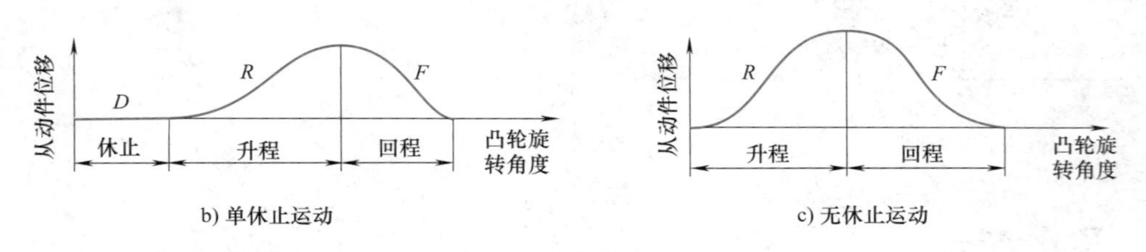

b) 单休止运动　　c) 无休止运动

图 9-8 **从动件运动类型**

9.2 名词术语 Nomenclature

本节介绍有关凸轮机构的基本名词与术语，作为下列各节讨论的根据。为方便说明起见，以图 9-9 所示的直动滚子从动件盘形凸轮机构为例。

1. 循迹点

循迹点（Trace point）为从动件上的一个参考点，用于产生节曲线。尖端从动件的循迹点为其尖点，滚子从动件的循迹点为滚子中心点。

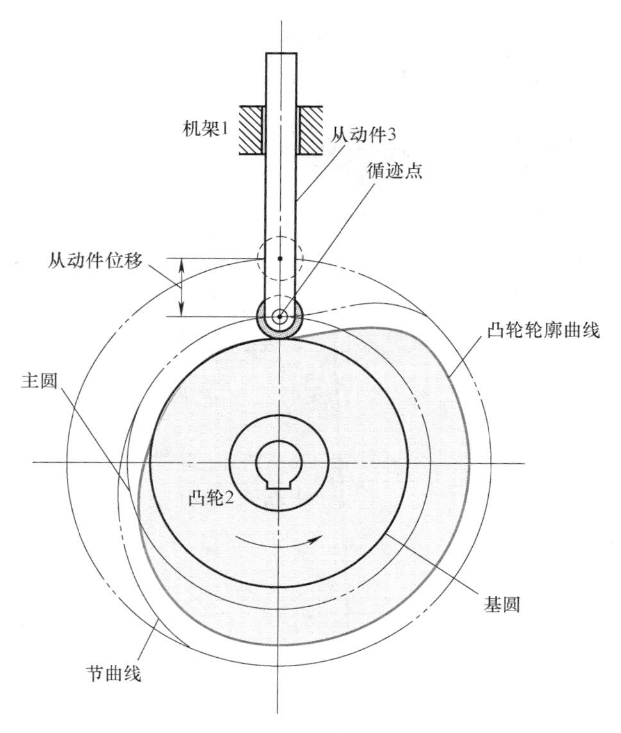

图 9-9 **凸轮机构基本名词术语**

2. 节曲线

若凸轮固定而机架不固定，则从动件相对于凸轮运动一周循迹点的路径即为**节曲线**（Pitch curve）。

3. 凸轮轮廓曲线

若凸轮固定而机架不固定，则从动件相对于凸轮运动一周，其与凸轮接触点的路径为凸轮的**轮廓曲线**（Cam profile），即凸轮的外形曲线。刃状从动件的凸轮轮廓曲线与节曲线重合，滚子从动件凸轮轮廓曲线与节曲线的距离为滚子半径。

4. 基圆

基圆（Base circle）是以凸轮轴为中心，相切于凸轮轮廓曲线的最小圆。

5. 主圆

主圆（Prime circle）是以凸轮轴为中心，相切于节曲线的最小圆。

6. 压力角

凸轮轮廓与从动件接触点的法线方向与从动件瞬时运动方向的夹角，称为**压力角**（Pressure angle），一般用 α 表示，如图 9-10 所示。压力角为衡量凸轮机构传动效率的一种简单指标，其大小随从动件的位置改变；压力角越大，表示从动件在运动时的传动效率越差，因此凸轮机构的压力角极值越小越好。

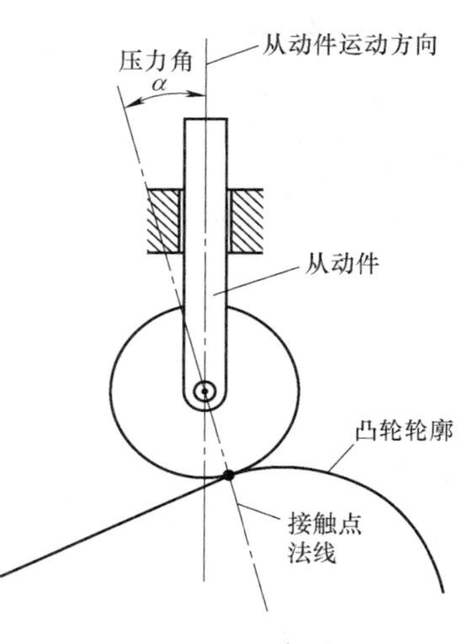

图 9-10 **压力角定义**

9.3 凸轮运动曲线 Motion curves of cams

由于凸轮机构采用凸轮曲面的轮廓与从动件直接接触来控制其运动，凸轮的轮廓曲线必须根据所要求的从动件运动特性反推求得。因此，根据从动件运动的限制条件来确定符合运动要求的凸轮从动件运动曲线，是设计凸轮机构过程中相当重要的一环。本节介绍运动曲线基本概念、运动曲线种类、运动曲线综合方法及设计实例。

9.3.1 基本概念 Fundamental concepts

凸轮**运动曲线**（Motion curve）是指从动件受凸轮驱动时，其运动特性（位移、速度、加速度、跃度）相对于凸轮行程的函数。运动曲线中最基本的是**位移曲线**（Displacement curve），是指从动件受凸轮驱动时，其位移 s 相对于凸轮转角 θ 的函数曲线：

$$s=s(\theta) \tag{9-1}$$

将从动件的位移函数 $s(\theta)$ 依次对凸轮旋转角 θ 进行微分，微分时 θ 的单位必须为弧度，可得：

$$s'(\theta)=\frac{\mathrm{d}s}{\mathrm{d}\theta} \tag{9-2}$$

$$s''(\theta)=\frac{\mathrm{d}^2 s}{\mathrm{d}\theta^2} \tag{9-3}$$

$$s'''(\theta)=\frac{\mathrm{d}^3 s}{\mathrm{d}\theta^3} \tag{9-4}$$

凸轮转角 θ 则为时间 t 的函数，即：

$$\theta=\theta(t) \tag{9-5}$$

此外，若将从动件的位移函数 $s(\theta)$ 依次对时间 t 微分，即可得到从动件的速度 $\dot{s}$、加速度 $\ddot{s}$ 以及跃度 $\dddot{s}$ 如下：

$$\dot{s}=\frac{\mathrm{d}s}{\mathrm{d}t}=\frac{\mathrm{d}s\,\mathrm{d}\theta}{\mathrm{d}\theta\,\mathrm{d}t}=s'\omega \tag{9-6}$$

$$\ddot{s}=\frac{\mathrm{d}^2 s}{\mathrm{d}t^2}=s''\omega^2+s'\alpha \tag{9-7}$$

$$\dddot{s}=\frac{\mathrm{d}^3 s}{\mathrm{d}t^3}=s'''\omega^3+3s''\omega\alpha+s'\dot{\alpha} \tag{9-8}$$

式中，ω、α、$\dot{\alpha}$ 分别为凸轮的角速度、角加速度、角跃度。一般而言，凸轮为匀速旋转，$\alpha=\dot{\alpha}=0$，因此可得：

$$\dot{s}=s'\omega \tag{9-9}$$

$$\ddot{s}=s''\omega^2 \tag{9-10}$$

$$\dddot{s}=s'''\omega^3 \tag{9-11}$$

由式（9-9）~式（9-11）可知，对于匀速旋转的凸轮机构而言，若凸轮的角速度增为10倍，则从动件的速度、加速度、跃度分别成为原先的10倍、100倍、1000倍。

凸轮轮廓曲线不会受到凸轮角速度大小的影响；因此，在设计凸轮时可假设：匀速旋转的凸轮的角速度 $\omega\equiv1$ rad/s。此 $\omega\equiv1$ rad/s 的假设，可简化设计凸轮机构的计算，而且不会影响最后的设计结果。因此，本章以下的内容，均假设凸轮的角速度 $\omega\equiv1$ rad/s。如此，式（9-9）~式（9-11）分别可表示为：

$$\dot{s}=s' \tag{9-12}$$

$$\ddot{s}=s'' \tag{9-13}$$

$$\dddot{s}=s''' \tag{9-14}$$

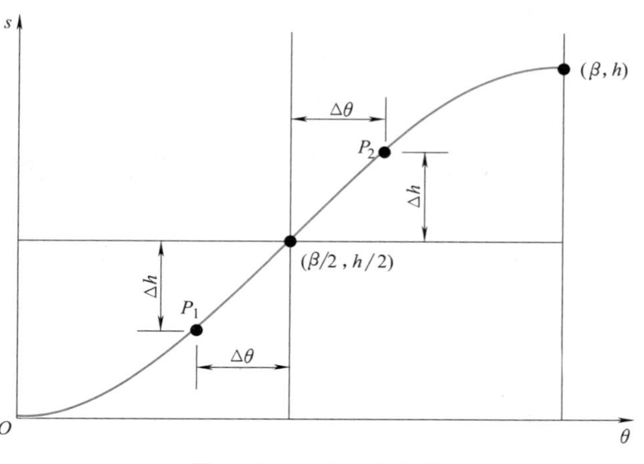

图 9-11 **对称位移曲线**

据此，将从动件的位移曲线 $s(\theta)$ 依次对凸轮转角 θ 进行微分，分别称之为**速度曲线**（Velocity curve）、**加速度曲线**（Acceleration curve）、**跃度曲线**（Jerk curve），并分别表示如下：

$$v(\theta)=s'(\theta) \tag{9-15}$$

$$a(\theta)=s''(\theta) \tag{9-16}$$

$$j(\theta)=s'''(\theta) \tag{9-17}$$

从动件的位移曲线，是指将凸轮的转角 θ 作横坐标、从动件的位移值 $s(\theta)$ 作纵坐标所绘出的曲线。为方便作图及相关的计算，通常设定从动件在最低位置时，θ 为零，$s(\theta)$ 也为零；即位移曲线起点的坐标为 $(\theta,\ s)=(0,\ 0)$。凸轮在旋转 β 角的过程中，须驱使从动件从最低位置上升总升程 h，因此位移曲线最高点的坐标为 $(\theta,\ s)=(\beta,\ h)$。

典型的从动件位移曲线大多是**对称曲线**（Symmetrical curve），即整条曲线相对于反曲点呈现出反对称的几何关系。所谓的**反曲点**（Inflection point），是指曲线的中间点，其坐标为 $(\theta,\ s)=(\beta/2,\ h/2)$。如图9-11所示，曲线上中间点两侧的对应点 P_1 和 P_2，若点 P_1 的坐标在 $(\theta,\ s)=(\beta/2-\Delta\theta,\ h/2-\Delta h)$，则点 P_2 的坐标为 $(\theta,\ s)=(\beta/2+\Delta\theta,\ h/2+\Delta h)$。中间点两侧对应点 P_1 和 P_2 的坐标间的关系，可用方程表示为：

$$s(\beta/2-\Delta\theta)+s(\beta/2+\Delta\theta)=(h/2-\Delta h)+(h/2+\Delta h)=h \tag{9-18}$$

式（9-18）对任意 $\Delta\theta$ 均成立。若令 $\Delta\theta=\beta/2-\theta$，代入式（9-18），则可得：

$$s(\beta-\theta)=h-s(\theta) \tag{9-19}$$

式（9-19）的意义为：若对称曲线的位移方程 $s(\theta)$ 在 $0\leqslant\theta\leqslant\beta/2$ 区间的数学式为已知，则其位移方程在 $\beta/2\leqslant\theta\leqslant\beta$ 区间的数学式可采用式（9-19）求得，而不必重新推导。将式（9-19）依次对凸轮旋转角 θ 微分可得：

$$s'(\beta-\theta)=s'(\theta) \tag{9-20}$$

$$s''(\beta-\theta)=-s''(\theta) \tag{9-21}$$

采用式（9-20）和式（9-21），可求得对称曲线在 $\beta/2\leqslant\theta\leqslant\beta$ 区间的速度与加速度函数的数学式。

位移曲线若为水平直线，则从动件**休止**（Dwell）不动；位移曲线若为斜直线，则从动件做等速运动；位移曲线若为曲线，则从动件做变速运动，即加（减）速运动。当从动件做变速运动时，会产生跃度。

9.3.2 运动曲线的种类 Types of motion curves

运动曲线的种类很多，常用的可大致分为以下几类：

1. 基本曲线

基本曲线包括等速度曲线、等加速度曲线（抛物线曲线）、简谐运动曲线及摆线曲线。

2. 多项式曲线

多项式曲线包括 3~5 阶多项式曲线。

3. 修正曲线

修正曲线包括修正梯形曲线、修正正弦曲线及修正等速度曲线。

对基本运动曲线而言，其曲线方程推导的步骤，通常是先求得其位移曲线的方程 $s(\theta)$，然后将 $s(\theta)$ 依次对 θ 进行微分，以求得其速度曲线的方程 $s'(\theta)$ 及加速度曲线的方程 $s''(\theta)$。但是，却无法直接求得较复杂的修正运动曲线方程 $s(\theta)$；也就是说，对修正运动曲线而言，其曲线方程是先设定其加速度曲线方程 $s''(\theta)$ 的函数特征，然后将 $s''(\theta)$ 依次对 θ 进行积分，以求得其速度曲线方程 $s'(\theta)$ 及位移曲线方程 $s(\theta)$。在推导运动曲线方程的过程中，若 θ 的单位为 rad，则 $s'(\theta)$ 的单位为 mm/rad，可视同于 mm；$s''(\theta)$ 的单位为 $\mathrm{mm/rad^2}$，可视同于 mm。

由于双休止运动曲线比较常用，因此以下所介绍的各种运动曲线均为双休止曲线。

（1）等速度曲线　**等速度曲线**（Constant velocity curve）的位移曲线为一斜线，如图 9-12 所示；从动件速度为一常数；加速度为零，但是在起点与终点瞬间，加速度趋近于无限大。曲线方程为：

$$s(\theta)=c_0+c_1\theta \qquad (9\text{-}22)$$

在 $0\leqslant\theta\leqslant\beta$ 时：

$$s(\theta)=h\frac{\theta}{\beta} \qquad (9\text{-}23)$$

$$v(\theta)=\frac{h}{\beta} \qquad (9\text{-}24)$$

$$a(\theta)=0 \qquad (9\text{-}25)$$

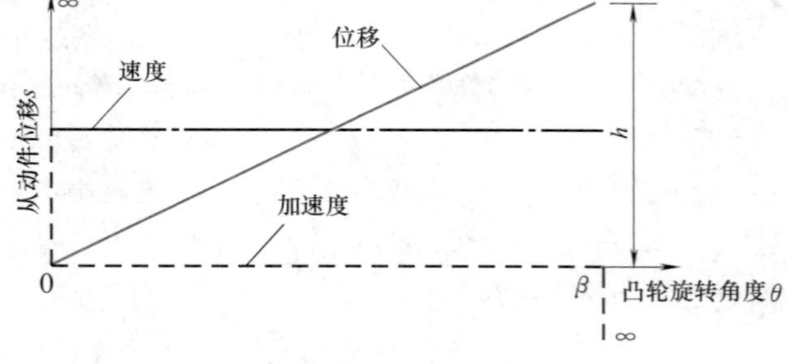

图 9-12　**等速度曲线**

式中，$s(\theta)$、$v(\theta)$、$a(\theta)$ 分别为从动件的位移、速度、加速度函数；θ 为凸轮的转角；c_0、c_1 为常数，可由边界条件确定；h 为凸轮转动 β 角时从动件的位移量，即当 $\theta=\beta$ 时，$s=h$。

（2）等加速度曲线　**等加速度曲线**（Constant acceleration curve）又称为抛物线曲线，如图 9-13 所示。此曲线在同样的条件下，最大加速度值在所有的运动曲线中为最小。曲线方程为：

$$s(\theta)=c_0+c_1\theta+c_2\theta^2 \tag{9-26}$$

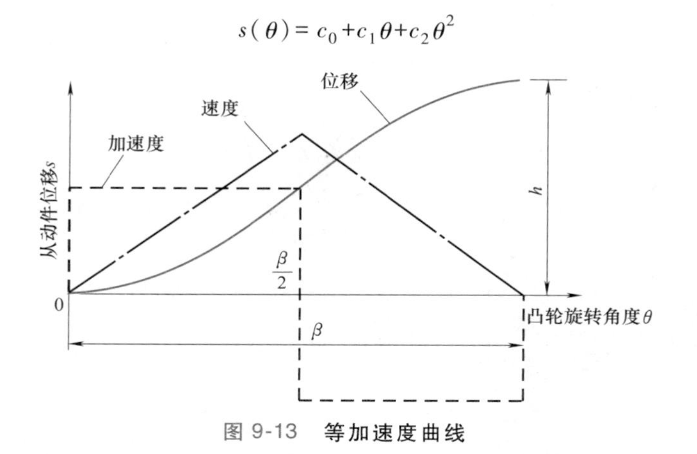

图 9-13 **等加速度曲线**

式中，c_0、c_1、c_2 为常数，可由边界条件确定：在起点处 $s(0)=0$ 且 $s'(0)=0$；由于是对称曲线，因此 $s(\beta/2)=h/2$。将这些条件代入式（9-26）可得 $c_0=c_1=0$，而 $c_2=2h/\beta^2$。因此，可获得如下关系。

在 $0\leqslant\theta\leqslant\dfrac{\beta}{2}$ 时：

$$s(\theta)=\frac{2h\theta^2}{\beta^2} \tag{9-27}$$

$$v(\theta)=\frac{4h\theta}{\beta^2} \tag{9-28}$$

$$a(\theta)=\frac{4h}{\beta^2} \tag{9-29}$$

由于这是对称曲线，因此采用式（9-19）可求得减速区的方程。

在 $\dfrac{\beta}{2}\leqslant\theta\leqslant\beta$ 时：

$$s(\theta)=h-2h\left(1-\frac{\theta}{\beta}\right)^2 \tag{9-30}$$

$$v(\theta)=\frac{4h}{\beta}\left(1-\frac{\theta}{\beta}\right) \tag{9-31}$$

$$a(\theta)=\frac{-4h}{\beta^2} \tag{9-32}$$

对于等加速度曲线而言，$v_{\max}=2h/\beta$、$a_{\max}=\dfrac{4h}{\beta^2}$；在位移的起点、反曲点以及终点时，加速度突然改变（跃度无穷大），不适合用于高速运转的场合。

（3）简谐运动曲线 **简谐运动曲线**（Simple harmonic curve）为常见且易了解的三角函数曲线，其位移可假想为一质点绕圆周做等速运动时在垂直于直径上投影的位移，其形成过程如图 9-14a 所示。曲线方程为：

$$s(\theta)=\frac{h}{2}\left[1-\cos\left(\pi\frac{\theta}{\beta}\right)\right] \tag{9-33}$$

$$v(\theta)=\frac{\pi}{2}\frac{h}{\beta}\sin\left(\pi\frac{\theta}{\beta}\right) \tag{9-34}$$

$$a(\theta)=\frac{\pi^2}{2}\frac{h}{\beta^2}\cos\left(\pi\frac{\theta}{\beta}\right) \tag{9-35}$$

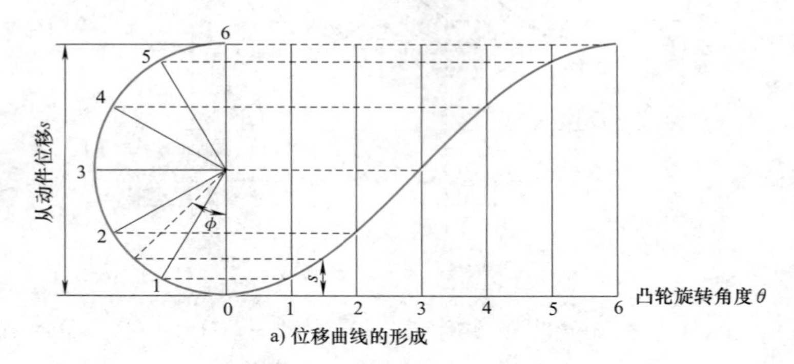

a) 位移曲线的形成

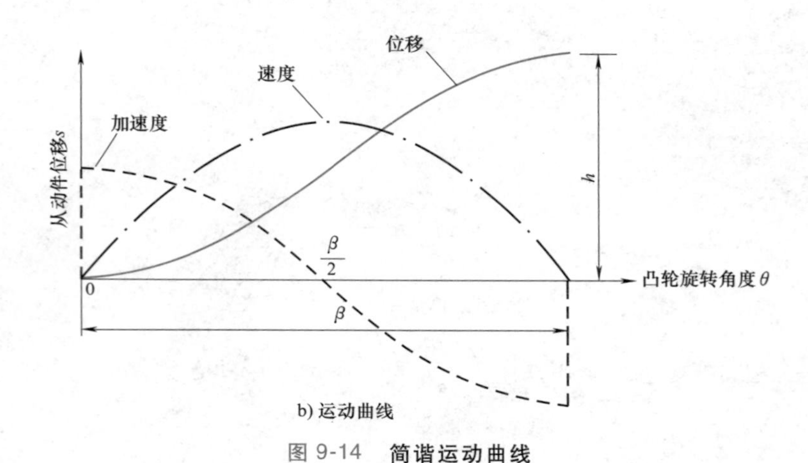

b) 运动曲线

图 9-14 **简谐运动曲线**

对于简谐运动曲线而言，$v_{max}=\dfrac{\pi h}{2\beta}$，其加速度为余弦函数，$a_{max}=\dfrac{\pi^2 h}{2\beta^2}$；在起始点与终点时，加速度突然改变（跃度无穷大），如图 9-14b 所示，适用于中速度运转的场合。

（4）摆线曲线 **摆线曲线**（Cycloidal curve）的形成过程，为一小圆在一条直线上做等速滚动，圆上任一点的路径在该直线上投影的位移，如图 9-15a 所示。曲线方程为：

$$s(\theta)=h\left[\frac{\theta}{\beta}-\frac{1}{2\pi}\sin\left(2\pi\frac{\theta}{\beta}\right)\right] \tag{9-36}$$

$$v(\theta)=\frac{h}{\beta}\left[1-\cos\left(2\pi\frac{\theta}{\beta}\right)\right] \tag{9-37}$$

$$a(\theta)=\frac{2\pi h}{\beta^2}\sin\left(2\pi\frac{\theta}{\beta}\right) \tag{9-38}$$

对于摆线曲线而言，$v_{max}=2h/\beta$，其加速度为正弦函数，$a_{max}=2\pi h/\beta^2$；此种曲线的加速度曲线相当平滑，如图 9-15b 所示；此外，加速度无突然改变现象，适用于高速运转的

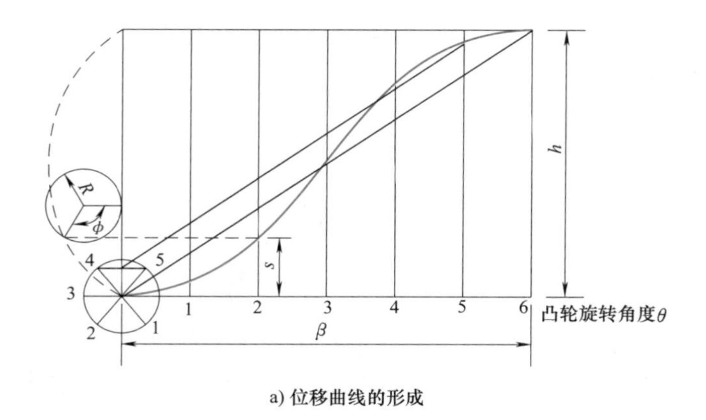

a) 位移曲线的形成

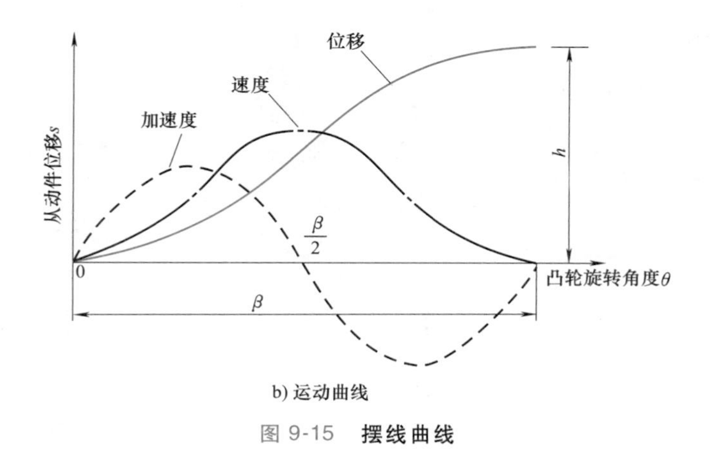

b) 运动曲线

图 9-15 **摆线曲线**

场合。

(5) 三次曲线 **三次曲线** (Cubic curve) 改良了等加速度曲线起点与终点加速度突然变化的缺点，如图 9-16a 所示。此种曲线可减轻抖振、噪声、磨耗等现象，但是在位移中间点处的加速度仍有突然改变的现象，大多与其他运动曲线结合使用。由于此种曲线的加速度为斜线，因此其位移曲线方程为：

$$s=c_0+c_1\theta+c_2\theta^2+c_3\theta^3 \tag{9-39}$$

式中，c_0、c_1、c_2、c_3 为常数，可由边界条件确定：在起点处 $s(0)=0$、$s'(0)=0$，且$s''(0)=0$；由于是对称曲线，因此 $s(\beta/2)=h/2$。将这些条件代入式（9-39）可求得下列方程。

在 $0\leqslant\theta\leqslant\dfrac{\beta}{2}$时：

$$s(\theta)=4h\left(\frac{\theta}{\beta}\right)^3 \tag{9-40}$$

$$v(\theta)=12\frac{h}{\beta}\left(\frac{\theta}{\beta}\right)^2 \tag{9-41}$$

$$a(\theta)=24\frac{h}{\beta^2}\frac{\theta}{\beta} \tag{9-42}$$

由于是对称曲线，因此采用式（9-19）可求得减速区的方程。

在$\frac{\beta}{2}\leqslant\theta\leqslant\beta$时：

$$s(\theta)=h\left[1-4\left(1-\frac{\theta}{\beta}\right)^{3}\right] \tag{9-43}$$

$$v(\theta)=12\frac{h}{\beta}\left(1-\frac{\theta}{\beta}\right)^{2} \tag{9-44}$$

$$a(\theta)=-24\frac{h}{\beta^{2}}\left(1-\frac{\theta}{\beta}\right) \tag{9-45}$$

另一种三次曲线与上述运动曲线类似，虽然在转换点无加速度突然改变的现象，但是在起点与终点有突然变化的情形，如图 9-16b 所示。此种曲线大多与其他运动曲线组合使用。

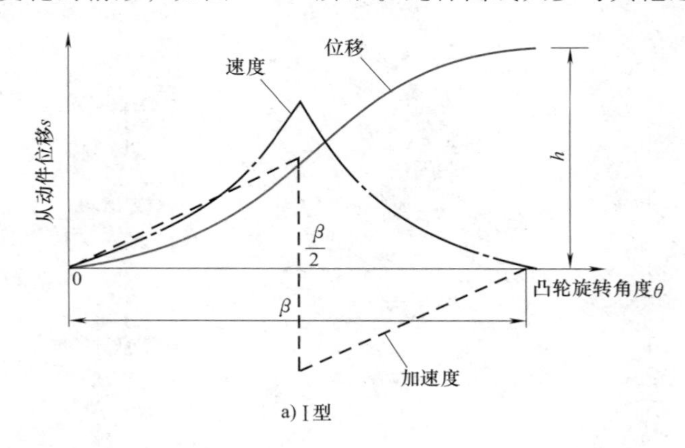

a) Ⅰ型

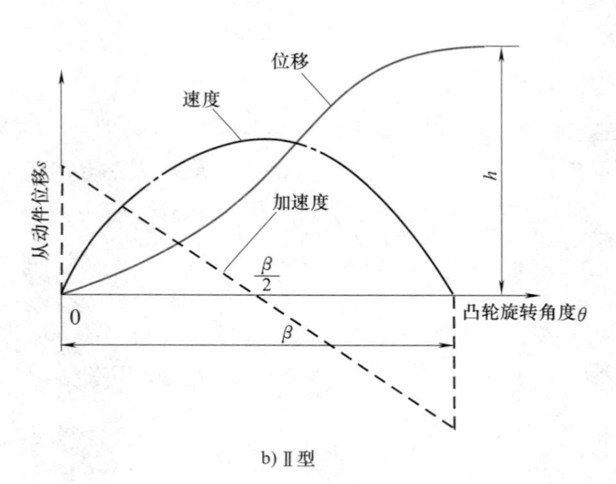

b) Ⅱ型

图 9-16　三次曲线

（6）多项式曲线　**多项式曲线**（Polynomial curve）适用于高速度运转的场合，大多应用在发动机气门或纺织机械的凸轮上。曲线方程为：

$$s(\theta)=c_0+c_1\theta+c_2\theta^2+c_3\theta^3+\cdots+c_n\theta^n \tag{9-46}$$

式中，c_0、c_1、c_2、c_3、…、c_n 为常数，可由边界条件确定；速度与加速度方程可通过对 θ 的一次与二次微分求得。适当设计的多项式曲线，可产生相当平滑的轮廓曲线而达到设计要求。此外，由于选择幂次的不同，会有不同的运动曲线。

图 9-17 所示为最高 5 阶的多项式运动曲线，其位移曲线方程为：

$$s(\theta)=c_0+c_1\theta+c_2\theta^2+c_3\theta^3+c_4\theta^4+c_5\theta^5 \tag{9-47}$$

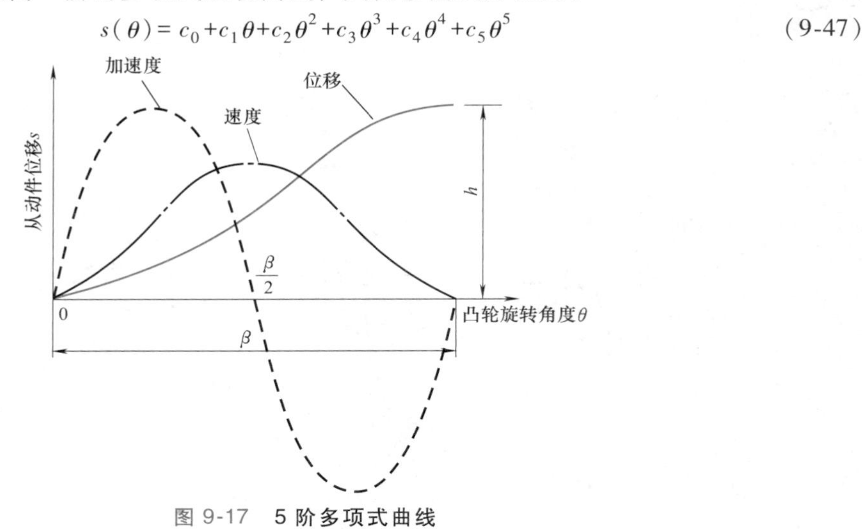

图 9-17 5 阶多项式曲线

设定此种曲线的边界条件为：在起点处 $s(0)=0$、$s'(0)=0$，且 $s''(0)=0$，在曲线的最高点处 $s(\beta)=h$、$s'(\beta)=0$，且 $s''(\beta)=0$。将这些条件代入式（9-47）可求得下列方程：

$$s(\theta)=h\left[10\left(\frac{\theta}{\beta}\right)^3-15\left(\frac{\theta}{\beta}\right)^4+6\left(\frac{\theta}{\beta}\right)^5\right] \tag{9-48}$$

$$v(\theta)=30h\left(\frac{\theta^2}{\beta^3}-2\frac{\theta^3}{\beta^4}+\frac{\theta^4}{\beta^5}\right) \tag{9-49}$$

$$a(\theta)=60h\left(\frac{\theta}{\beta^3}-3\frac{\theta^2}{\beta^4}+2\frac{\theta^3}{\beta^5}\right) \tag{9-50}$$

因 5 阶多项式运动曲线仅具有 3 次、4 次、5 次项，所以又称为 3-4-5 多项式运动曲线。对于此 5 阶的多项式运动曲线而言：当 $\theta=\beta/2$ 时，$v_{\max}=1.875\dfrac{h}{\beta}$；当 $\theta=\dfrac{3-\sqrt{3}}{6}\beta$ 时，$a_{\max}=\dfrac{10\sqrt{3}}{3}\dfrac{h}{\beta^2}$；当 $\theta=\dfrac{3+\sqrt{3}}{6}\beta$ 时，$a_{\min}=-\dfrac{10\sqrt{3}}{3}\dfrac{h}{\beta^2}$。

（7）修正型运动曲线　对于较复杂的运动曲线而言，通常无法直接求得其位移曲线的方程 $s(\theta)$，而必须先设定其加速度曲线方程 $s''(\theta)$ 函数的特征，然后将 $s''(\theta)$ 依次对 θ 进行积分，以求得其速度曲线方程 $s'(\theta)$ 和位移曲线方程 $s(\theta)$。为方便起见，以摆线曲线为例，说明其推导的方法与步骤。

如图 9-15b 所示，摆线运动曲线的加速度为正弦函数。若设定运动曲线的加速度为正弦函数，则 $s''(\theta)$ 可表示为：

$$s''(\theta)=A_{\mathrm{m}}\sin\left(2\pi\frac{\theta}{\beta}\right) \tag{9-51}$$

式中，常数 A_{m} 为加速度极值，可采用边界条件求得。运动曲线的速度方程 $s'(\theta)$ 可表示为：

$$s'(\theta)=\int s''(\theta)\,\mathrm{d}\theta$$

$$=\int A_m \sin\left(2\pi\frac{\theta}{\beta}\right)\mathrm{d}\theta \tag{9-52}$$

$$=-A_m\frac{\beta}{2\pi}\cos\left(2\pi\frac{\theta}{\beta}\right)+c_1$$

式中，c_1 为积分常数。由边界条件：当 $\theta=0$ 时，$s'=0$，可得：

$$c_1=A_m\frac{\beta}{2\pi} \tag{9-53}$$

运动曲线的位移方程 $s(\theta)$ 可表示为：

$$s(\theta)=\int A_m\frac{\beta}{2\pi}\left[1-\cos\left(2\pi\frac{\theta}{\beta}\right)\right]\mathrm{d}\theta=A_m\frac{\beta\theta}{2\pi}-A_m\frac{\beta^2}{4\pi^2}\sin\left(2\pi\frac{\theta}{\beta}\right)+c_2 \tag{9-54}$$

式中，c_2 为积分常数。由边界条件：当 $\theta=0$ 时、$s=0$，当 $\theta=\beta$ 时，$s=h$，可得：

$$c_2=0 \tag{9-55}$$

$$A_m=\frac{2\pi h}{\beta^2} \tag{9-56}$$

因此，位移方程为：

$$s(\theta)=h\left[\frac{\theta}{\beta}-\frac{1}{2\pi}\sin\left(2\pi\frac{\theta}{\beta}\right)\right] \tag{9-57}$$

此位移方程和式（9-36）相同。

以下的各种修正型运动曲线，均须以这种由加速度函数积分的方式推导其曲线方程。

（8）修正梯形曲线　典型加速度曲线的形状是梯形；如图 9-18a 所示，它的加速度曲线是由水平线与斜线组成的。由于它在点 B、C、E、F 处的跃度突然改变而容易使从动件产生振动，因此并不适用于高速运转的场合。为了改进典型梯形曲线的这个缺点，可将其加速度曲线的 AB、CE、FG 段等区间用部分正弦函数代替，即得**修正梯形曲线**（Modified trapezoidal curve, MT）的加速度曲线。

如图 9-18b 所示，修正梯形曲线中，加速度曲线的形状是修正梯形，也是对称曲线。它的加速度曲线可分成 6 个区间：区间Ⅰ是采用周期为 $\beta/2$ 的正弦函数第一象限的曲线，区间Ⅱ是水平线，区间Ⅲ是采用周期为 $\beta/2$ 的正弦函数第二象限的曲线，区间Ⅳ是采用周期为 $\beta/2$ 的正弦函数第三象限的曲线，区间Ⅴ是水平线，区间Ⅵ是采用周期为 $\beta/2$ 的正弦函数第四象限的曲线。如此设定其加速度曲线函数 $s''(\theta)$ 各区间的形状后，再将 $s''(\theta)$ 依次对 θ 进行积分（积分时，θ 的单位必须为弧度），并设定适当的边界条件，即可求得其速度曲线方程 $s'(\theta)$ 与位移曲线方程 $s(\theta)$。曲线方程为：

在 $0\leqslant\theta\leqslant\frac{\beta}{8}$ 时：

$$s(\theta)=\frac{h}{\pi+2}\left[2\frac{\theta}{\beta}-\frac{1}{2\pi}\sin\left(4\pi\frac{\theta}{\beta}\right)\right] \tag{9-58}$$

$$v(\theta)=\frac{2}{\pi+2}\cdot\frac{h}{\beta}\left[1-\cos\left(4\pi\frac{\theta}{\beta}\right)\right] \tag{9-59}$$

$$a(\theta)=\frac{8\pi}{\pi+2}\cdot\frac{h}{\beta^2}\sin\left(4\pi\frac{\theta}{\beta}\right) \tag{9-60}$$

在$\frac{\beta}{8} \leqslant \theta \leqslant \frac{3\beta}{8}$时：

$$s(\theta)=\frac{h}{\pi+2}\left[\frac{\pi^2-8}{16\pi}+(2-\pi)\frac{\theta}{\beta}+4\pi\left(\frac{\theta}{\beta}\right)^2\right] \tag{9-61}$$

$$v(\theta)=\frac{1}{\pi+2}\frac{h}{\beta}\left[2-\pi+8\pi\left(\frac{\theta}{\beta}\right)\right] \tag{9-62}$$

$$a(\theta)=\frac{8\pi}{\pi+2}\left(\frac{h}{\beta^2}\right) \tag{9-63}$$

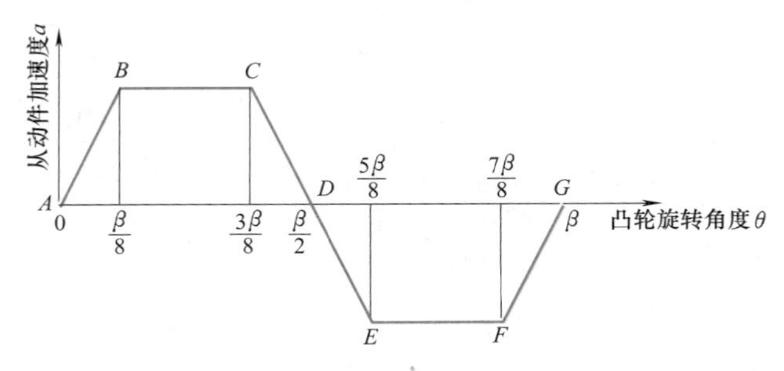

a) 典型曲线

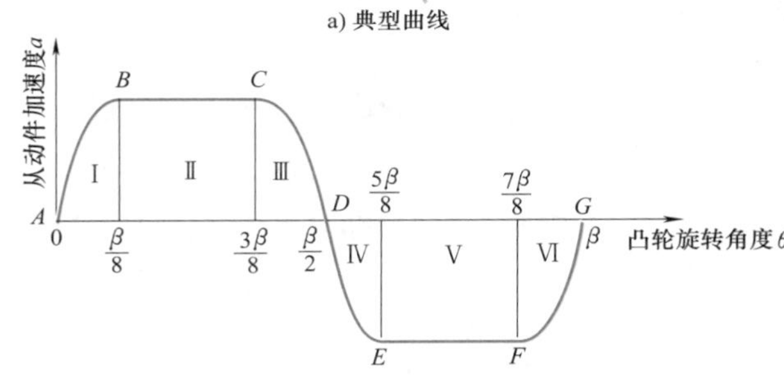

b) 修正曲线

图 9-18　修正梯形加速度曲线

在$\frac{3\beta}{8} \leqslant \theta \leqslant \frac{\beta}{2}$时：

$$s(\theta)=\frac{\mathrm{h}}{\pi+2}\left\{-\frac{\pi}{2}+2(\pi+1)\frac{\theta}{\beta}-\frac{1}{2\pi}\sin\left[4\pi\left(\frac{\theta}{\beta}-\frac{1}{4}\right)\right]\right\} \tag{9-64}$$

$$v(\theta)=\frac{1}{\pi+2}\cdot\frac{h}{\beta}\left\{2(\pi+1)-2\cos\left[4\pi\left(\frac{\theta}{\beta}-\frac{1}{4}\right)\right]\right\} \tag{9-65}$$

$$a(\theta)=\frac{8\pi}{\pi+2}\cdot\frac{h}{\beta^2}\sin\left[4\pi\left(\frac{\theta}{\beta}-\frac{1}{4}\right)\right] \tag{9-66}$$

在$\frac{\beta}{2} \leqslant \theta \leqslant \frac{5\beta}{8}$时：

$$s(\theta)=\frac{h}{\pi+2}\left\{-\frac{\pi}{2}+2(\pi+1)\frac{\theta}{\beta}+\frac{1}{2\pi}\sin\left[4\pi\left(\frac{3}{4}-\frac{\theta}{\beta}\right)\right]\right\} \tag{9-67}$$

$$v(\theta)=\frac{1}{\pi+2}\cdot\frac{h}{\beta}\left\{2(\pi+1)-2\cos\left[4\pi\left(\frac{3}{4}-\frac{\theta}{\beta}\right)\right]\right\} \tag{9-68}$$

$$a(\theta)=-\frac{8\pi}{\pi+2}\cdot\frac{h}{\beta^2}\sin\left[4\pi\left(\frac{3}{4}-\frac{\theta}{\beta}\right)\right] \tag{9-69}$$

在$\frac{5\beta}{8}\leqslant\theta\leqslant\frac{7\beta}{8}$时：

$$s(\theta)=\frac{h}{\pi+2}\left[\frac{1}{2\pi}-\frac{33}{16}\pi+(2+7\pi)\frac{\theta}{\beta}-4\pi\left(\frac{\theta}{\beta}\right)^2\right] \tag{9-70}$$

$$v(\theta)=\frac{1}{\pi+2}\cdot\frac{h}{\beta}\left(2+7\pi-8\pi\frac{\theta}{\beta}\right) \tag{9-71}$$

$$a(\theta)=-\frac{8\pi}{\pi+2}\cdot\frac{h}{\beta^2} \tag{9-72}$$

在$\frac{7\beta}{8}\leqslant\theta\leqslant\beta$时：

$$s(\theta)=\frac{1}{\pi+2}\left\{\pi+2\frac{\theta}{\beta}+\frac{1}{2\pi}\sin\left[4\pi\left(1-\frac{\theta}{\beta}\right)\right]\right\} \tag{9-73}$$

$$v(\theta)=\frac{1}{\pi+2}\cdot\frac{h}{\beta}\left\{2-2\cos\left[4\pi\left(1-\frac{\theta}{\beta}\right)\right]\right\} \tag{9-74}$$

$$a(\theta)=-\frac{8\pi}{\pi+2}\cdot\frac{h}{\beta^2}\sin\left[4\pi\left(1-\frac{\theta}{\beta}\right)\right] \tag{9-75}$$

对于修正梯形曲线而言，$v_{\max}=\frac{2h}{\beta}$，$a_{\max}=\frac{8\pi}{\pi+2}\cdot\frac{h}{\beta^2}$。

(9) 修正正弦曲线　**修正正弦曲线**（Modified sinusoidal curve，MS）中，加速度曲线是

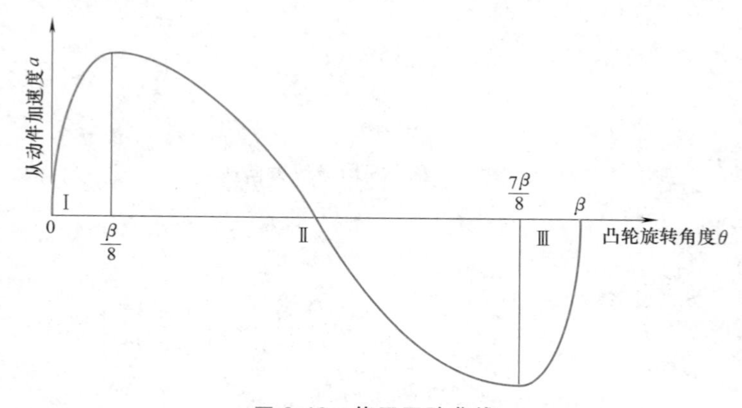

图 9-19　**修正正弦曲线**

由两条不同周期的正弦函数曲线组合而成的，为对称曲线。如图 9-19 所示，它的加速度曲线可分成 3 个区间：区间Ⅰ是采用周期为$\beta/2$的正弦函数第一象限的曲线，区间Ⅱ是周期为$3\beta/2$的正弦函数第二象限与第三象限的曲线，区间Ⅲ则是与区间Ⅰ相同的正弦函数第四象限的曲线。如此设定其加速度曲线函数$s''(\theta)$各区间的形状特征后，再将$s''(\theta)$依次对θ进行积分，并设定适当的边界条件，即可求得其速度曲线方程$s'(\theta)$与位移曲线方程$s(\theta)$。曲线方程为：

在$0\leqslant\theta\leqslant\frac{\beta}{8}$时：

$$s(\theta)=\frac{h}{\pi+4}\left[\pi\frac{\theta}{\beta}-\frac{1}{4}\sin\left(4\pi\frac{\theta}{\beta}\right)\right] \tag{9-76}$$

$$v(\theta)=\frac{\pi}{\pi+4}\cdot\frac{h}{\beta}\left[1-\cos\left(4\pi\frac{\theta}{\beta}\right)\right] \tag{9-77}$$

$$a(\theta)=\frac{4\pi^2}{\pi+4}\cdot\frac{h}{\beta^2}\sin\left(4\pi\frac{\theta}{\beta}\right) \tag{9-78}$$

在$\frac{\beta}{8}\leqslant\theta\leqslant\frac{7\beta}{8}$时：

$$s(\theta)=\frac{h}{\pi+4}\left[2+\pi\frac{\theta}{\beta}-\frac{9}{4}\sin\left(\frac{\pi}{3}+\frac{4\pi}{3}\frac{\theta}{\beta}\right)\right] \tag{9-79}$$

$$v(\theta)=\frac{\pi}{\pi+4}\cdot\frac{h}{\beta}\left[1-3\cos\left(\frac{\pi}{3}+\frac{4\pi}{3}\frac{\theta}{\beta}\right)\right] \tag{9-80}$$

$$a(\theta)=\frac{4\pi^2}{\pi+4}\cdot\frac{h}{\beta^2}\sin\left(\frac{\pi}{3}+\frac{4\pi}{3}\frac{\theta}{\beta}\right) \tag{9-81}$$

在$\frac{7\beta}{8}\leqslant\theta\leqslant\beta$时：

$$s(\theta)=\frac{h}{\pi+4}\left[4+\pi\frac{\theta}{\beta}-\frac{1}{4}\sin\left(4\pi\frac{\theta}{\beta}\right)\right] \tag{9-82}$$

$$v(\theta)=\frac{\pi}{\pi+4}\cdot\frac{h}{\beta}\left[1-\cos\left(4\pi\frac{\theta}{\beta}\right)\right] \tag{9-83}$$

$$a(\theta)=\frac{4\pi^2}{\pi+4}\cdot\frac{h}{\beta^2}\sin\left(4\pi\frac{\theta}{\beta}\right) \tag{9-84}$$

对于修正正弦曲线而言，$v_{\max}=\frac{4\pi}{\pi+4}\cdot\frac{h}{\beta}$，$a_{\max}=\frac{4\pi^2}{\pi+4}\cdot\frac{h}{\beta^2}$。

（10）修正等速度曲线　**修正等速度曲线**（Modified constant velocity curve，MCV）所使用的曲线类型很多，各种类型的修正曲线均以改良等速度曲线起点与终点处速度与加速度突然变化的现象为目的。图9-20是由5个区间的曲线所构成的。区间Ⅰ是采用周期为$\beta/4$的正弦函数在第一象限的曲线，区间Ⅱ是周期为$3\beta/4$的正弦函数在第二象限的曲线，区间Ⅲ是加速度为零的直线，区间Ⅳ是与区间Ⅱ相同的正弦函数在第三象限的曲线，区间Ⅴ则是与区间Ⅰ相同的正弦函数在第四象限的曲线。如此设定其加速度曲线方程函数$s''(\theta)$各区间的形状特征后，再将$s''(\theta)$依次对θ进行积分，并设定适当的边界条件，即可求得其速度曲线方程$s'(\theta)$与位移曲线方程$s(\theta)$。修正等速度曲线也是对称曲线；由于它有50%的比例加速度为零，因此俗称为MCV50曲线。曲线方程为：

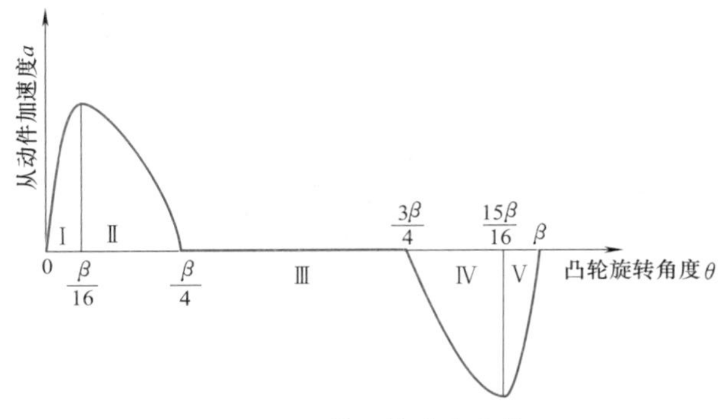

图9-20　修正等速度曲线

在$0\leqslant\theta\leqslant\frac{\beta}{16}$时：

$$s(\theta)=\frac{h}{5\pi+4}\left[2\pi\frac{\theta}{\beta}-\frac{1}{4}\sin\left(8\pi\frac{\theta}{\beta}\right)\right] \tag{9-85}$$

$$v(\theta)=\frac{1}{5\pi+4}\cdot\frac{h}{\beta}\left[2\pi-2\pi\cos\left(8\pi\frac{\theta}{\beta}\right)\right] \tag{9-86}$$

$$a(\theta)=\frac{16\pi^2}{5\pi+4}\cdot\frac{h}{\beta^2}\sin\left(8\pi\frac{\theta}{\beta}\right) \tag{9-87}$$

在$\frac{\beta}{16}\leqslant\theta\leqslant\frac{\beta}{4}$时：

$$s(\theta)=\frac{h}{5\pi+4}\left\{2+2\pi\frac{\theta}{\beta}-\frac{9}{4}\cos\left[\frac{8\pi}{3}\left(\frac{\theta}{\beta}-\frac{1}{16}\right)\right]\right\} \tag{9-88}$$

$$v(\theta)=\frac{2\pi}{5\pi+4}\cdot\frac{h}{\beta}\left\{1+3\sin\left[\frac{8\pi}{3}\left(\frac{\theta}{\beta}-\frac{1}{16}\right)\right]\right\} \tag{9-89}$$

$$a(\theta)=\frac{16\pi^2}{5\pi+4}\cdot\frac{h}{\beta^2}\cos\left[\frac{8\pi}{3}\left(\frac{\theta}{\beta}-\frac{1}{16}\right)\right] \tag{9-90}$$

在$\frac{\beta}{4}\leqslant\theta\leqslant\frac{3\beta}{4}$时：

$$s(\theta)=\frac{h}{5\pi+4}\left(2-\frac{3\pi}{2}+8\pi\frac{\theta}{\beta}\right) \tag{9-91}$$

$$v(\theta)=\frac{8\pi}{5\pi+4}\cdot\frac{h}{\beta} \tag{9-92}$$

$$a(\theta)=0 \tag{9-93}$$

在$\frac{3\beta}{4}\leqslant\theta\leqslant\frac{15\beta}{16}$时，

$$s(\theta)=\frac{h}{5\pi+4}\left\{(3\pi+2)+2\pi\frac{\theta}{\beta}+\frac{9}{4}\sin\left[\frac{8\pi}{3}\left(\frac{\theta}{\beta}-\frac{3}{4}\right)\right]\right\} \tag{9-94}$$

$$v(\theta)=\frac{2\pi}{5\pi+4}\cdot\frac{h}{\beta}\left\{1+3\cos\left[\frac{8\pi}{3}\left(\frac{\theta}{\beta}-\frac{3}{4}\right)\right]\right\} \tag{9-95}$$

$$a(\theta)=-\frac{16\pi^2}{5\pi+4}\cdot\frac{h}{\beta^2}\sin\left[\frac{8\pi}{3}\left(\frac{\theta}{\beta}-\frac{3}{4}\right)\right] \tag{9-96}$$

在$\frac{15\beta}{16}\leqslant\theta\leqslant\beta$时：

$$s(\theta)=\frac{h}{5\pi+4}\left\{(4+3\pi)+2\pi\frac{\theta}{\beta}+\frac{1}{4}\cos\left[8\pi\left(\frac{\theta}{\beta}-\frac{15}{16}\right)\right]\right\} \tag{9-97}$$

$$v(\theta)=\frac{2\pi}{5\pi+4}\cdot\frac{h}{\beta}\left\{1-\sin\left[8\pi\left(\frac{\theta}{\beta}-\frac{15}{16}\right)\right]\right\} \tag{9-98}$$

$$a(\theta)=-\frac{16\pi^2}{5\pi+4}\cdot\frac{h}{\beta^2}\cos\left[8\pi\left(\frac{\theta}{\beta}-\frac{15}{16}\right)\right] \tag{9-99}$$

对于修正等速度曲线而言，$v_{\max}=\frac{8\pi}{5\pi+4}\cdot\frac{h}{\beta}$，$a_{\max}=\frac{16\pi^2}{5\pi+4}\cdot\frac{h}{\beta^2}$。

9.3.3 运动曲线特征值 Characteristic values of motion curves

从以上所述的曲线可看出，各曲线的速度极值均正比于 h/β、加速度极值均正比于 h/β^2；若将各曲线进一步分析可发现，跃度的极值也均正比于 h/β^3。换言之，各曲线的极值均为下列形式：

$$v_{\max} = V_{\mathrm{m}} \frac{h}{\beta} \tag{9-100}$$

$$a_{\max} = A_{\mathrm{m}} \left(\frac{h}{\beta^2}\right) \tag{9-101}$$

$$a_{\min} = -A_{\mathrm{m}} \left(\frac{h}{\beta^2}\right) \tag{9-102}$$

$$j_{\max} = J_{\mathrm{m}} \left(\frac{h}{\beta^3}\right) \tag{9-103}$$

$$j_{\min} = -J_{\mathrm{m}} \left(\frac{h}{\beta^3}\right) \tag{9-104}$$

所不同的是，其各自对应的系数 V_{m}、A_{m}、J_{m} 存在差别。这些系数统称为各种曲线的特征值，并分别称为速度特征值或**无量纲速度**（Normalized velocity）的最大值 V_{m}、加速度特征值或**无量纲加速度**（Normalized acceleration）的最大值 A_{m}、跃度特征值或**无量纲跃度**（Normalized jerk）的最大值 J_{m}。表 9-1 列出各种曲线的特征值及各种曲线较适合的应用条件。

表 9-1 凸轮运动曲线特性

	曲线名称	加速度曲线图	V_{m}	A_{m}	J_{m}	应用
基本曲线	等速度曲线		1.00	∞	∞	低速、轻载
	抛物线曲线		2.00	±4.00	∞	中速、轻载
	简谐运动曲线		1.57	±4.93	∞	中速、轻载
	摆线运动		2.00	±6.28	±39.48	高速、轻载
多项式曲线	3 阶多项式曲线（Ⅰ）		3.00	±12.0	∞	低速、轻载
	3 阶多项式曲线（Ⅱ）		1.50	±6.00	∞	低速、轻载
	3 阶多项式曲线（Ⅲ）		2.00	±8.00	±32.00	低速、轻载
	4 阶多项式曲线		2.00	±6.00	±48.00	低速、轻载
	5 阶多项式曲线		1.88	±5.77	+60.00 −30.00	高速、中载
修正曲线	修正梯形曲线		2.00	±4.89	±61.43	高速、轻载
	修正正弦曲线		1.76	±5.53	+69.47 −23.16	高速、中载
	修正等速度曲线		1.28	±8.01	+201.4 −67.10	低速、重载

若一并考虑凸轮的角速度，则由式（9-9）~式（9-11）可得知，从动件的速度、加速度、跃度的极值分别为：

$$\dot{s}_{\max} = V_{\mathrm{m}}\left(\frac{h}{\beta}\right)\omega \tag{9-105}$$

$$\ddot{s}_{\max} = A_{\mathrm{m}}\left(\frac{h}{\beta^2}\right)\omega^2 \tag{9-106}$$

$$\ddot{s}_{\min} = -A_{\mathrm{m}}\left(\frac{h}{\beta^2}\right)\omega^2 \tag{9-107}$$

$$\dddot{s}_{\max} = J_{\mathrm{m}}\left(\frac{h}{\beta^3}\right)\omega^3 \tag{9-108}$$

$$\dddot{s}_{\min} = -J_{\mathrm{m}}\left(\frac{h}{\beta^3}\right)\omega^3 \tag{9-109}$$

由上述的式子可看出，选定各种不同曲线的特征值（V_{m}、A_{m}、J_{m}）及 h、β、ω 等设计参数，将影响从动件的速度、加速度及跃度的极值。

9.3.4 运动曲线综合方法 Generation of motion curves

对于一般简单凸轮机构的运动设计而言，9.3.2 节所介绍的曲线已足够选用。但是，在面对较为复杂的运动需求时，如设计具有非对称性的运动曲线，且加入其运动特性的要求时，则必须有更进一步的考虑。

对于满足较为复杂的运动需求，常使用的方法是从曲线中挑选出一些符合设计条件者，将之一段段地连接起来。因此，各区段曲线之间的连接是否平滑连续，将直接影响凸轮机构的传动特性；因为若其速度或加速度不连续，即意味着凸轮运转时从动件会有过大的跃度或抖振发生，同时也会对凸轮产生冲击载荷，而此现象在凸轮转速越高时越为严重。因此，高速凸轮的运动曲线，在各区段曲线之间的连接应力求平滑。一般而言，连接后运动曲线的位移、速度以及加速度必须连续，而跃度应为有限值。如图 9-21 所示，若从动件的位移曲线由 s_1 和 s_2 两段曲线连接而成，其行程分别为 h_1 和 h_2，且其连接点为 P，则综合曲线连续的边界条件为：

$$s_1(\beta_1) = s_2(\beta_1) \tag{9-110}$$

$$v_1(\beta_1) = v_2(\beta_1) \tag{9-111}$$

$$a_1(\beta_1) = a_2(\beta_1) \tag{9-112}$$

式中，h_1 和 h_2 分别为曲线 s_1 和 s_2 的从动件行程；而 β_1 和 β_2 则是相对应的凸轮旋转角度。

在一般工业应用上，用于机械传动的运动曲线，若无其他设计限制，则根据使用条件在修正梯形曲线、修正正弦曲线、修正等速度曲线中选用，即可获得不错的结果。

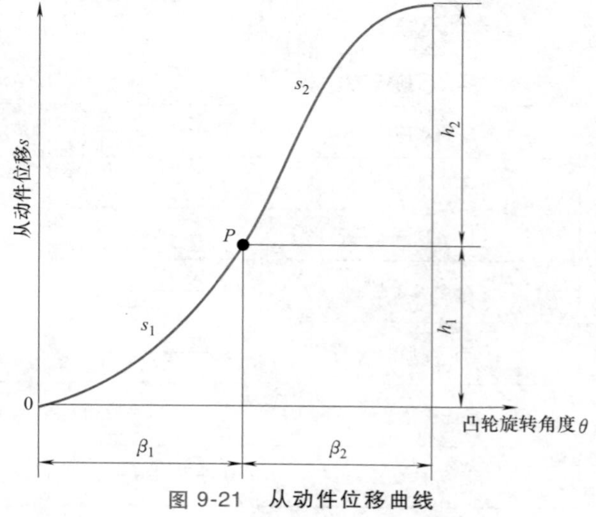

图 9-21 从动件位移曲线

例 9-1 **有一个盘形凸轮机构，凸轮以等角速度 ω 旋转，当凸轮转动 β 角度时，从动件从最高点下降 *h* 行程到最低点；在这个运动之前为等速度运动，速度为 *v*，在这个运动之后为停歇运动，且这个运动两端的加速度为零。试设计满足上述条件的多项式曲线。**

解：根据题述的边界条件可得：当 $\theta=0$ 时，$s=h$，$\dot{s}=v$，$\ddot{s}=0$；当 $\theta=\beta$ 时，$s=0$，$\dot{s}=0$，$\ddot{s}=0$。由于 $\dot{s}=s'\omega$，因此若此凸轮的角速度 $\omega=1\text{rad/s}$，则边界条件可改写为：当 $\theta=0$ 时，$s=h$，$s'=v/\omega$，$s''=0$；当 $\theta=\beta$ 时，$s=0$，$s'=0$，$s''=0$。令多项式曲线的位移方程 $s(\theta)$ 为：

$$s(\theta)=c_0+c_1\theta+c_2\theta^2+c_3\theta^3+c_4\theta^4+c_5\theta^5$$

则其速度方程 $s'(\theta)$ 与加速度方程 $s''(\theta)$ 分别为：

$$s'(\theta)=c_1+2c_2\theta+3c_3\theta^2+4c_4\theta^3+5c_5\theta^4$$

$$s''(\theta)=2c_2+6c_3\theta+12c_4\theta^2+20c_5\theta^3$$

将六个边界条件代入以上三式可得：

$$h=c_0$$
$$v=c_1\omega$$
$$0=c_2$$
$$0=c_0+c_1\beta+c_2\beta^2+c_3\beta^3+c_4\beta^4+c_5\beta^5$$
$$0=c_1+2c_2\beta+3c_3\beta^2+4c_4\beta^3+5c_5\beta^4$$
$$0=2c_2+6c_3\beta+12c_4\beta^2+20c_5\beta^3$$

联立求解前三个方程可得：

$$c_0=h \quad c_1=\frac{v}{\omega} \quad c_2=0$$

联立求解后三个方程可得：

$$c_3=-\frac{6v}{\beta^2\omega}-\frac{10h}{\beta^3}$$

$$c_4=\frac{8v}{\beta^3\omega}+\frac{15h}{\beta^4}$$

$$c_5=-\frac{3v}{\beta^4\omega}-\frac{6h}{\beta^5}$$

因此，满足设计曲线的多项式曲线为：

$$s(\theta)=h+\frac{v}{\omega}\theta-\left(\frac{6v}{\beta^2\omega}+\frac{10h}{\beta^3}\right)\theta^3+\left(\frac{8v}{\beta^3\omega}+\frac{15h}{\beta^4}\right)\theta^4-\left(\frac{3v}{\beta^4\omega}+\frac{6h}{\beta^5}\right)\theta^5$$

9.4 凸轮设计 Cam design

设计者欲充分发挥凸轮机构的功能，必须了解其设计步骤与设计条件，以下分别说明。

9.4.1 设计步骤 Design procedure

凸轮机构设计步骤如图9-22所示。

1. 确定运动要求

设计凸轮机构的首要步骤，是确定对从动件运动的设计要求，即当凸轮机构主动件（一般为凸轮）运转一个工作周期时，其从动件相对于主动件的运动关系。例如：若输入件为凸轮且工作周期为360°，则当凸轮旋转一周时，从动件是做往复移动还是摆动运动；从动件的运动是属双停歇运动、单停歇运动，还是其他种类的运动；以及凸轮转 θ 角度时，从动件相对于 θ 的运动关系式。只有将这些运动要求确定后，才能进行凸轮机构的相关设计。

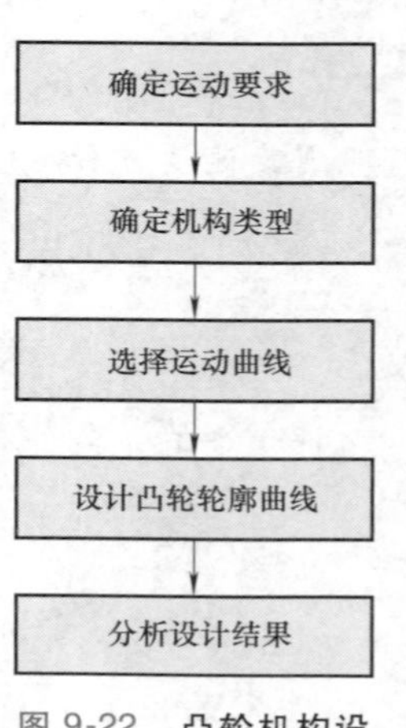

图9-22 凸轮机构设计步骤

2. 确定机构类型

当凸轮机构的运动要求确定后，下一个设计步骤即是确定机构的类型，包括：

1）主动件与从动件的相对位置。用以选择平面或空间凸轮机构。

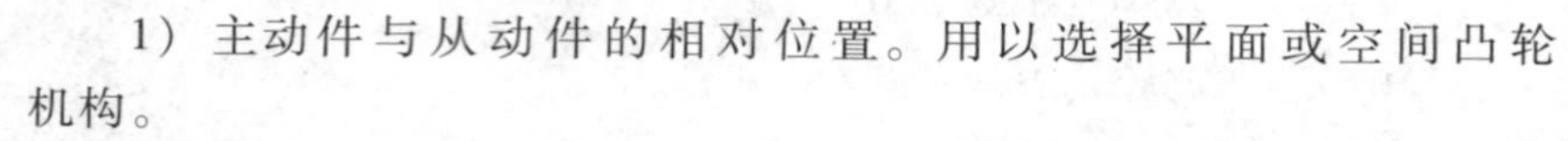

2）运动规律的种类。用以选择简单凸轮机构、复杂凸轮机构或组合式凸轮机构（即与连杆机构或其他机构组合设计）。

3）主动件与从动件的运动种类与形式。

3. 选择运动曲线

设计凸轮机构的第三个步骤，是根据运动要求与机构类型，选择适当的运动曲线或将几种曲线加以组合，以达到特定输出运动特性的要求。凸轮运动曲线的选用，有相当多的考虑因素；基本上，曲线的选用，以能产生加速度极值最小的运动曲线，而且能尽量减小振动与噪声为原则。9.3节所述的运动曲线，可供选择时参考。

4. 设计凸轮轮廓曲线

运动曲线确定后，即可据此设计凸轮的轮廓曲线。设计的方法有图解法与解析法。图解法是利用绘图方法直接画出凸轮的轮廓，相当容易了解，但较费时且精度较低；然而图解法是用来说明设计凸轮轮廓曲线原理相当好的一种方法。解析法是利用数值法计算出凸轮轮廓的坐标，虽然公式推导较费时，但是可重复使用且结果的精度较高。此外，随着计算机的计算速度与绘图功能的提升，利用计算机来设计凸轮轮廓曲线可兼有图解法与解析法的优点，也容易将设计结果转为加工制造所需的NC程序。有关设计凸轮轮廓曲线的方法，将在9.5节与9.6节加以说明。

5. 分析设计结果

凸轮轮廓曲线求得后，须进行凸轮机构的性能分析，包括位移、速度、加速度、跃度、曲率半径、压力角、扭力、接触应力、振动、噪声等，以验证结果是否符合设计的要求与限制。若设计结果不符合所求，则可从变更设计参数着手，如改变基圆直径、滚子大小、从动件偏距等，以改善设计的结果。若仍然无法符合设计要求，则必须重新选择运动曲线，甚至于重新决定机构的类型，以符合设计的要求与限制。有关凸轮机构的运动分析，可参考第6~8章所介绍的内容。

9.4.2 设计限制 Design constraints

设计凸轮机构时，有些设计限制必须加以考虑，以符合实际应用的需要，如速度与加速度的规定最大值、允许的空间、构件尺寸的大小、**压力角**（Pressure angle）、许用转矩、许用接触应力、材料限制、加工精度、表面粗糙度、成本限制等。设计凸轮机构的各个步骤，均须考虑设计限制。

基本上，凸轮的尺寸是越小越好。一个小的凸轮，除了所占的空间较小之外，在高速运转时其惯性力、噪声、振动等问题也较小，然而压力角、根切现象、凸轮轮毂尺寸等因素限制了凸轮尺寸大小的设计，以下分别对这三个因素进行说明。

1. 压力角

凸轮机构的设计，除了要达到预期的运动功能之外，其传动性能也必须加以考虑，以提高传动效率，并避免产生卡死现象与出现自锁位置；**压力角**即为评估凸轮机构传动性能的一个指标。

设计凸轮机构时，希望在一个运动周期中，压力角不会大于许用值 ϕ_{max}。一般而言，平移从动件的 ϕ_{max} 限定为 30°，摆动从动件的 ϕ_{max} 则限定为 45°。

利用最大压力角的限制，可以求出凸轮机构的基本参数尺寸，如基圆与滚子的大小等。此外，压力角的概念，虽可用来评估凸轮机构的运动性能，但并不是一个充分的评价指标。

一个凸轮的压力角极值若超过许用值，则必须变更设计，包括使用较大的基圆、改变从动件的偏距、选用 V_m 较小的运动曲线、同一段凸轮升程使用较大的凸轮转角。为了降低压力角过大的不良影响，从动件的刚性越大越好，从动件与机架间的摩擦因数越小越好，从动件与机架导槽间的接触部分越长越好。

若压力角过大的问题难以解决，则可选用平底型的从动件，因为平底从动件的压力角为零。此外，摆动从动件较直动从动件无压力角过大的困扰。

2. 根切

当凸轮轮廓上某些点的曲率大小不适当时，凸轮从动件无法在其应有的路径上传动，此即产生**根切**（Undercutting）现象。以图 9-23 为例，若凸轮节曲线上某一部分的曲率半径小于从动件滚子的半径，则滚子中心的路径无法在节曲线上，如图 9-23a 所示；此外，若平面从动件的三个位置如图 9-23b 所示，则凸轮的轮廓曲线只能与位置 2 和 4 的从动件相切，而无法与位置 3 的从动件相切；因此，从动件的运动将无法如设计要求所期。

基本上，根切现象可由增大凸轮基圆直径、减小滚轮直径或改用 A_m 较小的运动曲线来加以消除。

3. 轮毂尺寸

图 9-24 中，凸轮轴的轴径（D_S）大小确定定后，轮毂尺寸（Hub size，D_H）即可随之确定。若凸轮的材料为铸铁，且考虑构件的强度与刚度设计，则下列公式可用来计算轮毂直径 D_H 的大小：

$$D_H = 1.75D_S + 6.4\text{mm} \tag{9-113}$$

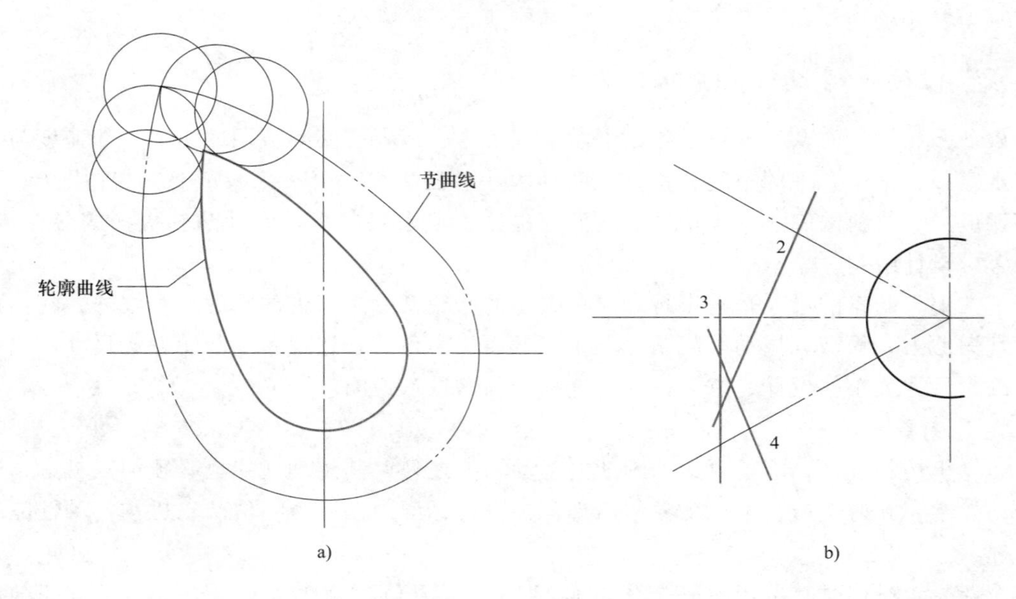

图 9-23 根切现象

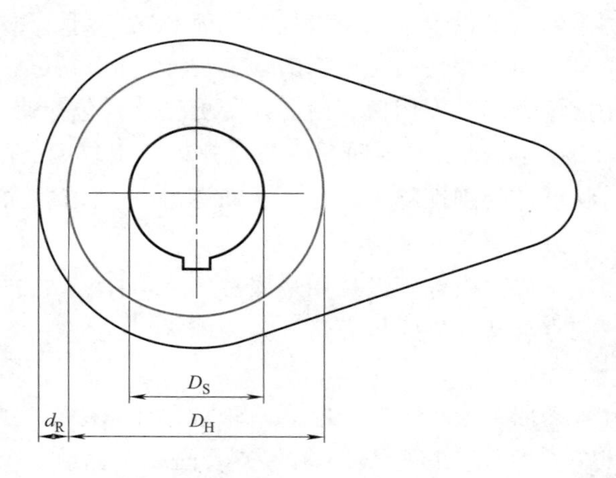

图 9-24 轮毂尺寸

此外，d_R 值最好大于 3.2mm。

轮毂直径 D_H 和 d_R 的值决定了凸轮基圆的最小直径。

9.5 盘形凸轮轮廓曲线设计——图解法 Profile design of disk cams—graphical method

盘形凸轮为最简单且应用最广的凸轮，根据从动件接触类型、分布方式、运动形式的不同，可被分为多种类型，如 9.1 节所述。本节介绍利用图解法（Graphical method）来设计各种盘形凸轮的轮廓曲线。

9.5.1 对心直动尖端从动件 Disk cams with a radially translating knife-edge follower

尖端从动件与凸轮的轮廓成滑动接触、易磨耗，仅限于在低速或轻载状况下使用；虽较不实用，但其节曲线与轮廓曲线重合，对于了解凸轮轮廓曲线的形成过程相当有帮助。

图 9-25 所示为已知凸轮的运动曲线，利用图解法设计对心直动尖端从动件凸轮机构的凸轮轮廓曲线的情形，设计步骤如下：

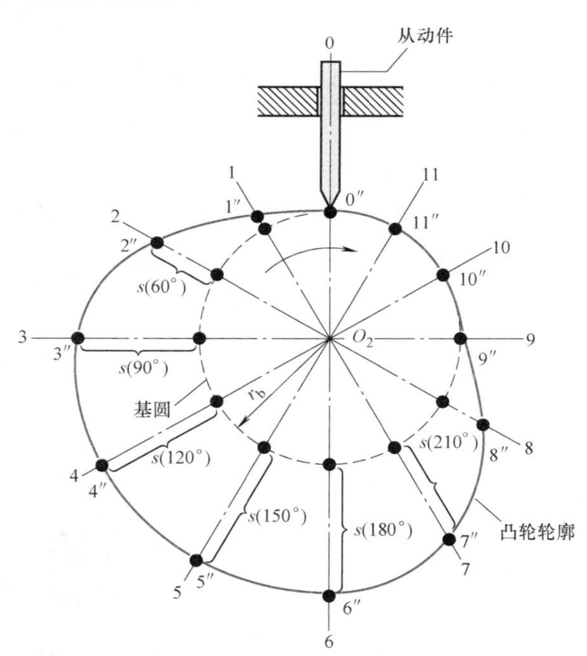

图 9-25 直动尖端从动件凸轮轮廓作图法

1）设定凸轮轴心 O_2，选择基圆半径 r_b，并以 O_2 为圆心绘出基圆。

2）设定从动件在位移为零（即最低点）的位置，绘出从动件与其中心线。

3）以从动件在最低点位置的中心线为基线，将基圆分成 n 等份（取 12 等份），绘出 n 条（取 12 条）径向射线，并根据凸轮旋转反方向将这些射线依次标号，如 $O_2 0$、$O_2 1$、$O_2 2$、$O_2 3$、…、$O_2 11$。

4）在第 1 条径向射线上量取 $\overline{O_2 1''}=r_b+s(30°)$，得到点 1″；在第 2 条径向射线上量取

$\overline{O_2 2''}=r_b+s(60°)$，得到点 2″；在第 3 条径向射线上量取$\overline{O_2 3''}=r_b+s(90°)$，得到点 3″；依此类推，求得点 4″、点 5″、…、点 11″。

5）画一条圆滑曲线通过所有的点，即得凸轮的轮廓曲线。

9.5.2 对心直动滚子从动件 Disk cams with a radially translating roller follower

图 9-26 所示为已知凸轮的运动曲线，利用图解法设计对心直动滚子从动件凸轮机构的凸轮轮廓曲线的情形，设计步骤如下：

1）设定凸轮轴心 O_2，选择基圆半径 r_b、滚子半径 r_f，并以 O_2 为圆心，绘出基圆。

2）通过点 O_2 往上作射线 $O_2 0$。在这条射线上找到点 P 使$\overline{O_2 P}=r_b+r_f$，并以点 P 为圆心，滚子半径为半径画圆与基圆相切，则点 P 即为从动件在最低点（位置 0）时滚子的圆心，也是循迹点。

3）以从动件在最低点位置的中心线为基线，将基圆分成 n 等份（取 12 等份），绘出 n 条（取 12 条）径向射线，并根据凸轮旋转反方向将这些射线依次标号，如 $O_2 0$、$O_2 1$、$O_2 2$、$O_2 3$、…、$O_2 11$。

4）在第 1 条径向射线上量取$\overline{O_2 1''}=r_b+r_f+s(30°)$，得到点 1″；在第 2 条径向射线上量取$\overline{O_2 2''}=r_b+r_f+s(60°)$，得到点 2″；在第 3 条径向射线上量取$\overline{O_2 3''}=r_b+r_f+s(90°)$，得到点 3″；依此类推，求得点 4″、点 5″、…、点 11″。

5）以点 1″、点 2″、点 3″、…、点 11″为圆心，滚子半径为半径，分别画出滚子圆。

6）画一条圆滑曲线相切于这些滚子圆，即得凸轮的轮廓曲线。

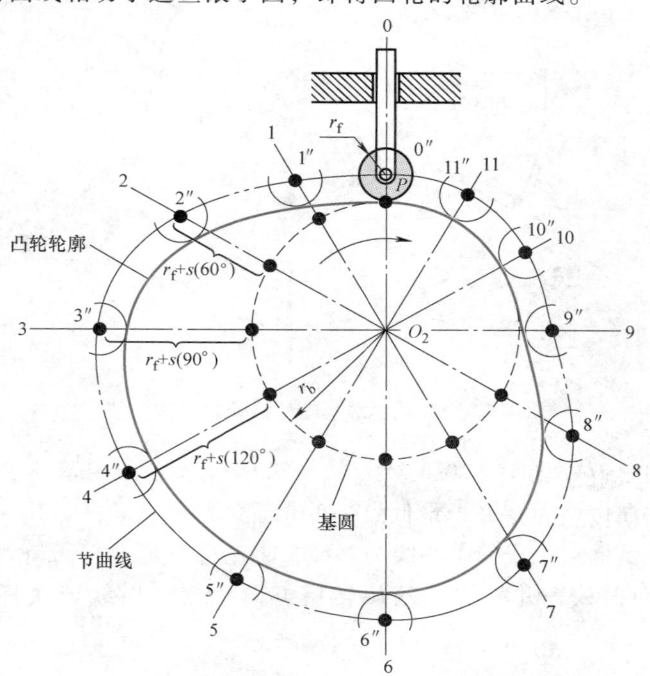

图 9-26 直动滚子从动件凸轮轮廓作图法

9.5.3 偏置直动滚子从动件 Disk cams with an offset translating roller follower

一般的对心直动滚子从动件凸轮机构，由于凸轮旋转产生的侧推力，会使从动件在升程中产生阻力。为减小此种阻力作用，可将从动件向右或向左产生一偏距，以使升程中的压力角减小。凸轮顺时针方向旋转时，从动件应向左偏置；凸轮逆时针方向旋转时，从动件应向右偏置。将从动件这样偏置，虽然可减小升程的压力角，但是会增大回程的压力角；由于一般的凸轮机构有回动弹簧可帮助从动件回程的运动，因此将从动件这样偏置处理仍值得考虑。

图 9-27 所示为凸轮的运动曲线已知，利用图解法设计直动偏置滚子从动件凸轮机构的凸轮轮廓曲线的情形，设计步骤如下：

1）设定凸轮轴心 O_2，选择基圆半径 r_b、滚子半径 r_f 以及偏距 e。以 O_2 为圆心，r_b 为半径，绘出基圆；以 O_2 为圆心，偏距 e 为半径，绘出偏置圆。

2）由于本例中的凸轮以顺时针方向旋转，因此从动件应向左偏置。在凸轮轴心 O_2 左侧距离偏距 e 处往上画从动件的中心线，此中心线与偏置圆相切于点 0。

3）以 O_20 为基线，将偏置圆分成 n 等份（取 12 等份），绘出 n 条（取 12 条）半径线，并根据凸轮旋转的反方向将这些半径线依次标号，如 O_20、O_21、O_22、O_23、O_24、$\cdots O_211$。

4）通过点 0、点 1、点 2、点 3、点 4 等，分别作偏置圆的切线 00′、11′、22′、33′、44′、…、1111′。

5）在切线 00′上找到点 P 使 $\overline{0P}=\sqrt{(r_b+r_f)^2-e^2}$，并以点 P 为圆心，以滚子半径为半径画圆与基圆相切，则点 P 即为从动件在最低点（位置 0）时滚子的圆心，也是循迹点。

6）在第 1 条切线 11′上量取 $\overline{11''}=\sqrt{(r_b+r_f)^2-e^2}+s(30°)$，得到点 1″；在第 2 条切线 22′上量取 $\overline{22''}=\sqrt{(r_b+r_f)^2-e^2}+s(60°)$，得到点 2″；在第 3 条切线 33′上量取 $\overline{33''}=\sqrt{(r_b+r_f)^2-e^2}+s(90°)$，得到点 3″；依此类推，求得点 4″、点 5″、…、点 11″。

7）以点 1″、点 2″、点 3″、…、点 11″为圆心，滚子半径为半径，分别画出滚子圆。

8）画一条圆滑曲线相切于这些滚子圆，即得凸轮的轮廓曲线。

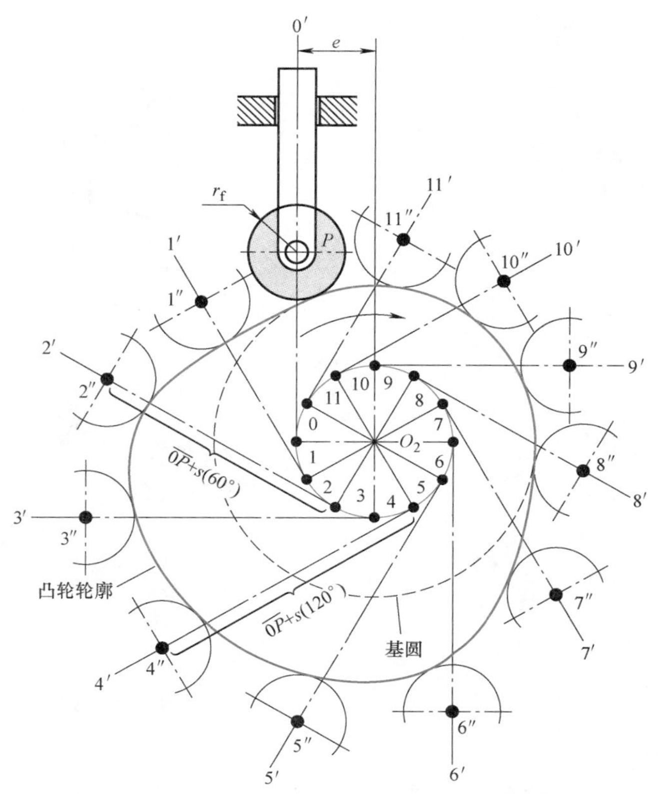

图 9-27 直动偏置滚子从动件凸轮轮廓作图法

9.5.4 对心直动平底从动件 Disk cams with a radially translating flat-face follower

图9-28所示为已知凸轮的运动曲线，利用图解法设计对心直动平底从动件凸轮机构的凸轮轮廓曲线的情形，设计步骤如下：

1）设定凸轮轴心 O_2，选择基圆半径 r_b，并以 O_2 为圆心绘出基圆。

2）通过点 O_2 往上作射线 O_20，为从动件在最低位置的中心线。在这条射线上找到点 0″，使 $\overline{O_20''}=r_b$；通过 0″作一线段垂直于射线 O_20，则此 O_20 的垂线即为从动件在最低点（位置0）的位置。

3）以从动件在最低点位置的中心线为基线，将基圆分成 n 等份（取12等份），绘出 n 条（取12条）径向射线，并根据凸轮旋转的反方向将这些射线依次标号，如 O_20、O_21、O_22、O_23、…、O_211。

4）在第1条径向射线上量取 $\overline{O_21''}=r_b+s(30°)$，得到点1″；在第2条径向射线上量取 $\overline{O_22''}=r_b+s(60°)$，得到点2″；在第3条径向射线上量取 $\overline{O_33''}=r_b+s(90°)$，得到点3″；根据此类推，求得点4″、点5″、…、点11″。

5）通过1″作一线段垂直于射线 O_21，此即为从动件相对于凸轮在位置1的位置。此外，通过2″作一线段垂直于射线 O_22，此即为从动件相对于凸轮在位置2的位置。依此类推，通

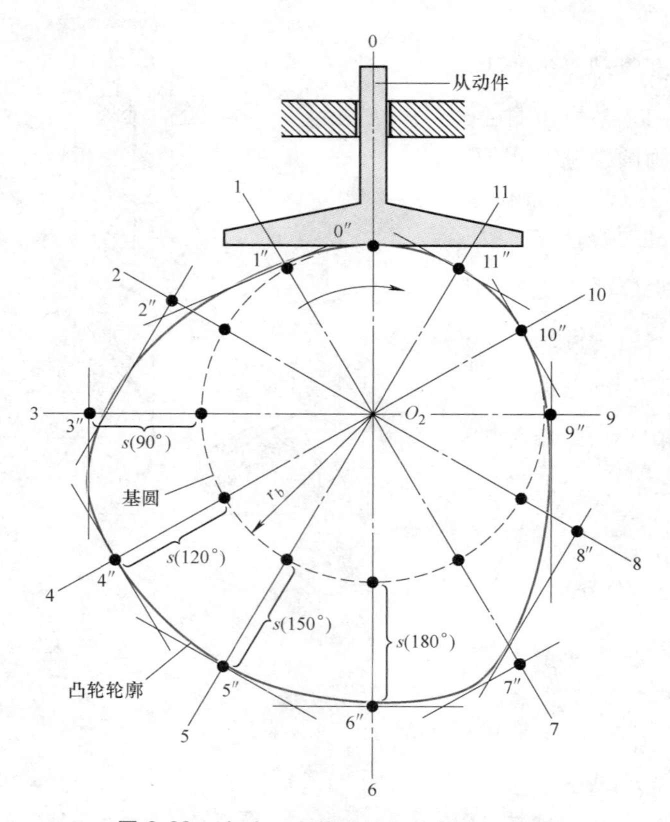

图9-28 直动平底从动件凸轮轮廓作图法

过 n''作一线段垂直于其对应的射线 O_2n，即为从动件相对于凸轮在位置 n 的位置。

6）作一条圆滑曲线相切于从动件相对于凸轮的每个位置，即得凸轮的轮廓曲线。

对于直动平底从动件凸轮机构而言，其从动件的偏距不会影响其凸轮轮廓曲线；所以不论从动件是否有偏距，利用图解法设计其凸轮轮廓曲线的步骤相同。

9.5.5 摆动滚子从动件 Disk cams with an oscillating roller follower

图 9-29 说明摆动滚子从动件凸轮机构的凸轮轮廓曲线的图解法。若凸轮轴心 O_2、从动件固定轴 O_3、基圆半径 r_b、滚子半径 r_f、从动件摇杆长$\overline{O_3P}=l$，以及运动曲线均为已知或已选定，则凸轮轮廓曲线的设计步骤如下：

1）设定凸轮轴心 O_2、从动摇杆轴心 O_3（中心距），并选择基圆半径 r_b、滚子半径 r_f 及从动摇杆长 l。

2）以 O_2 为圆心、r_b 为半径，绘出基圆；以 O_2 为圆心、中心距 f 为半径，绘出**主轴圆**（Pivot circle）。

3）以 O_2O_3 为基线，将主轴圆分成 n 等份（取 12 等份），绘出 n 条（取 12 条）主轴圆的半径线，根据凸轮旋转的反方向将这些半径线依次标号，如 O_20、O_21、O_22、O_23、…、O_211。

4）作$\triangle O_2O_3P$，其中$\overline{O_3P}=l$、$\angle O_2O_3P=\xi_i=\arccos\dfrac{f^2+l^2-(r_b+r_f)^2}{2fl}$，以求得点 P；以点 P 为圆心、r_f 为半径，画滚子圆与基圆相切，则点 P 即为从动件在最低点（位置 0）时滚子的圆心。

5）以第 1 条半径线 O_21 为一边作$\triangle O_211''$，其中 $\overline{11''}=l$、$\angle O_211''=\xi_i+s(30°)$，以求得点 1″。此外，以第 2 条半径线 O_22 为一边作$\triangle O_222''$，其中 $\overline{22''}=l$、$\angle O_222''=\xi_i+s(60°)$，以求得点 2″。根据此类推，以第 n 条半径线 O_2n 为一边作$\triangle O_2nn''$，其中$\overline{nn''}=l$、$\angle O_2nn''=\xi_i+s(n\times30°)$，以求得点 n''。

6）以点 1″、点 2″、点 3″、…、点 11″为圆心，滚子半径 r_f 为半径，分别画出滚子圆。

7）画一圆滑曲线相切于这些滚子圆，即得凸轮的轮廓曲线。

9.5.6 摆动平底从动件 Disk cams with an oscillating flat-face follower

图 9-30 说明摆动平底从动件凸轮机构的凸轮轮廓曲线的图解法。若凸轮轴心 O_2、从动件固定轴 O_3、基圆半径 r_b、从动件接触平面偏距 e 及运动曲线均为已知或已选定，则凸轮轮廓曲线的设计步骤如下：

1）设定凸轮轴心 O_2、从动摇杆轴心 O_3（中心距$\overline{O_2O_3}=f$），并选择基圆半径 r_b 与从动件接触平面偏距 e。

2）以 O_2 为圆心、r_b 为半径，绘出基圆；以 O_2 为圆心、中心距 f 为半径，绘出主轴圆。

3）以 O_2O_3 为基线，将主轴圆分成 n 等份（取 12 等份），绘出 n 条（取 12 条）主轴圆的半径线，并根据凸轮旋转的反方向将这些半径线依次标号，如 O_20、O_21、O_22、O_23、…、O_211 等。

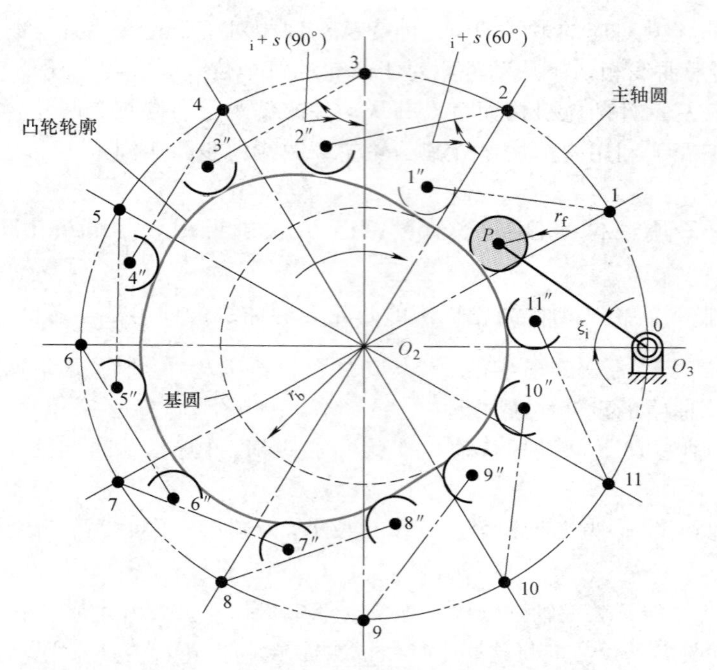

图 9-29 摆动滚子从动件凸轮轮廓图解法

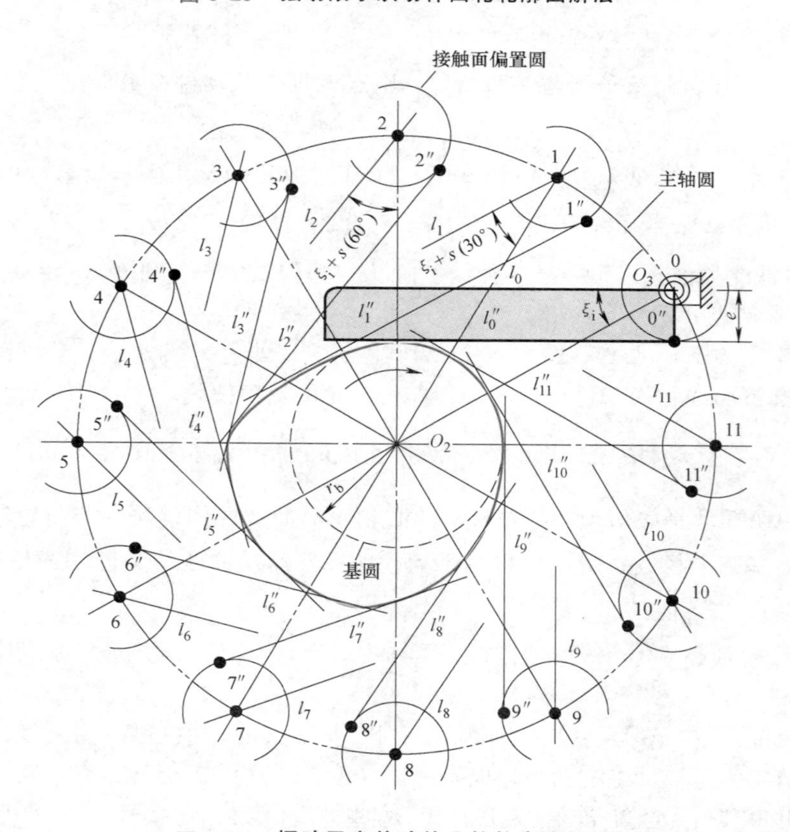

图 9-30 摆动平底从动件凸轮轮廓图解法

4）以点0、点1、点2、点3、…、点11为圆心，接触面偏距 e 为半径，分别画出**接触面偏置圆**（Face-offset circle）。

5）作 $\angle O_2O_3l_0=\xi_i=\arcsin\dfrac{r_b+e}{f}$，以求得射线 O_3l_0；平行于射线 O_3l_0 作接触面偏置圆的切线 $0''l''_0$，则此 $0''l''_0$ 线也与基圆相切，而折线 $O_30''l''_0$ 即为从动件在最低点（位置0）时相对于凸轮的位置。

6）以第1条半径线 O_21 为一边作 $\angle O_21l_1=\xi_i+s(30°)$，以求得射线 $1l_1$；平行于射线 $1l_1$ 作接触面偏置圆的切线 $1''l''_1$。此外，以第2条半径线 O_22 为一边作 $\angle O_22l_2=\xi_i+s(60°)$，以求得射线 $2l_2$；平行于射线 $2l_2$ 作接触面偏置圆的切线 $2''l''_2$。根据此类推，以第 n 条半径线 O_2n 为一边作 $\angle O_2nl_n=\xi_i+s(n\times30°)$，以求得射线 nl_n；平行于射线 nl_n 作接触面偏置圆的切线 $n''l''_n$。

7）画一条圆滑曲线相切于这些直线 $0''l''_0$、$1''l''_1$、$2''l''_2$、$3''l''_3$ 等，即得凸轮的轮廓曲线。

9.6 盘形凸轮轮廓曲线设计——解析法 Profile design of disk cams—analytical method

由于使用图解法无法得到精确的凸轮轮廓曲线，因此在后续的加工时会出现相当程度的制造误差。当凸轮轮廓的制造误差超过容许量时，将会影响其从动件的定位精度与机器的动态特性。因此，为了确保凸轮机构在高速运转的过程中，能使其从动件的位置达到预期的精度，并降低机械的振动与噪声，凸轮的轮廓必须精确地加工，因而凸轮的轮廓及其加工刀具中心点的路径必须在设计阶段利用**解析法**（Analytical method）精确地计算。

计算盘形凸轮轮廓曲线的解析法有瞬心向量法与包络线法。利用**包络线原理**（Theory of envelope）计算凸轮轮廓时必须解联立方程，且方程的推导过程较繁杂；尤其是当加工凸轮刀具的尺寸与从动件的尺寸不相同时，其刀具的运动路径更是难以精确地规划。相对而言，瞬心向量法则具有直接计算、容易了解、易于计算机化等优点。

利用速度瞬心的观念，由选定的设计条件即可定出凸轮与从动件的瞬心位置，并可进一步定出凸轮与从动件的接触点，再由此导出凸轮节曲线的向量方程、压力角的方程、凸轮轮廓曲线的向量方程、加工凸轮刀具的中心点相对于凸轮的运动路径曲线方程；且这些式子均可用参数方程的形式表示。以下针对各种盘形凸轮机构，说明如何用瞬心向量法决定这些参数方程。

9.6.1 直动对心滚子从动件 Disk cams with a radially translating roller follower

盘形凸轮机构有机架（杆件1）、凸轮（杆件2）、从动件（杆件3）三个杆件，因此它有 I_{12}、I_{13}、I_{23} 三个瞬心。瞬心 I_{12} 为凸轮固定轴，瞬心 I_{13} 为从动件的固定轴，而瞬心 I_{23} 则在凸轮与从动件的接触点的公法线与轴心线 $I_{12}I_{13}$ 的交点上。设计凸轮时，从相关的设计条件及从动件的速度可以确定出瞬心 I_{23} 的位置，并采用从动件的位置及瞬心 I_{23} 的位置来确定凸轮的轮廓。

如图 9-31 所示的直动对心滚子从动件凸轮机构，建立坐标系 O_2XY 固定于凸轮上，坐标原点 O_2 与凸轮的旋转轴心重合，θ 为凸轮的角位移；机架、凸轮、从动件的三个瞬心 I_{12}、I_{13}、I_{23} 的位置，分别如图上所示。若点 Q 代表瞬心 I_{23} 且 $\overline{O_2Q}=q$，则在凸轮上点 Q 的速率可表示为：

$$V_Q=q\omega_2 \tag{9-114}$$

式中，ω_2 为凸轮的转速。因为从动件为平移运动，所以从动件上所有点的速度均相同；因此，在从动件上 Q 点的速率 V_Q 可表示为：

$$V_{\mathrm{Q}}=\frac{\mathrm{d}L(\theta)}{\mathrm{d}t}=\frac{\mathrm{d}L(\theta)}{\mathrm{d}\theta}\frac{\mathrm{d}\theta}{\mathrm{d}t}=\frac{\mathrm{d}L(\theta)}{\mathrm{d}\theta}\omega_2 \tag{9-115}$$

式中，$L(\theta)$ 为从动件的位置函数，可表示为：

$$L(\theta)=r_{\mathrm{b}}+r_{\mathrm{f}}+s(\theta) \tag{9-116}$$

式中，r_{b} 为基圆半径；r_{f} 为从动件滚子半径；$s(\theta)$ 为从动件运动曲线函数。根据瞬心的定义，杆件 2（凸轮）与杆件 3（从动件）在瞬心 I_{23} 上的点有相同的速度，而点 Q 为瞬心 I_{23}，因此比较式（9-114）和式（9-115）可得：

$$q=\frac{\mathrm{d}L(\theta)}{\mathrm{d}\theta}=\frac{\mathrm{d}s(\theta)}{\mathrm{d}\theta}=s'=v(\theta) \tag{9-117}$$

式中，$v(\theta)$ 为从动件速度函数。因此，只要选定 r_{b}、r_{f} 的值及 $s(\theta)$ 函数后，对于任意 θ 参数值均可由 $L(\theta)$ 定出对应从动滚子中心点 C 的位置，并由式（9-117）求得 q 值定出对应瞬心点 Q 的位置；而 CQ 与从动滚子圆的交点 A 即为凸轮与从动滚子的接触点，也就是凸轮轮廓的对应点。因此，凸轮节曲线（即滚子中心）的向量参数方程可表示为：

$$\overrightarrow{O_2C}=L(\theta)\cos\theta\boldsymbol{i}+L(\theta)\sin\theta\boldsymbol{j} \tag{9-118}$$

上式写成坐标分量的形式，则节曲线的坐标（x_{f}，y_{f}）为：

$$x_{\mathrm{f}}=(r_{\mathrm{b}}+r_{\mathrm{f}}+s)\cos\theta \tag{9-119}$$

$$y_{\mathrm{f}}=(r_{\mathrm{b}}+r_{\mathrm{f}}+s)\sin\theta \tag{9-120}$$

由于压力角是接触点的公法线（CQ）及从动件的运动方向（CO_2）的夹角，因此由 ΔO_2CQ，压力角 ϕ 可表示为：

$$\phi=\arctan\frac{q}{L(\theta)}=\arctan\frac{v(\theta)}{L(\theta)} \tag{9-121}$$

因此，凸轮轮廓的向量方程可表示为：

$$\overrightarrow{O_2A}=\overrightarrow{O_2C}+\overrightarrow{CA} \tag{9-122}$$

式中，$\overrightarrow{O_2C}$ 如式（9-118）所示，而 $\overrightarrow{CA}$ 为：

$$\overrightarrow{CA}=r_{\mathrm{f}}\cos(\theta+180°-\phi)\boldsymbol{i}+r_{\mathrm{f}}\sin(\theta+180°-\phi)\boldsymbol{j} \tag{9-123}$$

上式写成坐标分量的形式，则凸轮轮廓的坐标（x，y）为：

$$x=(r_{\mathrm{b}}+r_{\mathrm{f}}+s)\cos\theta-r_{\mathrm{f}}\cos(\theta-\phi) \tag{9-124}$$

$$y=(r_{\mathrm{b}}+r_{\mathrm{f}}+s)\sin\theta-r_{\mathrm{f}}\sin(\theta-\phi) \tag{9-125}$$

此外，由于凸轮与从动滚子接触点的公法线必须通过刀具（铣刀或磨轮）的中心点，所以由点 A 在其公法线方向上往外延伸刀具半径 r_{c} 的距离，就是刀具中心点 G 的位置，其向量方程可表示为：

$$\overrightarrow{O_2G}=\overrightarrow{O_2C}+\overrightarrow{CG} \tag{9-126}$$

式中，$\overrightarrow{O_2C}$ 如式（9-118）所示，而$\overrightarrow{CG}$为：

$$\overrightarrow{CG}=(r_c-r_f)\cos(\theta-\phi)\boldsymbol{i}+(r_c-r_f)\sin(\theta-\phi)\boldsymbol{j} \tag{9-127}$$

上式写成坐标分量的形式，则刀具中心的坐标（x_c，y_c）可表示为：

$$x_c=(r_b+r_f+s)\cos\theta+(r_c-r_f)\cos(\theta-\phi) \tag{9-128}$$

$$y_c=(r_b+r_f+s)\sin\theta+(r_c-r_f)\sin(\theta-\phi) \tag{9-129}$$

图 9-31 所示的凸轮轮廓是通过上述参数方程绘出的。此凸轮的基圆半径 r_b 为 40mm，从动滚子的半径 r_f 为 10mm。当凸轮的角位移为 0°~120°时，从动件以摆线运动曲线上升 24mm；当凸轮的角位移为 120°~170°时，从动件休止；当凸轮的角位移为 170°~290°时，从动件以摆线运动曲线下降 24mm；当凸轮的角位移为 290°~360°时，从动件休止。

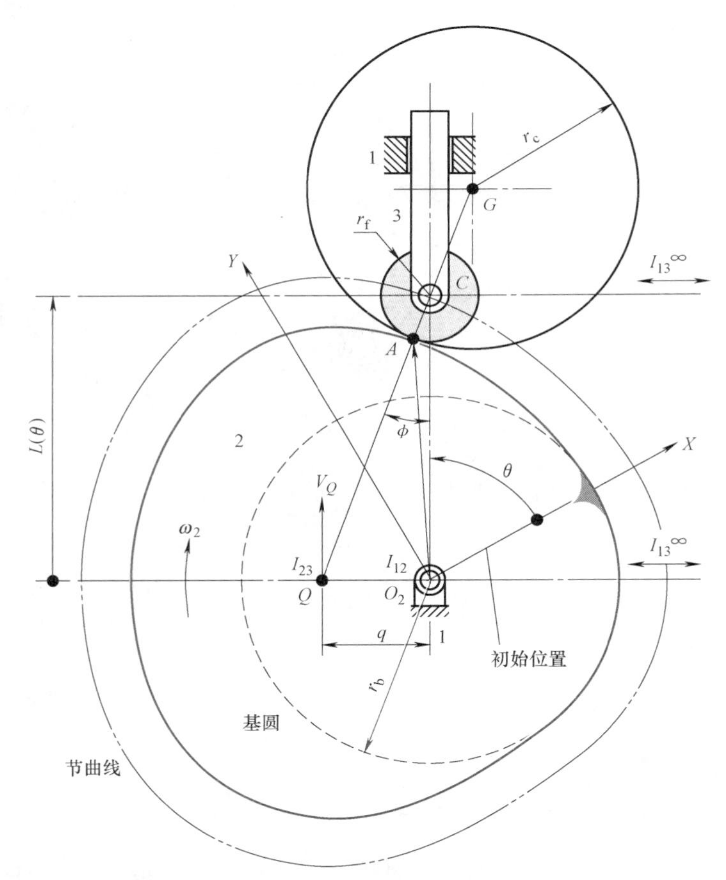

图 9-31 直动对心滚子从动件凸轮机构及其瞬心［例 9-2］

9.6.2 直动偏置滚子从动件 Disk cams with an offset translating roller follower

如图 9-32 所示的直动偏置滚子从动件凸轮机构，此机构的从动件具有偏距 e。建立坐标系 O_2XY 固定于凸轮上，坐标原点 O_2 与凸轮的旋转轴心重合，θ 为凸轮的角位移；机架、凸轮、从动件的三个瞬心 I_{12}、I_{13}、I_{23} 的位置，分别如图上所示。若点 Q 代表瞬心 I_{23} 且$\overline{O_2Q}$=

q，则在凸轮上点的速率 V_Q 可表示为：

$$V_Q = q\omega_2 \tag{9-130}$$

式中，ω_2 为凸轮的转速。因为从动件为平移运动，所以从动件上所有点的速度均相同；因此在从动件上点 Q 的速率 V_Q 可表示为：

$$V_Q = \frac{\mathrm{d}L(\theta)}{\mathrm{d}t} = \frac{\mathrm{d}L(\theta)}{\mathrm{d}\theta}\frac{\mathrm{d}\theta}{\mathrm{d}t} = \frac{\mathrm{d}L(\theta)}{\mathrm{d}\theta}\omega_2 \tag{9-131}$$

式中，从动件的位置函数 $L(\theta)$ 可表示为：

$$L(\theta) = \sqrt{(r_\mathrm{b}+r_\mathrm{f})^2 - e^2} + s(\theta) \tag{9-132}$$

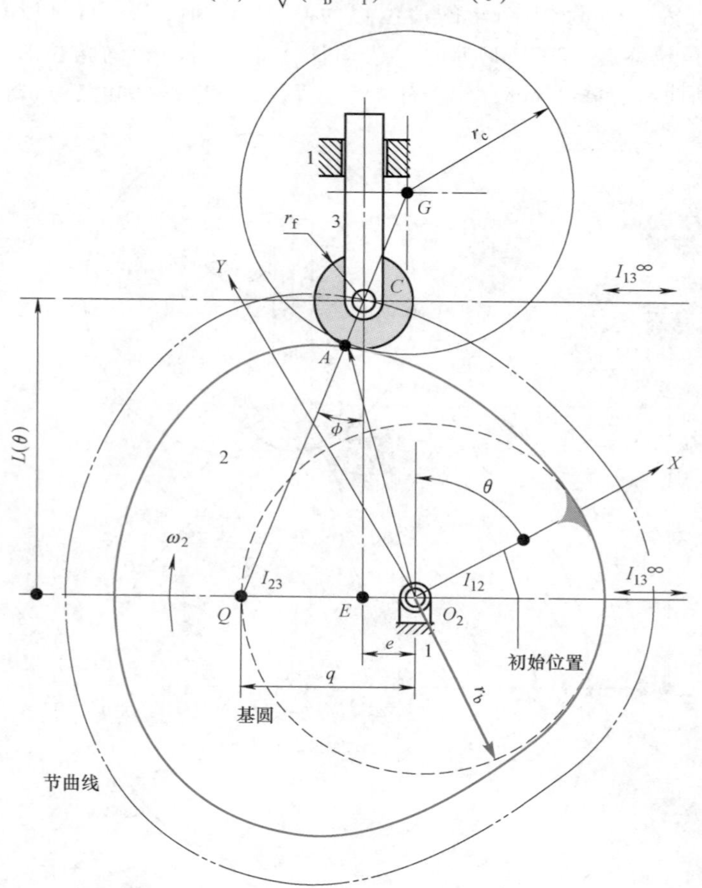

图 9-32 **直动偏置滚子从动件凸轮机构及其瞬心［例 9-3］**

式中，r_b 为基圆半径；r_f 为从动滚子半径；$s(\theta)$ 为从动件运动曲线函数。根据瞬心的定义，杆件 2（凸轮）与杆件 3（从动件）在瞬心 I_{23} 上的点具有相同的速度，而点 Q 为瞬心 I_{23}，因此比较式（9-130）和式（9-131）两式可得：

$$q = \frac{\mathrm{d}L(\theta)}{\mathrm{d}\theta} = \frac{\mathrm{d}s(\theta)}{\mathrm{d}\theta} = s' = v(\theta) \tag{9-133}$$

式中，$v(\theta)$ 即为从动件的速度函数。只要选定 r_b、r_f、e 的值及 $s(\theta)$ 函数后，对于任意 θ 参数值均可由 $L(\theta)$ 定出对应从动滚子中心点 C 的位置，并由式（9-133）求得 q 值而定出

对应瞬心点 Q 的位置；而 CQ 与从动滚子圆的交点 A 即为凸轮与从动滚子的接触点，也就是凸轮轮廓的对应点。因此，凸轮节曲线的向量方程可表示为：

$$\overrightarrow{O_2C}=\overrightarrow{O_2E}+\overrightarrow{EC} \tag{9-134}$$

式中

$$\overrightarrow{O_2E}=e\cos(\theta+90°)\boldsymbol{i}+e\sin(\theta+90°)\boldsymbol{j} \tag{9-135}$$

$$\overrightarrow{EC}=L(\theta)\cos\theta\boldsymbol{i}+L(\theta)\sin\theta\boldsymbol{j} \tag{9-136}$$

上式写成坐标分量的形式，则节曲线的坐标（x_f，y_f）为：

$$x_f=(\sqrt{(r_b+r_f)^2-e^2}+s)\cos\theta-e\sin\theta \tag{9-137}$$

$$y_f=(\sqrt{(r_b+r_f)^2-e^2}+s)\sin\theta+e\cos\theta \tag{9-138}$$

由 ΔECQ，压力角 ϕ 可表示为：

$$\phi=\arctan\frac{q-e}{L(\theta)}=\arctan\frac{v(\theta)-e}{L(\theta)} \tag{9-139}$$

凸轮轮廓的向量方程可表示为：

$$\overrightarrow{O_2A}=\overrightarrow{O_2E}+\overrightarrow{EC}+\overrightarrow{CA} \tag{9-140}$$

式中

$$\overrightarrow{CA}=r_f\cos(\theta+180°-\phi)\boldsymbol{i}+r_f\sin(\theta+180°-\phi)\boldsymbol{j} \tag{9-141}$$

上式写成坐标分量的形式，则凸轮轮廓的坐标（x，y）为：

$$x=(\sqrt{(r_b+r_f)^2-e^2}+s)\cos\theta-e\sin\theta-r_f\cos(\theta-\phi) \tag{9-142}$$

$$y=(\sqrt{(r_b+r_f)^2-e^2}+s)\sin\theta+e\cos\theta-r_f\sin(\theta-\phi) \tag{9-143}$$

此外，由于凸轮与从动滚子接触点的公法线必须通过刀具（铣刀或磨轮）的中心点，所以由点 A 在其公法线方向上往外延伸刀具半径 r_c 的距离，就是刀具中心点 G 的位置，其向量方程可表示为：

$$\overrightarrow{O_2G}=\overrightarrow{O_2E}+\overrightarrow{EC}+\overrightarrow{CG} \tag{9-144}$$

式中，$\overrightarrow{O_2E}$ 和 $\overrightarrow{EC}$ 分别如式（9-135）和式（9-136）所示，而 $\overrightarrow{CG}$ 为：

$$\overrightarrow{CG}=(r_c-r_f)\cos(\theta-\phi)\boldsymbol{i}+(r_c-r_f)\sin(\theta-\phi)\boldsymbol{j} \tag{9-145}$$

上式写成坐标分量的形式，则刀具中心的坐标（x_c，y_c）可表示为：

$$x_c=(\sqrt{(r_b+r_f)^2-e^2}+s)\cos\theta-e\sin\theta+(r_c-r_f)\cos(\theta-\phi) \tag{9-146}$$

$$y_c=(\sqrt{(r_b+r_f)^2-e^2}+s)\sin\theta+e\cos\theta+(r_c-r_f)\sin(\theta-\phi) \tag{9-147}$$

图 9-32 所示的凸轮轮廓就是通过上述参数方程绘制而成的。此凸轮的基圆半径 r_b 为 40mm，从动件的偏距 e 为 12mm，从动滚子的半径 r_f 为 10mm。当凸轮的角位移为 0°～100°时，从动件以摆线运动曲线上升 24mm；当凸轮的角位移为 100°～150°时，从动件休止；当凸轮的角位移为 150°～250°时，从动件以摆线运动曲线下降 24mm；当凸轮的角位移为 250°～360°时，从动件休止。

9.6.3 直动平底从动件 Disk cams with a translating flat-face follower

如图 9-33 所示的直动平底从动件凸轮机构，从动件的平底与凸轮保持相切。建立坐标

系 O_2XY 固定于凸轮上，并标示出瞬心 I_{12}、I_{13}、I_{23} 的位置，分别如图上所示。若点 Q 代表瞬心I_{23} 且$\overline{O_2Q}=q$，则 q 可表示为：

$$q=\frac{\mathrm{d}L(\theta)}{\mathrm{d}\theta}=\frac{\mathrm{d}s(\theta)}{\mathrm{d}\theta}=s'=v(\theta) \tag{9-148}$$

式中，从动件的位置函数 $L(\theta)$ 可表示为：

$$L(\theta)=r_{\mathrm{b}}+s(\theta) \tag{9-149}$$

因此，只要选定 r_{b} 值与 $s(\theta)$ 函数后，对任意 θ 参数值均可由 $L(\theta)$ 定出对应点 A 的高度，并由式（9-148）求得 q 值而定出对应瞬心点 Q 的位置。因此，凸轮轮廓的向量方程可表示为：

$$\overrightarrow{O_2A}=\overrightarrow{O_2Q}+\overrightarrow{QA} \tag{9-150}$$

式中

$$\overrightarrow{O_2Q}=q\cos(\theta+90^\circ)\boldsymbol{i}+q\sin(\theta+90^\circ)\boldsymbol{j} \tag{9-151}$$

$$\overrightarrow{QA}=L(\theta)\cos\theta\boldsymbol{i}+L(\theta)\sin\theta\boldsymbol{j} \tag{9-152}$$

上式写成坐标分量的形式，则凸轮轮廓的坐标（x，y）为：

$$x=(r_{\mathrm{b}}+s)\cos\theta-v(\theta)\sin\theta \tag{9-153}$$

$$y=(r_{\mathrm{b}}+s)\sin\theta+v(\theta)\cos\theta \tag{9-154}$$

由于直动平底从动件凸轮机构在任何位置，接触点法线方向均与从动件运动方向平行，因此压力角 ϕ 均为零。此外，由点 A 在其公法线方向上往外延伸刀具半径 r_{c} 的距离，就是刀具中心点 G 的位置，其向量方程可表示为：

$$\overrightarrow{O_2G}=\overrightarrow{O_2Q}+\overrightarrow{QG} \tag{9-155}$$

式中，$\overrightarrow{O_2Q}$ 如式（9-151）所示，而$\overrightarrow{QG}$ 为：

$$\overrightarrow{QG}=[L(\theta)+r_{\mathrm{c}}]\cos\theta\boldsymbol{i}+[L(\theta)+r_{\mathrm{c}}]\sin\theta\boldsymbol{j} \tag{9-156}$$

上式写成坐标分量的形式，则刀具中心的坐标（x_{c}，y_{c}）可表示为：

$$x_{\mathrm{c}}=(r_{\mathrm{b}}+s+r_{\mathrm{c}})\cos\theta-v(\theta)\sin\theta \tag{9-157}$$

$$y_{\mathrm{c}}=(r_{\mathrm{b}}+s+r_{\mathrm{c}})\sin\theta+v(\theta)\cos\theta \tag{9-158}$$

图 9-33 所示的凸轮轮廓就是通过上述参数方程绘制而成的。此凸轮的基圆半径 r_{b} 为 40mm。当凸轮的角位移为 0°~100°时，从动件以摆线运动曲线上升 24mm；当凸轮的角位移为 100°~180°时，从动件休止；当凸轮的角位移为 180°~270°时，从动件以摆线运动曲线下降 24mm；当凸轮的角位移为 270°~360°时，从动件休止。

9.6.4 摆动滚子从动件 Disk cams with an oscillating roller follower

如图 9-34 所示的摆动滚子从动件凸轮机构，凸轮旋转轴与从动件摆动轴间的中心距 $\overline{O_2O_3}=f$，从动件的杆长为 l。建立坐标系 O_2XY 固定于凸轮上，并标示出瞬心 I_{12}、I_{13}、I_{23} 的位置，分别如图上所示。若点 Q 代表瞬心 I_{23} 且$\overline{O_2Q}=q$，则在凸轮上点 Q 的速率可表示为：

$$V_Q=q\omega_2 \tag{9-159}$$

而从动件上点 Q 的速率 V_Q 可表示为：

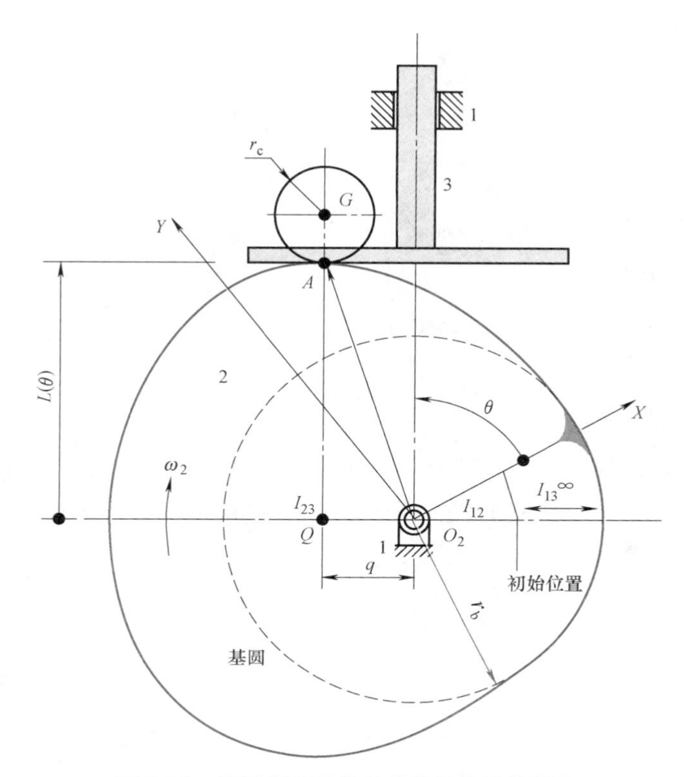

图 9-33 **直动平底从动件凸轮机构及其瞬心**

$$V_Q=(f+q)\frac{\mathrm{d}\xi(\theta)}{\mathrm{d}t}=(f+q)\frac{\mathrm{d}\xi(\theta)}{\mathrm{d}\theta}\omega_2 \tag{9-160}$$

式中，$\xi(\theta)$ 为从动件的角位置函数，可表示为：

$$\xi(\theta)=\arccos\frac{l^2+f^2-(r_b+r_f)^2}{2lf}+s(\theta) \tag{9-161}$$

式中，r_b 为凸轮的基圆半径；r_f 为从动滚子的半径；$s(\theta)$ 为从动摇杆的角位移函数。比较式（9-159）和式（9-160），并经移项化简后可得：

$$q=\frac{f\frac{\mathrm{d}\xi(\theta)}{\mathrm{d}\theta}}{1-\frac{\mathrm{d}\xi(\theta)}{\mathrm{d}\theta}}=\frac{f\frac{\mathrm{d}s(\theta)}{\mathrm{d}\theta}}{1-\frac{\mathrm{d}s(\theta)}{\mathrm{d}\theta}}=\frac{fv(\theta)}{1-v(\theta)} \tag{9-162}$$

式中，$v(\theta)$ 为从动摇杆的角速度函数。只要选定 r_b、r_f、l、f 值及 $s(\theta)$ 函数后，对任意 θ 参数值均可由 $\xi(\theta)$ 定出对应从动滚子中心点 C 的位置，并由式（9-162）求得 q 值而定出对应瞬心点 Q 的位置。由 ΔO_3QC 与余弦定理，可得点 Q 到滚子中心 C 的距离$\overline{QC}$ 为：

$$\overline{QC}=\sqrt{l^2+(f+q)^2-2l(f+q)\cos\xi(\theta)} \tag{9-163}$$

由 ΔO_3QC 与正弦定理可得：

$$\alpha=\arcsin\frac{l\sin\xi(\theta)}{\overline{QC}} \tag{9-164}$$

因此，凸轮轮廓的向量方程可表示为：

$$\overrightarrow{O_2A}=\overrightarrow{O_2Q}+\overrightarrow{QA} \tag{9-165}$$

式中

$$\overrightarrow{O_2Q}=q\cos(\theta+180°)\boldsymbol{i}+q\sin(\theta+180°)\boldsymbol{j} \tag{9-166}$$

$$\overrightarrow{QA}=(\overline{QC}-r_f)\cos(\theta+\alpha)\boldsymbol{i}+(\overline{QC}-r_f)\sin(\theta+\alpha)\boldsymbol{j} \tag{9-167}$$

上式写成坐标分量的形式，则凸轮轮廓的坐标（x，y）为：

$$x=-q\cos\theta+(\overline{QC}-r_f)\cos(\theta+\alpha) \tag{9-168}$$

$$y=-q\sin\theta+(\overline{QC}-r_f)\sin(\theta+\alpha) \tag{9-169}$$

节曲线的向量方程可表示为：

$$\overrightarrow{O_2C}=\overrightarrow{O_2Q}+\overrightarrow{QC} \tag{9-170}$$

式（9-170）写成坐标分量的形式，则节曲线的坐标（x_f，y_f）为：

$$x_f=-q\cos\theta+\overline{QC}\cos(\theta+\alpha) \tag{9-171}$$

$$y_f=-q\sin\theta+\overline{QC}\sin(\theta+\alpha) \tag{9-172}$$

由 ΔO_3QC 可知，压力角 ϕ 可表示为：

$$\phi=90°-\alpha-\xi(\theta) \tag{9-173}$$

此外，由点 A 在其公法线方向上往外延伸刀具半径 r_c 的距离，就是刀具中心点 G 的位置，其向量方程可表示为：

$$\overrightarrow{O_2G}=\overrightarrow{O_2Q}+\overrightarrow{QG} \tag{9-174}$$

式中，$\overrightarrow{O_2Q}$ 如式（9-166）所示，而$\overrightarrow{QG}$ 为：

$$\overrightarrow{QG}=(\overline{QC}-r_f+r_c)\cos(\theta+\alpha)\boldsymbol{i}+(\overline{QC}-r_f+r_c)\sin(\theta+\alpha)\boldsymbol{j} \tag{9-175}$$

上式写成坐标分量的形式，则刀具中心的坐标（x_c，y_c）可表示为：

$$x_c=-q\cos\theta+(\overline{QC}-r_f+r_c)\cos(\theta+\alpha) \tag{9-176}$$

$$y_c=-q\sin\theta+(\overline{QC}-r_f+r_c)\sin(\theta+\alpha) \tag{9-177}$$

图 9-34 所示的凸轮轮廓，就是通过上述参数方程绘制而成的。此机构的中心距 f 为 80mm，凸轮的基圆半径 r_b 为 40mm，从动件的摇杆长 l 为 52mm，从动滚子的半径 r_f 为 8mm。当凸轮的角位移为 0°～120°时，从动件以摆线运动曲线顺时针方向摆动 25°；当凸轮的角位移为 120°～160°时，从动件休止；当凸轮的角位移为 160°～280°时，从动件以摆线运动曲线逆时针方向摆动 25°；当凸轮的角位移为 280°～360°时，从动件休止。

9.6.5 摆动平底从动件 Disk cams with an oscillating flat-face follower

如图 9-35 所示的摆动平底从动件凸轮机构，凸轮旋转轴与从动件摆动轴间的中心距 $\overline{O_2O_3}=f$，从动件轴心到从动摇杆平底的距离为 e。建立坐标系 O_2XY 固定于凸轮上，并标出瞬心 I_{12}、I_{13}、I_{23} 的位置，分别如图上所示。

若点 Q 代表瞬心 I_{23} 且$\overline{O_2Q}=q$，则 q 可表示为：

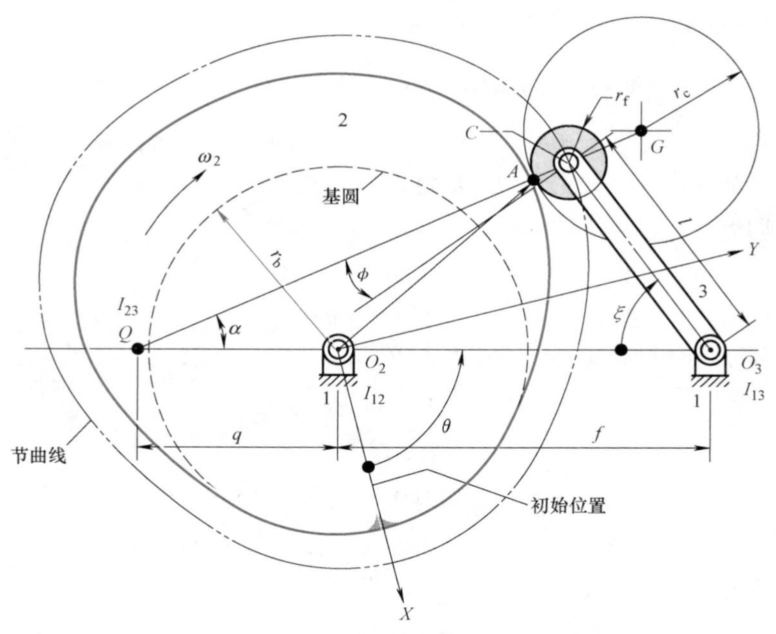

图 9-34 摆动滚子从动件凸轮机构及其瞬心

$$q=\frac{f\dfrac{\mathrm{d}\xi(\theta)}{\mathrm{d}\theta}}{1-\dfrac{\mathrm{d}\xi(\theta)}{\mathrm{d}\theta}}=\frac{f\dfrac{\mathrm{d}s(\theta)}{\mathrm{d}\theta}}{1-\dfrac{\mathrm{d}s(\theta)}{\mathrm{d}\theta}}=\frac{fv(\theta)}{1-v(\theta)} \tag{9-178}$$

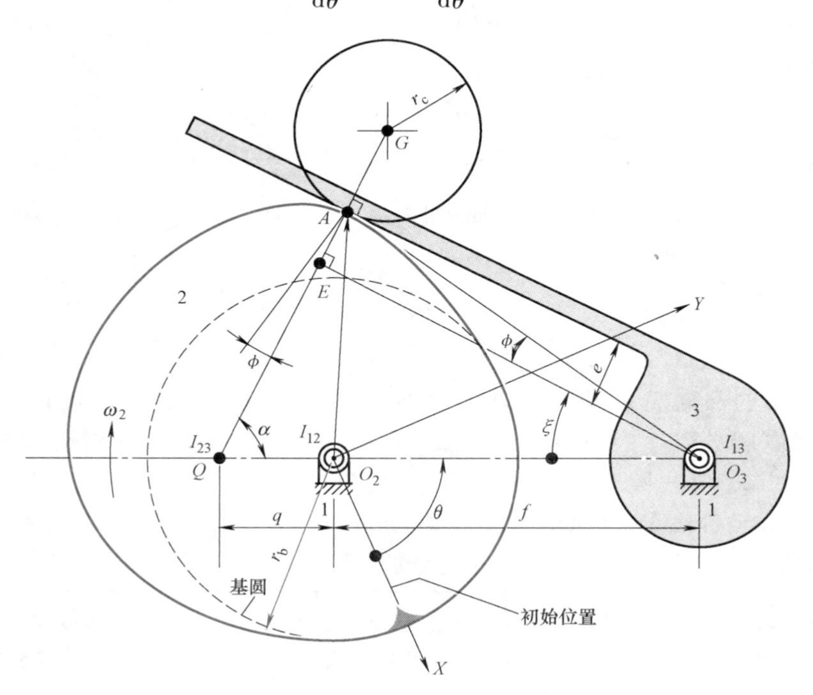

图 9-35 摆动平底从动件凸轮机构及其瞬心

式中，$\xi(\theta)$ 为从动件的角位置函数，可表示为：

$$\xi(\theta)=\arcsin\frac{r_b-e}{f}+s(\theta) \tag{9-179}$$

只要选定 r_b、e、f 的值及 $s(\theta)$ 函数后，对任意 θ 参数值均可由式（9-178）求得 q 值而定出对应瞬心点 Q 的位置，并由 $\xi(\theta)$ 值定出 O_3E 的方向，再由点 Q 对 O_3E 线作垂线而确定点 E 与点 A 的位置。由 ΔO_3QE 可得：

$$\overline{QE}=(f+q)\sin\xi(\theta) \tag{9-180}$$

$$\alpha=90°-\xi(\theta) \tag{9-181}$$

因此，凸轮轮廓的向量方程可表示为：

$$\overrightarrow{O_2A}=\overrightarrow{O_2Q}+\overrightarrow{QA} \tag{9-182}$$

式中

$$\overrightarrow{O_2Q}=q\cos(\theta+180°)\boldsymbol{i}+q\sin(\theta+180°)\boldsymbol{j} \tag{9-183}$$

$$\overrightarrow{QA}=(\overline{QE}+e)\cos(\theta+\alpha)\boldsymbol{i}+(\overline{QE}+e)\sin(\theta+\alpha)\boldsymbol{j} \tag{9-184}$$

上式写成坐标分量的形式，则凸轮轮廓的坐标（x，y）为：

$$x=-q\cos\theta+(\overline{QE}+e)\cos(\theta+\alpha) \tag{9-185}$$

$$y=-q\sin\theta+(\overline{QE}+e)\sin(\theta+\alpha) \tag{9-186}$$

由基本的几何关系可知，压力角 ϕ 就是 ΔO_3EA 的顶角，可表示为：

$$\phi=\arctan\frac{e}{(f+q)\cos\xi(\theta)} \tag{9-187}$$

此外，由点 A 在其公法线方向上往外延伸刀具半径 r_c 的距离，就是刀具中心点 G 的位置，其向量方程可表示为：

$$\overrightarrow{O_2G}=\overrightarrow{O_2Q}+\overrightarrow{QG} \tag{9-188}$$

式中，$\overrightarrow{O_2Q}$ 如式（9-183）所示，而$\overrightarrow{QG}$ 为：

$$\overrightarrow{QG}=(\overline{QE}+e+r_c)\cos(\theta+\alpha)\boldsymbol{i}+(\overline{QE}+e+r_c)\sin(\theta+\alpha)\boldsymbol{j} \tag{9-189}$$

上式写成坐标分量的形式，则刀具中心的坐标（x_c，y_c）可表示为：

$$x_c=-q\cos\theta+(\overline{QE}+e+r_c)\cos(\theta+\alpha) \tag{9-190}$$

$$y_c=-q\sin\theta+(\overline{QE}+e+r_c)\sin(\theta+\alpha) \tag{9-191}$$

图 9-35 所示的凸轮轮廓就是通过上述参数方程绘制而成的。此机构的中心距 f 为 80mm，凸轮的基圆半径 r_b 为 40mm，从动件轴心到从动摇杆平面的距离 e 为 16mm。当凸轮的角位移为 0°～120°时，从动件以摆线运动曲线顺时针方向摆动 15°；当凸轮的角位移为 120°～160°时，从动件休止；当凸轮的角位移为 160°～280°件以摆线运动曲线逆时针方向摆动 15°；当凸轮的角位移为 280°～360°时，从动件休止。

例 9-2 **如图 9-31 所示的直动对心滚子从动件凸轮机构，其基圆半径 r_b 为 80mm，从动滚子的半径 r_f 为 20mm。当凸轮的角位移为 0°～90°时，从动件以简谐运动曲线上升 20mm；当凸轮的角位移为 90°～180°时，从动件休止。试计算在 0°～90°区间，其压力角的极大值。**

解：根据题述的条件可知，$h=20\text{mm}$、$\beta=\pi/2$、$r_b=80\text{mm}$、$r_f=20\text{mm}$；其位移方程 $s(\theta)$ 为：

$$s(\theta)=\frac{h}{2}\left(1-\cos\frac{\pi\theta}{\beta}\right)=10-10\cos2\theta$$

其速度方程 $s'(\theta)$ 与加速度方程 $s''(\theta)$ 分别为：

$$s'(\theta)=\frac{\pi h}{2\beta}\sin\frac{\pi\beta}{\beta}=20\sin2\theta$$

$$s''(\theta)=\frac{\pi^2 h}{2\beta^2}\cos\frac{\pi\theta}{\beta}=40\cos2\theta$$

由式（9-121）可知：

$$\tan\phi=\frac{s'(\theta)}{s(\theta)+r_b+r_f}=\frac{2\sin2\theta}{11-\cos2\theta}$$

式中，ϕ 为压力角。将上列式子对 θ 微分可得：

$$\frac{\text{d}\tan\phi}{\text{d}\phi}\frac{\text{d}\phi}{\text{d}\theta}=\frac{s''(s+r_b+r_f)-s'^2}{(s+r_b+r_f)^2}=\frac{4(11\cos2\theta-1)}{(11-\cos2\theta)^2}$$

若 $\frac{\text{d}\phi}{\text{d}\theta}=0$，则可得：

$$\cos2\theta=\frac{1}{11}$$

$$\theta=42.392°$$

所以，

$$\phi_{\max}=\arctan\frac{2\sin(2\times42.392°)}{11-\cos(2\times42.392°)}=10.347°$$

由 $\tan\phi=\frac{s'(\theta)}{s(\theta)+r_b+r_f}$ 可知，$s(\theta)$ 和 $s'(\theta)$ 的变化都会对压力角产生影响。

由于 $s'(\theta)$ 的变化对压力角的影响比较明显，因此 $s'(\theta)$ 越大，则压力角也会越大。当 $\theta=45°$ 时，$s'=s'_{\max}$；所以当 $\theta=45°$ 时，其对应的压力角会极接近压力角的极大值：

$$s(45°)=10\text{mm}$$

$$s'(45°)=20\text{mm}$$

因此，当 $\theta=45°$ 时，

$$\tan\phi=\frac{20}{110}$$

$$\phi=10.305°$$

由上述数据可知，当 $s'(\theta)=s'_{\max}$ 时，其对应的压力角会比压力角的极大值稍小，但差异极少。

例 9-3 如图 9-32 所示的直动偏置滚子从动件凸轮机构，其基圆的半径 r_b 为 40mm，从动件的偏距 e 为 12mm，从动滚子的半径 r_f 为 10mm。当凸轮的角位移为 0°～100°时，从动件以摆线运动曲线上升 24mm；当凸轮的角位移为 100°～150°时，从动件休止；当凸轮的角位移为 150°～250°时，从动件以摆线运动曲线下降 24mm；当凸轮的角位移为 250°～360°时，从动件休止。当 $\theta=50°$ 时，试求接触点 A 的坐标（x_A，y_A）。

解：根据题述的条件可知，$r_b=40$、$r_f=10$、$e=12$；在 $\theta=50°$（$\theta=5\pi/18\text{rad}$）的区域，$h=24\text{mm}$、$\beta=100°$（$\beta=5\pi/9\text{rad}$），其位移方程 $s(\theta)$ 与速度方程 $s'(\theta)$ 分别为：

$$s(\theta)=h\left[\frac{\theta}{\beta}-\frac{1}{2\pi}\sin\left(2\pi\frac{\theta}{\beta}\right)\right]$$

$$s'(\theta)=\frac{h}{\beta}\left[1-\cos\left(2\pi\frac{\theta}{\beta}\right)\right]$$

滚子圆心的高为：

$$L(\theta)=\sqrt{(r_b+r_f)^2-e^2}+s(\theta)=\sqrt{(40+10)^2-12^2}\text{mm}+s(\theta)=2\sqrt{589}\text{mm}+s(\theta)$$

当 $\theta=50°$时：

$$s(50°)=24\times\left(\frac{50}{100}-\frac{1}{2\pi}\sin\frac{2\pi\times50}{100}\right)\text{mm}=12\text{mm}$$

$$L(50°)=2\sqrt{589}\text{mm}+12\text{mm}=60.5386\text{mm}$$

$$s'(50°)=\frac{24\times9}{5\pi}\left(1-\cos\frac{2\pi\times5\pi/18}{5\pi/9}\right)=\frac{432}{5\pi}\text{mm}=27.502\text{mm}$$

$$\tan\phi=\frac{s'(\theta)-e}{s(\theta)+r_b+r_f}=\frac{15.502\text{mm}}{60.5386\text{mm}}=0.25607$$

因此，压力角 ϕ 为：

$$\phi=\arctan0.25607=14.363°$$

由式（9-142）和式（9-143）可得凸轮轮廓的坐标（x_A，y_A）为：

$$\begin{aligned}x_A&=\left[\sqrt{(r_b+r_f)^2-e^2}+s(\theta)\right]\cos\theta-e\sin\theta-r_f\cos(\theta-\phi)\\&=38.913\text{mm}-9.1925\text{mm}-8.1272\text{mm}\\&=21.594\text{mm}\end{aligned}$$

$$\begin{aligned}y_A&=\left[\sqrt{(r_b+r_f)^2-e^2}+s(\theta)\right]\sin\theta+e\cos\theta-r_f\sin(\theta-\phi)\\&=46.3753\text{mm}+7.7135\text{mm}-5.8265\text{mm}\\&=48.262\text{mm}\end{aligned}$$

*9.6.6 盘形凸轮轮廓曲线设计——包络线法 Profile design of disk cams based on theory of envelop

本节介绍利用包络线原理求得盘形凸轮轮廓曲线的基本思想，并以直动对心滚子从动件凸轮为例，说明推导相关方程的方法与结果。

图 9-36 所示的许多圆圈，表示滚子从动件的滚子，这些圆圈的上下边界为两条**包络线**

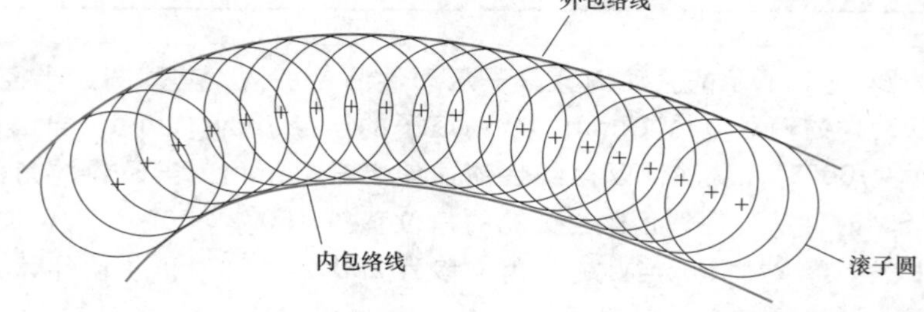

图 9-36 包络线原理

(Envelope)，即为凸轮的轮廓曲线。

平面上的**曲线族**（Curve family），可用数学式表示为：

$$F(x,y,\theta)=0 \tag{9-192}$$

式中，θ 为族群参数，用以区分个别曲线；在计算凸轮轮廓时，参数 θ 通常就是凸轮的旋转角。若参数 θ 设定为某特定值 θ_1，式（9-192）即表示一条对应曲线。如图 9-36 所示，相对于 θ_1 和 θ_2 的两条曲线，对滚子从动件而言，即为两个滚子圆圈，分别为 $F(x,\ y,\ \theta_1)=0$ 和 $F(x,\ y,\ \theta_2)=0$，因此位于包络线上的点（相对于此两个滚子圆）必位于此两滚子圆圈上。将式（9-192）对参数 θ 偏微分可得：

$$\frac{\partial F}{\partial\theta}(x,y,\theta)=F_\theta(x,y,\theta)=0 \tag{9-193}$$

表示包含 θ 参数的第二曲线族。由图 9-37 可知，第一曲线族及其相对应的第二曲线族相交于包络线上。因此，式（9-192）和式（9-193）的联立方程表示包络线。故在一般情形下，可由式（9-192）和式（9-193）联立消去参数 θ 而得包络线方程。

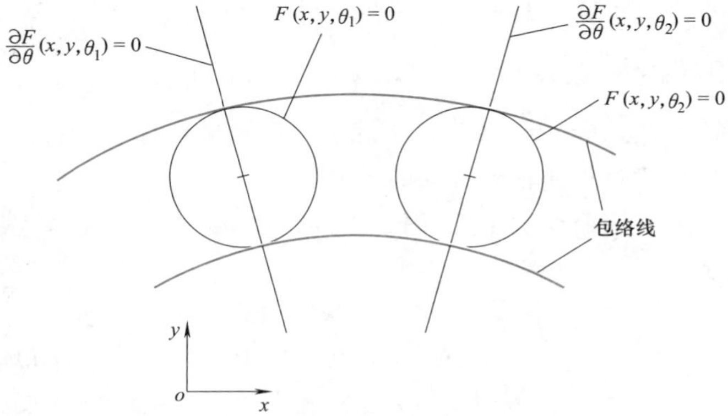

图 9-37 **曲线族**

如图 9-31 所示的直动对心滚子从动件凸轮机构，建立坐标系 O_2XY 固定于凸轮上，坐标原点 O_2 与凸轮的旋转轴心重合，θ 为凸轮的角位移。令凸轮中心 O_2 到滚子中心 C 的距离为 $L(\theta)$，则 $L(\theta)$ 可表示为：

$$L(\theta)=r_b+r_f+s(\theta) \tag{9-194}$$

式中，r_b 为基圆半径；r_f 为滚子半径；$s(\theta)$ 为从动件的位移。由从动件滚子所形成的曲线族方程可表示为：

$$F(x,y,\theta)=(x-L\cos\theta)^2+(y-L\sin\theta)^2-r_f^2=0 \tag{9-195}$$

将式（9-195）对 θ 偏微分得：

$$\frac{\partial F}{\partial\theta}=2\left(L\sin\theta-\frac{\mathrm{d}s}{\mathrm{d}\theta}\cos\theta\right)(x-L\cos\theta)-2\left(L\cos\theta+\frac{\mathrm{d}s}{\mathrm{d}\theta}\sin\theta\right)(y-L\cos\theta)=0 \tag{9-196}$$

联立求解式（9-195）和式（9-196），可得凸轮的轮廓曲线为：

$$x=L\cos\theta\pm\frac{r_f}{[1+(M/N)^2]^{1/2}} \tag{9-197}$$

$$y=L\sin\theta\pm\frac{M}{N}\frac{r_f}{[1+(M/N)^2]^{1/2}} \tag{9-198}$$

式中

$$M=L\sin\theta-\frac{\mathrm{d}s}{\mathrm{d}\theta}\cos\theta \tag{9-199}$$

$$N=L\cos\theta+\frac{\mathrm{d}s}{\mathrm{d}\theta}\sin\theta \tag{9-200}$$

$$\frac{\mathrm{d}s}{\mathrm{d}\theta}=\frac{\mathrm{d}L}{\mathrm{d}\theta} \tag{9-201}$$

因此，只要基圆半径 r_b、滚子半径 r_f、位移曲线 $s(\theta)$ 已知，即可由式（9-197）和式（9-198）求得凸轮的轮廓曲线。

由包络线原理所求得的凸轮轮廓曲线包含内包络线与外包络线，因此在式（9-197）和式（9-198）中所示的凸轮轮廓曲线的 x、y 坐标方程中均有正负号。利用这些方程实际计算凸轮轮廓曲线时，通常只选取其内包络线；也就是较为靠近凸轮转轴的那一条封闭曲线。此外，式（9-196）表示的第二曲线族，就是凸轮与从动件的接触点法线；所以联立解式（9-195）和式（9-196）所得到的两个对应点，就是从动滚子圆与接触点法线的两个交点。

由上述直动对心滚子从动件凸轮轮廓曲线的推导过程可看出，采用包络线原理推导相关方程的步骤及所得的结果较为复杂。相对而言，前述的瞬心向量法，参数方程可以简明地表示不同类型盘形凸轮的轮廓曲线及加工凸轮刀具中心点的路径。因此，虽然利用包络线原理，也可推导出其他类型凸轮机构轮廓曲线的相关方程，但本书不再详述其内容。

*9.6.7 曲率分析 Curvature analysis

凸轮轮廓的**曲率**（Curvature）与凸轮机构的特性有很密切的关系，也是判断该机构是否根切或是否能正确传动的重要因素。

若平面曲线的坐标（x, y）可用参数方程 $x=x(\theta)$、$y=y(\theta)$ 表示，则其曲率半径 ρ 可表示为：

$$\rho=\frac{[(\mathrm{d}x/\mathrm{d}\theta)^2+(\mathrm{d}y/\mathrm{d}\theta)^2]^{3/2}}{(\mathrm{d}x/\mathrm{d}\theta)(\mathrm{d}^2y/\mathrm{d}\theta^2)-(\mathrm{d}y/\mathrm{d}\theta)(\mathrm{d}^2x/\mathrm{d}\theta^2)} \tag{9-202}$$

对于直动平底从动件凸轮机构的轮廓曲线（图 9-33）而言，由式（9-153）和式（9-154）可得：

$$\frac{\mathrm{d}x}{\mathrm{d}\theta}=-(r_b+s+s'')\sin\theta \tag{9-203}$$

$$\frac{\mathrm{d}^2x}{\mathrm{d}\theta^2}=-(r_b+s+s'')\cos\theta-(s'+s''')\sin\theta \tag{9-204}$$

$$\frac{\mathrm{d}y}{\mathrm{d}\theta}=(r_b+s+s'')\cos\theta \tag{9-205}$$

$$\frac{\mathrm{d}^2y}{\mathrm{d}\theta^2}=-(r_b+s+s'')\sin\theta+(s'+s''')\cos\theta \tag{9-206}$$

式中，$s'=\dfrac{\mathrm{d}s}{\mathrm{d}\theta}$，$s''=\dfrac{\mathrm{d}^2s}{\mathrm{d}\theta^2}$，$s'''=\dfrac{\mathrm{d}^3s}{\mathrm{d}\theta^3}$；代入式（9-202），可得曲率半径 ρ 为：

$$\rho=r_b+s+s'' \tag{9-207}$$

对此类机构而言，其凸轮轮廓曲线的曲率半径 ρ 应大于零，即：

$$r_b+s+s''>0 \tag{9-208}$$

因此，在确定运动曲线之后，式（9-208）中的（$s+s''$）值即可确定，并据此选取适当的基圆半径 r_b 来满足式（9-208）的要求。

对于偏置直动滚子从动件凸轮的节曲线（图 9-32）而言，由式（9-137）可得：

$$\frac{\mathrm{d}x_{\mathrm{f}}}{\mathrm{d}\theta}=-e\cos\theta-\left[\sqrt{(r_{\mathrm{b}}+r_{\mathrm{f}})^{2}-e^{2}}+s\right]\sin\theta+s'\cos\theta \tag{9-209}$$

$$\frac{\mathrm{d}^{2}x_{\mathrm{f}}}{\mathrm{d}\theta^{2}}=e\sin\theta-\left[\sqrt{(r_{\mathrm{b}}+r_{\mathrm{f}})^{2}-e^{2}}+s\right]\cos\theta-2s'\sin\theta+s''\cos\theta \tag{9-210}$$

由式（9-138）可得：

$$\frac{\mathrm{d}y_{\mathrm{f}}}{\mathrm{d}\theta}=-e\sin\theta+\left[\sqrt{(r_{\mathrm{b}}+r_{\mathrm{f}})^{2}-e^{2}}+s\right]\cos\theta+s'\sin\theta \tag{9-211}$$

$$\frac{\mathrm{d}^{2}y_{\mathrm{f}}}{\mathrm{d}\theta^{2}}=-e\cos\theta-\left[\sqrt{(r_{\mathrm{b}}+r_{\mathrm{f}})^{2}-e^{2}}+s\right]\sin\theta+2s'\cos\theta+s''\sin\theta \tag{9-212}$$

将以上各式代入式（9-202）中，可得这种凸轮节曲线的曲率半径。若无偏距，即 $e=0$，则其节曲线的曲率半径为：

$$\rho_{\mathrm{f}}=\frac{\left[(r_{\mathrm{b}}+r_{\mathrm{f}}+s)^{2}+(s')^{2}\right]^{3/2}}{(r_{\mathrm{b}}+r_{\mathrm{f}}+s)^{2}+2(s')^{2}-(r_{\mathrm{b}}+r_{\mathrm{f}}+s)s''} \tag{9-213}$$

如图 9-38a 所示，滚子从动件可与凸或凹的凸轮轮廓接触。若轮廓为凸向外，则凸轮轮廓曲线的曲率半径 ρ 可表示为：

$$\rho=\rho_{\mathrm{f}}-r_{\mathrm{f}} \tag{9-214}$$

式中，ρ_{f}为节曲线在法线对应点处的曲率半径。若轮廓为凹向外时，则凸轮轮廓曲线的曲率半径的绝对值 ρ 可表示为：

$$\rho=\rho_{\mathrm{f}}+r_{\mathrm{f}} \tag{9-215}$$

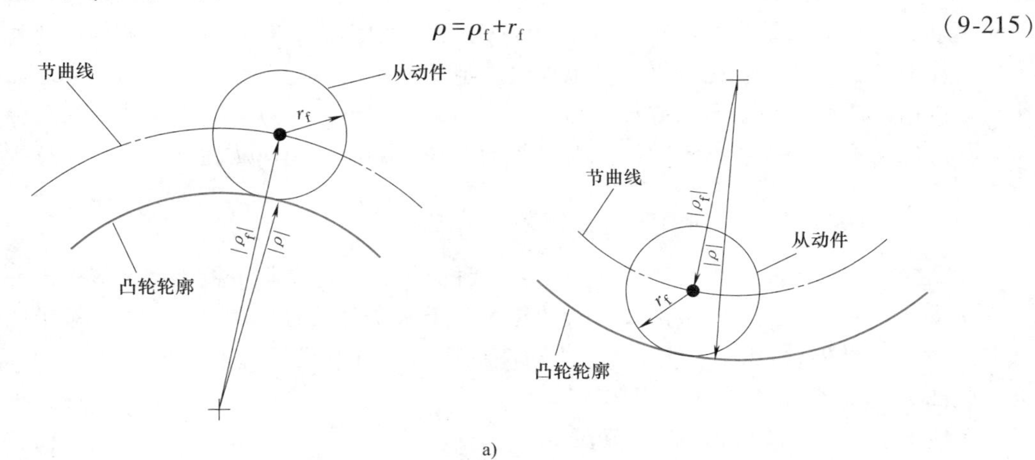

a)

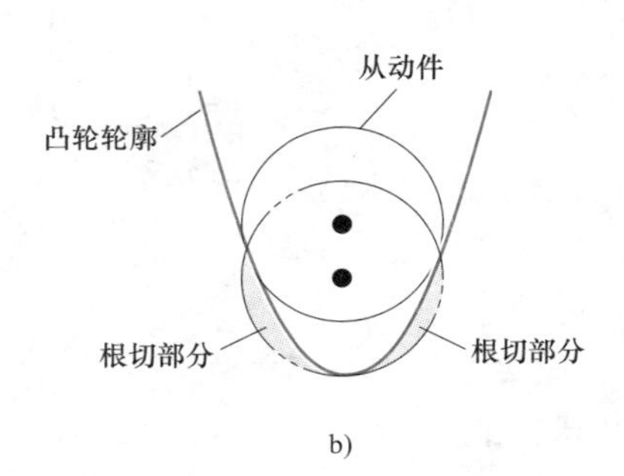

b)

图 9-38 滚子从动件凸轮的曲率与根切

若轮廓为凸向外，且凸轮轮廓的曲率半径 ρ 为零，即：

$$\rho=\rho_f-r_f=0 \tag{9-216}$$

则在该处的轮廓为一**尖点**（Cusp）。因此，当轮廓为凸向外时，应满足下式：

$$\rho_f>f_f \tag{9-217}$$

反之，当轮廓为凹向外时，其曲率半径 ρ 的绝对值为：

$$|\rho|=-\rho_f+r_f \tag{9-218}$$

若曲率半径 ρ 满足下式：

$$|\rho|\leqslant r_f \tag{9-219}$$

则会有根切的现象，如图 9-38b 所示。

*9.7 平面确动凸轮机构 Planar positive drive cams

对盘形凸轮机构而言，凸轮只将从动件向外推动；若欲使从动件靠向凸轮，则必须采用外力（如弹簧力或重力）将其推向凸轮，以使从动件与凸轮保持接触。利用此种方式使从动件与凸轮保持接触，若从动件因过大的惯性力跳离凸轮面，则将发生严重的撞击与噪声。此外，若利用回动弹簧将从动件推向凸轮，则除了增加机构的占用空间外，还会有加大凸轮表面接触应力、降低系统共振频率、发生弹簧颤振、增大输入转矩峰值等缺点；此外，即使采用回动弹簧，当凸轮转速较高时，也无法保证从动件与凸轮不会发生分离现象。因此，有些凸轮机构，泛称为**确动凸轮或形封闭凸轮**（Positive drive cam），不需要使用回动弹簧等外力，其凸轮无论在升程或回程中都能直接驱动从动件，而能确使从动件与凸轮保持接触。

9.7.1 面凸轮 Face cam

面凸轮（Face cam）为有槽确动凸轮，此种凸轮可通过在厚平板上用铣刀铣出一弯曲的凹槽而成，槽的中心线即为节曲线，槽的宽度等于从动滚子的直径，且恰可使滚子在凹槽内自由运动，如图 9-39 所示。一般滚子从动件盘形凸轮可改成适当的凹槽确动凸轮，其方法为在原凸轮的轮廓曲线外，绘出另一条在法线方向与原凸轮轮廓曲线恒保持滚子直径间距的轮廓曲线。换句话说，面凸轮的第二条凸轮轮廓曲线，就是滚子与凸轮接触点的直径上另一端点的轨迹。此种凸轮从动件的滚子，在升程或回程的运动过程中，与凹槽的接触边常会随着惯性力的变化而改变，滚子转动的方向也会随之改变。因此，这种凸轮机构不适用于高转速的场合。

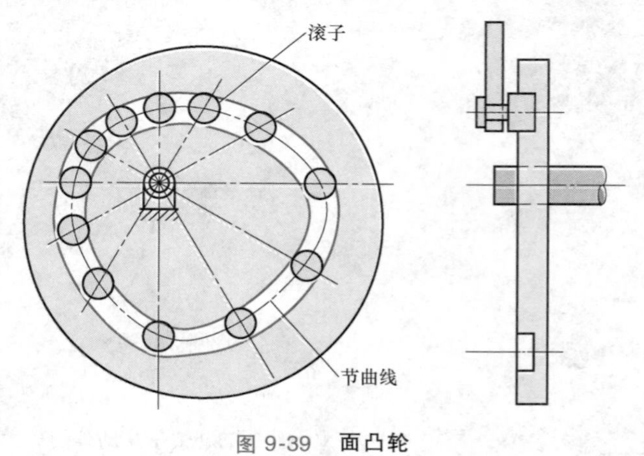

图 9-39 面凸轮

9.7.2 等径确动凸轮 Constant-diameter plate cam

等径确动凸轮（Constant-diameter plate cam）如图 9-40 所示，从动件两滚子在整个运动周期中随时与凸轮产生约束接触。此种机构从动件的升程位移与回程位移，除了方向相反之外，完全相等。因此这种凸轮机构从动件的位移曲线只有一半可任意选定，另一半的位移曲线将因前一半位移曲线的选定而随之确定、不能随意变化。此种凸轮轮廓曲线的形成，类似于滚子从动件盘形凸轮；但是只能指定凸轮前半圈的轮廓曲线，后半圈的轮廓曲线则随前半圈的轮廓曲线而定。

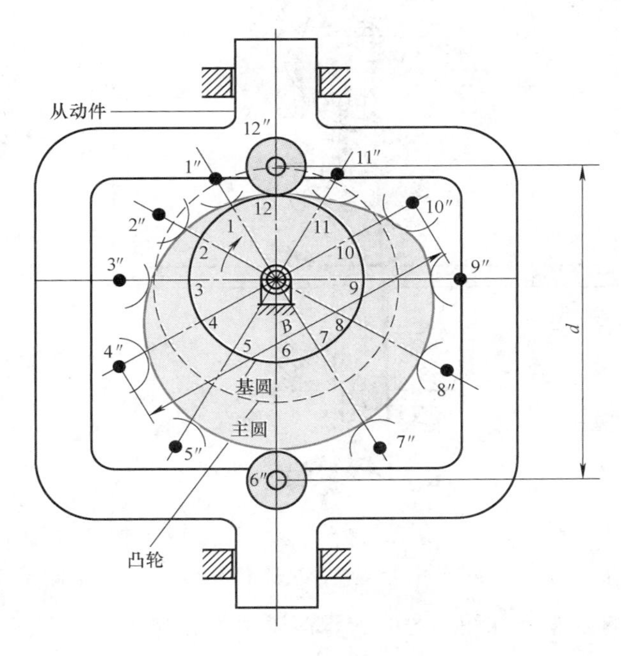

图 9-40 等径确动凸轮

9.7.3 等宽确动凸轮 Constant-breadth plate cam

等宽确动凸轮（Constant-breadth plate cam）如图 9-41 所示，从动件的两平面保持固定距离，且在整个运动周期内随时与凸轮产生约束接触。此种机构除了其从动件是两平面之外，其他均与等径确动凸轮类似。等宽确动凸轮从动件的升程位移与回程位移，除了方向相反之外，完全相等。此种凸轮轮廓曲线的形成，类似于平底从动件盘形凸轮；但是只能指定凸轮前半圈的轮廓曲线，后半圈的轮廓曲线则随前半圈的轮廓曲线而定。

9.7.4 主凸轮与回凸轮 Main-and-return cam

当确动凸轮从动件的升程位移与回程位移不相同时，必须使用两个凸轮，即所谓的**主凸轮与回凸轮**（Main-and-return cam），如图 9-42 所示。此种凸轮机构的两个凸轮固接在一起，从动件的两滚子保持固定距离，且在整个运动周期内两滚子各自与其对应的凸轮产生共轭约束接触。按照已知的从动件位移曲线，可定出从动滚子中心相对于主凸轮的位置（如图中

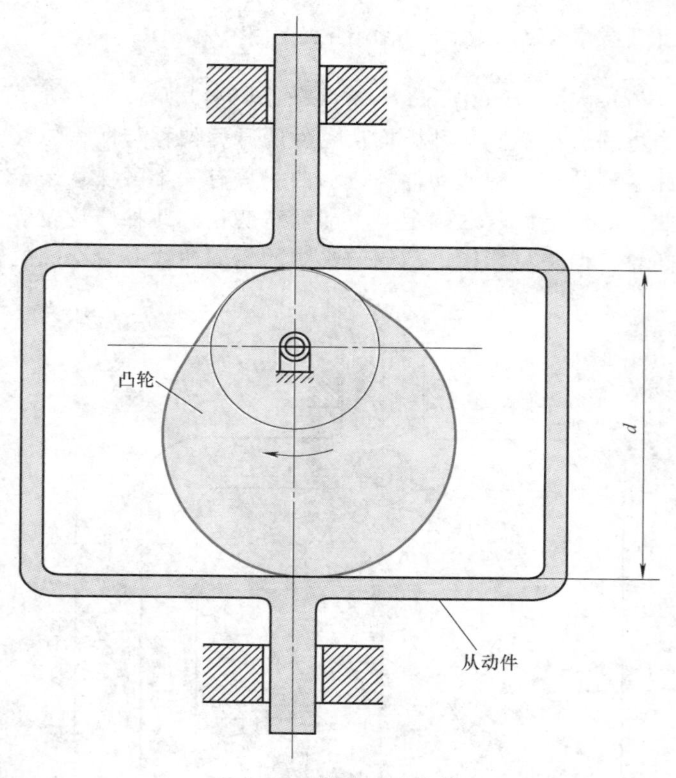

图 9-41 等宽确动凸轮

实线所示滚子圆中心 0′、1′、2′、3′等）；再通过一般凸轮轮廓曲线形成法，可得到如图中实线所示主凸轮的轮廓曲线。此外，由于两从动滚子中心保持固定距离 d，从动滚子中心相对于主凸轮与回凸轮的位置（如图中虚线所示滚子圆中心 0″、1″、2″、3″等），可以令 $\overline{0'0''}=\overline{1'1''}=\overline{2'2''}=\overline{3'3''}=\cdots=d$ 而确定；再通过一般凸轮轮廓曲线形成方法，即可得到如图中虚线所示回凸轮的轮廓曲线。

9.7.5 圆弧确动凸轮 Circular-arc cam

圆弧确动凸轮（Circular-arc cam）类似于等宽确动凸轮。如图 9-43a 所示，A_0BC 为等腰三角形，凸轮轮廓曲线的形成，为以固定轴 A_0 为圆心，R_1 和 R_2 为半径，形成上、下两段圆弧，与通过 A_0 的中心线平行相距 $(R_1+R_2)/2$ 的直线相交于点 B 和 C，再以 R_1+R_2 为半径，点 B 和点 C 为圆心，形成左、右两段圆弧，此处 R_1 和 R_2 之差等于从动件总升程，R_1 和 R_2 之和等于两平行平面间距 d，其从动件后半周的运动与前半周相同。图 9-43b 所示为一圆弧确动凸轮模型。

9.7.6 偏心确动凸轮 Eccentric positive return cam

偏心确动凸轮（Eccentric positive return cam）类似于等宽确动凸轮。此种凸轮机构若采用平面从动件，则凸轮轮廓就是圆盘。如图 9-44 所示，若从动件内框宽度为 d，则凸轮直径 $2R=d$；若凸轮轴心偏距为 e，则基圆半径为 $R-e$。这种凸轮从动件的运动与苏格兰轭机构

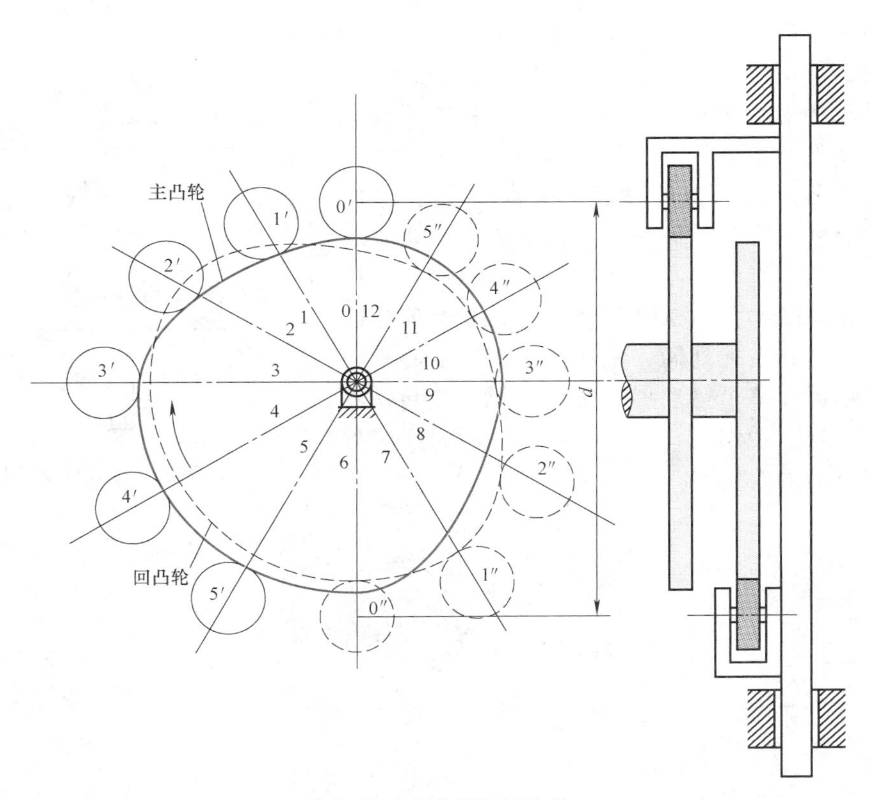

图 9-42 **主凸轮与回凸轮**

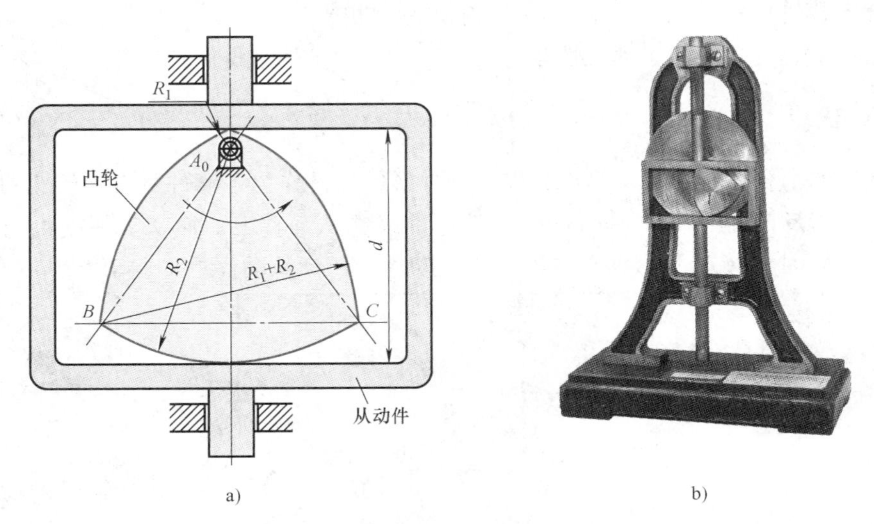

a)　　　　b)

图 9-43 **圆弧确动凸轮**

相同。

9.7.7 平行分度凸轮 Parallel indexing cam

图 9-4a 和图 9-45 所示为**平行分度凸轮**（Parallel indexing cam），是由两个固结在一起的

盘形凸轮及一个双层多滚子从动件所组成的。该盘形凸轮运转时，会迫使双层多滚子从动件产生间歇运动。

盘形凸轮的轮廓曲线，是由停歇部分的基圆及由运动曲线决定的凸出外形部分组成的。两个盘形凸轮交错组装，并且维持与双层多滚子从动件共轭接触。当凸轮开始旋转时，其基圆部分与滚子相切，此时从动件为停歇状态；当凸轮凸出部分与从动件的滚子相接触时，会推动从动件做旋转运动，直到基圆部分再与滚子相切为止；在此期间，从动件根据给定的运动曲线运动。因此，整个运动周期呈“停歇—旋转—停歇”的间歇状况，根据设计要求可以有不同的旋转分度角度来实现分度的功能。

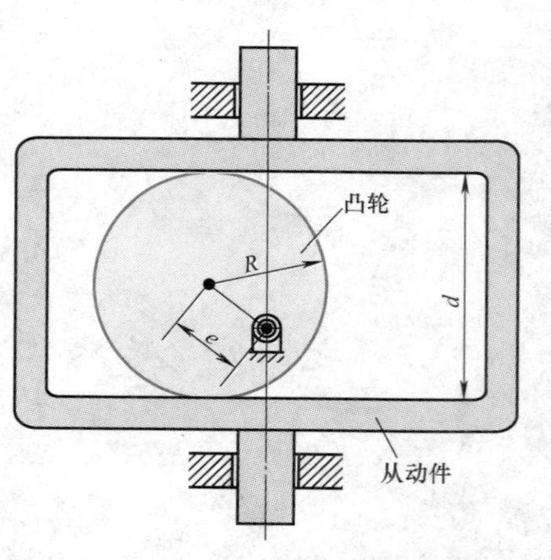

图 9-44　**偏心确动凸轮**

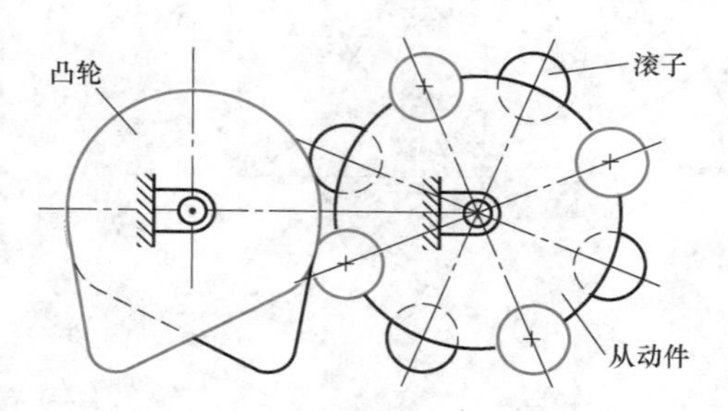

图 9-45　**平行分度凸轮**

平行分度凸轮机构，由于其输入轴与输出轴互相平行，因此可以取代日内瓦（槽轮）机构的功能，而且其分度的运动特性与精度也比日内瓦机构来得优越。

9.7.8　反凸轮　Inverse cam

在某些应用场合，将凸轮机构中具有规则外形的组件作为主动件可得到较优的结果，此种凸轮机构称为**反凸轮**（Inverse cam），其轮廓曲线在从动件上，而从动件则由圆形的滚子或销子驱动。如图 9-46 所示，摆动的滚子为主动件，驱动从动件上下移动。

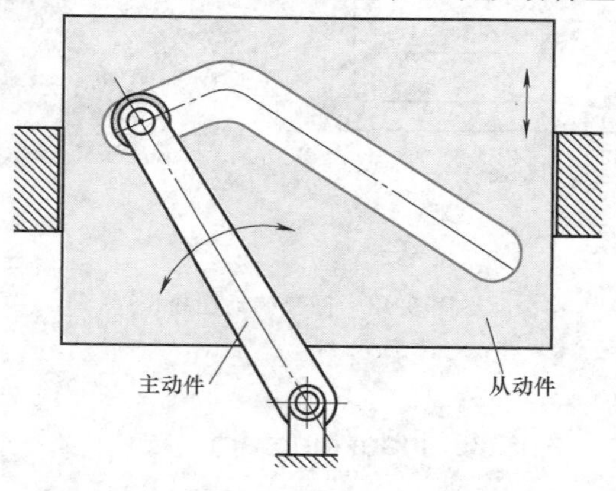

图 9-46　**反凸轮**

若反凸轮的从动件滑槽曲率半径等于主动件的摇杆半径，则可得到间歇运动；若滑槽垂直于从动件的平移方向，则可得到苏格兰轭机构（图 5-23），其从动件的动作为一余弦函数。

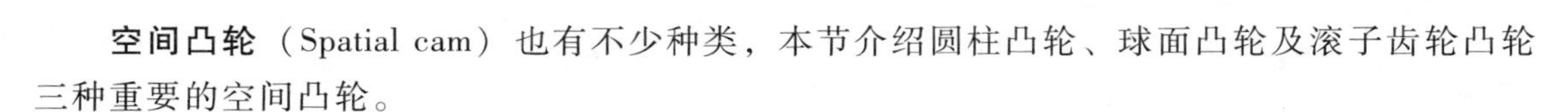

*9.8 空间凸轮机构 Spatial cam mechanisms

空间凸轮（Spatial cam）也有不少种类，本节介绍圆柱凸轮、球面凸轮及滚子齿轮凸轮三种重要的空间凸轮。

9.8.1 圆柱凸轮 Cylindrical cam

圆柱凸轮（Cylindrical cam）为空间凸轮，也是确动凸轮，其凸轮轮廓曲线是在圆柱体上形成一条弯曲的凹槽而成的。从动件的运动方式，可为往复运动，如图 9-47a 所示；也可为摆动运动，如图 9-47b 所示。往复从动件的运动方向与凸轮旋转轴向平行。

一般的盘形凸轮，每旋转一周即完成一个循环。圆柱凸轮若旋转一周完成一个循环，则称为**单周圆柱凸轮**（Single-turn cylindrical cam）；若旋转两周完成一个循环，则称为**双周圆柱凸轮**（Double-turn cylindrical cam）；或旋转两周以上完成一个循环，则称为**多周圆柱凸轮**（Multiple-turn cylindrical cam）。图 9-47c 所示为一个具有往复从动件的多周圆柱凸轮模型。

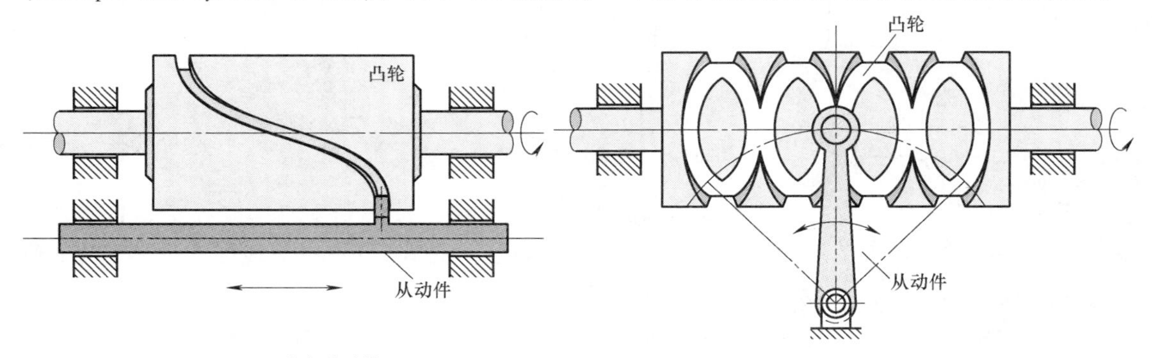

a) 往复从动件

b) 摇摆从动件

c) 模型

图 9-47 圆柱凸轮

图 9-48a 所示为一个具有往复从动件的单周圆柱凸轮，滚子形状为圆锥的截头体（圆台），圆锥顶点位于凸轮旋转轴上，以降低接触点的相对滑动速度。当凸轮旋转一周时，从动件根据图 9-48b 所示的位移曲线 B 动作，位移曲线的横轴相当于凸轮圆周长，曲线 C 和 D 即为滚子圆连续在许多相邻位置所形成的两条包络线。此包络线即为圆柱面展开面上的轮廓曲线；将此包络线包覆在圆柱面上，即形成圆柱凸轮轮廓曲线。

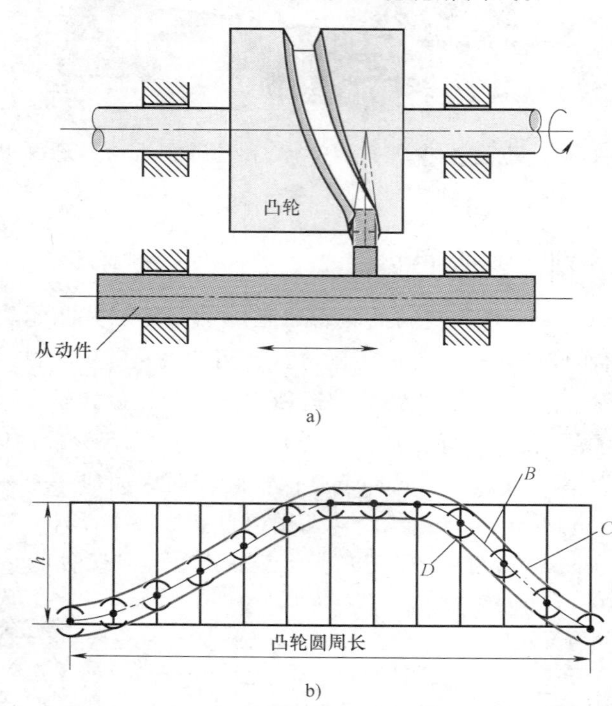

图 9-48 往复从动件圆柱凸轮

图 9-49a 所示为一种具有摆动从动件的圆柱凸轮，销子或滚子中心的路径不是直线，而是以从动件旋转中心点为圆心的圆弧，位移曲线与展开面的凸轮轮廓曲线如图 9-49b 和 c 所示，与前述区别之处为直线位移以滚子中心摆动圆弧代替。这种凸轮从动件的摆动角度不可太大，因为从动滚子与凸轮间的接触（面积）情况会随从动件摆动的角度变化。

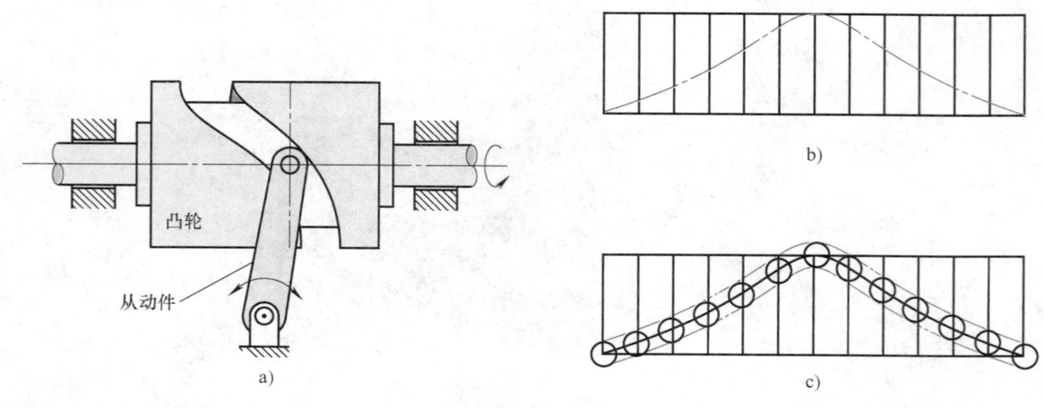

图 9-49 摆动从动件圆柱凸轮

圆柱凸轮还有另一种重要的应用，即应用在自动化机械中产生间歇运动，并具有分度定位功能，如图 9-50 和图 9-51 所示。

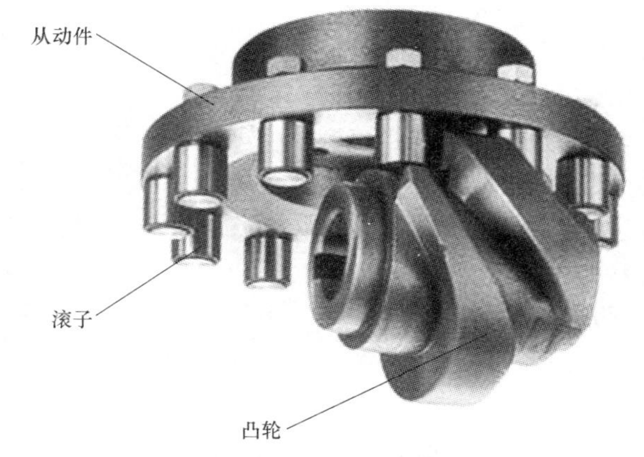

图 9-50 分度型圆柱凸轮实体［德士凸轮］

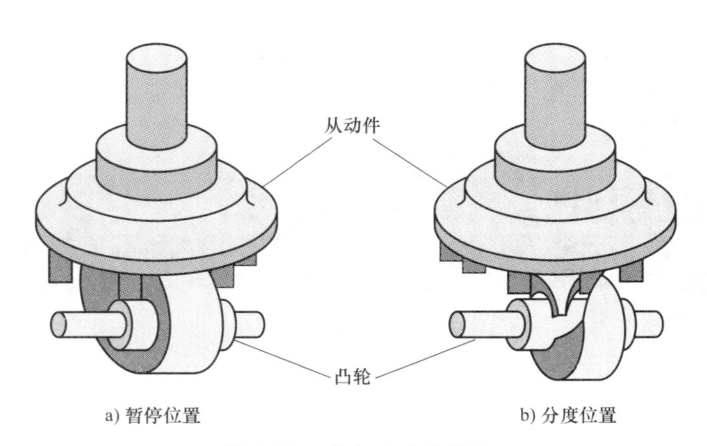

图 9-51 分度型圆柱凸轮

9. 8. 2 球面凸轮 Spherical cam

球面凸轮（Spherical cam）因制造困难，除了特殊场合之外很少使用。图 9-52 所示的球面凸轮机构，凸轮旋转体 2 为一球体，绕固定轴 O_2 旋转，半径为 R；凸轮曲面的展开元素为直线且通过点 O_3；从动件 3 绕旋转轴 O_3 摆动，圆柱滚子与曲面接触绕从动件 3 的轴 P 旋转，轴 O_2、O_3 及 P 相交于共同点 O_3。

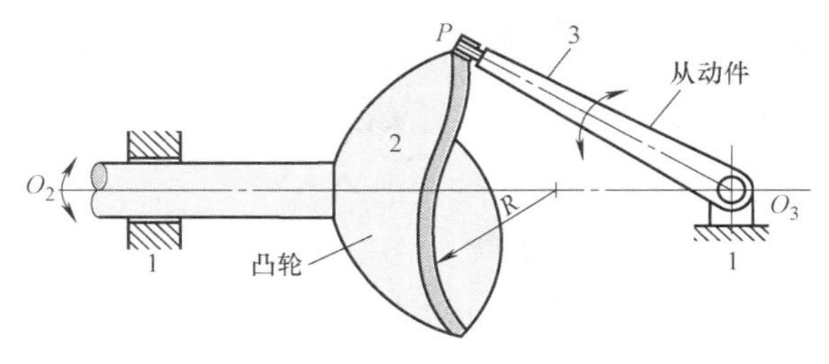

图 9-52 球面凸轮

9.8.3 滚子齿轮凸轮 Roller-gear cam/Ferguson index

滚子齿轮凸轮机构（Roller-gear cam mechanism, Ferguson index），主要是由滚子齿轮凸轮、**转塔**（Turret）、**滚子**（Roller）、机架组成的，如图9-4b和图9-53所示。此机构的滚子齿轮凸轮为主动件、转塔为从动件，滚子齿轮上的锥状肋称为**推拔肋**[⊖]（Tapered rib），其曲面可根据运动曲线及机构的参数值设计出来。在转塔周围呈辐射状排列的滚子与推拔肋共轭接触。当滚子齿轮凸轮绕着输入轴旋转时，凸轮上的推拔肋会驱动滚子并带动转塔，以促使转塔根据预定的运动曲线转动。滚子齿轮凸轮机构的周期性运动兼具停歇与分度的功能，属于间歇运动机构。此外，滚子齿轮凸轮机构由于可通过调整凸轮轴与转塔中心距来消除间隙，具有高承载能力、可高速运转、低噪声、低振动、高可靠性等优点，因此广泛地应用在各类型的产业机械与自动化机械上，如车床刀塔与综合加工中心的自动换刀机构等。

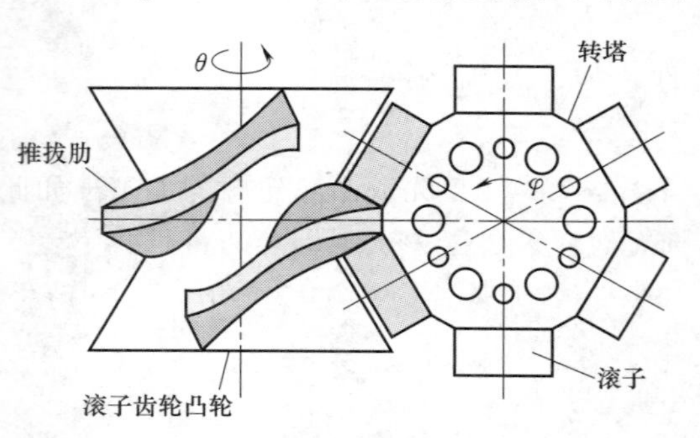

图9-53 **滚子齿轮凸轮机构**

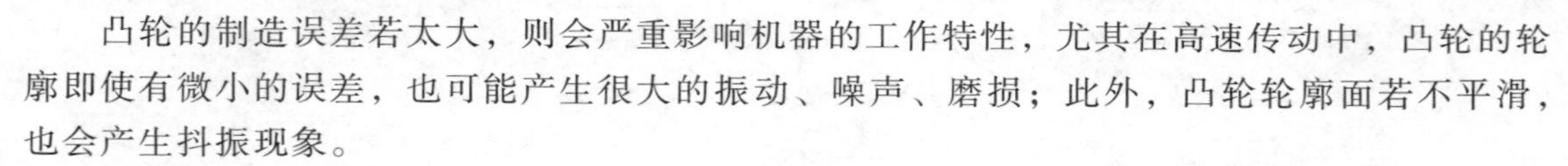

9.9 凸轮制造 Cam manufacture

凸轮的制造误差若太大，则会严重影响机器的工作特性，尤其在高速传动中，凸轮的轮廓即使有微小的误差，也可能产生很大的振动、噪声、磨损；此外，凸轮轮廓面若不平滑，也会产生抖振现象。

凸轮的加工，可分成直接加工法与间接加工法两种。直接加工法有划线加工、展成加工、分量加工等，使用一般机床加工即可实现；此外，还有使用数控加工机床的数字加工法。间接加工法即为靠模加工。

直接加工法可用一般机床（如铣床、磨床、刨床、钻床等）进行加工，再通过钳工修整成形。这种方法的生产效率低、加工精度较差，故常用于单件或小量生产。常见的加工法有画线加工、展成加工及分量加工。

画线加工的画线方法有两种，分别是：①在纸上画好凸轮轮廓，然后贴于毛坯上；②直接在毛坯上画出凸轮轮廓。画好线后，粗加工将大部分多余的材料切削掉，直至仅剩加工余量后，再采用手动进给使切削刀具或其他工具尽可能准确地遵循准线移动。接着再以钳工锉修，直至画线尺寸，有时还应通过油石研磨使表面光滑。此法的产量低，成品的精度完全依赖于加工者的技术与经验。

展成加工法是利用包络线原理加工，即加工刀具的外形曲面与从动件的外形一样，以切削出凸轮的轮廓外形。例如：在铣床上加工滚子从动件的盘形凸轮，铣刀做旋转运动，工作

⊖ 大陆称为“锥形肋”。

台做纵向移动，同时分度头使工件转动从而加工出凸轮。对凸轮坯件而言，其从动件滚子中心的路径是节曲线，而凸轮轮廓外形则是滚子圆在各个不同瞬间位置的包络线。因此，端铣刀的直径与滚子的直径理论上必须相等，才可能铣出正确的凸轮轮廓外形。

分量切削加工法是通过间歇切割法来制造凸轮。加工时，先把凸轮坯件夹固在有分度头的工作台上，将旋转的铣刀向凸轮轴心缓慢移动直到铣刀的外圆弧和凸轮轮廓相切，再将铣刀退离凸轮；随后，将工作台旋转一个微小的角度后再重复上述的加工步骤，直到工作台旋转一圈即可初步完成凸轮轮廓的加工。如此粗加工的凸轮轮廓表面常会形成一系列的凹凸表面，所以需再以手工刮剃、油石研磨使表面光滑。这种凸轮加工法，工作台分度旋转增量的大小、铣刀轴心与凸轮中心距离的控制，将决定凸轮轮廓的加工精度，因此必须以小进给量进行多次缓慢、仔细的加工，才能获得精确的凸轮轮廓。本法适用于制造靠模凸轮或多品种小批量的凸轮。

近年来凸轮轮廓面的形状日趋复杂、精度要求也越来越严格，传统的凸轮加工法已难以满足需要；较高级凸轮的制造，大多采用数字化加工法。数字化加工可以采用线切割、铣削或磨削方式来实现。以数字化加工法加工凸轮时，先把凸轮坯件夹固在工作台上，选定适当的刀具，利用 9.6 节所列示的方程将刀具中心点相对于凸轮的坐标算出，再将刀具中心点沿着这些预定的坐标绕行凸轮一圈，即可完成凸轮轮廓的加工。图 9-54 所示就是用端铣刀在五轴 CNC 综合加工中心上加工变导程圆柱凸轮（Variable lead cylindrical cam）的实例。加工进行之前，应根据设计要求，对圆柱凸轮的工件进行工艺分析、编制加工程序、编写数控程序，然后输入数控机床的控制器内。加工时，刀具的尺寸即为从动件的尺寸，刀具做旋转运动，工件同时绕主轴旋转，而工作台则按控制器传出的信号，可做纵向、横向、垂直方向的移动，使刀具与工件之间按预定路径的相对运动完成正确的加工。

图 9-54 变导程圆柱凸轮的加工

靠模加工是一种复杂的加工法，适用于大批量生产精密凸轮。这种加工法主要是利用靠模凸轮（或称为样板凸轮）作为原型件，用仿形原理进行仿形铣削、车削或磨削。仿形铣削是通过仿形铣床对平面或空间凸轮坯件进行外圆或轴向仿形铣削。仿形是透过引导滚子抵住靠模凸轮的机械接触来进行的；即把引导滚子接触到靠模凸轮不规则形状所产生的两者相对位置的变化，转变为刀具与凸轮坯件之间的相对运动，从而加工出靠模凸轮的复制件。仿形加工时，将靠模凸轮与凸轮坯件共同夹固在可旋转也可移动的工作台上，且靠模凸轮与凸轮坯件的轴线必须重合；靠模凸轮借弹簧力或重锤拉力紧靠在引导滚子上。将工作台带动凸轮坯件做圆周进给缓慢旋转；同时，在靠模凸轮形状变化的作用下，凸轮坯件随工作台滑座也配合同步径向移动；当刀具相对于凸轮绕行一圈时，即可完成凸轮轮廓的加工。此法不能加工有尖端的凸轮。此外，由于引导滚子与靠模凸轮之间的压力较大，在凸轮轮廓曲线转折点处与升程部分，靠模凸轮容易磨损。为提高凸轮加工精度以减小其表面粗糙度值，可在仿形铣削加工后，再用仿形磨削加工来精修凸轮。轮轴坯件装于头座与尾座的两顶尖之间，靠模凸轮安装于头架主轴上，且与凸轮轴同轴做等速旋转。当主轴旋转时，砂轮随着凸轮靠模的曲线轨迹做往复运动，磨削出凸轮的轮廓曲线。

习题Problems

9-1　试列举三种凸轮机构的应用，绘出其机构简图，并说明其运动空间、从动件类型及凸轮类型。

9-2　有一个直动从动件盘形凸轮机构，凸轮的转速为 600 r/min（顺时针方向），从动件为 R-F 运动。当凸轮的角位移为 0°~120°时，从动件上升 36 mm；当凸轮的角位移为 120°~360°时，从动件下降 36 mm。试求在凸轮的角位移为 30°和 200°时，从动件的位移、速度、加速度、跃度，而升程、回程的运动曲线分别为：

（1）等速度曲线。

（2）摆线运动曲线。

9-3　有一个直动从动件盘形凸轮机构，凸轮的转速为 450 r/min，从动件为 R-D-F 运动。当凸轮的角位移为 0°~90°时，从动件上升 20 mm；当凸轮的角位移为 90°~180°时，从动件停歇；当凸轮的角位移为 180°~360°时，从动件下降 20 mm。若升程的运动曲线为三次Ⅰ型、回程的运动曲线为简谐运动，试分别以凸轮的角位移与时间为横坐标，绘出从动件的位移、速度、加速度及跃度曲线。

9-4　试求如习题 9-3 所述凸轮机构的最大速度与最大加速度。

9-5　有一个盘形凸轮机构，如习题 9-02 所述，若从动件无偏距，滚子直径为 25mm，基圆直径为 75mm，而上升与下降行程的运动曲线为等加速度曲线，试绘出凸轮的轮廓曲线。

9-6　有一个直动尖端从动件盘形凸轮机构，凸轮的转速为 600r/min（顺时针方向），从动件的偏距为 10mm，基圆直径为 50mm，且从动件为单停歇运动。当凸轮的角位移为 0°~60°时，从动件以修正等速度运动上升 30mm；当凸轮的角位移为 60°~120°时，从动件停歇；当凸轮的角位移为 120°~180°时，从动件以简谐运动曲线再上升 30mm；当凸轮的角位移为 180°~270°时，从动件以等加速度曲线下降 40mm；当凸轮的角位移为 270°~360°时，从动件以等速度运动曲线再下降 20mm。试利用图解法绘出凸轮的轮廓曲线。

9-7　试利用解析法求出如习题 9-6 所述盘形凸轮的轮廓坐标值与最大加速度值。

9-8　针对习题 9-6 所述的凸轮机构，试选择适当的运动曲线，以降低加速度的极值。

9-9 有一个摆动滚子从动件盘形凸轮机构，凸轮的转速为 300r/min（顺时针方向），从动件为双停歇运动。当凸轮的角位移为 0°~120°时，从动件顺时针方向摆动 30°；当凸轮的角位移为 120°~180°时，从动件停歇；当凸轮的角位移为 180°~300°时，从动件反时针方向摆动 30°；当凸轮的角位移为 300°~360°时，从动件停歇；升程与回程的运动为修正梯形曲线。若凸轮与从动件的中心距为 160mm，从动件的摇杆长为 100mm，滚子的直径为 20mm，且从动件的起始值与两轴心连线成 15°，试利用图解法绘出凸轮的轮廓曲线。

9-10 如习题 9-9 所述，试利用解析法求出凸轮轮廓的坐标值，并找出压力角的极值。

9-11 有一个摆动平底从动件盘形凸轮机构，凸轮的转速为 300r/min（反时针方向），从动件为双停歇运动。当凸轮的角位移为 0°~100°时，从动件反时针方向摆动 20°，运动曲线为 5 阶多项式；当凸轮的角位移为 100°~180°时，从动件停歇；当凸轮的角位移为 180°~280°时，从动件顺时针方向摆动 20°，运动曲线为修正正弦函数；当凸轮的角位移为 280°~360°时，从动件停歇。凸轮与从动件的中心距为 240mm，基圆半径为 200mm，从动件轴心到从动件与凸轮接触点的距离为 10mm。试编制一套计算机程序（凸轮的角位移 $\theta=0°\sim360°$，$\Delta\theta=5°$）：

（1）绘出凸轮的轮廓曲线。

（2）求出从动件角速度的极值。

（3）求出从动件角加速度的极值。

*（4）求出压力角（ϕ）的极值，并绘出 θ-ϕ 图。

9-12 有一个凸轮-连杆机构，其起始位置如图 9-55 所示，构件 1 为机架，构件 2 为输入的盘形凸轮，构件 3 为滚子，构件 4 为径向平移从动件，构件 5 为游戏杆，构件 6 为输出的滑块。在起始位置的几何尺寸为：$\overline{ab}=75\text{mm}$，$\overline{bc}=90\text{mm}$，$\overline{cc_0}=25\text{mm}$，$\overline{cd}=120\text{mm}$，$\phi=30°$。凸轮为输入件，转速为 10r/min（顺时针方向），从动件为双停歇运动。当凸轮的角位移为 0°~120°时，从动件上升 37.5mm；当凸轮的角位移为 120°~150°时，从动件停歇；当凸轮的角位移为 150°~270°时，从动件下降 37.5mm；当凸轮的角位移为 270°~360°时，从动件停歇。若基圆半径为 100mm，滚子半径为 6mm，升、回程运动曲线为简谐运动，试：

（1）绘出从动件（构件 4）的运动曲线。

（2）绘出凸轮的轮廓曲线。

*（3）求出压力角极值。

（4）求出滑块速度极值。

（5）求出滑块加速度极值。

（6）提出一个可将滑块加速度极值降低 10% 的改善设计。

9-13 有一个直动平底从动件盘形凸轮机构，凸轮的转速为 360r/min，凸轮基圆半径为 40mm。当凸轮的角位移为 0~120°时，从动件以摆线运动曲线上升 24mm；当凸轮的角位移为 120°~190°时，从动件停歇；当凸轮的角位移为 190°~320°时，从动件以摆线运动曲线下降 24mm；当凸轮的角位移为 320°~360°时，从动件停歇。试求从动件的速度、加速度以及跃度的极大值。

9-14 有一个直动尖端从动件盘形凸轮机构，凸轮顺时针方向旋转，凸轮的基圆半径为 40mm。当凸轮的角位移为 0°~120°时，从动件以摆线运动曲线上升 24mm；当凸轮的角位移为 120°~170°时，从动件停歇；当凸轮的角位移为 170°~290°时，从动件以摆线运动曲线下

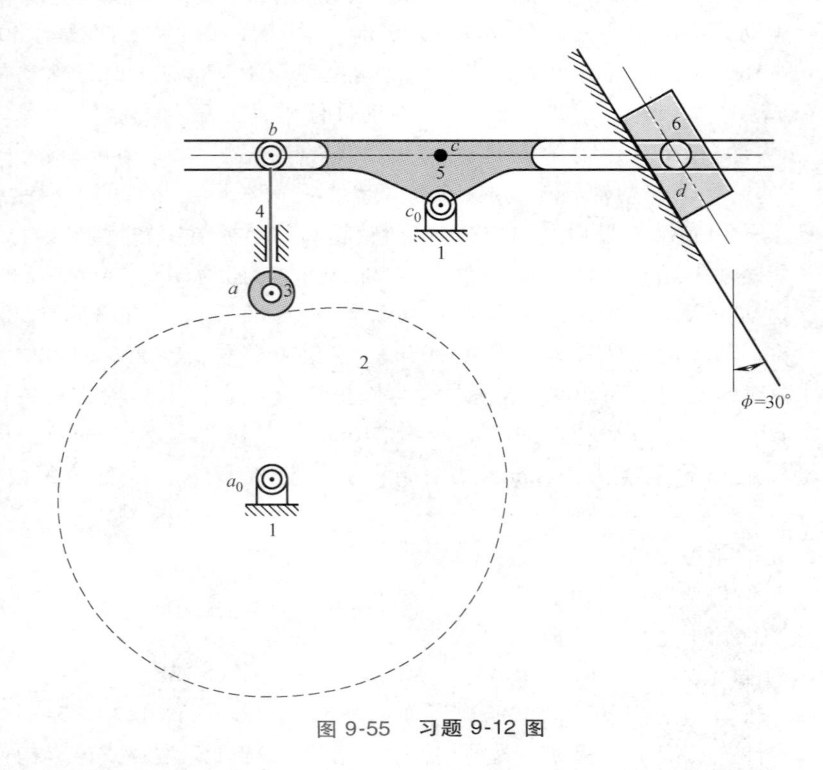

图 9-55 习题 9-12 图

降 24mm；当凸轮的角位移为 290°～360°时，从动件停歇。试利用解析法绘出凸轮的轮廓曲线。

9-15 有一个直动对心滚子从动件盘形凸轮机构，凸轮顺时针方向旋转；凸轮的基圆半径为 40mm，从动滚子半径为 10mm。当凸轮的角位移为 0°～120°时，从动件以摆线运动曲线上升 24mm；当凸轮的角位移为 120°～170°时，从动件停歇；当凸轮的角位移为 170°～290°时，从动件以摆线运动曲线下降 24mm；当凸轮的角位移为 290°～360°时，从动件停歇。试利用解析法绘出凸轮的轮廓曲线。

9-16 有一个直动偏置滚子从动件盘形凸轮机构，凸轮顺时针方向旋转；凸轮的基圆半径 r_b 为 40mm，从动件偏距 e 为 20mm，从动滚子半径 r_f 为 10mm。当凸轮的角位移为 0°～100°时，从动件以摆线运动曲线上升 24mm；当凸轮的角位移为 100°～150°时，从动件停歇；当凸轮的角位移为 150°～250°时，从动件以摆线运动曲线下降 24mm；当凸轮的角位移为 250°～360°时，从动件停歇。试利用解析法绘出凸轮的轮廓曲线。

9-17 有一个直动平底从动件盘形凸轮机构，凸轮顺时针方向旋转，凸轮的基圆半径 r_b 为 40mm。当凸轮的角位移为 0°～120°时，从动件以摆线运动曲线上升 22mm；当凸轮的角位移为 120°～190°时，从动件停歇；当凸轮的角位移为 190°～290°时，从动件以摆线运动曲线下降 22mm；当凸轮的角位移为 290°～360°时，从动件停歇。试利用解析法绘出凸轮的轮廓曲线。

9-18 有一个摆动滚子从动件盘形凸轮机构，凸轮顺时针方向旋转；此机构的中心距 f 为 80mm，凸轮的基圆半径 r_b 为 40mm，从动件的摇杆长 l 为 52mm，从动滚子的半径 r_f 为

8mm。当凸轮的角位移为 0°~120°时，从动件以摆线运动曲线顺时针方向摆动 25°；当凸轮的角位移为 120°~160°时，从动件停歇；当凸轮的角位移为 160°~280°时，从动件以摆线运动曲线逆时针方向摆动 25°；当凸轮的角位移为 280°~360°时，从动件停歇。试利用解析法绘出凸轮的轮廓曲线。

9-19　有一个摆动平底从动件盘形凸轮机构，凸轮顺时针方向旋转；此机构的中心距 f 为 80mm，凸轮的基圆半径 r_b 为 40mm，从动件轴心到从动摇杆平面的距离 e 为 16mm。当凸轮的角位移为 0°~120°时，从动件以摆线运动曲线顺时针方向摆动 15°；当凸轮的角位移为 120°~160°时，从动件停歇；当凸轮的角位移为 160°~280°时，从动件以摆线运动曲线逆时针方向摆动 15°；当凸轮的角位移为 280°~360°时，从动件停歇。试利用解析法绘出凸轮的轮廓曲线。

9-20　试求曲线族 $y^2-\theta x+\theta^2=0$ 的包络线。

第 10 章

齿轮机构

GEAR MECHANISMS

可产生定值传动比的最简单直接啮合传动为滚动接触传动；但利用滚动接触来传递运动与力时，因受接触面间摩擦力的限制，若载荷太大，将发生滑动现象。为获得确定驱动，可在接触面的圆周配置适当的齿廓，使主动轮与从动轮的齿廓之间在连续直接接触时，力均沿着啮合点公法线的方向传动；虽然在啮合点仍会有相对滑动现象，但是两轴间的传动却可维持一定的传动比。此种传动称为**齿轮传动**（Gear transmission），而此带有齿廓的机械零件就称为**齿轮**（Gear）。由齿轮所组成，用来使输出件与输入件的传动比维持一定的装置，则称为**齿轮机构**（Gear mechanism）。

人类很早就已使用齿轮。古中国最早出土的齿轮为山西永济市薛家崖的青铜齿轮，属战国到西汉间产物（公元前 400 年~公元 20 年）。但是一直到 17 世纪末叶，人们才开始研究能准确传递固定传动比的齿轮齿廓；到 18 世纪欧洲发生工业革命后，齿轮传动的应用日渐广泛；到 19 世纪，因制铁技术的改进与生成齿廓的方法发明后，才能精密地制造齿轮并将齿轮用于高速与重载的场合。如今，齿轮已成为使用率相当高的机械零件，在工业上的应用到处可见。

本章介绍齿轮零件，包括基本分类、名词术语、传动原理、齿廓曲线、标准齿轮及制造方法；接着介绍由齿轮所构成的轮系机构，包括轮系类型、速比分析以及设计应用。

10.1 齿轮分类 Classification of gears

齿轮的种类很多，主要有**圆柱齿轮**（Indrical gear）、**锥齿轮**（Bevel gear）和**蜗轮蜗杆**（Worm and worm gear），其中圆柱齿轮又包括直齿圆柱齿轮（Spur gear）和**斜齿圆柱齿轮**（Helical gear）。由于齿轮机构在应用上是用来联动两轴间的运动关系的，因此齿轮可根据其两轴线间的相对位置分为**两轴平行**（Parallel axes）和**两轴相交**（Intersecting axes）和**两轴交错**（Skew axes）三类。两轴平行的齿轮有**直齿圆柱齿轮**（Straight spur gear）、**齿轮齿条**（Rack and pinion）、**斜齿圆柱齿轮**（Helical spur gear）、**人字齿轮**（Herringbone gear）等；两轴相交的齿轮有**直齿锥齿轮**（Straight bevel gear）、**曲齿锥齿轮**（Crown gear）、**相交轴斜齿锥齿轮**（Spiral bevel gear），以及**销子轮**（Pin gear）等；两轴交错的齿轮有**交错轴斜齿锥齿轮**（Hyperboloidal gear）、**交错斜齿轮**（Crossed helical gear）、**准双曲面齿轮**（Hypoid gear）、**蜗杆蜗轮**（Worm and worm gear）等，如图 10-1 所示。以下分别说明。

齿轮
两轴平行
两轴相交
两轴交错
直齿圆柱齿轮
齿轮齿条
斜齿圆柱齿轮
人字齿轮
直齿锥齿轮
曲齿锥齿轮
相交轴斜齿锥齿轮
销子轮
交错轴斜齿锥齿轮
交错斜齿轮
准双曲面齿轮
蜗杆蜗轮

图 10-1 齿轮分类

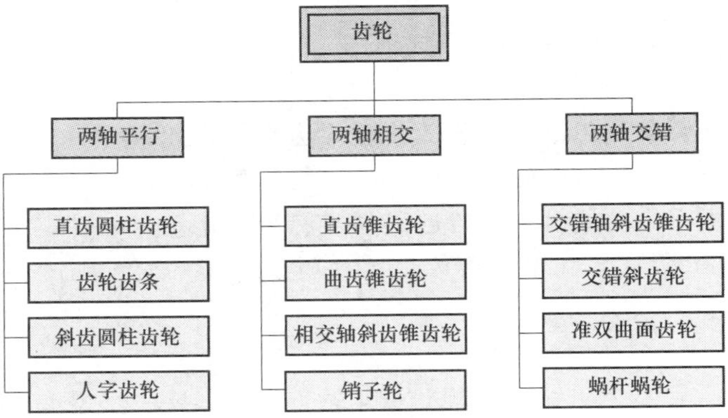

10.1.1 平行轴齿轮 Gears for parallel shafts

在两个平行轴之间进行传动的齿轮，一般为圆柱齿轮，其运动可以等效为两个滚动啮合的圆柱体，有下列几种。

1. 直齿圆柱齿轮

直齿圆柱齿轮（Straight spur gear）为齿腹平行于轴线的圆柱齿轮，此种齿轮又可分为外齿轮与内齿轮两种。**外齿轮**（External gear）（图 10-2a）为齿轮在圆柱体外缘相接触，可以等效为一对外缘接触的滚动圆柱；两传动轴的旋转方向相反，**内齿轮**（Internal gear）（图 10-2b）为小齿轮在一个较大齿轮内缘接触，可以等效为一对具有内缘接触的滚动圆柱，其中大齿轮又称**环齿轮**（Annular or ring gear），两传动轴旋转的方向相同。此外，一对圆柱齿

a) 直齿圆柱齿轮(外齿轮)

b) 直齿圆柱齿轮(内齿轮)

c) 齿轮齿条

d) 斜齿圆柱齿轮

e) 人字齿轮

f) 销子轮

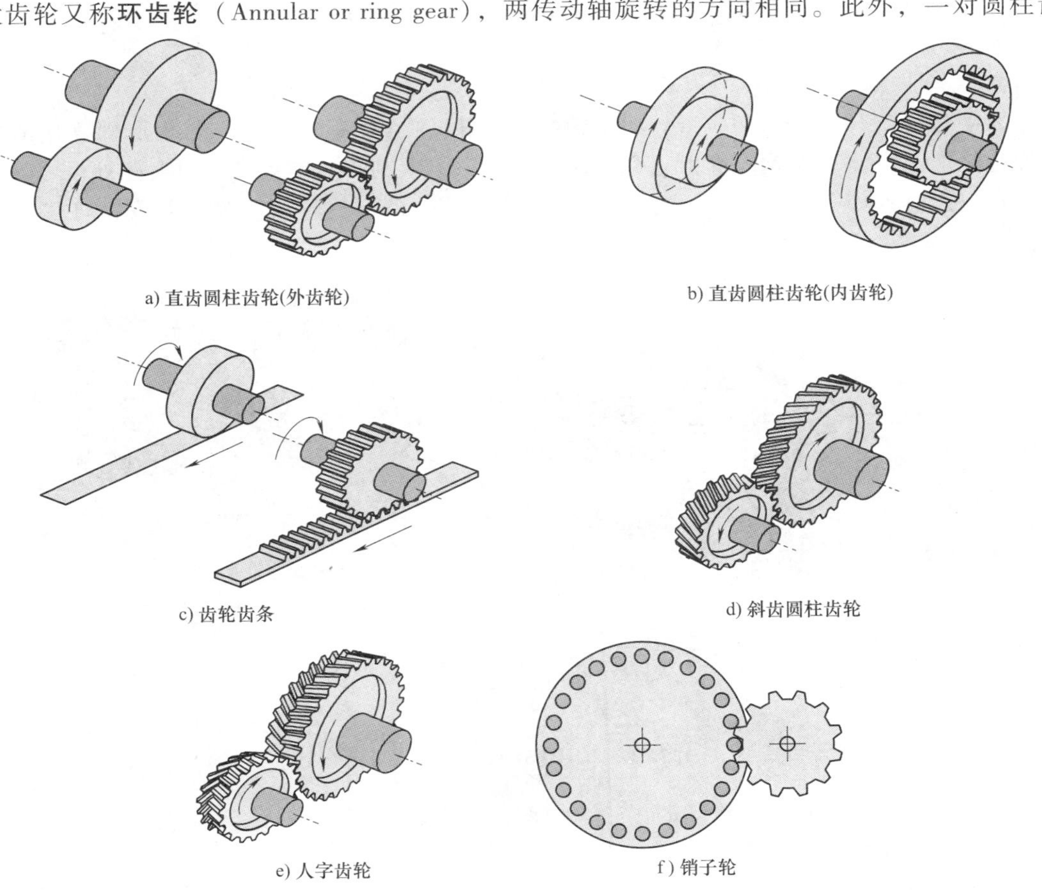

图 10-2 平行轴齿轮类型

轮的传动效率可高达 98%~99%。图 10-3 所示为一对直齿圆柱齿轮模型。

图 10-3 直齿圆柱齿轮模型

2. 齿轮齿条

齿条（Rack）可视为半径无穷大的齿轮，与其啮合的齿轮为**小齿轮**（Pinion），可以等效为圆柱在平面上滚动接触，可传递平移与旋转的运动，如图 10-2c 所示。齿轮齿条传动，常用于汽车的转向机构上。

3. 斜齿圆柱齿轮

由两个以上直齿圆柱齿轮互相偏转一相位角组合而成的齿轮，称为**阶梯齿轮**（Stepped gear）。**斜齿圆柱齿轮**（Helical spur gear）可视为阶梯齿轮的组成片数趋于无穷多，且每片厚度减到无穷小的齿轮。这种齿轮齿面的排列与轴向线形成一**螺旋角**（Helix angle），传动载荷由一个齿渐渐转移到另一个齿。图 10-2d 所示是一对斜齿圆柱齿轮，两个齿轮的螺旋角相同，但方向相反，为线接触。与直齿圆柱齿轮比较，斜齿圆柱齿轮抖振减小、传动更均匀、噪声也较小，适用于高速运转的传动，其缺点为齿轮需承受轴向推力，制造成本较直齿圆柱齿轮高。此外，一对斜齿圆柱齿轮的传动效率可达 96%~98%。图 10-4 所示为一对斜齿圆柱齿轮模型。

4. 人字齿轮

人字齿轮（Herringbone gear）（图 10-2e）类似两个具有左、右方向相反螺旋角的斜齿圆柱齿轮的组合体，无轴向推力，可传递较大荷重，但制造成本远高于斜齿圆柱齿轮。古中国早在秦汉时期即有人字齿轮的使用；图 10-5 所示的模型是陕西西安市长安区红庆村汉墓所出土的人字齿轮。

图 10-4 斜齿圆柱齿轮模型

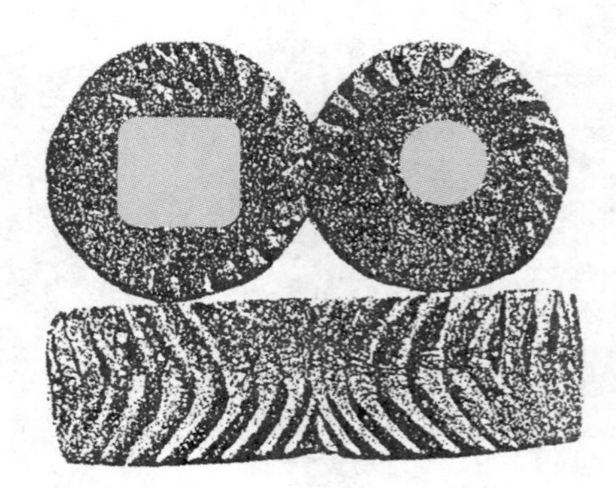

图 10-5 汉代人字齿轮

10.1.2 相交轴齿轮 Gears for intersecting shafts

在两个相交轴之间进行传动的齿轮，一般为锥齿轮，其运动可以等效为两个滚动接触的圆锥台，有下列几种。

1. 直齿锥齿轮

直齿锥齿轮（Straight bevel gear）为最简单的锥齿轮，其运动可以等效为两个成滚动接触的圆锥台，如图 10-6a 所示。可用于传递具有任何角度相交轴线的运动，但两个圆锥的锥顶必须重合。若两个相同的直齿锥齿轮，用于传动两个直交轴，则称为**斜方齿轮**（Miter gear）。图 10-7 所示为一直齿锥齿轮模型。

2. 曲齿锥齿轮

两个互相啮合的锥齿轮，若其中之一的节圆锥角等于直角，且两轴线间的夹角大于 90°，则有一锥齿轮的节曲面成为一平面，称为**曲齿锥齿轮**（Crown gear），如图 10-6b 所示。

3. 相交轴斜齿锥齿轮

将直齿锥齿轮的直线齿廓，仿斜齿圆柱齿轮将齿廓斜扭，即可得**斜齿锥齿轮**（Spiral bevel gear），如图 10-6c 所示。其齿廓为曲线，具有不同的螺旋角，齿数可比直齿锥齿轮少。斜齿锥齿轮由于接触齿数增加，加以接触区由齿面的一端逐渐移到齿面的另一端，故其传动较直齿锥齿轮平稳安静，尤其是以高速传动时为宜。此外，斜齿锥齿轮的强度与使用寿命都比其他形式的齿轮占优，但具有轴向侧推力。

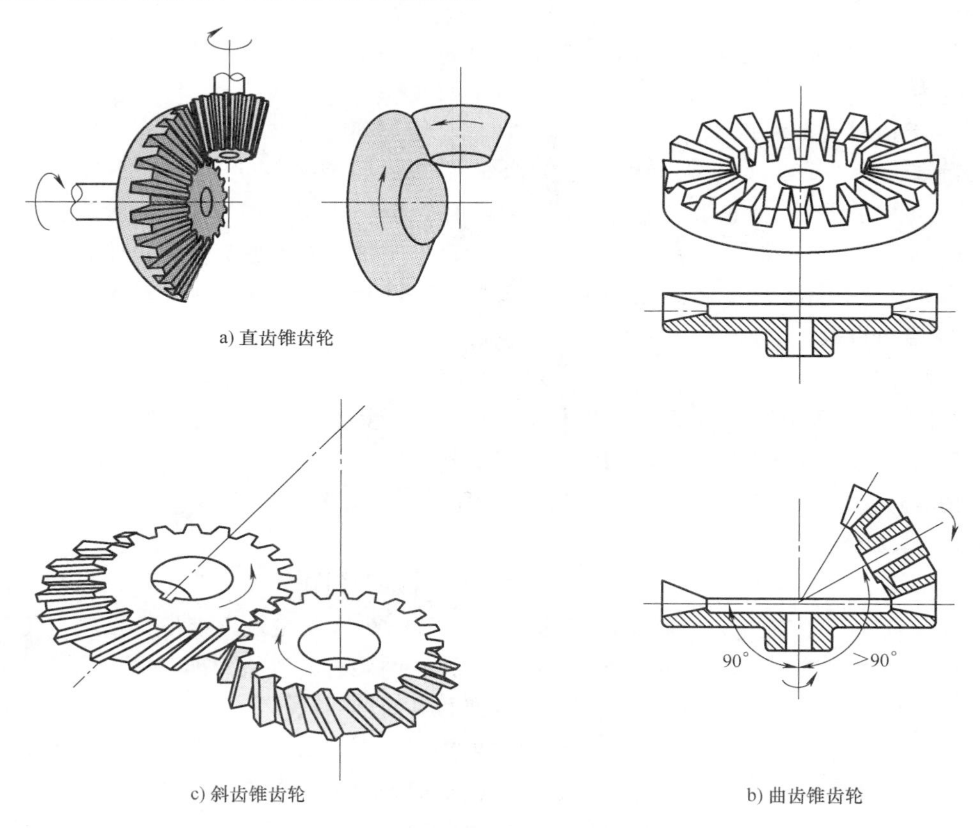

a) 直齿锥齿轮

c) 斜齿锥齿轮

b) 曲齿锥齿轮

图 10-6 相交轴齿轮类型

4. 销子轮

销子轮（Pin gear）的齿廓由圆销固定在圆板面上形成，与其啮合齿轮的齿廓是由外摆线所构成的，如图 10-2f 所示。销子轮多用于仪器上，而不用于传递大功率。图 10-8 所示为一销子轮模型。

图 10-7 直齿锥齿轮模型

图 10-8 销子轮模型

10.1.3 交错轴齿轮 Gears for skew shafts

在两个相交错轴之间进行传动的齿轮，其运动可以等效为两个类似双曲面圆锥的接触或可以等效为两个轴线不平行圆柱面的接触，有下列几种。

1. 交错轴斜齿锥齿轮

斜齿锥齿轮（Skew bevel gear）又称为**双曲面齿轮**（Hyperboloidal gear），在接触点有沿齿廓方向的相对滑动，且齿廓为直线，两轴成直角，但不相交，如图 10-9a 所示。利用不共面轴线的双曲面滚动原理，可制成斜齿锥齿轮，常用于轴线并不相交，但很接近，无法用于一般斜齿轮传动的场合。这种齿轮的制作与安装较为困难，因此一般机械较少采用。

2. 交错斜齿轮

交错斜齿轮（Crossed helical gear）类似于斜齿圆柱齿轮，齿轮为螺旋曲线，其节曲面为交叉的圆柱体，如图 10-9b 所示。两个齿轮的螺旋角可以同向，也可以反向，视齿轮轴线的相对位置而定。一对交错斜齿轮的啮合为点接触，具有较大的相对滑动，适合于轻载荷传动的应用，传动效率为 50%~90%。图 10-10 所示为一交错斜齿轮模型。

3. 准双曲面齿轮

准双曲面齿轮（Hypoid gear）的齿廓为曲线，外形与斜齿锥齿轮类似，其运动可以等效为两个滚动接触的双曲面体，如图 10-9c 所示。准双曲面齿轮比斜齿锥齿轮强韧、传动更匀滑、抖振与噪声也较小。由于斜齿锥齿轮不易制作，因此将其改造为准双曲面齿轮。准双曲面齿轮的正确节面虽为双曲面，但实际上由近似圆锥面所取代，可用于偏位轴线，并在齿面元素方向产生某种程度的滑动，故具有斜齿锥齿轮的优点。由于准双曲面齿轮的齿素线为曲线旋转体，接触表面增加，所以运转平稳安静，常用于不平行且不相交轴的传动。但由于接触点的大量相对滑动而产生局部高温，需使用高压润滑油，始可免除过度磨损，常见于汽车中差速器的传动。

4. 蜗轮蜗杆

蜗轮蜗杆（Worm gear and worm）类似于交错斜齿轮，两轴线一般成直角，如图 10-9d 所示。齿廓成螺旋形状的为**蜗杆**（Worm），部分包容蜗杆的为**蜗轮**（Worm gear）。蜗轮蜗杆由于具有高传动速比、构造紧密、工作平稳、传动精准、自锁功能等优点，因此广泛地使用于各种减速机构中；其缺点为传动效率低（40%～85%）、磨耗严重、制造成本高。由于齿轮的齿面并非全部为渐近线，中心距离必须维持恒定，以确保共轭特性的存在。与其他类型的齿轮传动相比较，蜗轮蜗杆传动的另一特点是，蜗杆仅能作主动件，不能作为从动件。图 10-11 所示为一蜗轮蜗杆模型。

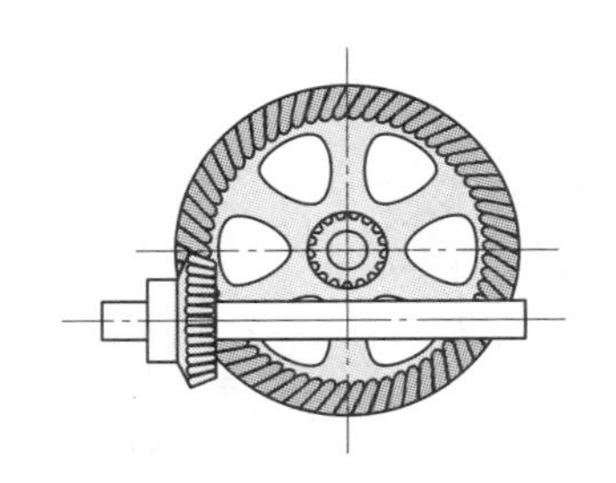

a) 斜齿锥齿轮

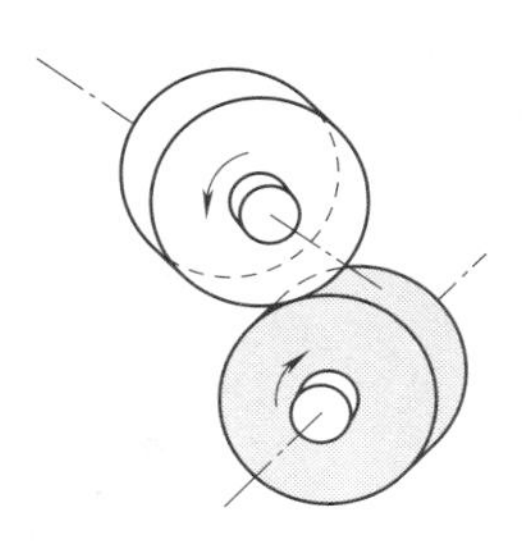

b) 交错斜齿轮

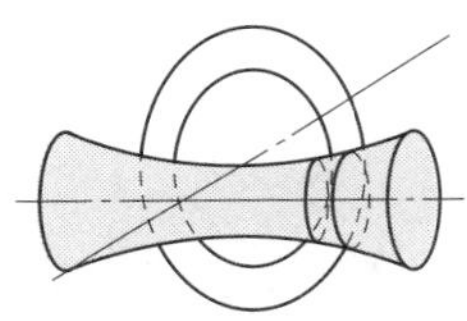

c) 准双曲面齿轮

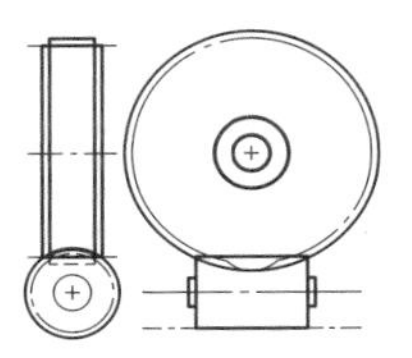

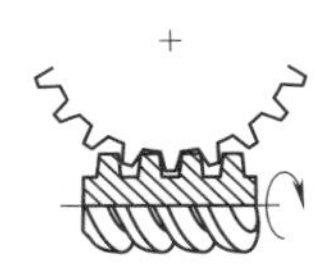

d) 蜗轮蜗杆

图 10-9　**交错轴齿轮类型**

图 10-10　**交错斜齿轮模型**

图 10-11　**蜗轮蜗杆模型**

10.2　名词术语

Nomenclature

本节介绍齿轮传动与圆柱齿轮齿廓各部分的名称与符号。

1. 齿数

齿数（Number of teeth）为轮齿的数目，用符号 z 表示。

2. 节曲面

设计齿轮时，代表齿轮的理论面称为**节曲面**（Pitch surface）。圆柱齿轮的节曲面为一圆柱面，齿条的节曲面为一平面，如图 10-12a 所示；锥齿轮的节曲面为一截圆锥面，如图 10-12b 所示；准双曲面齿轮的节曲面为类似双曲面体的一部分，如图 10-12c 所示。

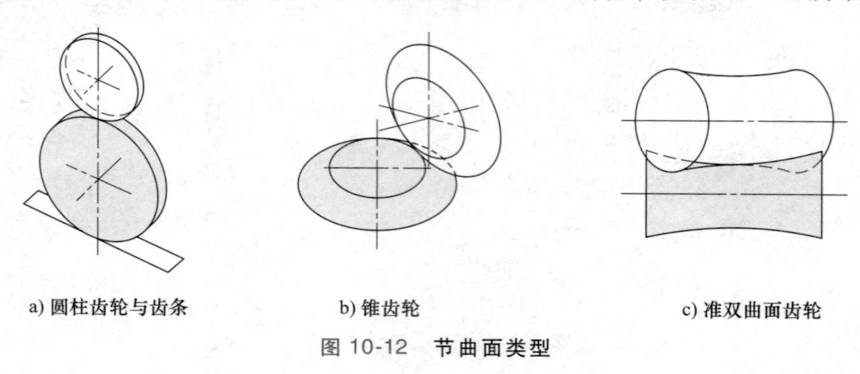

图 10-12 节曲面类型

以下说明参考图 10-13。

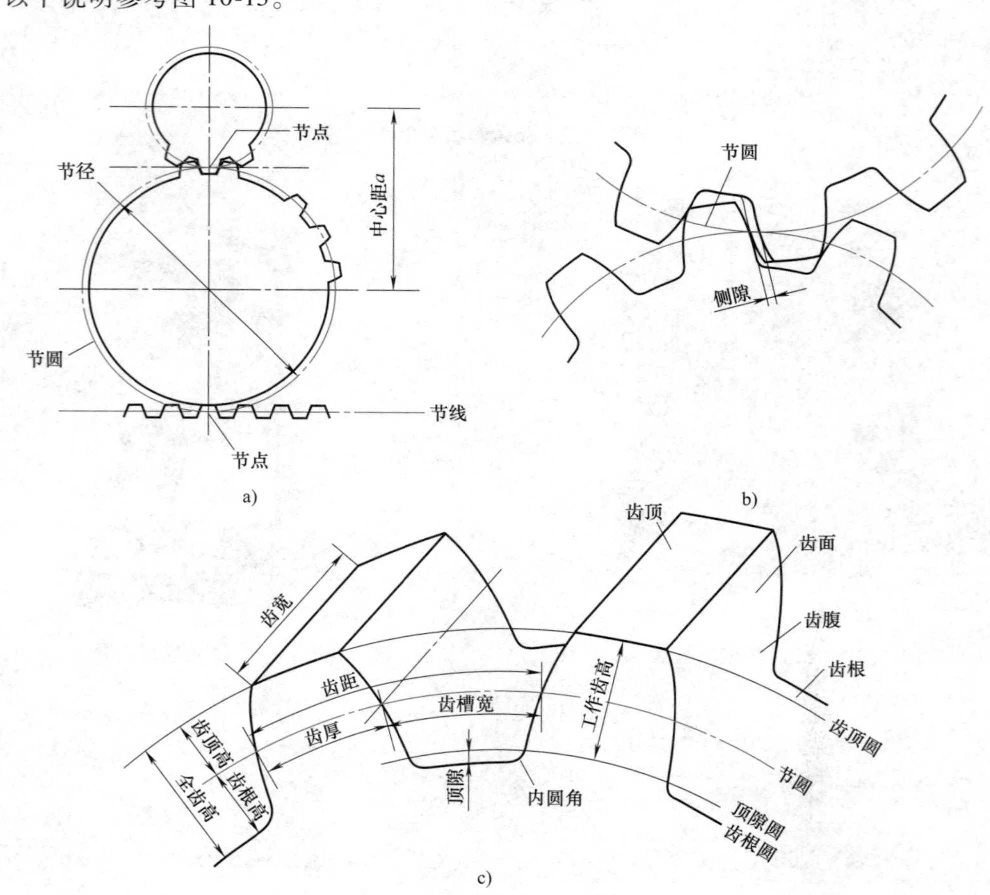

图 10-13 圆柱齿轮与齿廓名称

3. 节线

节线（Pitch line）为节曲面与垂直于轮轴截面的交线。

4. 节圆[㊀]

圆柱齿轮与斜齿轮的节线是圆，称为**节圆**（Pitch circle）；齿条的节线，则是直线。

5. 节径

节径（Pitch diameter）为节圆直径的简称，用符号 d 表示。

6. 节点

节点（Pitch point）为两节圆相切的接触点，若其中之一为齿条，则为节圆与节线的切点。

7. 中心距

中心距（Center distance）为两啮合齿轮旋转轴心的距离，用符号 a 表示。

8. 齿顶圆

齿顶圆（Addendum circle）为通过齿轮齿廓顶部、中心在齿轮中心的最大圆。

9. 齿顶高

齿顶高（Addendum depth）为节圆与齿顶圆的径向距离，一般用 h_a 表示。

10. 齿根圆

齿根圆（Dedendum circle）为通过齿轮齿廓底部、中心在齿轮中心的最小圆。

11. 齿根高

齿根高（Dedendum）为节圆与齿根圆的径向距离，一般用 h_f 表示。

12. 顶隙圆

顶隙圆（Clearance circle）为通过与其啮合齿轮的齿顶、中心在齿轮中心的圆。

13. 顶隙

顶隙（Clearance）为顶隙圆与齿根圆的径向距离，一般用 c 表示。

14. 全齿高

全齿高（Whole depth）为齿顶圆与齿根圆的径向距离，即齿顶与齿根之和，一般用 h 表示。

15. 工作齿高

工作齿高（Work depth）为齿顶圆与齿隙圆的径向距离，即两啮合齿轮的齿顶之和。

16. 齿面

齿面（Tooth face）为介于齿顶圆与节圆之间的齿廓曲面。

17. 齿腹

齿腹（Tooth flank）为介于节圆与齿根圆间的齿廓曲面，包括圆角部分。一对互相啮合的齿轮，相接触的齿腹称为**作用齿腹**（Acting flank）。

18. 内圆角

内圆角（Fillet）为齿廓曲面中内凹且连接齿腹与齿根部分的曲面。

19. 齿顶

齿顶（Top land）为齿廓顶端的曲面。

㊀ 在其他教材中，描述单个齿轮时一般称为分度圆；该圆的直径称为分度圆直径。

20. 齿根

齿根（Bottom land）为齿廓相邻两内圆角间的曲面。

21. 齿宽

齿宽（Face width）为沿齿轮轴向线具有齿廓部分的长度，一般用 b 表示。

22. 齿厚

齿厚（Tooth thickness）为沿节圆圆周上同一齿两侧间的弧长，一般用 s 表示。

23. 齿槽宽

齿槽宽（Tooth space）为沿节圆圆周上相邻两齿槽宽空隙的弧长，一般用 e 表示。

24. 齿距

齿距也称周节，是沿节圆圆周上，自齿廓上一点到相邻齿上对应点的弧长，称为齿轮的**齿距**（Circular pitch），用 p_c 表示，即：

$$p_c = \frac{\pi d}{z} \tag{10-1}$$

一对齿轮相啮合时，其齿距必相等，这样次一对齿轮才能继续接触；否则，会发生干涉或失去接触的现象。

25. 模数

模数（Module）为节径 d（mm）与齿数 z 的比值，用 m 表示，即：

$$m = \frac{d}{z} \tag{10-2}$$

公制齿轮以模数表示齿廓的大小，模数越大，轮齿越大；两相啮合的齿轮必须有相同的模数。模数 m 与齿距 p_c 具有如下的关系：

$$p_c = m\pi \tag{10-3}$$

因此，若两个齿轮的模数相等，则其齿距必相等。

26. 径节

径节（Diametral pitch）为齿数 z 与节径 d（in，1in = 25.4mm）的比值，用 p_d 表示，单位为1/in。即：

$$p_d = \frac{z}{d} \tag{10-4}$$

径节为英制齿轮表示齿廓大小的依据，齿轮的径节越大，其轮齿越小。两相啮合的齿轮，必须有相同的径节。径节 p_d 与齿距 p_c 具有如下的关系：

$$p_c p_d = \pi \tag{10-5}$$

27. 侧隙

互相啮合的一对齿轮，其中一个齿轮的齿厚与另一个齿轮齿槽宽的差值，称为**侧隙**（Backlash）。适量的侧隙，有助于润滑与解决制造误差；但是过量的侧隙，则会产生传动不精确与颤振等问题。

例 10-1 **有一个圆柱齿轮，其齿数（z）为 40，模数（m）为 1.5mm，试求其齿距（p_c）。**

解：由式（10-3）可得圆柱齿轮的齿距（p_c）为：

$$p_c = m\pi = 1.5\text{mm}\times\pi = 4.71\text{mm}$$

例 10-2 **有一个圆柱齿轮，齿数（z）为 32、径节（p_d）为 4（1/in）、转速（n）为 300r/min，试求这个齿轮的齿距（p_c）与节线速度（v_P）。**

解：由于径节 $p_d=4$（1/in）为已知，由式（10-5）可直接求得齿距（p_c）如下：

$$p_c=\frac{\pi}{p_d}=\frac{\pi}{4}=0.7854\text{in}$$

而齿轮的节径（d）可由式（10-4）求得如下：

$$d=\frac{z}{p_d}=\frac{32}{4(1/\text{in})}=8\text{in}$$

因此，齿轮的节线速度 V_P 为：

$$V_P=\frac{d}{2}\omega=\frac{8\text{in}}{2}\times 300\ \frac{r}{\text{min}}\times 2\pi\ \frac{\text{rad}}{\text{rev}}\times\frac{1}{60}\ \frac{\text{min}}{\text{s}}=125.7\text{in/s}$$

10.3 齿轮啮合原理
Fundamentals of gearing

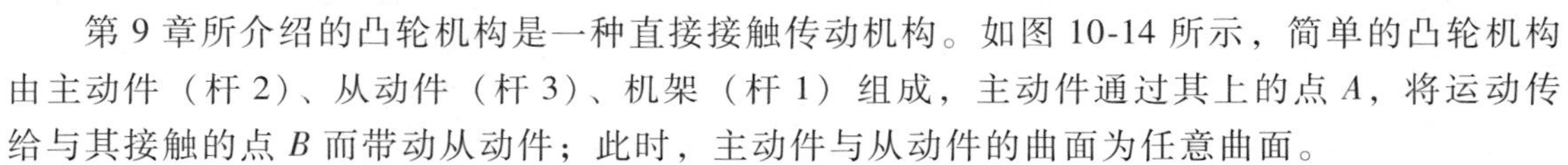

第 9 章所介绍的凸轮机构是一种直接接触传动机构。如图 10-14 所示，简单的凸轮机构由主动件（杆 2）、从动件（杆 3）、机架（杆 1）组成，主动件通过其上的点 A，将运动传给与其接触的点 B 而带动从动件；此时，主动件与从动件的曲面为任意曲面。

在图 10-14a 所示的位置时，接触点间会有相对速度。在此位置，除非两接触曲面分离或挤压变形，否则点 A 和 B 在公法线 $N—N$ 上的速度分量 V_A^n 和 V_B^n 必相等且同向；但因点 A 和 B 的绝对速度 V_A 和 V_B 并不相等，所以沿切线 $T—T$ 方向的速度分量 V_A^t 和 V_B^t 也不相等，其差值为所谓的**相对滑动速度**（Relative sliding velocity）。在图 10-14b 所示的位置时，由于点 A 和 B 位于轴心线的连线上，点 A 和 B 的瞬间速度 V_A 和 V_B 不但大小相等、方向相同，且其在切线 $T—T$ 方向的速度分量 V_A^t 和 V_B^t 也相等，故无相对滑动产生，为**纯滚动**（Pure rolling）接触。在图 10-14c 所示的位置时，接触曲面的公法线经过主动件的固定铰点 O_2，点 A 的速度 V_A 仅沿切线 $T—T$ 方向，而无公法线 $N—N$ 方向的分量，因此无运动传到点 B，两者间的相对运动为**纯滑动**（Pure sliding）。

图 10-14a 中，若两互相接触曲面运动的角速度分别为 ω_2 和 ω_3，两个构件在瞬心点 P 处的线速度相同，因此速比（Velocity ratio）r_v，为：

$$r_v=\frac{\omega_3}{\omega_2}=\frac{\overline{O_2P}}{\overline{O_3P}} \tag{10-6}$$

由于瞬心（点 P）的位置并非固定，所以速比也非常数。

齿轮机构也是一种直接接触的传动机构，但与凸轮机构的主要不同特性在于其速比为常数。因此，若欲使图 10-14 所示机构的速比固定，则接触曲线必须具有某种特殊的几何关系，使曲线在接触点的公法线恒通过中心线上的一个固定点。若如此，则所示的凸轮机构即为齿轮机构。换句话说，若欲使一对齿轮以定速比传动，则互相啮合两齿轮齿廓曲线的公法线，必须

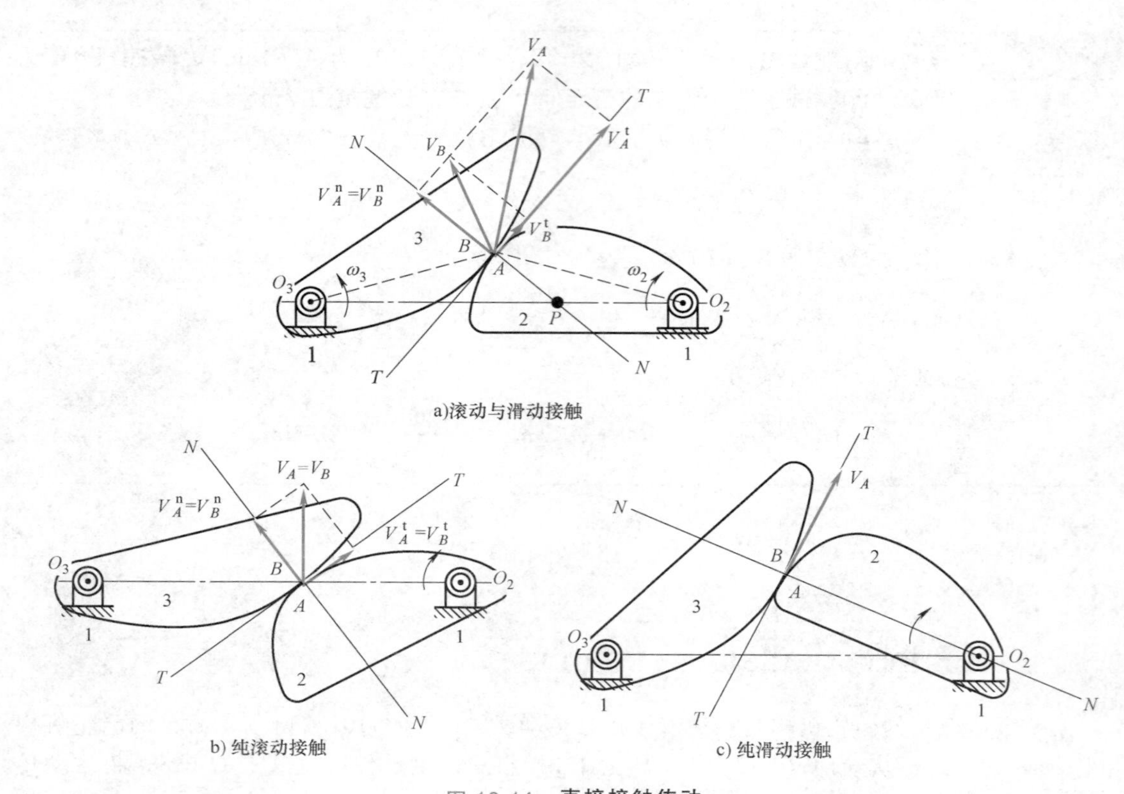

图 10-14 **直接接触传动**

通过中心线上的一个固定点，即节点；此为**齿轮啮合基本定律**（Fundamental law of gearing）。

一对互相啮合的齿轮，若符合齿轮啮合基本定律，则称此对齿轮的相对运动为**共轭传动**（Conjugate action）。设此对齿轮中主动齿轮的角速度为 ω_2、从动轮的角速度为 ω_3，则速比 r_v 为常数，并可表示为：

$$r_v=\frac{\omega_3}{\omega_2}=\frac{n_3}{n_2}=\frac{z_2}{z_3}=\frac{d_2}{d_3}=\frac{r_2}{r_3} \tag{10-7}$$

式中，n_2 和 n_3 分别为主动齿轮与从动齿轮的转速；z_2 和 z_3 分别为主动齿轮与从动齿轮的齿数；d_2 和 d_3 分别为主动齿轮与从动齿轮的节圆直径，而 r_2 和 r_3 则分别为主动齿轮与从动齿轮的节圆半径。

例 10-3 **有一对速比（r_v）为 1/3 的圆柱齿轮，从动齿轮的模数（m）为 6mm、齿数（z_3）为 96、转速（n_3）为 600r/min，试求主动齿轮的转速（n_2）与齿数（z_2）及节点速度（V_P）。**

解：主动齿轮的转速（n_2）与齿数（z_2）可由式（10-7）求得，即：

$$n_2=\frac{n_3}{r_v}=\frac{600\text{r/min}}{1/3}=1800\text{r/min}$$

$$z_2=r_v z_3=\frac{1}{3}\times 96=32$$

从动齿轮的节圆半径（r_3）与角速度（ω_3）为：

$$r_3=\frac{m}{2}z_3=\frac{6\text{mm}}{2}\times96=288\text{mm}$$

$$\omega_3=600\text{r/min}\ \frac{600.\ 2\pi}{60}\text{rad/s}=62.\ 83\text{rad/s}$$

因此，齿轮的节点速度（V_P）为：

$$\begin{aligned}V_P&=r_3\omega_3=288\text{mm}\times62.\ 83\text{rad/s}\\&=18095\text{mm/s}\\&=18.\ 095\text{m/s}\end{aligned}$$

10.4 齿廓曲线 Tooth profiles

根据齿轮啮合基本定律，两个互相接触的曲面在接触过程中，若通过接触点所作两接触曲面的公法线，恒通过齿轮中心线上的一个定点，则此两接触曲面的速比恒为一定值。凡是能满足速比为定值的成对曲线，均可作为齿轮的齿廓曲线。较常使用的齿廓曲线有**渐开线**（Involute curve）与**摆线**（Cycloidal curve），以下分别介绍。

10.4.1 渐开线齿廓 Involute gear teeth

将围绕于固定圆盘圆周的一条细线一端固定于圆周上而将另一端拉紧展开，则细线端点的轨迹即为**渐开线**，如图 10-15a 所示。此细线围绕的圆，称为产生渐开线的**基圆**（Base circle）。渐开线的特性为，在任何展开位置的弦线均保持与基圆相切，弦长与弧长相等。因此，渐开线上点 A 的位置向量方程可表示为：

$$\overrightarrow{OA}=\overrightarrow{OI}+\overrightarrow{IA} \tag{10-8}$$

若基圆半径以 r_b 表示，由于$\overline{OI}=r_b$、$\overline{IA}=r_b\theta$（θ 单位为弧度），且 $OI\perp IA$，则点 A 的坐标（x，y）可表示为：

$$x=r_b\cos\theta+r_b\theta\sin\theta \tag{10-9}$$

$$y=r_b\sin\theta-r_b\theta\cos\theta \tag{10-10}$$

式中，θ 为弦线逆时针方向展开的参数角。此外，渐开线的弦线永远与渐开线垂直，即 IA 就是渐开线在点 A 的法线。因此，一对互相接触的渐开线齿廓曲面，无论接触点如何变化，其公法线 N—N 均相切于两基圆，如图 10-15b 所示。若两渐开线齿廓曲面的旋转中心固定，则公法线也随之固定，且公法线与中心线的交点 P 于任何接触位置也均固定；因此，两渐开线齿廓曲面的速比一定，符合构成齿廓的基本要求。

当基圆大小与渐开线起点的位置已知时，即可求出渐开线齿廓曲线，如图 10-15c 所示；式中，AB 为齿面，BE 为齿腹，AC 为渐开线，CD 一般采用径向辐射线，DE 则为内圆角。

10.4.2 摆线齿廓 Cycloidal gear teeth

摆线（Cycloidal curve）齿廓是利用两个**生成圆**（Generating circle）在齿轮的节圆曲线

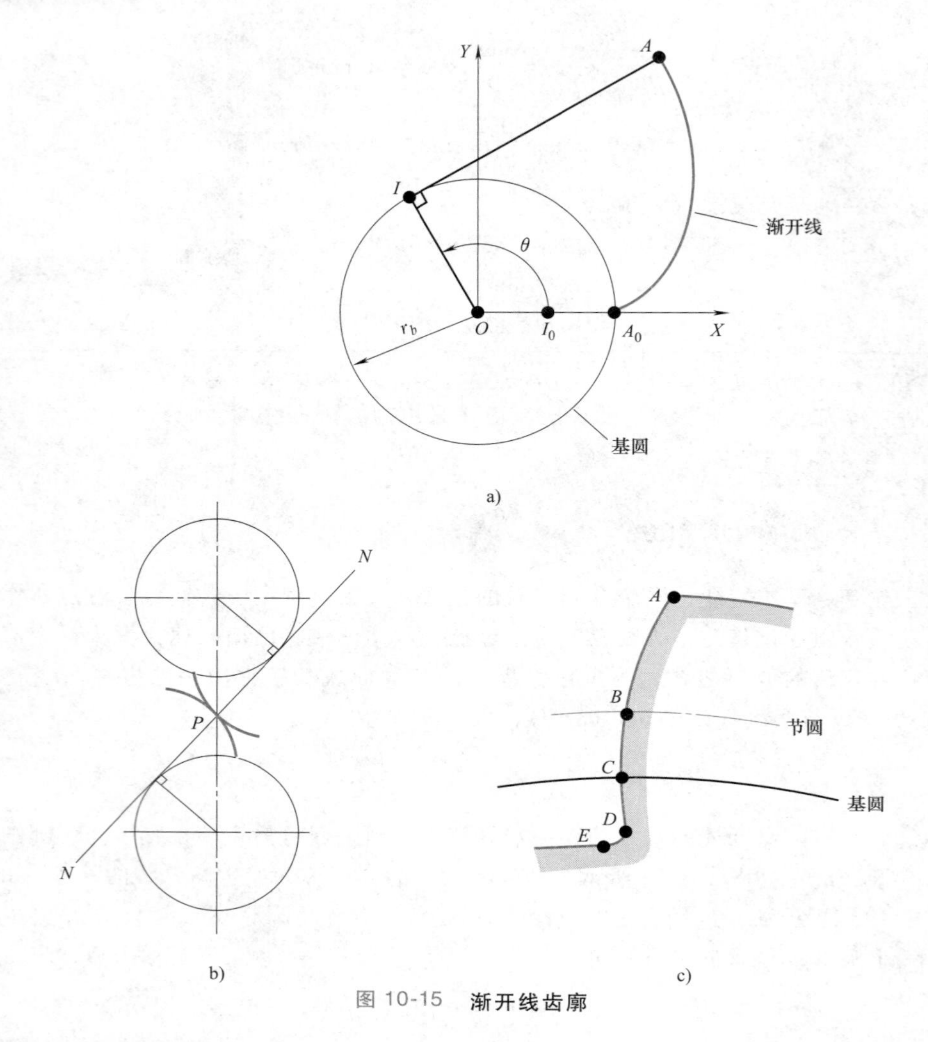

图 10-15 **渐开线齿廓**

上滚动而成的。如图 10-16 所示，生成圆 G_1 在节圆外，若 G_1 由位置 a 滚动到位置 a'，则 G_1 上一点 C 所滚成的路径称为**外摆线**（Epicycloid），此外摆线形成摆线齿廓的齿面；生成圆 G_2 在节圆内，若 G_2 由位置 b 滚到位置 b'，则 G_2 上一点 D 所滚成的路径称为**内摆线**（Hypocyloid），此内摆线形成摆线齿廓的齿腹。

一般而言，两个互相啮合的摆线齿轮，生成圆不必完全相同。如果摆线齿轮互相接触的齿面曲线与齿腹曲线是使用同一生成圆所滚成的，则具有互换性。此外，生成圆的最大极限为节圆的一半。

当齿的两侧齿廓曲线相交成尖点时，此尖点就是齿顶的最高限度。若节圆上的齿厚与生成圆的直径大小一定，则节圆越小，齿廓成尖点会越早发生，而齿顶最高限度也越短；相反，节圆越大，齿顶最大高度越晚相交成尖形，故最高齿顶越长。

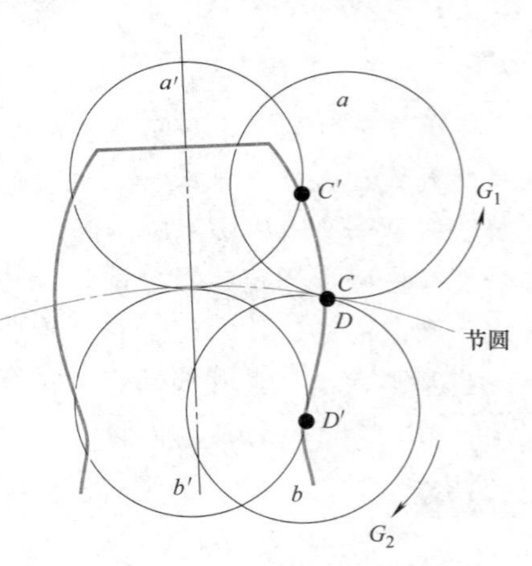

图 10-16 **摆线齿廓**

摆线齿轮的最少齿数若减小，则齿廓所对应的圆周角增大，节圆处的齿厚增大，齿根处的厚度变得尖削，齿廓较弱，所以最少齿数不可太小；一般摆线齿轮的最少齿数取为12。

10.4.3 齿廓曲线的比较 Comparison of tooth profiles

渐开线齿廓仅视基圆大小而定，若基圆大小一定，则齿廓随之决定；所以只要齿距（或模数）、压力角相等，则任何渐开线齿轮均能完全啮合。摆线齿廓则视生成圆与节圆大小而定，若其齿腹的生成圆不等于啮合齿轮齿面的生成圆，则无法完全啮合。因此，在应用上若需要互换啮合的齿轮，则通常采用渐开线齿轮。

渐开线齿条的齿廓曲线退化为直线，因而切削或磨制的制造刀具可为直线形，而使渐开线齿轮的制造较为容易。摆线齿轮的齿廓，由于是由内、外摆线两段曲线组成的，制造上较为困难。

渐开线齿轮的中心距，即使有变化也不影响其速比，节圆半径（轴心到节点的距离）将随中心距改变而变化，但仍与基圆半径成正比，故渐开线齿轮的速比与基圆半径成反比。摆线齿轮互相啮合时，节圆必须恰好相切；但是由于齿轮中心距不可能完全配合得毫无误差，所以摆线齿轮欲获得固定的速比较为困难。

渐开线齿轮的接触路径为一直线，即为两个基圆的内公切线，压力角大小一定；若其中心距改变，则其节点的位置与压力角的大小会随着改变，故可用于减少干涉现象。摆线齿轮的接触路径为一曲线，随接触位置的不同，压力角的大小会有所不同；压力角在两端时最大，在节点时为零。此外，就摩擦问题而言，渐开线齿轮的磨耗较摆线齿轮严重；若就振动与噪声问题而言，则摆线齿轮更为突出些。

虽然摆线齿廓发明在先，但是在实际应用上却逐渐为渐开线齿廓所取代。摆线齿轮很少用于传递动力的场合，而多用于叶轮、转子、机械式钟表及其他精密仪器中。

10.5 标准齿轮 Standard gears

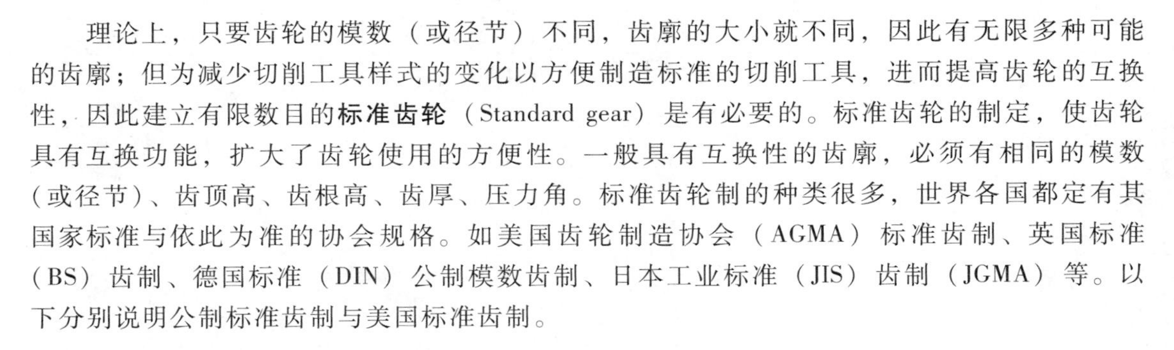

理论上，只要齿轮的模数（或径节）不同，齿廓的大小就不同，因此有无限多种可能的齿廓；但为减少切削工具样式的变化以方便制造标准的切削工具，进而提高齿轮的互换性，因此建立有限数目的**标准齿轮**（Standard gear）是有必要的。标准齿轮的制定，使齿轮具有互换功能，扩大了齿轮使用的方便性。一般具有互换性的齿廓，必须有相同的模数（或径节）、齿顶高、齿根高、齿厚、压力角。标准齿轮制的种类很多，世界各国都定有其国家标准与依此为准的协会规格。如美国齿轮制造协会（AGMA）标准齿制、英国标准（BS）齿制、德国标准（DIN）公制模数齿制、日本工业标准（JIS）齿制（JGMA）等。以下分别说明公制标准齿制与美国标准齿制。

10.5.1 公制标准齿制 SI standard

公制齿制中，齿轮的齿廓大小用模数衡量，此齿制中常用的压力角为14.5°、20°、22.5°、25°。表10-1为公制渐开线齿轮齿廓标准；表10-2为公制渐开线齿轮标准模数，以选用第一系列的模数为优先。

表 10-1 公制渐开线齿轮齿廓标准

齿顶高	1.000m
齿根高	1.25m
顶隙	0.25m
工作齿高	2.000m
全齿高	2.25m
齿厚	$\pi/2m$
齿根内圆角半径	≈0.3m

表 10-2 公制渐开线齿轮标准模数 （单位：mm）

第一系列	1, 1.25, 1.5, 2, 2.5, 3, 4, 5, 6, 8, 10, 12, 16, 20, 25, 32, 40, 50
第二系列	1.125, 1.375, 1.75, 2.25, 2.75, 3.5, 4.5, 5.5, 7, 9, 14, 18, 22, 28, 36, 45

10.5.2 美国标准齿制 American standard

表 10-3 为美国齿轮制造协会（AGMA）与美国标准协会（ANSI）有关渐开线齿轮齿廓标准；式中，齿廓径节小于 20（1/in）的称为**粗节距**（Coarse pitch），大于 20 的称为**细节距**（Fine pitch）。常用粗节距系统的径节 p_d（单位为 1/in）为：1，$1\frac{1}{4}$，$1\frac{1}{2}$，$1\frac{3}{4}$，2，$2\frac{1}{4}$，$2\frac{1}{2}$，3，4，6，8，10，12，16；常用细节距系统的径节 p_d（单位为 1/in）为：20，24，32，40，48，64，80，96，120，150，200。

表 10-3 AGMA 与 ANSI 渐开线齿轮齿廓标准

	14½°压力角 混合制	14½°压力角 全深制	20°压力角 全深制粗节距	20°压力角 全深制细节距	20°压力角 短齿制	25°压力角 全深制
齿顶高	$\frac{1}{p_d}$	$\frac{1}{p_d}$	$\frac{1}{p_d}$	$\frac{1}{p_d}$	$\frac{0.8}{p_d}$	$\frac{1}{p_d}$
齿根高	$\frac{1.157}{p_d}$	$\frac{1.157}{p_d}$	$\frac{1.25}{p_d}$	$\frac{1.200}{p_d}+0.002\text{in}$	$\frac{1}{p_d}$	$\frac{1.25}{p_d}$
顶隙	$\frac{0.157}{p_d}$	$\frac{0.157}{p_d}$	$\frac{0.25}{p_d}$	$\frac{0.200}{p_d}+0.002\text{in}$	$\frac{0.2}{p_d}$	$\frac{0.25}{p_d}$
工作齿高	$\frac{2}{p_d}$	$\frac{2}{p_d}$	$\frac{2}{p_d}$	$\frac{2}{p_d}$	$\frac{1.6}{p_d}$	$\frac{2}{p_d}$
全齿高	$\frac{2.157}{p_d}$	$\frac{2.157}{p_d}$	$\frac{2.25}{p_d}$	$\frac{2.200}{p_d}+0.002\text{in}$	$\frac{1.8}{p_d}$	$\frac{2.25}{p_d}$
齿厚	$\frac{1.5708}{p_d}$	$\frac{1.5708}{p_d}$	$\frac{1.5708}{p_d}$	$\frac{1.5708}{p_d}$	$\frac{1.5708}{p_d}$	$\frac{1.5708}{p_d}$
内圆角	$\frac{0.209}{p_d}$	$\frac{0.209}{p_d}$	$\frac{0.3}{p_d}$		$\frac{0.3}{p_d}$	

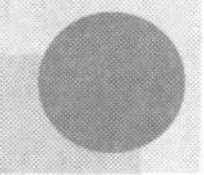

10.6 渐开线齿轮的传动
Tooth action of involute gears

本节介绍渐开线齿轮的传动特性，包括作用线、压力角、啮合线长度、重合度、干涉现象及最少齿数等。

10.6.1 啮合线 Line of action

两条互相接触的齿廓曲线，在接触点必然具有相同的切线与法线。图 10-17 所示为具有渐开线齿廓的一对啮合圆柱齿轮，点 F 为主动齿轮 2 和从动齿轮 3 的接触点，AB 为通过点 F 的公法线。

根据齿轮啮合基本定律，公法线 AB 必须恒通过齿轮中心线 O_2O_3 上的一个定点。此外，根据渐开线的特性，在接触点 F 的公法线 AB 是齿轮基圆的内公切线。因此，公法线 AB 与两个基圆同时相切。这表示齿轮在传动过程中，不同位置的接触点均在公法线 AB 上。所以，公法线 AB 与中心线 O_2O_3 的交点即为节点 P，为固定点；即渐开线齿廓具有共轭特性。这条通过齿廓曲线接触点的公法线即称为**啮合线**（Line of action）。

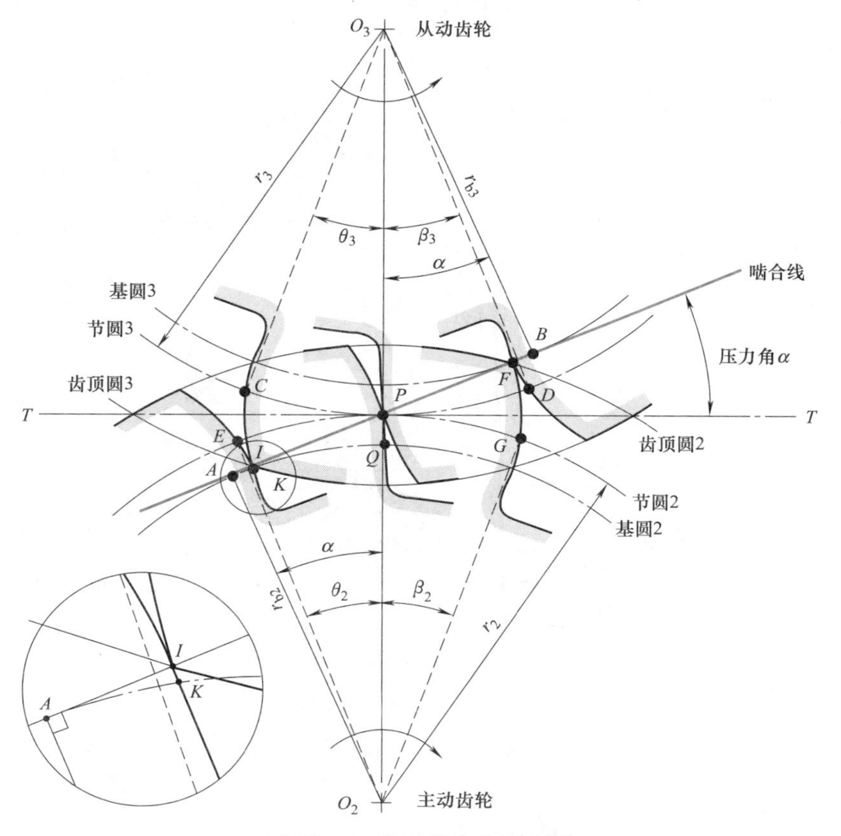

图 10-17 渐开线齿轮的传动

10.6.2 压力角 Pressure angle

图 10-17 中，通过节点 P 的两个节圆的公切线 $T—T$ 与啮合线 AB 的夹角，称为**压力角**（Pressure angle），用 α 表示。

由图 10-17 中的几何关系得知，两节圆半径与其基圆半径之间具有下列关系：

$$r_{b2}=r_2\cos\alpha \tag{10-11}$$

$$r_{b3}=r_3\cos\alpha \tag{10-12}$$

式中，$r_{b2}(=\overline{O_2A})$ 和 r_{b3}（$=\overline{O_3B}$）为基圆半径；$r_2(=\overline{O_2P})$ 和 $r_3(=\overline{O_3P})$ 为节圆半径，且 $r_2+r_3=\overline{O_2O_3}$。

理论上，齿轮压力角的范围可相当广泛；但是在实际制造上都取 20°和 25°为标准值。早期大多使用压力角为 14.5°的齿轮，目前已少有制造。

例 10-4　有一对压力角为 20°的圆柱齿轮，速比（r_v）为 1/4、模数（m）为 6mm，中心距离（a）为 360mm，试求从动轮的基圆半径（r_{b3}）。

解：由式（10-7）可得：

$$z_3=z_2/r_v=4z_2$$

由式（10-2）可得：

$$d_2=mz_2=6z_2$$

$$d_3=mz_3=6z_3$$

此外，中心距 a 为：

$$a=\frac{d_2}{2}+\frac{d_3}{2}=360\text{mm}$$

联立求解以上四个式子，可得 $z_2=24$，$z_3=96$。因此，由式（10-2）和式（10-12）可求出被动齿轮的基圆半径（r_{b3}）为：

$$\begin{aligned}r_{b3}&=r_3\cos\alpha=\frac{d_3}{2}\cos\alpha\\&=\frac{1}{2}mz_3\cos\alpha=\frac{1}{2}\times6\text{mm}\times96\cos20°\\&=270.6\text{mm}\end{aligned}$$

例 10-5　有一对压力角为 20°的圆柱齿轮，模数（m）为 2，齿数为 $z_2=24$、$z_3=48$，试求这对齿轮的中心距离 a。此外，试问当中心距因装配误差增大 0.3mm 时，其压力角 α 变为多少？

解：由式（10-2）可求得两齿轮的节径（d_2 和 d_3）分别为：

$$d_2=mz_2=2\text{mm}\times24=48\text{mm}$$

$$d_3=mz_3=2\text{mm}\times48=96\text{mm}$$

因此，可得中心距 a 为：

$$a=\frac{1}{2}(d_2+d_3)=\frac{1}{2}(48\text{mm}+96\text{mm})=72\text{mm}$$

由于基圆半径在制造齿轮时便已确定，所以中心距的改变并不影响基圆半径。然而，中心距的增大会造成节圆半径的增大，进而造成压力角的增大。因此，为了求出因中心距增大所导致压力角的增大，必须先求得基圆半径与新的节圆半径。

由式（10-11）可得：

$$
\begin{aligned}
r_{b2} &= (d_2/2)\cos\alpha \\
&= (48\text{mm}/2)\cos 20° = 22.553\text{mm}
\end{aligned}
$$

由式（10-7）可得新的节圆半径 r_2' 和 r_3' 间的关系为：

$$
r_3' = \frac{z_3}{z_2} r_2' = \frac{48}{24} r_2' = 2r_2'
$$

由于中心距因装配误差增大 0.3mm，因此实际中心距离 a' 为：

$$
\begin{aligned}
a' &= r_2' + r_3' = r_2' + 2r_2' = 3r_2' \\
&= 72\text{mm} + 0.3\text{mm} = 72.3\ \text{mm}
\end{aligned}
$$

因此，可求出新的节圆半径 r_2' 为：

$$
r_2' = 24.1\ \text{mm}
$$

因为基圆半径没有改变，可根据式（10-11）求得新的压力角 α' 为：

$$
\cos\alpha' = \frac{r_{b2}}{r_2'} = \frac{22.553}{24.1} = 0.9358
$$

即实际的压力角 α' 为：

$$
\alpha' = 20.642°
$$

10.6.3 啮合路径 Path of contact

啮合路径（Path of contact）为同一对齿自啮合开始到啮合终止，其啮合点所形成的路径。渐开线齿轮的啮合路径为一直线，摆线齿轮的啮合路径则为一曲线。

图 10-17 中所示的两渐开线齿轮，线 AB 为其基圆内公切线，点 I 是两齿廓刚开始啮合时的啮合点，为齿轮 3（从动轮）的齿顶圆与啮合线 AB 的交点；点 F 是啮合终止时的啮合点，为齿轮 2（主动轮）的齿顶圆与啮合线 AB 的交点。因此 IF 为啮合路径，其长度则称为**啮合线长度**（Contact length），即 L_c，可如下求得：

$$
\begin{aligned}
L_c &= \overline{IF} = \overline{IP} + \overline{PF} \\
&= (\overline{IB} - \overline{PB}) + (\overline{AF} - \overline{AP}) \\
&= \sqrt{(r_3 + h_{a3})^2 - r_3^2\cos^2\alpha} - r_3\sin\alpha + \sqrt{(r_2 + h_{a2})^2 - r_2^2\cos^2\alpha} - r_2\sin\alpha
\end{aligned}
\tag{10-13}
$$

在点 I 开始啮合时，同一齿廓曲线在节圆上的对应点分别为点 E 和 C。在点 F 啮合终止时，同一齿廓曲线在节圆上的对应点分别为点 G 和 D，故圆弧 EPG 与圆弧 $\overset{\frown}{CPD}$ 分别为齿轮 2 和 3 的啮合弧（Arc of action），圆弧 EP 与圆弧 CP 分别为齿轮 2 和 3 的**渐近弧**（Arc of approach）；圆弧 PG 与圆弧 PD 分别为齿轮 2 和 3 的**渐远弧**（Arc of recess）。

啮合弧所对应的角度（$\theta_2+\beta_2$ 和 $\theta_3+\beta_3$）称为啮合角（Angle of action），渐近弧所对应

的角度（θ_2 和 θ_3）称为**渐近角**（Angle of approach），渐远弧所对应的角度（β_2 和 β_3）称为**渐远角**（Angle of recess）。

一对齿轮啮合传动时所转动的角度，可以等效为其对应节圆相对滚动的转动角度，所以其对应节圆滚动的圆弧长会相等。因此，渐近弧、渐远弧、啮合弧对于两个齿轮而言，也会有相同的圆弧长度；也就是两个齿轮的渐近角、渐远角会与其节圆半径成反比。所以，只需求得两齿轮之一的渐近角与渐远角，另一齿轮的渐近角与渐远角就可依照节圆比例求得。计算这些角度时，观察其齿廓基圆上的对应点及齿轮中心的夹角，会比较容易了解与求得。

如图 10-17 所示，设主动齿轮点 E 所在齿廓与基圆的交点为 K，且点 P 所在齿廓与基圆的交点为 Q，则渐近角 $\theta_2=\angle EO_2P=\angle KO_2Q$；又因为渐开线的弦长与弧长相等，所以基圆上的圆弧长 $\widehat{KQ}$ 等于啮合线上的 IP 线段长。因此，主动齿轮的渐近角 θ_2 可表示为：

$$\theta_2=\frac{\overline{IP}}{r_{b2}} \tag{10-14}$$

式中

$$\overline{IP}=(\overline{IB}-\overline{PB})=\sqrt{(r_3+h_{a3})^2-r_3^2\cos^2\alpha}-r_3\sin\alpha \tag{10-15}$$

同理，主动齿轮的渐远角 β_2 可表示为：

$$\beta_2=\frac{\overline{PF}}{r_{b2}} \tag{10-16}$$

式中

$$\overline{PF}=\overline{AF}-\overline{AP}=\sqrt{(r_2+h_{a2})^2-r_2^2\cos^2\alpha}-r_2\sin\alpha \tag{10-17}$$

同理，被动齿轮的渐近角 θ_3 与渐远角 β_3 分别可表示为：

$$\theta_3=\frac{\overline{IP}}{r_{b3}} \tag{10-18}$$

$$\beta_3=\frac{\overline{PF}}{r_{b3}} \tag{10-19}$$

10.6.4 重合度 Contact ratio

重合度（Contact ratio）为啮合弧长与齿距的比值，用 ε_α 表示。

重合度 ε_α 可由啮合线长度（L_c）与基圆齿距（p_b）的比值求得，即：

$$\varepsilon_\alpha=\frac{L_c}{p_b} \tag{10-20}$$

式中，**基圆齿距**（Base pitch，p_b）是指沿基圆的圆周上，自齿廓上一点到相邻齿上对应点的弧长，即：

$$p_b=\frac{2\pi r_b}{z} \tag{10-21}$$

又因

$$\text{米制}\ p_b=p_c\cos\alpha=m\pi\cos\alpha \tag{10-22a}$$

$$\text{寸制}\ p_b=p_c\cos\alpha=\frac{\pi\cos\alpha}{p_d} \tag{10-22b}$$

故得

$$米制\ \varepsilon_{\alpha}=\frac{L_{c}}{m\pi\cos\alpha} \tag{10-23a}$$

$$寸制\ \varepsilon_{\alpha}=\frac{L_{c}p_{d}}{\pi\cos\alpha} \tag{10-23b}$$

重合度可以等效为齿对啮合运动周期的平均啮合齿数，其最小极限值为 1。设计齿轮时，一般取重合度为 1.2~1.6。重合度越大，作用越平滑，传动效果越好。

例 10-6 **有一对压力角（α）为 25°的圆柱齿轮，齿顶高 $h_a=m$，速比（r_v）为 1/3，模数为 5mm，小齿轮齿数（z_2）为 20，试求这对齿轮的重合度 ε_{α}。**

解：在利用式（10-23）来求得重合度（ε_{α}）之前，必须先利用式（10-13）求出啮合线长度（L_c）。

由式（10-2）可得：

$$d_2=mz_2=100\text{mm}$$

即 $r_2=50\text{mm}$。而由式（10-7）可得：

$$d_3=\frac{d_2}{r_v}=\frac{100}{1/3}=300\text{mm}$$

即 $r_3=150\text{mm}$。齿顶高 h_{a2} 和 h_{a3} 为：

$$h_{a2}=h_{a3}=m=5\text{mm}$$

因此，由式（10-13）可得啮合线长度（L_c）为：

$$\begin{aligned}L_c&=\sqrt{(r_3+h_{a3})^2-r_3^2\cos^2\alpha}-r_3\sin\alpha+\sqrt{(r_2+h_{a2})^2-r_2^2\cos^2\alpha}-r_2\sin\alpha\\&=[\sqrt{(150+5)^2-(150\cos25°)^2}-150\sin25°\\&\quad+\sqrt{(50+5)^2-(50\cos25°)^2}-50\sin25°]\text{mm}\\&=21.101\ \text{mm}\end{aligned}$$

再由式（10-23）可得重合度（ε_{α}）为：

$$\begin{aligned}\varepsilon_{\alpha}&=\frac{L_c}{m\pi\cos\alpha}=\frac{21.101}{5\pi\cos25°}\\&=1.482\end{aligned}$$

10.6.5 干涉现象 Interference

干涉（Interference）是因啮合齿廓曲线的中心距过短、齿顶过高或小齿轮齿数太少等原因所致。由于渐开线齿廓的共轭曲线是由基圆开始展开的，若啮合点在基圆以内，则将发生干涉。换句话说，图 10-17 中两个齿顶圆和啮合线的交点（即点 I 和 F）必须介于基圆内公切线（即线段 AB）的范围内才不会产生干涉。由于大齿轮的齿顶圆和啮合线的交点比较容易出现在基圆内公切线之外，因此若大、小齿轮的齿顶高相同，则检验齿轮干涉现象时，只需查验大齿轮的齿顶圆和啮合线的交点位置即可。

图 10-18a 以齿轮和齿条互相啮合的情形来说明其干涉现象。初始啮合点 I，即齿条的齿顶线与啮合线的交点，位于啮合线与基圆切点 A 之外；由图 10-18a 可知，在渐开线齿腹到

达点 A 之前，啮合已提早发生，齿廓产生重叠，故齿条的齿顶将挖去齿腹渐开线部分，从而形成干涉。因此，若要避免干涉，则开始啮合点应在干涉点（即点 A）以内，不然就将齿条齿顶过高的超出部分予以切除。

齿轮展成时，若齿条变成齿条形切削工具或滚齿刀，则将切除小齿轮齿腹部分，此称为**根切**（Undercutting）现象，如图 10-18b 所示。根切虽可避免干涉，但由于小齿轮齿廓强度将会减弱，而且工作齿面的完整性受到破坏，使啮合齿轮的齿隙、噪声、振动增大，因此导致小齿轮的寿命缩短。

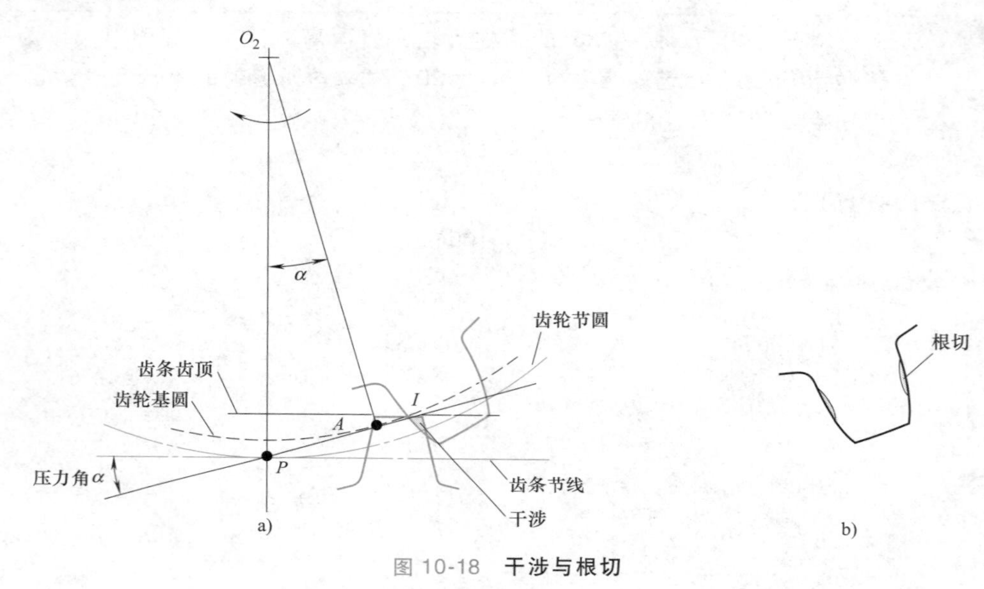

图 10-18 **干涉与根切**

避免干涉有下列几种常用的方法：

1）增加小齿轮齿数，如增大小齿轮直径或选用较小的模数。

2）切除齿廓太高部分，如减小齿顶高。

3）根切齿腹。

4）增大压力角。

图 10-19 说明压力角大小对于啮合齿轮干涉现象的影响；两节圆相切于节点 P，其切线 $T—T$ 正交于中心线 O_2O_3。设切线 $T—T$ 与啮合线 $N—N$ 和 $N'—N'$的压力角分别为 14. 5°和 20°，线段 O_2A 和 O_3B 分别是压力角为 14. 5°的两啮合齿轮的基圆半径，线段 O_2A'和 O_3B'则分别是压力角为 20°的两啮合齿轮的基圆半径。对压力角为 14. 5°的齿轮而言，所允许的啮合线长度$\overline{AB}$（即基圆内公切线）为：

$$
\begin{aligned}
\overline{AB} &= \overline{AP}+\overline{BP} \\
&= \overline{O_2P}\sin 14.5° + \overline{O_3P}\sin 14.5° \\
&= (\overline{O_2P}+\overline{O_3P})\sin 14.5° \\
&= \overline{O_2O_3}\sin 14.5°
\end{aligned}
\tag{10-24}
$$

对压力角为 20°的齿轮而言，所允许的啮合线长度$\overline{A'B'}$（即基圆内公切线）为：

$$\overline{A'B'}=(\overline{O_2P}+\overline{O_3P})\sin 20°=\overline{O_2O_3}\sin 20° \tag{10-25}$$

因为$\overline{A'B'}>\overline{AB}$，所以压力角越大，基圆内公切线越长；故当小齿轮齿数较少时，为避免发生干涉与增大重合度，可以使用压力角较大的齿轮。

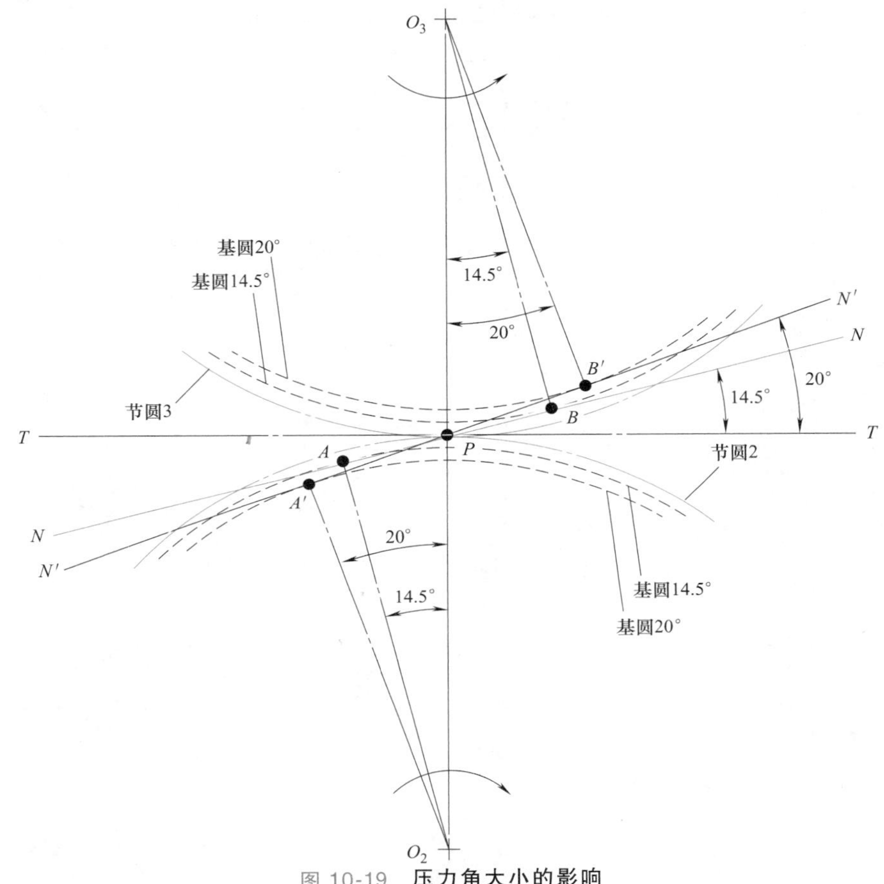

图 10-19 压力角大小的影响

例 10-7 有一对压力角（α）为 20°的圆柱齿轮，模数（m）为 8mm，齿顶高（h_a）为 8mm，大齿轮齿数（z_3）为 30，小齿轮齿数（z_2）为 15，试问两齿轮会互相干涉吗?

解：由式（10-2）可得大、小齿轮的节径 d_3 和 d_2 分别为：

$$d_3=mz_3=8\text{mm}\times30=240\text{mm}$$
$$d_2=mz_2=8\text{mm}\times15=120\text{mm}$$

所以，这一对齿轮的中心距 a 为：

$$a=\frac{1}{2}(d_2+d_3)=\frac{1}{2}(120\text{mm}+240\text{mm})=180\text{mm}$$

此外，由式（10-12）可知，大齿轮的基圆半径 r_{b3} 为：

$$r_{b3}=\frac{d_3}{2}\cos\alpha=\frac{240\text{mm}}{2}\cos 20°=112.8\text{mm}$$

所以，可以决定出最大允许的齿顶圆半径 $r_{a3\max}$ 为：

$$r_{a3\max}=\sqrt{r_{b3}^2+a^2\sin^2\phi}=\sqrt{112.8^2+180^2\times0.342^2}\text{ mm}$$
$$=128.5\text{mm}$$

而齿顶圆半径（r_{a3}）为节圆半径（r_3）与齿顶高（h_{a3}）之和，即：

$$r_{a3}=r_3+h_{a3}=120\text{mm}+8\text{mm}=128\text{mm}$$

比较最大允许的齿顶圆半径（$r_{a3\max}$）128.5mm与实际值（r_{a3}）128mm可知，这两个齿轮并没有互相干涉，因为 r_{a3} 稍小于 $r_{a3\max}$。

10.6.6 最少齿数 Minimum number of teeth

由渐开线齿轮齿条的干涉现象分析可知，若小齿轮越小，则干涉的机会越大。如图10-20所示，若干涉点 A 为起始啮合点，齿条的齿顶高与压力角分别为 h_a 和 α，则不发生干涉的小齿轮的最少齿数，可由下列方程推导出：

$$\sin\alpha\frac{\overline{AP}}{r}=\frac{h_a}{\overline{AP}} \qquad (10\text{-}26)$$

式中，r 为小齿轮节圆半径。由式（10-26）可得：

$$\sin^2\alpha=\frac{h_a}{r} \qquad (10\text{-}27)$$

一般的标准渐开线齿制，齿顶高（h_a）通常和模数成正比。因此，若令 $h_a=h_a^*m$，其中 h_a^* 为常数，则可得：

$$\sin^2\alpha=\frac{h_a^*m}{r} \qquad (10\text{-}28)$$

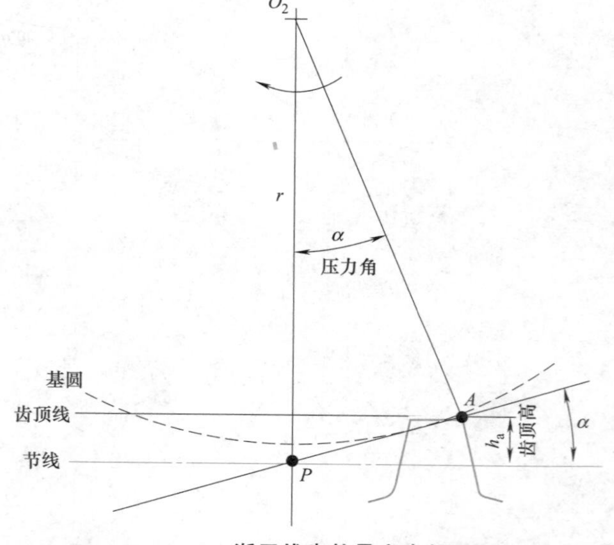

图 10-20 渐开线齿轮最少齿数限制

由于 $m=d/z=2r/z$，因此得最少齿数（Minimum number of teeth）$z_{\min}$ 为：

$$z_{\min}=\frac{2h_a^*}{\sin^2\alpha} \qquad (10\text{-}29)$$

根据式（10-29），可计算出任何标准渐开线齿制中，小齿轮与齿条互相啮合时不发生干涉的最少齿数。根据表10-1所列公制渐开线齿轮齿廓标准，齿顶高（h_a）等于模数（m），即 $h_a^*=1$，压力角（α）为20°，代入式（10-29）可得小齿轮与齿条互相啮合时，不发生干涉的最少齿数 $z_{\min}=17$，即小齿轮至少需要17齿才不会发生干涉。

例 10-8 **有一对压力角（α）为20°的圆柱齿轮，齿顶高 h_a 等于模数 m，两个齿轮大小一样，即齿数相同，试问两齿轮至少需要几齿才不会干涉？**

解：由图10-17可知，两个齿顶圆和啮合线的交点（即点 I 和 F）必须介于基圆内公切线（即线段 AB）的范围内才不会产生干涉。若被动齿轮3的齿顶圆超过点 A，则两齿轮发生干涉。因被动齿轮3的齿顶圆半径为 r_3+a，若两齿轮不发生干涉，则必须满足下式：

$$r_3+h_a \leqslant \overline{O_3A} \tag{10-30}$$

被动齿轮3的轴心到点A的距离$\overline{O_3A}$可表示为：

$$\overline{O_3A}=\sqrt{\overline{O_3B}^2+\overline{AB}^2}=\sqrt{(r_3\cos\alpha)^2+(r_3\sin\alpha+r_2\sin\alpha)^2} \tag{10-31}$$

将节圆半径$r_2=\frac{1}{2}mz_2$和$r_3=\frac{1}{3}mz_3$、齿顶高h_a等于模数m，代入式（10-31）可得：

$$\frac{1}{2}mz_3+m \leqslant \sqrt{\left(\frac{1}{2}mz_3\cos\alpha\right)^2+\left(\frac{1}{2}mz_3\sin\alpha+\frac{1}{2}mz_2\sin\alpha\right)} \tag{10-32}$$

将式（10-32）两边同时平方后，整理化简可得：

$$z_3^2+4z_3+4 \leqslant z_3^2\cos\alpha^2+(z_3^2+2z_3z_2+z_2^2)\sin\alpha^2 \tag{10-33}$$

即

$$z_2^2+2z_3z_2 \geqslant \frac{4(z_3+1)}{\sin\alpha^2} \tag{10-34}$$

齿轮2和3一样大，即$z_3=z_2$，且压力角为$\alpha=20°$，代入式（10-34）可得：

$$3z_2^2 \geqslant \frac{4(z_2+1)}{\sin^2 20°} \tag{10-35}$$

即

$$0.351z_2^2-4z_2-4 \geqslant 0 \tag{10-36}$$

由式（10-36）可解得：

$$z_2 \geqslant 12.32 \text{ 或 } z_2 \leqslant -0.92$$

由于齿轮的齿数必须为正整数，因此一对相同大小的齿轮啮合，至少需要13齿才不会发生干涉。

表10-1和表10-3所列的齿顶高，在齿轮的齿数大于所规定的最少齿数时，不会发生根切现象；但若使用少于规定的最少齿数，则为避免发生根切现象，必须将齿顶高的值进行修正。齿顶高的值被加以修正的非标准齿轮制，便是长短齿顶制（Long and short addendum system）。该齿制中，减小（大齿轮的）齿顶高的值，可以确定或避免不在干涉点前发生啮合；增大（小齿轮的）齿顶高的值，则可增加退远啮合与减少接近啮合。此外，在标准齿制的齿轮中，特别将齿根高值增大0.05mm，以提供聚集污尘的间隙。

根据标准齿轮制造齿廓，除可增强其互换性外，还可节省切削工具的费用；然而在某些场合仍然必须使用非标准的齿制，如改变其压力角、齿顶高、齿根高、中心距等，以避免发生根切、干涉或增大重合度以获得更好的传动效果。

10.7 齿轮制造 Gear manufacture

齿轮的制造方法不少，大致可分为切削加工成形法与非切削加工成形法两大类。切削加工成形法又有成形齿轮切削法、样板切削法、展成法、刮刨法、研磨法等。而非切削加工成形法则有冲压法、铸造法、压铸法、塑料模法、冷拉与挤制法、粉末冶金法等。选择制造方法时，须考虑制造成本、材料、成品尺寸的精确度，以产出寿命长、磨损微小及噪声低的齿轮。

10.8 轮系
Gear trains

以上介绍了齿轮的啮合原理，然而单个齿轮是没有功能的，齿轮必须与其他齿轮啮合才能起作用；而两个以上齿轮的适当组合，若能将一轴上的运动与动力传递到另一轴，则称为轮系（Gear train）。图 10-3 所示为一最简单的轮系模型，其机构简图如图 10-21a 所示，由主动齿轮（构件 2，K_{G2}）、从动齿轮（构件 3，K_{G3}）、机架（构件 1，K_F）构成，主动轴的运动与动力经由主动齿轮直接驱动从动齿轮而带动从动轴，主动齿轮与从动齿轮通过齿轮副（G）相连接，通过转动副（R）和机架连接，其运动链如图 10-21b 所示，拓扑结构矩阵则如图 10-21c 所示。该机构是自由度为 1 的三杆、三副（3，3）机构。

每部机器都有动力源，主要有电动机、内燃机、涡轮机，这些原动机大多在高转速下才会产生最大的动力，因此必须有**减速器**（Speed reducer）来产生中、低转速，作为一般机器可接受的动力输入，而齿轮传动机构即为一种相当重要的减速装置。

以下介绍轮系的基本分类、速比分析及应用。

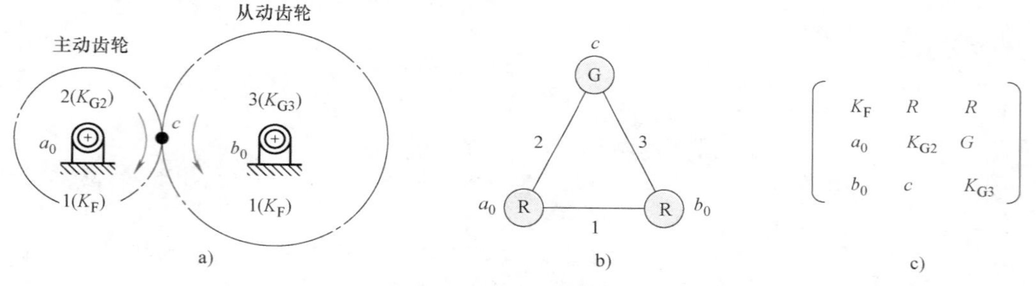

图 10-21 **简单的轮系模型**

10.9 轮系分类
Classifications of gear trains

轮系可概分为定轴轮系与周转轮系两类，如图 10-22 所示。以下分别说明。

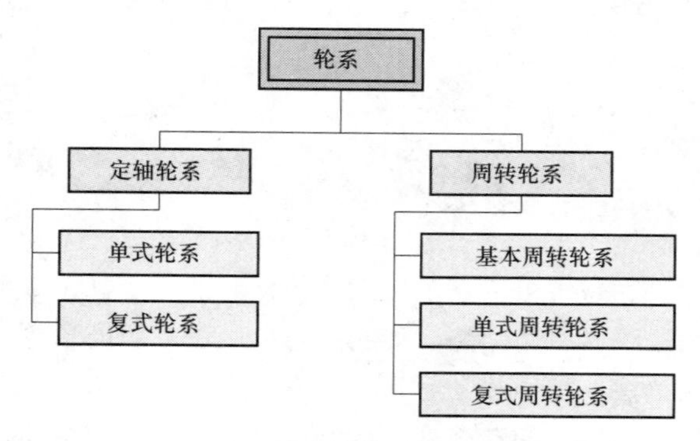

图 10-22 **轮系的分类**

10.9.1 定轴轮系 Ordinary gear trains

若轮系中齿轮的轴心都与固定机架连接，则称此轮系为**定轴轮系**（Ordinary gear train），可分为单式轮系与复式轮系两种。

一轴上若仅有一个齿轮，则此齿轮为**单式齿轮**（Simple gear）；若有两个或两个以上的同速齿轮，则此齿轮称为**复式齿轮**[㊀]（Compound gear）。图 10-23a 所示为单式齿轮；图 10-23b 所示则为一个具有两个齿轮的复式齿轮。

当一个定轴轮系中所有的齿轮都是单式齿轮时，这个轮系就称为**单式轮系**（Simple gear train）。图 10-24 所示为一个由四个单式齿轮串联而成的单式轮系，每个齿轮的轴心都与机架连接，因每根轴上都只有一个齿轮，运动与动力由主动齿轮 2，经由中间齿轮 3 和 4，带动从动齿轮 5 输出。位于主动齿轮与从动齿轮间的齿轮，如齿轮 3 和 4，称为**惰轮**（Idler gear）。这些齿轮啮合时，只要节圆相切即可，轴心可以不共线，以相同减速比大小而言，较浪费使用空间。

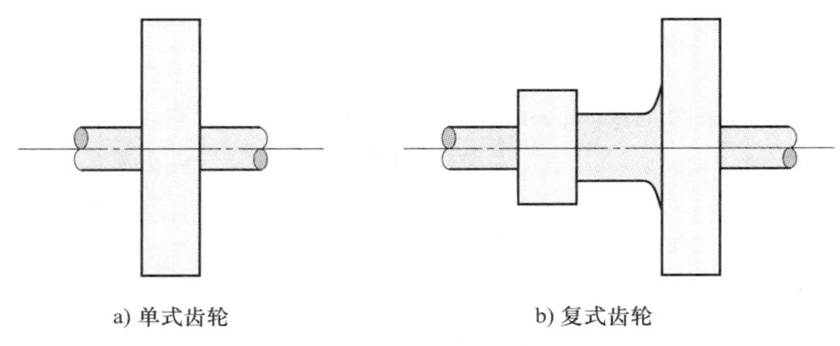

a) 单式齿轮　　b) 复式齿轮

图 10-23　**单式与复式齿轮**

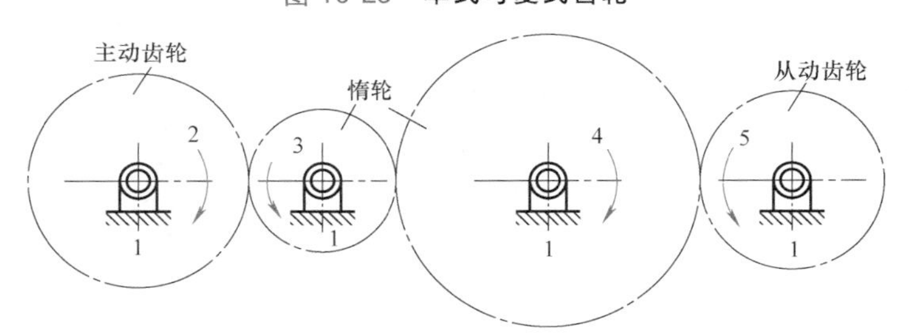

图 10-24　**单式轮系**

当一个定轴轮系中有齿轮是复式齿轮时，这个轮系就称为**复式轮系**（Compound gear train）。图 10-25 所示为一个具有四根轴与两个复式齿轮的复式轮系；每根轴都与机架连接，运动与动力由轴 $A—A$ 带动其上的齿轮 2，由齿轮 2 带动轴 $B—B$ 上的齿轮 3 和 4，由齿轮 4 带动轴 $C—C$ 上的齿轮 5 和 6，再由齿轮 6 带动轴 $D—D$ 上的齿轮 7，并将运动与动力由轴 $D—D$ 输出；其中，齿轮 2 和 7 为单式齿轮，齿轮 3 和 4 及齿轮 5 和 6 为复式齿轮。

若复式轮系的主动轮与从动轮在同一轴线上，则称此轮系为**回归轮系**（Reverted gear train）；这种轮系可节省使用空间。图 10-26 所示为回归轮系的一例，齿轮 2（主动齿轮）和齿轮 5（从动轮）的轴线都在轴 $A—A$ 上。

与单式轮系比较，复式轮系的优点在于可用较小的齿轮来实现大的减速比。

㊀ 此分类方式与大陆现行机械原理教材不同。

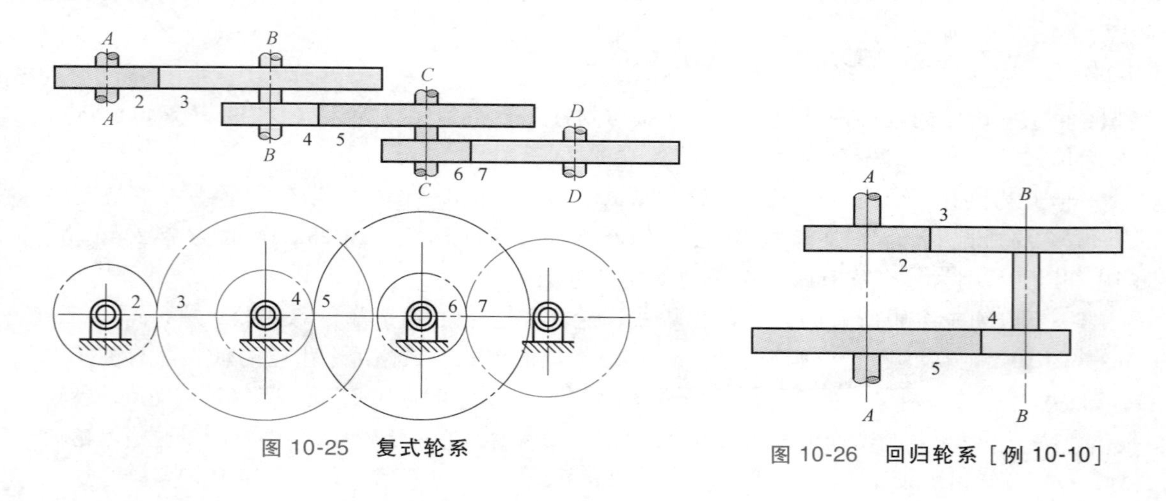

图 10-25 **复式轮系**

图 10-26 **回归轮系 [例 10-10]**

10.9.2 周转轮系 Planetary gear trains

一个轮系中，若至少有一齿轮轴绕另一齿轮轴旋转，则称此轮系为**周转轮系**（Planetary gear train or epicyclic gear train）。周转轮系中，齿轮轴与机架连接的齿轮，称为**太阳轮**（Sun gear）或**环齿轮**（Ring gear）；齿轮轴不与机架连接的齿轮，称为**行星轮**（Planet gear）；而和太阳轮与行星轮分别通过转动副连接的构件，则称为**行星架或系杆**（Carrier, arm），用来使太阳轮与行星轮的中心距保持不变。

周转轮系可根据其复杂度分为基本周转轮系、单式周转轮系、复式周转轮系三类。若一个周转轮系中仅有一个太阳轮或环齿轮、一个或一个以上的行星轮、一个行星架，则此周转轮系称为**基本周转轮系**（Elementary planetary gear train）。太阳轮与环齿轮的总数为二的周转轮系，称为**简单周转轮系**（Simple planetary gear train）；而太阳轮与环齿轮的总数为两个以上的周转轮系，则称为**复合周转轮系**（Compound planetary gear train）[㊀]。图 10-27a 所示为一个基本周转轮系，图 10-27b 所示为一个简单周转轮系，图 10-27c 所示则为一个复合周转

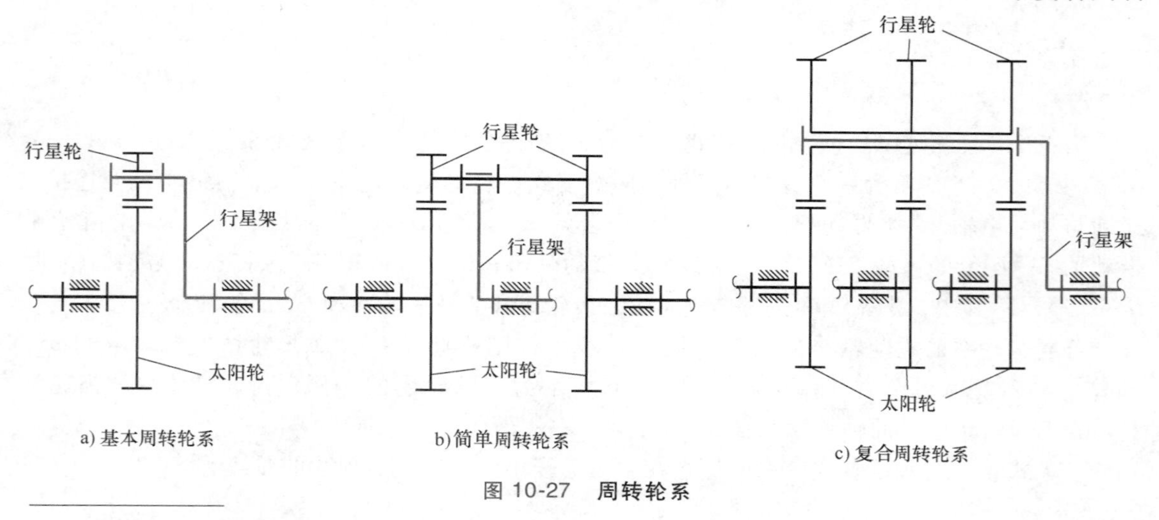

a) 基本周转轮系 b) 简单周转轮系 c) 复合周转轮系

图 10-27 **周转轮系**

㊀ 此分类方式与大陆现行机械原理教材不同。

轮系。图 10-28 所示为具有一个太阳轮、两个行星轮和一个行星架的基本周转轮系模型。图 10-29 所示为具有一个太阳轮、一个环齿轮、一个行星轮以及一个行星架的简单周转轮系模型。

图 10-28　**基本周转轮系模型**

图 10-29　**简单周转轮系模型**

10.10　轮系传动比
Transmission ratio of gear trains

轮系中有一单式齿轮 i，和齿轮架通过转动副连接，和齿轮 j 通过齿轮副连接，设齿轮 i 的齿数为 z_i、齿轮 j 的齿数为 z_j、齿轮 i 的转速为 ω_i、齿轮 j 的转速为 ω_j、齿轮架的转速为 ω_c，则齿轮 i 相对于齿轮架的转速 ω_{ic} 为：

$$\omega_{ic}=\omega_i-\omega_c \tag{10-37}$$

齿轮 j 相对于齿轮架的转速 ω_{jc} 为：

$$\omega_{jc}=\omega_j-\omega_c \tag{10-38}$$

设齿轮 i 为主动轮，齿轮 j 为从动轮，若齿轮 i 和 j 均为外齿轮，则这对齿轮的**传动比**（Velocity ratio）r_v 为：

$$r_v=\frac{\omega_{jc}}{\omega_{ic}}=-\frac{z_i}{z_j} \tag{10-39}$$

式中，负号代表转向相反。若齿轮 i 和 j 分别为外齿轮与内齿轮（或内齿轮与外齿轮），则传动比 r_v 为：

$$r_v=\frac{\omega_{jc}}{\omega_{ic}}=\frac{z_i}{z_j} \tag{10-40}$$

式中，正号代表转向相同。

有关轮系中，某一个齿轮（主动轮或从动轮）和另一个齿轮转速的比值，在不同的书籍与文献中，有不同的定义，也有不同的名称，如**速比**（Velocity ratio）、**速度比**（speed ratio）、**轮系值**（train value）**传动比**（Transmission ratio）等。为避免不必要的混淆以及为求与其他章节的定义一致起见，本书统一用**传动比**称之，即一个轮系（或机构）中的输出轴与输入轴转速的比值，并用 r_v 表示。由于轮系主要应用于减速装置中，因此一个轮系中的输入轴与输出轴转速的比值，又称为**减速比**（Speed reduction ratio）。

定轴轮系的齿轮架均为机架、转速为零，其传动比可直接计算求得；周转轮系的齿轮架（一般均为行星架）的转速不为零，传动比求解较为复杂。以下几节介绍各类轮系的传动比分析。

10.11 定轴轮系的传动比

Transmission ratio of ordinary gear trains

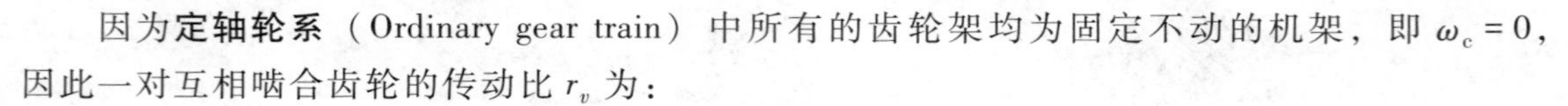

因为**定轴轮系**（Ordinary gear train）中所有的齿轮架均为固定不动的机架，即 $\omega_c=0$，因此一对互相啮合齿轮的传动比 r_v 为：

$$r_v=\frac{\omega_{jc}}{\omega_{ic}}=\frac{\omega_j}{\omega_i}=\pm\frac{z_i}{z_j} \tag{10-41}$$

对于图 10-24 所示的单式轮系而言，计有三对齿轮，其传动比分别为：

$$\begin{aligned}\frac{\omega_3}{\omega_2}&=-\frac{z_2}{z_3}\\ \frac{\omega_4}{\omega_3}&=-\frac{z_3}{z_4}\\ \frac{\omega_5}{\omega_4}&=-\frac{z_4}{z_5}\end{aligned} \tag{10-42}$$

因此，整个轮系的传动比 r_v 为：

$$\begin{aligned}r_v&=\frac{\omega_5}{\omega_2}=\frac{\omega_5}{\omega_4}\frac{\omega_4}{\omega_3}\frac{\omega_3}{\omega_2}=-\frac{z_4}{z_5}\left(-\frac{z_3}{z_4}\right)\left(-\frac{z_2}{z_3}\right)\\ &=-\frac{z_2}{z_5}\end{aligned} \tag{10-43}$$

由上可知，单式轮系的传动比，仅与轮系中前后两个齿轮的齿数有关。不影响传动比的中间齿轮为惰轮，其功能为连接传动与控制旋转方向。若惰轮的齿数为奇数，则传动比为正，即前后两个齿轮的转向相同；若惰轮的齿数为偶数，则传动比为负，即前后两个齿轮的转向相反。

对于图 10-25 所示的复式轮系而言，其三对齿轮的传动比分别为：

$$\begin{aligned}\frac{\omega_3}{\omega_2}&=-\frac{z_2}{z_3}\\ \frac{\omega_5}{\omega_4}&=-\frac{z_4}{z_5}\\ \frac{\omega_7}{\omega_6}&=-\frac{z_6}{z_7}\end{aligned} \tag{10-44}$$

则整个轮系的传动比 r_v 为：

$$r_v=\frac{\omega_7}{\omega_2}=\frac{\omega_7}{\omega_6}\frac{\omega_6}{\omega_5}\frac{\omega_5}{\omega_4}\frac{\omega_4}{\omega_3}\frac{\omega_3}{\omega_2}$$

由于齿轮 3 和 4 为复式齿轮，齿轮 5 和 6 也是复式齿轮，故：

$$\frac{\omega_4}{\omega_3}=1$$

$$\frac{\omega_6}{\omega_5}=1$$

因此，这个复式轮系的传动比 r_v 为：

$$r_v=-\frac{z_6}{z_7}\left(-\frac{z_4}{z_5}\right)\left(-\frac{z_2}{z_3}\right)=-\frac{z_2z_4z_6}{z_3z_5z_7} \tag{10-45}$$

例 10-9 **图 10-30 所示为应用在汽车手动变速器（Manual transmission）上的回归轮系。齿轮 2（$z_2=14$）为主动齿轮；齿轮 3（$z_3=31$）、齿轮 4（$z_4=25$）、齿轮 5（$z_5=18$）、齿轮 6（$z_6=14$）为一复式齿轮；齿轮 7（$z_7=14$）为惰轮，和齿轮 6 啮合。当发动机转动时，动力由输入轴带动齿轮 2 转动，并经由齿轮 2 带动在轴 A—A 上的齿轮 3、齿轮 4、齿轮 5、齿轮 6 及惰轮 7。齿轮 8（$z_8=20$）与齿轮 9（$z_9=27$）可在输出轴上滑动，经过与齿轮 4 和齿轮 5（或齿轮 7）啮合，将运动和动力经由输出轴输出。试求出这个变速器在各个档位的传动比。**

解：图 10-30 所示装置在空档状态下。欲变速时，使齿轮 2 与输入轴分离，暂时停止轴 A—A 的转动，然后移动齿轮 8、齿轮 9，分别与轴 A—A 上适当的齿轮配合，即可得到需要的传动比。

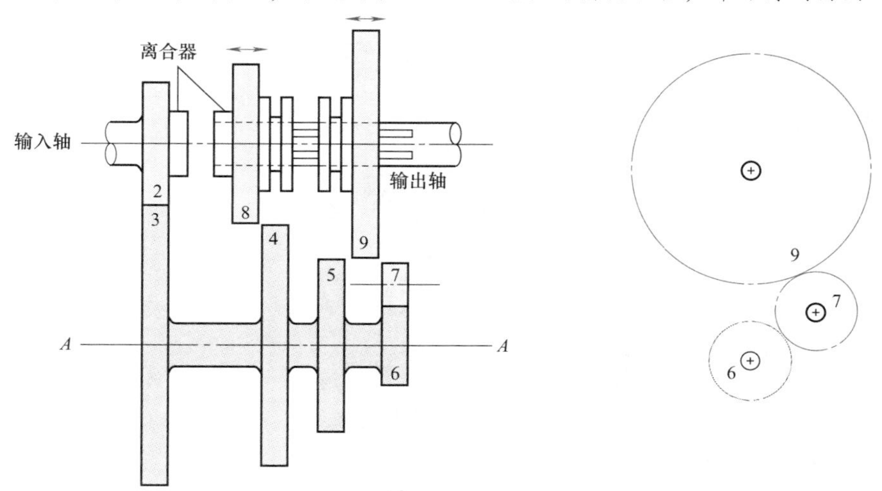

图 10-30 汽车手动变速器轮系 [例 10-9]

第一档时，齿轮 9 左移与齿轮 5 啮合，动力传递路径为：输入轴→齿轮 2→齿轮 3→轴 A—A→齿轮 5→齿轮 9→输出轴，传动比 r_v 为：

$$r_v=-\frac{z_5}{z_9}\left(-\frac{z_2}{z_3}\right)=\frac{18\times14}{27\times31}=0.301$$

即减速比为 3.32。

第二档时，齿轮 8 右移与齿轮 4 啮合（齿轮 9 回到中立位置），动力传递路径为：输入轴→齿轮 2→齿轮 3→轴 A—A→齿轮 4→齿轮 8→输出轴，传动比 r_v 为：

$$r_v=-\frac{z_4}{z_8}\left(-\frac{z_2}{z_3}\right)=\frac{25\times14}{20\times31}=0.564$$

即减速比为 1.77。

第三档时，齿轮 8 左移直接插入离合器齿槽中与之接合，齿轮 9 在中立位置，动力直接由输入轴带动输出轴，传动比 r_v 为：

$$r_v=1.0$$

即减速比为 1.0。

倒档时，齿轮 9 右移与齿轮 7 啮合，齿轮 8 在中立位置，动力传递路径为：输入轴→齿轮 2→齿轮 3→轴 A→齿轮 6→齿轮 7→齿轮 9→输出轴，传动比 r_v 为：

$$\begin{aligned}r_v&=-\frac{z_7}{z_9}\left(-\frac{z_6}{z_7}\right)\left(-\frac{z_2}{z_3}\right)\\&=\frac{-14\times14\times14}{27\times14\times31}\\&=-0.234\end{aligned}$$

即减速比为-4.27。

例 10-10 **图 10-26 所示为一种回归轮系，若四个齿轮的模数均相同，试求这四个齿轮的合适齿数以使轮系的减速比为 13。**

解：根据题述的条件可知，四个齿轮的齿数比必须为：

$$\frac{z_2\,z_4}{z_3\,z_5}=\frac{1}{13}$$

由于回归轮系为二级减速，所以可将其减速比尝试分配为：

$$\frac{z_2\,z_4}{z_3\,z_5}=\frac{1}{4}\times\frac{4}{13}$$

因为齿轮的齿数不可以太少，所以上列式子可改写为：

$$\frac{z_2\,z_4}{z_3\,z_5}=\frac{1x}{4x}\times\frac{4y}{13y}$$

式中，x 和 y 必须为正整数。由于两个轴心距必须相同，因此可得：

$$m_2(z_2+z_3)=m_4(z_4+z_5)$$

由于四个齿轮的模数均相同，所以：

$$z_2+z_3=z_4+z_5$$

$$5x=17y$$

上列式子最简单的解为：$x=17$、$y=5$；因此，可得四个齿轮的齿数分别为：

$$z_2=17$$

$$z_3=68$$

$$z_4=20$$

$$z_5=65$$

（另解）

若将其减速比改分配为：

$$\frac{z_2}{z_3}\frac{z_4}{z_5}=\frac{1}{3.5}=\times\frac{3.5}{13}=\frac{2}{7}\times\frac{7}{26}=\frac{2x}{7x}\times\frac{7y}{26y}$$

式中，x 和 y 必须为正整数。由于两个轴心距必须相同，因此可得：

$$z_2+z_3=z_4+z_5$$
$$9x=33y$$

因为 9 和 33 的最小公倍数为 99，所以上列式子最简单的解为：$x=11$、$y=3$；因此，可得四个齿轮的齿数分别为：

$$z_2=22$$
$$z_3=77$$
$$z_4=21$$
$$z_5=78$$

上列两组解均可满足题述减速比为 13 的条件，但是两组求解的啮合齿对的齿数和（z_2+z_3）不同，因此其对应的轴心距也会随之变化。

10.12 周转轮系的传动比

Transmission ratio of planetary gear trains

周转轮系（Planetary gear train）的传动比可由式（10-37）~式（10-40）求得。只要有一对齿轮，即可得到式（10-37）、式（10-38）及式（10-39）或式（10-40）三个独立方程，有 n 对齿轮即可有 $3n$ 个独立方程，加上已知条件与约束条件，可解联立方程求得每个齿轮的转速。

例 10-11　图 10-31 所示为一简单轮系，齿轮 2 与 3 啮合，并分别通过转动副和齿轮架 c 连接。设齿轮 2 的转速为 ω_2，相对于齿轮架的转速为 ω_{2c}，齿数为 z_2；齿轮 3 的转速为 ω_3，相对于齿轮架的转速为 ω_{3c}，齿数为 z_3；齿轮架的转速为 ω_c。试分析这个轮系的传动比。

解：这个轮系有一对齿轮，可得下列三个关系式：

$$\frac{\omega_{2c}}{\omega_{3c}}=-\frac{z_3}{z_2} \tag{10-46}$$

$$\omega_{2c}=\omega_2-\omega_c \tag{10-47}$$

$$\omega_{3c}=\omega_3-\omega_c \tag{10-48}$$

以下分齿轮架固定、齿轮 2 固定、齿轮 3 固定三种情况讨论。

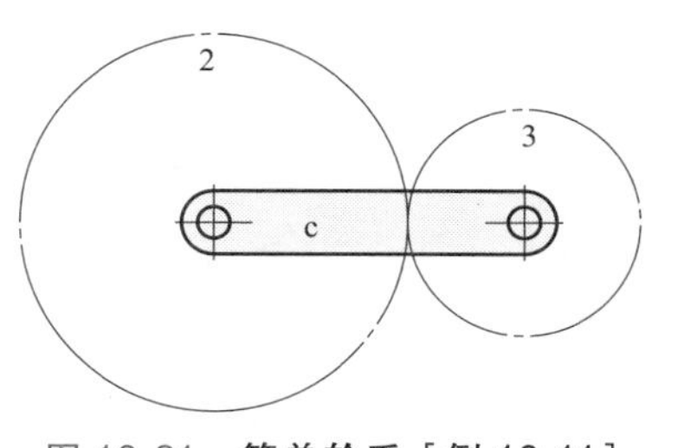

图 10-31　简单轮系［例 10-11］

1. 齿轮架固定

若齿轮架固定，即齿轮架为机架，则这个轮系为定轴轮系，且：

$$\omega_c=0 \tag{10-49}$$

设齿轮 2 为主动轮、齿轮 3 为从动轮，则联立求解式（10-46）~式（10-49），可得传动比 r_v 为：

$$r_v=\frac{\omega_3}{\omega_2}=-\frac{z_2}{z_3} \tag{10-50}$$

2. 齿轮 2 固定

若齿轮 2 固定、齿轮 3 为主动轮，即齿轮架为行星架，且为输出件，则这个轮系为周转轮系，且：

$$\omega_2=0 \tag{10-51}$$

因此，联立求解式（10-46）、式（10-47）、式（10-48）、式（10-51），可得传动比 r_v 为：

$$r_v=\frac{\omega_c}{\omega_3}=\frac{z_3}{z_2+z_3} \tag{10-52}$$

3. 齿轮 3 固定

若齿轮 3 固定、齿轮 2 为主动轮，即齿轮架为行星架，且为输出件，则这个轮系也是周转轮系，且：

$$\omega_3=0 \tag{10-53}$$

联立求解式（10-46）、式（10-47）、式（10-48）、式（10-53），可得传动比 r_v 为：

$$r_v=\frac{\omega_c}{\omega_2}=\frac{z_2}{z_2+z_3} \tag{10-54}$$

例 10-12 **图 10-29 所示的简单周转轮系，其机构简图如图 10-32 所示，齿轮 2 为太阳轮（$z_2=75$），齿轮 3 为行星轮（$z_3=15$），齿轮 4 为环齿轮（$z_4=105$），另有介于齿轮 2 和 3 间的行星架 5。试分析这个轮系的传动比。**

解：这个轮系有两对齿轮，可有如下的关系式：

$$\frac{\omega_{25}}{\omega_{35}}=\frac{\omega_2-\omega_5}{\omega_3-\omega_5}=-\frac{z_3}{z_2} \tag{10-55}$$

$$\frac{\omega_{35}}{\omega_{45}}=\frac{\omega_3-\omega_5}{\omega_4-\omega_5}=+\frac{z_4}{z_3} \tag{10-56}$$

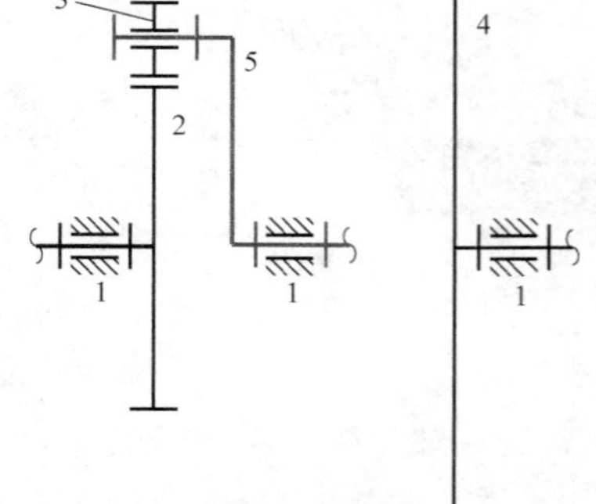

图 10-32 **单式周转轮系［例 10-12］**

若齿轮 2 为主动轮、行星架 5 为输出件，且齿轮 4 固定，即 $\omega_4=0$，将式（10-55）和式（10-56）相乘，并将 $\omega_4=0$ 代入，可得：

$$\frac{\omega_2-\omega_5}{0-\omega_5}=-\frac{z_4}{z_2} \tag{10-57}$$

由式（10-57）可得：

$$\omega_2=\left(1+\frac{z_4}{z_2}\right)\omega_5 \tag{10-58}$$

即传动比 r_v 为：

$$r_v=\frac{\omega_5}{\omega_2}=\frac{z_2}{z_2+z_4}=\frac{75}{75+105}=0.417 \tag{10-59}$$

若齿轮 4 为主动轴，行星架 5 为输出件，且齿轮 2 固定，即 $\omega_2=0$，将式（10-55）和式（10-56）相乘，并将 $\omega_2=0$ 代入，可得：

$$\frac{0-\omega_5}{\omega_4-\omega_5}=-\frac{z_4}{z_2} \tag{10-60}$$

由式（10-60）可得：

$$\omega_4=\left(1+\frac{z_2}{z_4}\right)\omega_5 \tag{10-61}$$

即传动比 r_v 为：

$$r_v=\frac{\omega_5}{\omega_4}=\frac{z_4}{z_2+z_4}=\frac{105}{75+105}=0.583 \tag{10-62}$$

例 10-13　图 10-33 所示为一种复合周转轮系，主动齿轮 2 为太阳轮（$z_2=20$），齿轮 3（$z_3=30$）和齿轮 4（$z_4=18$）为复式行星轮，齿轮 5（$z_5=80$）为固定环齿轮，输出齿轮 6（$z_6=68$）也是环齿轮，另有行星架 7。试求这个轮系的传动比。

解：这个周转轮系有三对齿轮，可列出下列关系式：

$$\frac{\omega_{27}}{\omega_{37}}=\frac{\omega_2-\omega_7}{\omega_3-\omega_7}=-\frac{z_3}{z_2} \tag{10-63}$$

$$\frac{\omega_{37}}{\omega_{57}}=\frac{\omega_3-\omega_7}{\omega_5-\omega_7}=+\frac{z_5}{z_3} \tag{10-64}$$

$$\frac{\omega_{47}}{\omega_{67}}=\frac{\omega_4-\omega_7}{\omega_6-\omega_7}=+\frac{z_6}{z_4} \tag{10-65}$$

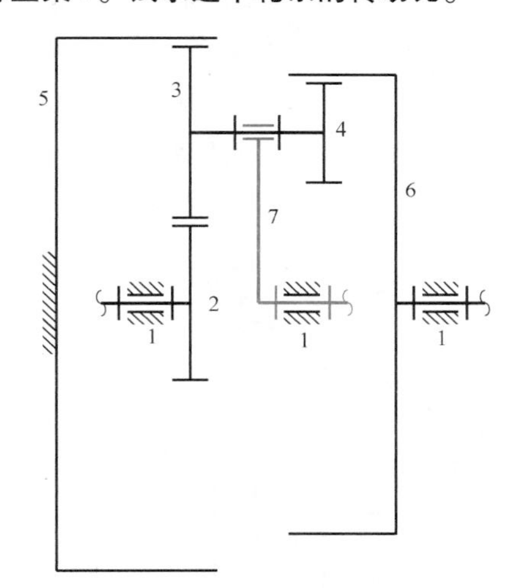

图 10-33　复式周转轮系［例 10-13］

齿轮 5 固定，即 $\omega_5=0$，代入式（10-64）可得：

$$\frac{\omega_3-\omega_7}{0-\omega_7}=\frac{z_5}{z_3} \tag{10-66}$$

由式（10-66）可得：

$$\omega_3=\left(1-\frac{z_5}{z_3}\right)\omega_7 \tag{10-67}$$

因齿轮 3 和 4 为复合齿轮，因此 $\omega_4=\omega_3=\left(1-\frac{z_5}{z_3}\right)\omega_7$，代入式（10-65）可得：

$$\frac{\left(1-\frac{z_5}{z_3}\right)\omega_7-\omega_7}{\omega_6-\omega_7}=\frac{z_6}{z_4} \tag{10-68}$$

由式（10-68）可得：

$$\omega_6=\left(1-\frac{z_4z_5}{z_3z_6}\right)\omega_7 \tag{10-69}$$

将式（10-67）代入式（10-63）可得：

$$\frac{\omega_2-\omega_7}{\left(1-\frac{z_5}{z_3}\right)\omega_7-\omega_7}=-\frac{z_3}{z_2} \tag{10-70}$$

由式（10-70）可得：

$$\omega_2=\left(1+\frac{z_5}{z_2}\right)\omega_7 \tag{10-71}$$

由式（10-69）和式（10-71）可得传动比 r_v 为：

$$r_v=\frac{\omega_6}{\omega_2}=\frac{\left(1-\frac{z_4z_5}{z_3z_6}\right)\omega_7}{\left(1+\frac{z_5}{z_2}\right)\omega_7}=\frac{z_2(z_3z_6-z_4z_5)}{z_3z_6(z_2+z_5)} \tag{10-72}$$

$$=\frac{20\times(30\times68-18\times80)}{30\times68\times(20+80)}=\frac{1}{17}=0.0588$$

例 10-14 有一种自行车的三档内变速器，在各个档位的结构简图与档位顺序如图 10-34 所示。它是由一个具有两个自由度的周转轮系及两个单向离合器（F_1、F_2）所组成的。太阳轮（构件 1）固定在机架上，齿数 $z_1=17$；构件 2 为行星轮，齿数 $z_2=15$；构件 3 为行星臂；构件 4 为环齿轮，齿数 $z_4=47$；构件 5 为输出。作用时，由一个拨动滑槽来选择不同的输入件，并由单向离合器来选择不同的输出件。试分析各个档位的传动比。

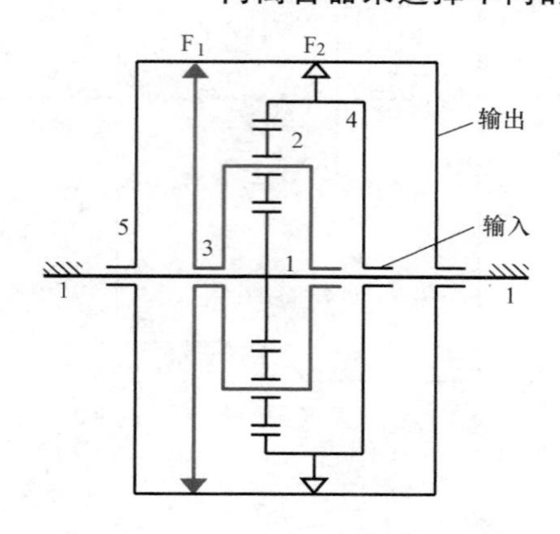

a) 一档

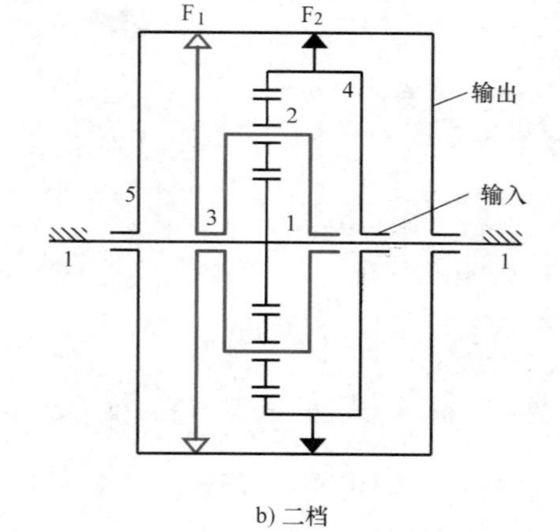

b) 二档

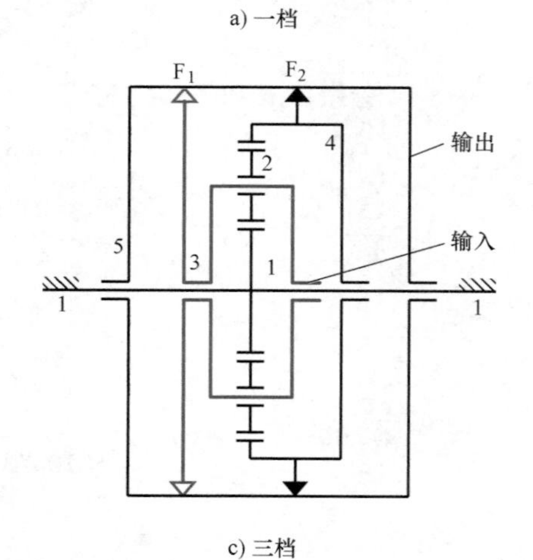

c) 三档

	输入	F_1	F_2	输出
一档	环齿轮4	*		行星架3
二档	环齿轮4		*	环齿轮4
三档	行星架3		*	环齿轮4

注：*代表接合。

d) 档位顺序

图 10-34 自行车三档内变速器的周转轮系［例 10-14］

解：由于这个轮系有两对齿轮，因此可列出以下的关系式：

$$\frac{\omega_{13}}{\omega_{23}}=\frac{\omega_1-\omega_3}{\omega_2-\omega_3}=-\frac{z_2}{z_1} \tag{10-73}$$

$$\frac{\omega_{23}}{\omega_{43}}=\frac{\omega_2-\omega_3}{\omega_4-\omega_3}=+\frac{z_4}{z_2} \tag{10-74}$$

将式（10-73）和式（10-74）相乘可得：

$$\frac{\omega_1-\omega_3}{\omega_4-\omega_3}=-\frac{z_4}{z_1} \tag{10-75}$$

由于太阳轮 1 固定不动，即将 $\omega_1=0$ 代入式（10-75）可得：

$$\frac{0-\omega_3}{\omega_4-\omega_3}=-\frac{z_4}{z_1} \tag{10-76}$$

由式（10-76）可得：

$$\omega_4=\left(1+\frac{z_1}{z_4}\right)\omega_3 \tag{10-77}$$

一档时，环齿轮 4 为输入件，单向离合器 F_1 作用，使行星架 3 与构件 5 合并为输出件，如图 10-34a 所示。此时，传动比 r_v 为：

$$r_v=\frac{\omega_5}{\omega_4}=\frac{\omega_3}{\omega_4}=\frac{1}{1+\frac{z_1}{z_4}}=\frac{z_4}{z_1+z_4}=\frac{47}{17+47}=0.734 \tag{10-78}$$

二档时，环齿轮 4 也是输入件，但单向离合器 F_2 作用，使环齿轮 4 与构件 5 合并为输出件，如图 10-34b 所示。此时，动力直接由输入轴带动输出轴，传动比 r_v 为：

$$r_v=1 \tag{10-79}$$

三档时，行星架 3 为输入件，单向离合器 F_2 作用，使环齿轮 4 与构件 5 合并为输出件，如图 10-34c 所示。此时，传动比 r_v 为：

$$r_v=\frac{\omega_5}{\omega_3}=\frac{\omega_4}{\omega_3}=1+\frac{z_1}{z_4}=1+\frac{17}{47}=1.362 \tag{10-80}$$

例 10-15 **有一汽车四档自动变速器由拉维娜（Ravigneawx）周转轮系组成，其结构图如图 10-35a 所示。若离合器与单向离合器分别用圆形和三角形来表示，制动器和制动带用正方形来表示，则其机构简图如图 10-35b 所示。各档位离合器、制动器、制动带、单向离合器的接合情况如图 10-35c 所示。各齿轮齿数则如图 10-35b 所示。试计算各档位下的减速比。**

解：此周转轮系有四对齿轮，可列出下列关系式：

$$\frac{\omega_2-\omega_4}{\omega_3-\omega_4}=-\frac{z_3}{z_2} \tag{10-81}$$

$$\frac{\omega_3-\omega_4}{\omega_6-\omega_4}=-\frac{z_6}{z_3} \tag{10-82}$$

$$\frac{\omega_5-\omega_4}{\omega_6-\omega_4}=-\frac{z_6}{z_5} \tag{10-83}$$

$$\frac{\omega_6-\omega_4}{\omega_7-\omega_4}=\frac{z_7}{z_6} \tag{10-84}$$

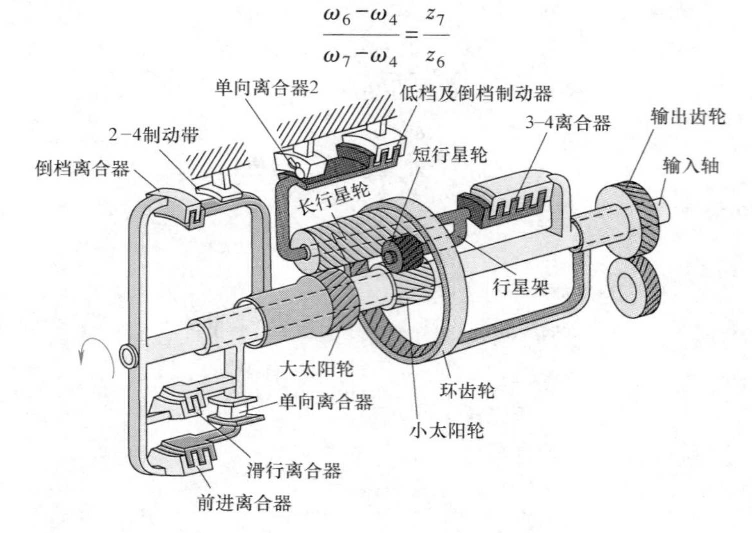

a) 结构图

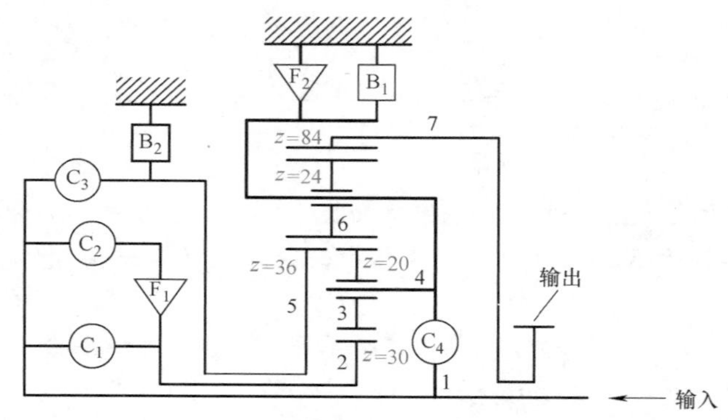

b) 机构简图

	滑行离合器 C_1	前进离合器 C_2	倒档离合器 C_3	3—4 离合器 C_4	低速倒档制动器 B_1	2—4 制动带 B_2	单向离合器 F_1	单向离合器 F_2
一档	*					*	*	
二档		*				*		*
三档	*	*		*				
四档		*		*		*		
倒档			*		*			

注：*代表接合。

c）档位顺序

图 10-35 汽车四档自动变速器周转轮系［例 10-15］

在一档时，前进离合器 C_2、单向离合器 F_1、单向离合器 F_2 接合，因此行星架 4 固定，即 $\omega_4=0$、$\omega_1=\omega_2$，代入式（10-81）、式（10-82）、式（10-84）可得：

$$\frac{\omega_2}{\omega_3}=-\frac{z_3}{z_2} \tag{10-85}$$

$$\frac{\omega_3}{\omega_6}=-\frac{z_6}{z_3} \tag{10-86}$$

$$\frac{\omega_6}{\omega_7}=\frac{z_7}{z_6} \tag{10-87}$$

此时，一档的传动比为：

$$\begin{aligned}\frac{\omega_1}{\omega_7}&=\frac{\omega_1}{\omega_2}\times\frac{\omega_2}{\omega_3}\times\frac{\omega_3}{\omega_6}\times\frac{\omega_6}{\omega_7}\\&=1\times\left(-\frac{z_3}{z_2}\right)\left(-\frac{z_6}{z_3}\right)\left(\frac{z_7}{z_6}\right)=\frac{z_7}{z_2}=\frac{84}{30}=2.8\end{aligned} \tag{10-88}$$

在二档时，前进离合器 C_2、2-4 制动带 B_2、单向离合器 F_2 接合，因此大太阳轮 5 固定，即 $\omega_5=0$，且 $\omega_1=\omega_2$，代入式（10-83）可得：

$$\frac{0-\omega_4}{\omega_6-\omega_4}=-\frac{z_6}{z_5} \tag{10-89}$$

整理式（10-89）可得 ω_6 为：

$$\omega_6=\left(1+\frac{z_5}{z_6}\right)\omega_4 \tag{10-90}$$

将式（10-90）代入式（10-84）可得：

$$\frac{\left(1+\frac{z_5}{z_6}\right)\omega_4-\omega_4}{\omega_7-\omega_4}=\frac{z_7}{z_6} \tag{10-91}$$

整理式（10-91）可得 ω_7 为：

$$\omega_7=\left(1+\frac{z_5}{z_7}\right)\omega_4 \tag{10-92}$$

将式（10-90）代入式（10-82）可得：

$$\frac{\omega_3-\omega_4}{\left(1+\frac{z_5}{z_6}\right)\omega_4-\omega_4}=-\frac{z_6}{z_3} \tag{10-93}$$

整理式（10-93）可得 ω_3 为：

$$\omega_3=\left(1-\frac{z_5}{z_3}\right)\omega_4 \tag{10-94}$$

将式（10-94）代入式（10-81）可得：

$$\frac{\omega_2-\omega_4}{\left(1-\frac{z_5}{z_3}\right)\omega_4-\omega_4}=-\frac{z_3}{z_2} \tag{10-95}$$

整理式（10-95）可得 ω_2 为：

$$\omega_2=\left(1+\frac{z_5}{z_2}\right)\omega_4 \tag{10-96}$$

此时，二档的传动比由式（10-92）和式（10-96）可得：

$$\frac{\omega_1}{\omega_7}=\frac{\omega_2}{\omega_7}=\frac{\left(1+\dfrac{z_5}{z_2}\right)\omega_4}{\left(1+\dfrac{z_5}{z_7}\right)\omega_4}=\frac{z_7(z_2+z_5)}{z_2(z_5+z_7)}=\frac{84\times(30+36)}{30\times(36+84)}=1.54 \tag{10-97}$$

在三档时，前进离合器 C_2、滑行离合器 C_1、3—4 离合器 C_4 接合，因此，$\omega_1=\omega_2=\omega_3=\omega_4=\omega_5=\omega_6=\omega_7$。

此时，在三档的传动比为：

$$\frac{\omega_1}{\omega_7}=1.0 \tag{10-98}$$

在四档时，前进离合器 C_2、2—4 制动带 B_2、3—4 离合器 C_4 接合，因此大太阳轮 5 固定，即 $\omega_5=0$，且 $\omega_1=\omega_4$，代入式（10-83）可得：

$$\frac{0-\omega_4}{\omega_6-\omega_4}=-\frac{z_6}{z_5} \tag{10-99}$$

整理式（10-99）可得 ω_6 为：

$$\omega_6=\left(1+\frac{z_5}{z_6}\right)\omega_4 \tag{10-100}$$

将式（10-100）代入式（10-84）可得：

$$\frac{\left(1+\dfrac{z_5}{z_6}\right)\omega_4-\omega_4}{\omega_7-\omega_4}=\frac{z_7}{z_6} \tag{10-101}$$

整理式（10-101）可得 ω_7 为：

$$\omega_7=\left(1+\frac{z_5}{z_7}\right)\omega_4 \tag{10-102}$$

此时，在四档的传动比为：

$$\begin{aligned}\frac{\omega_1}{\omega_7}&=\frac{\omega_4}{\omega_7}=\frac{z_7}{z_5+z_7}\\&=\frac{84}{36+84}=0.7\end{aligned} \tag{10-103}$$

在倒档时，倒档离合器 C_3、低速倒档制动器 B_1 接合，因此行星架 4 固定，即 $\omega_4=0$，且 $\omega_1=\omega_5$，代入式（10-83）和式（10-84）可得：

$$\frac{\omega_5}{\omega_6}=-\frac{z_6}{z_5} \tag{10-104}$$

$$\frac{\omega_6}{\omega_7}=\frac{z_7}{z_6} \tag{10-105}$$

此时，在倒档时的传动比为：

$$\frac{\omega_1}{\omega_7}=\frac{\omega_1}{\omega_5}\times\frac{\omega_5}{\omega_6}\times\frac{\omega_6}{\omega_7}=1\times\left(-\frac{z_6}{z_5}\right)\frac{z_7}{z_6}=-\frac{z_7}{z_5}=-\frac{84}{36}=-2.33 \tag{10-106}$$

10.13 具有两个输入的周转轮系传动比

Transmission ratio of planetary gear trains with two inputs

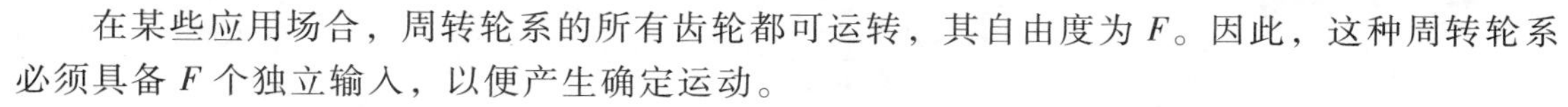

在某些应用场合，周转轮系的所有齿轮都可运转，其自由度为 F。因此，这种周转轮系必须具备 F 个独立输入，以便产生确定运动。

有一个自由度为 2 的周转轮系，输入Ⅰ的转速为 ω_{I}，输入Ⅱ的转速为 ω_{II}，输出转速为 ω_o，根据**叠加原理**（Principle of superposition），输出转速 ω_o 等于输入Ⅰ与输入Ⅱ分别所产生的输出结果之和，即：

$$\omega_o=\omega_{\mathrm{I}}\left(\frac{\omega_o}{\omega_{\mathrm{I}}}\right)_{\underline{\text{输入Ⅱ固定}}}+\omega_{\mathrm{II}}\left(\frac{\omega_o}{\omega_{\mathrm{II}}}\right)_{\underline{\text{输入Ⅰ固定}}} \tag{10-107}$$

以下举例说明。

例 10-16 图 10-36 所示为一个具有 2 个自由度的周转轮系，各齿轮的齿数为 $z_2=20$、$z_3=32$、$z_4=48$、$z_5=24$、$z_7=36$、$z_8=108$，输入Ⅰ（齿轮 2）的转速 $\omega_{\mathrm{I}}=-300\mathrm{r/min}$，输入Ⅱ（齿轮 6）的转速 $\omega_{\mathrm{II}}=120\mathrm{r/min}$，试求输出轴（齿轮 8）转速 ω_o。

解：这个轮系有三对齿轮，有两个复式齿轮（$\omega_3=\omega_4$，$\omega_5=\omega_7$），构件 1 为机架（$\omega_1=0$），可列出如下三个关系式：

$$\frac{\omega_{21}}{\omega_{31}}=\frac{\omega_2-\omega_1}{\omega_3-\omega_1}=-\frac{z_3}{z_2} \tag{10-108}$$

$$\frac{\omega_{46}}{\omega_{56}}=\frac{\omega_4-\omega_6}{\omega_5-\omega_6}=-\frac{z_5}{z_4} \tag{10-109}$$

$$\frac{\omega_{76}}{\omega_{86}}=\frac{\omega_7-\omega_6}{\omega_8-\omega_6}=+\frac{z_8}{z_7} \tag{10-110}$$

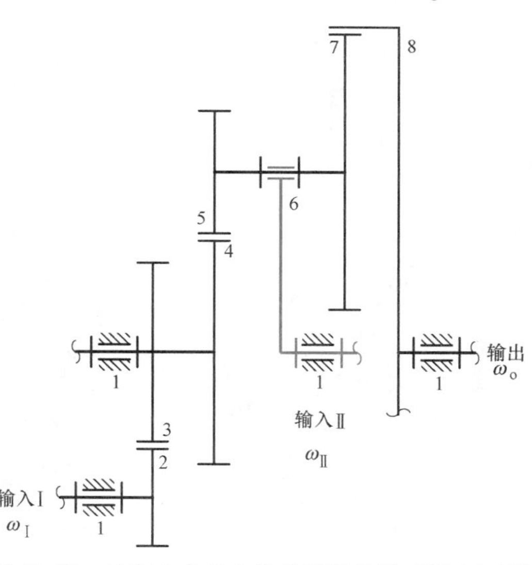

图 10-36 具有 2 个自由度的周转轮系［例 10-16］

若输入Ⅱ固定，即 $\omega_{\mathrm{II}}=\omega_6=0$，则这个轮系为一定轴轮系。将机架转速 $\omega_1=0$ 与齿轮 6 转速 $\omega_6=0$ 代入式（10-108）~式（10-110）可得：

$$\frac{\omega_3}{\omega_2}=-\frac{z_2}{z_3} \tag{10-111}$$

$$\frac{\omega_5}{\omega_4}=-\frac{z_4}{z_5} \tag{10-112}$$

$$\frac{\omega_8}{\omega_7}=+\frac{z_7}{z_8} \tag{10-113}$$

所以

$$\begin{aligned}\frac{\omega_o}{\omega_{\mathrm{I}}}&=\frac{\omega_8}{\omega_2}=\frac{\omega_8\omega_7\omega_5\omega_4\omega_3}{\omega_7\omega_5\omega_4\omega_3\omega_2}\\&=\left(+\frac{z_7}{z_8}\right)\times1\times\left(-\frac{z_4}{z_5}\right)\times1\times\left(-\frac{z_2}{z_3}\right)=\frac{z_2z_4z_7}{z_3z_5z_8}=\frac{20\times48\times36}{32\times24\times108}=+\frac{5}{12}\end{aligned} \tag{10-114}$$

若输入Ⅰ固定，则 $\omega_{\mathrm{I}}=\omega_2=\omega_3=\omega_4=0$，代入式（10-109），可得：

$$\frac{0-\omega_6}{\omega_5-\omega_6}=-\frac{z_5}{z_4} \tag{10-115}$$

由式（10-115）可得：

$$\omega_5=\left(1+\frac{z_4}{z_5}\right)\omega_6 \tag{10-116}$$

由于齿轮5和7为复式齿轮，因此 $\omega_7=\omega_5=\left(1+\frac{z_4}{z_5}\right)\omega_6$，代入式（10-110）可得：

$$\frac{\left(1+\frac{z_4}{z_5}\right)\omega_6-\omega_6}{\omega_8-\omega_6}=\frac{z_8}{z_7} \tag{10-117}$$

由式（10-117）可得：

$$\omega_8=\left(1+\frac{z_4z_7}{z_5z_8}\right)\omega_6 \tag{10-118}$$

即

$$\begin{aligned}\frac{\omega_8}{\omega_6}&=\frac{z_4z_7+z_5z_8}{z_5z_8}\\&=\frac{48\times36+24\times108}{24\times108}=+\frac{5}{3}\end{aligned} \tag{10-119}$$

因此，这个轮系的输出 ω_o（即 ω_8）为：

$$\begin{aligned}\omega_o&=\omega_2\left(\frac{\omega_8}{\omega_2}\right)_{\omega_6=0}+\omega_6\left(\frac{\omega_8}{\omega_2}\right)_{\omega_2=\omega_3=\omega_4=0}\\&=\omega_2\frac{z_2z_4z_7}{z_3z_5z_8}+\omega_6\frac{z_4z_7+z_5z_8}{z_5z_8}\\&=-300\mathrm{r/min}\times\frac{5}{12}+120\mathrm{r/min}\times\frac{5}{3}\\&=-125\mathrm{r/min}+200\mathrm{r/min}\\&=75\mathrm{r/min}\end{aligned} \tag{10-120}$$

即输出轴的转速为75r/min，方向与输入Ⅱ相同。

2 个自由度的圆柱齿轮周转轮系，常应用于车辆的**自动变速器**（Automatic transmission）中，以下举一个简单的例子说明。

＊例 10-17 **别克双路径变速器**（Buick dual-path transmission）**是最早量产的汽车自动变速器，其功能简图如图 10-37a 所示，其换档顺序如图 10-37b 所示，图 10-37b 中＊代表接合，◎代表在接合点（Coupling point）前作用。这个传动系统有两个前进档与一个倒退档，由一个扭力转换器（P、T、S）、一个周转轮系、两个离合器（A、D）、两个制动器（B、C）、两个单向离合器（E、F）所组成。图 10-37c 所示为位于空档的周转轮系的运动简图及相对应的运动链。周转轮系有一个环齿轮（齿轮 2，$z_2=71$）和扭力转换器的涡轮（T）连接，有两个太阳轮（齿轮 3，$z_3=41$；齿轮 4，$z_4=41$）和一个大的行星轮（齿轮 6，$z_6=15$）连接，动力则经由行星架（构件 5）输出。试分析这个轮系在各档的传动比。**

解：这个周转轮系有三对齿轮，可列出下列关系式：

$$\frac{\omega_{25}}{\omega_{65}}=\frac{\omega_2-\omega_5}{\omega_6-\omega_5}=+\frac{z_6}{z_2} \tag{10-121}$$

$$\frac{\omega_{35}}{\omega_{65}}=\frac{\omega_3-\omega_5}{\omega_6-\omega_5}=-\frac{z_6}{z_3} \tag{10-122}$$

$$\frac{\omega_{45}}{\omega_{65}}=\frac{\omega_4-\omega_5}{\omega_6-\omega_5}=-\frac{z_6}{z_4} \tag{10-123}$$

一档时，制动器 C、单向离合器 E 和 F 接合，使得太阳轮 4 固定，即 $\omega_4=0$。此时动力由扭力转换器的泵（P）经涡轮（T）传到环齿轮 2 输入，由行星架 5 输出，其运动链如图 10-37d 所示。将式（10-121）和式（10-123）相除，且将 $\omega_4=0$ 代入，可得：

$$\frac{\omega_2-\omega_5}{0-\omega_5}=-\frac{z_4}{z_2} \tag{10-124}$$

由式（10-124）可得：

$$\omega_2=\left(1+\frac{z_4}{z_2}\right)\omega_5 \tag{10-125}$$

可得传动比 r_v 为：

$$r_v=\frac{\omega_o}{\omega_{\mathrm{I}}}=\frac{\omega_5}{\omega_2}=\frac{1}{1+\frac{z_4}{z_2}}=\frac{z_2}{z_2+z_4}=\frac{71}{71+41}=0.634 \tag{10-126}$$

即减速比为 1.58。

二档时，离合器 A、制动器 C、单向离合器 E 接合，64%的动力由扭力转换器的泵（P）经涡轮（T）传到环齿 2（输入Ⅰ）进入周转轮系，36%的动力经离合器 A 由太阳轮 3（输入Ⅱ）进入周转轮系，而行星架 5 仍为输出，其运动链如图 10-37e 所示。若输入Ⅱ为零，即 $\omega_3=0$，则将式（10-121）和式（10-122）相除，且将 $\omega_3=0$ 代入，可得：

$$\frac{\omega_2-\omega_5}{0-\omega_5}=-\frac{z_3}{z_2} \tag{10-127}$$

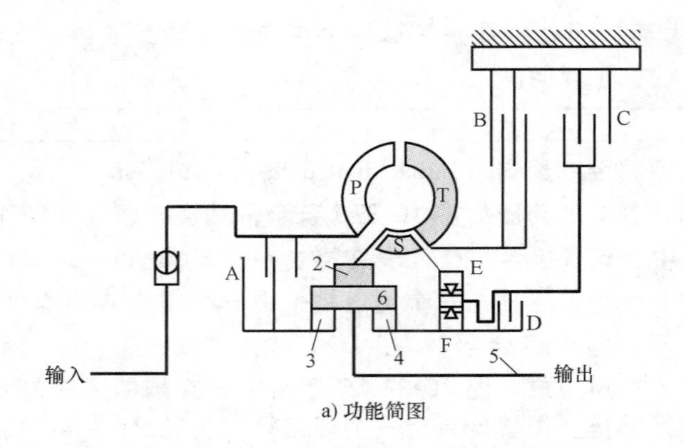

a) 功能简图

	传动比	A	B	C	D	E	F
空档	—						
一档	1.58:1			*		◎	*
二档	1:1	*		*		◎	
倒档	2.73:1		*		*	*	

b) 档位与离合器

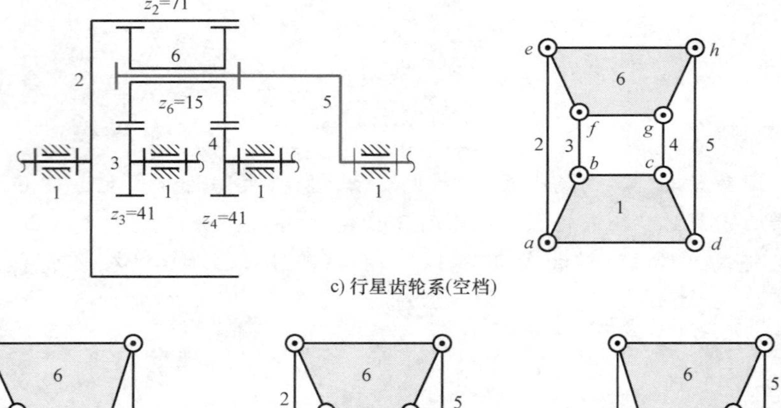

c) 行星齿轮系(空档)

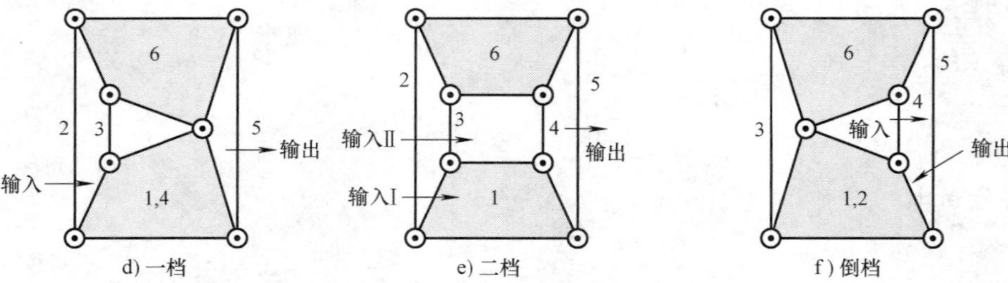

d) 一档　e) 二档　f) 倒档

图 10-37　汽车两速自动变速器中的周转轮系［例 10-17］

由式（10-127）可得：

$$\omega_2=\left(1+\frac{z_3}{z_2}\right)\omega_5 \tag{10-128}$$

可得传动比 r_v 为：

$$r_v=\frac{\omega_o}{\omega_I}=\frac{\omega_5}{\omega_2}=\frac{1}{1+\dfrac{z_3}{z_2}}=\frac{z_2}{z_2+z_3}=\frac{71}{71+41}=0.634 \tag{10-129}$$

若输入Ⅰ为零，即 $\omega_2=0$，则将式（10-121）和式（10-122）相除，且将 $\omega_2=0$ 代入，可得：

$$\frac{0-\omega_5}{\omega_3-\omega_5}=-\frac{z_3}{z_2} \tag{10-130}$$

由式（10-130）可得：

$$\omega_3=\left(1+\frac{z_2}{z_3}\right)\omega_5 \tag{10-131}$$

可得传动比 r_v 为：

$$r_v=\frac{\omega_o}{\omega_Ⅰ}=\frac{\omega_5}{\omega_3}=\frac{1}{1+\frac{z_2}{z_3}}=\frac{z_3}{z_2+z_3}=\frac{41}{71+41}=0.366 \tag{10-132}$$

因此，利用叠加原理可得输出件的转速 ω_5 为：

$$\begin{aligned}\omega_5&=\omega_2\left(\frac{\omega_5}{\omega_2}\right)_{\underline{\omega_3=0}}+\omega_3\left(\frac{\omega_5}{\omega_3}\right)_{\underline{\omega_2=0}}\\&=\omega_2\frac{z_2}{z_2+z_3}+\omega_3\frac{z_3}{z_2+z_3}\end{aligned} \tag{10-133}$$

扭矩转换器无滑差时，即泵（P）与涡轮（T）转速相同，此时 $\omega_2=\omega_3$，二档的减速比为1。

倒档时，制动器B、离合器D、单向离合器E接合，使得涡轮（T）和环齿轮2固定，即 $\omega_2=0$。此时泵（P）带动定子（S）反转，再经单向离合器E和离合器D由太阳轮4输入，行星架5输出，其运动链如图10-37f所示。此时，扭矩转换器的定子（S）转向与泵（P）相反，使最后输出转向相反。将式（10-121）和式（10-123）相除，且将 $\omega_2=0$ 代入，可得：

$$\frac{0-\omega_5}{\omega_4-\omega_5}=-\frac{z_4}{z_2} \tag{10-134}$$

由式（10-134）可得：

$$\omega_4=\left(1+\frac{z_2}{z_4}\right)\omega_5 \tag{10-135}$$

可得传动比 r_v 为：

$$\begin{aligned}r_v&=\frac{\omega_o}{\omega_Ⅰ}=-\frac{\omega_5}{\omega_4}=-\frac{1}{1+\frac{z_2}{z_4}}=-\frac{z_4}{z_2+z_4}\\&=-\frac{41}{71+41}=-0.366\end{aligned} \tag{10-136}$$

即减速比为−2.73。

*10.14 锥齿轮周转轮系的传动比

Transmission ratio of planetary bevel gear trains

具有锥齿轮的周转轮系，称为**锥齿轮周转轮系**（Planetary bevel gear train）。与圆柱齿轮周转轮系相比较，锥齿轮周转轮系的优点是所占的空间较小，可用较少数的齿轮得到较高的传动比。

求解锥齿轮周转轮系的原理与圆柱齿轮周转轮系相同，但是齿轮的转动方向须由图面来加以判断，以下举例说明。

例 10-18 **图 10-38 所示为一种锥齿轮周转轮系，齿轮 2 为输入，齿轮 7 为输出，齿轮 6 固定，各齿轮的齿数为 $z_2=16$、$z_3=64$、$z_4=30$、$z_6=80$、$z_7=40$，试求传动比。**

解：这个周转轮系具有三对齿轮，可列出下列三个关系式：

$$\frac{\omega_{25}}{\omega_{35}}=\frac{\omega_2-\omega_5}{\omega_3-\omega_5}=-\frac{z_3}{z_2} \tag{10-137}$$

$$\frac{\omega_{75}}{\omega_{45}}=\frac{\omega_7-\omega_5}{\omega_4-\omega_5}=+\frac{z_4}{z_7} \tag{10-138}$$

$$\frac{\omega_{65}}{\omega_{35}}=\frac{\omega_6-\omega_5}{\omega_3-\omega_5}=+\frac{z_3}{z_6} \tag{10-139}$$

锥齿轮周转轮系中，齿轮 3 和 4 为复式齿轮，转速相同。由于齿轮 2 相对于行星架 5 的转向与齿轮 3 相对于行星架 5 的转向相反，因此式（10-137）的传动比取负值时，式（10-138）的传动比须取正值。同理，式（10-139）的传动比须取正值。

a) 机构模型　　b) 机构简图

图 10-38 锥齿轮周转轮系［例 10-18］

锥齿轮周转轮系中，齿轮 6 固定，即 $\omega_6=0$，代入式（10-139），可得：

$$\frac{0-\omega_5}{\omega_3-\omega_5}=\frac{z_3}{z_6} \tag{10-140}$$

由式（10-140）可得：

$$\omega_3=\left(1-\frac{z_6}{z_3}\right)\omega_5 \tag{10-141}$$

将式（10-141）代入式（10-137），可得：

$$\frac{\omega_2-\omega_5}{\left(1-\frac{z_6}{z_3}\right)\omega_5-\omega_5}=-\frac{z_3}{z_2} \tag{10-142}$$

由式（10-142）可得：

$$\omega_2=\left(1+\frac{z_6}{z_2}\right)\omega_5 \tag{10-143}$$

由于齿轮 3 和 4 为复式齿轮，因此 $\omega_4=\omega_3=\left(1-\frac{z_6}{z_3}\right)\omega_5$，代入式（10-138）可得：

$$\frac{\omega_7-\omega_5}{\left(1-\frac{z_6}{z_3}\right)\omega_5-\omega_5}=\frac{z_4}{z_7} \tag{10-144}$$

由式（10-144）可得：

$$\omega_7=\left(1-\frac{z_4\ z_6}{z_3\ z_7}\right)\omega_5 \tag{10-145}$$

由式（10-143）和式（10-145）可得传动比 r_v 为：

$$r_v=\frac{\omega_7}{\omega_2}=\frac{\left(1-\frac{z_4\ z_6}{z_3\ z_7}\right)\omega_5}{\left(1+\frac{z_6}{z_2}\right)\omega_5}=\frac{z_2(z_3z_7-z_4z_6)}{z_3z_7(z_2+z_6)} \tag{10-146}$$

$$=\frac{16\times(64\times40-30\times80)}{64\times40\times(16+80)}=\frac{1}{96}$$

具有 2 个自由度的锥齿轮周转轮系，可用来产生**差动传动**（Differential transmission），常应用于车辆的差动器与机械式计算器中。以下用图 10-39 来说明汽车差动器（俗称差速器）的原理。

设锥齿轮 2、3、4 的转速分别为 ω_2、ω_3、ω_4，行星架 5 的转速为 ω_5。锥齿轮 2、3、4 的齿数分别为 z_2、z_3、z_4，且 $z_2=z_4$。这个周转轮系具有两对齿轮，可列出下列两个关系式：

$$\frac{\omega_{25}}{\omega_{35}}=\frac{\omega_2-\omega_5}{\omega_3-\omega_5}=-\frac{z_3}{z_2} \tag{10-147}$$

$$\frac{\omega_{45}}{\omega_{35}}=\frac{\omega_4-\omega_5}{\omega_3-\omega_5}=+\frac{z_3}{z_4} \tag{10-148}$$

锥齿轮周转轮系中，由于齿轮 2 相对于行星架 5 的转向与齿轮 4 相对于行星架 5 的转向相反，因此式（10-147）的传动比取负值时，式（10-148）的传动比须取正值。将式（10-147）和式（10-148）相除可得：

$$\frac{\omega_2-\omega_5}{\omega_4-\omega_5}=-\frac{z_3z_4}{z_2z_3}=-\frac{z_4}{z_2} \tag{10-149}$$

由于 $z_2=z_4$，因此可得：

$$\frac{\omega_2-\omega_5}{\omega_4-\omega_5}=-1 \tag{10-150}$$

由式（10-150）可得：

$$\omega_5=\frac{1}{2}(\omega_2+\omega_4) \tag{10-151}$$

式（10-151）说明图 10-39 所示的锥齿轮周转轮系中，行星架 5 的转速等于锥齿轮 2 和 4 转速的代数平均值。当锥齿轮 2 和 4 的转向相同且大小相等时，可得 $\omega_5=\omega_2=\omega_4$，即行星架 5 以相同的转速与方向转动。此外，当锥齿轮 2 与 4 的转速相同但转向相反时，$\omega_2=-\omega_4$、$\omega_5=0$，即行星架 5 静止不动。

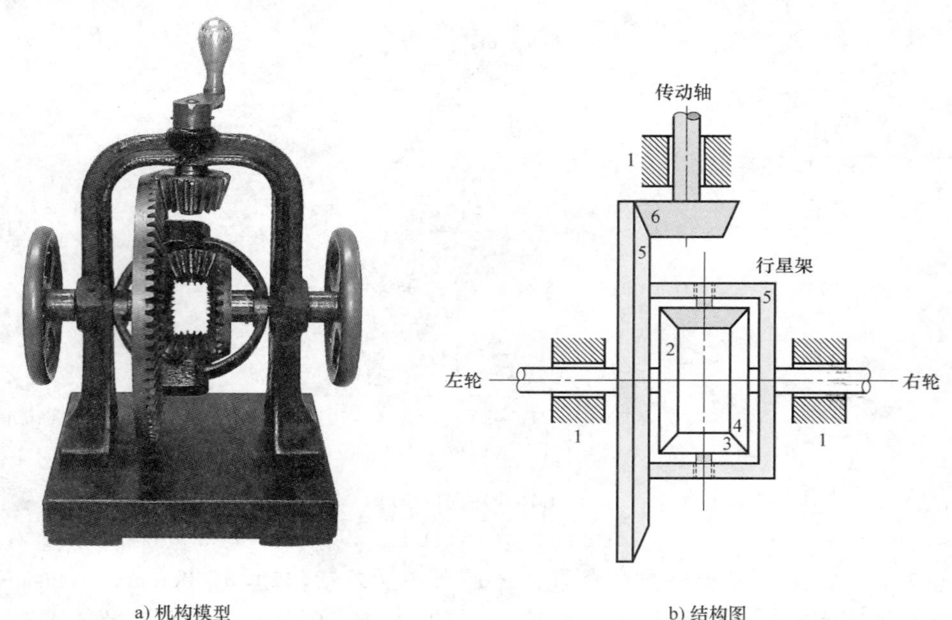

a) 机构模型　　b) 结构图

图 10-39　**汽车差动传动机构**

汽车动力的传动，是由发动机曲轴的旋转经过传动轴上的锥齿轮 6 带动锥齿轮 5（构件 5）驱使行星架（构件 5）旋转，而锥齿轮 2 和 4 的轴分别连接汽车的左、右两个车轮。这样，可使左、右两个车轮转速的代数和成为定值；至于个别的转速究竟为多少，则由汽车行走路线的弯曲程度而自动调整。例如：前轮驱动的汽车，直线行走时，左、右两轮的转速自动相同；左转弯时（图 10-40），右前车轮（外侧轮）的旋转半径 R_1 较大，阻力较小；左前车轮（内侧轮）的旋转半径 R_2 较小，阻力较大。因此右前车轮转速自动增大，左前车轮转速自动减小，以维持左、右两侧车轮转速的代数和为一定值；反之，右转弯时，左前车轮转速自动增大，右前车轮转速自动减小，以维持左、右两侧车轮转速的代数和为一定值。若右侧车轮打滑，则左侧车轮的速度为零，为维持左、右两侧车轮转速的代数和为一定值，右侧车轮的速度则为行星架速度的两倍，但因打滑无法带动车子前进，反之亦然。下雨路滑或雪地停车时，地面阻力变化不定，虽然车轮仍按照地面阻力自动调整转速，车身即因此变化不定，致使转向无从控制而易发生事故。

另外，前轮驱动的汽车，后轮轴上的两个车轮是独立旋转的，可依照转弯时的半径自动调整速度大小，所以不需要加装差动器。若是四轮驱动的汽车，则在前、后轮轴上均需加装差动器。此外，前轮轴两车轮旋转半径和（R_1+R_2）不会刚好等于后轮轴两车轮旋转半径和（R_3+R_4），因此在前、后轮轴间需加装一中央差动器，以调整前、后轮轴间微小的速度差，如此便可完全避免轮胎和地面间打滑的状况发生。

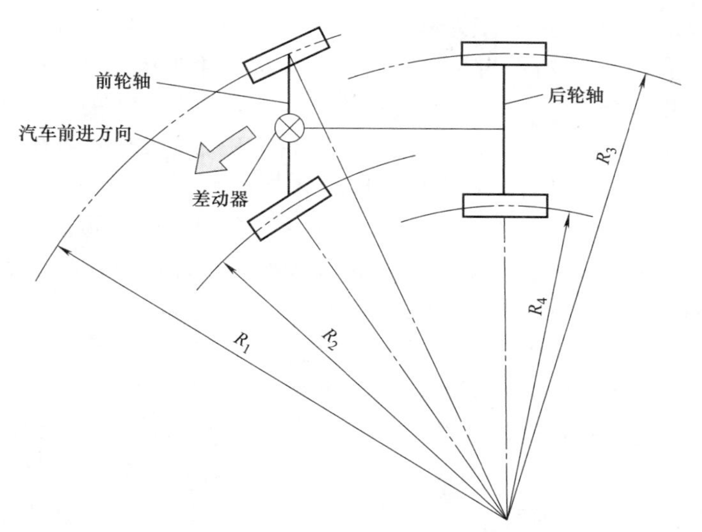

图 10-40 **汽车转弯时各车轮的旋转半径**

习题Problems

10-1 传动两平行轴的齿轮有直齿圆柱齿轮、齿轮齿条、斜齿圆柱齿轮、人字齿轮、销子轮，试各列举一种应用实例。

10-2 传动两相交轴的齿轮有直齿锥齿轮、曲齿齿轮、斜齿锥齿轮，试各列举一种应用实例。

10-3 传动两交错轴的齿轮有斜齿锥齿轮、交错斜齿轮、准双曲面齿轮、蜗轮蜗杆，试各列举一种应用实例。

10-4 有一压力角为25°的渐开线圆柱齿轮，齿数为24，模数为4，试求此齿轮的节径、齿顶高、齿根高、顶隙、工作齿高、齿全高、齿厚、齿槽宽及内圆角半径。

10-5 有一对互相啮合、模数为4的外接圆柱齿轮，主动轮的齿数为20，从动轮的转速为300r/min，两转轴的中心距离为200mm，试求主动轮的转速、从动轮的齿数及传动比。

10-6 有一对模数为5的内接圆柱齿轮，环齿轮为主动件，传动比为4，两转轴的中心距离为300mm，试问这对齿轮的齿数应为多少？

10-7 试利用作图法绘出如习题10-4所述的一个圆柱齿轮的齿廓。

10-8 有一对互相啮合的外接圆柱齿轮，压力角为20°，主动轮的齿数为16、节圆半径为40mm、齿顶圆半径为45mm，从动轮的齿数为24、节圆半径为60mm、齿顶圆半径为65mm，试求啮合线长度、啮合角及重合度。

10-9 有一对互相啮合的外接圆柱齿轮，如习题10-8所述，若将中心距离加大2mm，试问压力角应为多少？

10-10 有一对互相啮合的外接圆柱齿轮，如习题10-8所述，试问轮齿在开始啮合与脱离啮合时是否会有干涉现象？

10-11　有一齿轮齿条机构，若小齿轮为压力角25°的渐开线齿轮，试求小齿轮与齿条互相啮合时不产生干涉的最少齿数。

10-12　有一齿轮机构，若齿轮为压力角25°的渐开线齿轮，且两齿轮大小一样，试求两齿轮互相啮合时不产生干涉的最少齿数。

10-13　如图10-24所示，有一具有四个圆柱齿轮（齿轮2、3、4、5）的单式定轴轮系，齿轮2为主动轮，齿轮5为从动轮。若各齿轮的齿数为$z_2=40$、$z_3=28$、$z_4=56$、$z_5=34$，且径节$p_d=8$，试求：

（1）传动比。

（2）输入轴与输出轴间的距离。

10-14　如图10-25所示，有一具有四个平行轴的复式定轴轮系，齿轮2为主动轮，齿轮7为从动轮、转速$\omega_7=300\text{r/min}$（逆时针方向）。若各齿的齿数为$z_2=28$、$z_3=56$、$z_4=24$、$z_5=56$、$z_6=24$、$z_7=42$，且径节$p_d=8$（1/in），试求：

（1）齿轮2的转速与方向，

（2）输入轴与输出轴间的距离。

10-15　如图10-41所示，有一个轮系，圆柱齿轮2（$z_2=20$）为主动轮、转速$\omega_2=30\text{rad/s}$（顺时针方向，由左方视之），圆柱齿轮3（$z_3=40$）与柱齿轮4（$z_4=30$）为复式齿轮，内齿轮5（$z_5=120$）与锥齿轮6（$z_6=32$）为复式齿轮，锥齿轮7（$z_7=30$）与蜗杆8（右旋单导程）也是复式齿轮，蜗轮9（$z_9=100$）为从动轮。若齿轮3的径节为3，齿轮4的径节为10，试求：

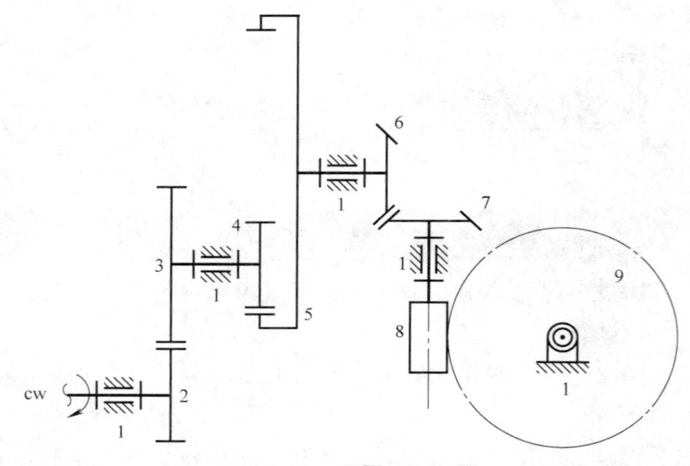

图10-41　习题10-15图

（1）蜗轮9的转速。

（2）齿轮4与齿轮5的节径。

（3）齿轮3的齿距。

10-16　如图10-26所示，有一个传动比为1.5的回归轮系，若齿轮2为输入件、齿数（z_2）为100，齿轮5为输出件，齿轮2与3的径节为10，齿轮4与5的径节为12，且轴与轴间的距离为15in，试问各齿轮的齿数应为多少？

10-17　如图10-30所示，有一个回归齿轮式汽车用手动变速系统，若一档的传动比为4.0，二档的传动比为2.0，三档的传动比为1.0，倒档的传动比为4.0，且齿轮2、6、7的齿数均为18，试问其他各齿轮的齿数应为多少？

10-18　如图10-42所示，有一个周转轮系，环齿轮2为输入件、转速$\omega_2=2450\text{r/min}$（顺时针方向，由左方视之），各齿齿数为$z_2=124$、$z_3=48$、$z_4=30$、$z_5=48$，试求输出件（行星架6）的转速。

10-19 有一个齿轮传动机构，如图10-43所示，机架2为输入件，转速$\omega_2=1000\mathrm{r/min}$（顺时针方向，由左方视之），各齿轮的齿数为$z_3=20$、$z_4=25$、$z_5=100$、$z_6=105$，试问用来传动环齿轮6与输出间的一对齿轮（齿轮7与8）的齿数应为多少，输出轴的转速才会是$40\mathrm{r/min}$（与ω_2同向）？

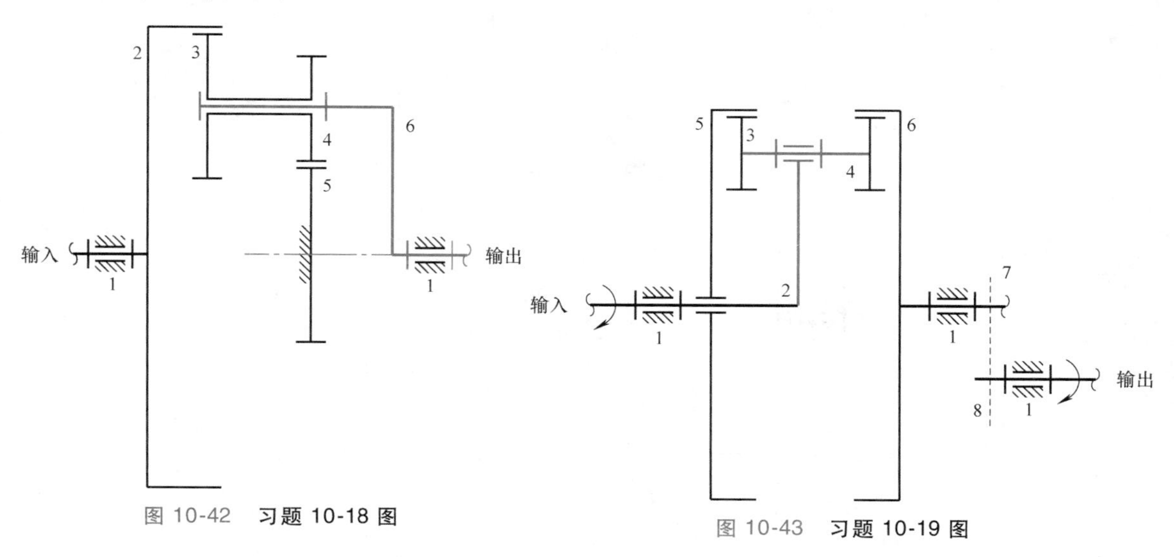

图10-42 习题10-18图

图10-43 习题10-19图

10-20 有一个周转轮系式的自动变速机构，如图10-44所示。其中，C_1、C_2、C_3为换档用离合器，在空档时都不接合；在一档时，仅C_1作用；在二档时，仅C_3接合；在倒档时，仅C_2接合。若各齿齿数为$z_2=55$、$z_3=23$、$z_4=16$、$z_5=23$、$z_6=16$、$z_7=55$，试求在各档的传动比。

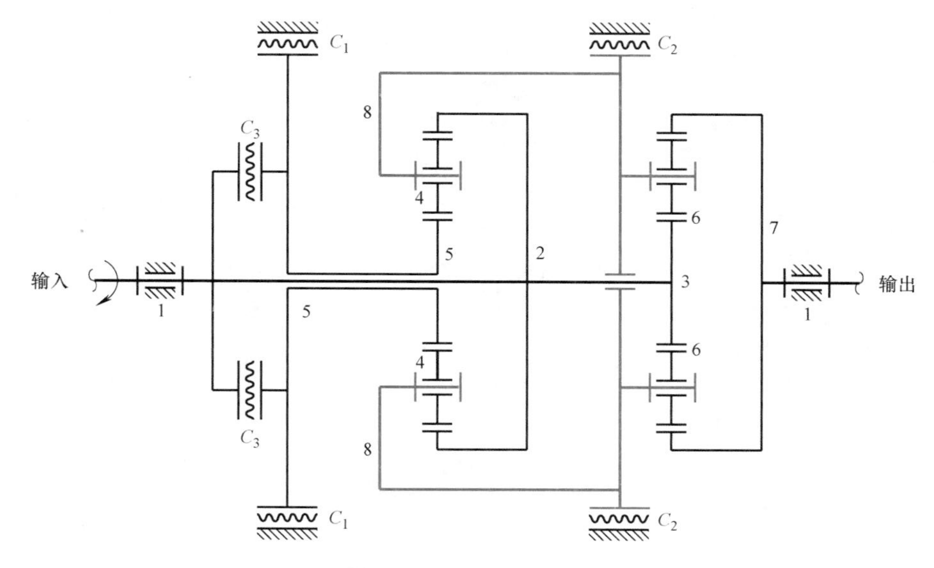

图10-44 习题10-20图

10-21 如图10-32所示，有一个周转轮系，各齿齿数为$z_2=64$、$z_3=22$、$z_4=108$，若太

阳轮 2 与环齿轮 4 均为输入件，且转速均为 300r/min，转向相同，试求机架 5 的转速。

10-22 如图 10-45 所示，有一个锥齿轮周转轮系，各齿齿数为 $z_2=40$、$z_3=70$、$z_4=20$、$z_5=30$、$z_6=10$、$z_7=40$、$z_8=50$、$z_9=40$，若输入轴的转速为 1r/min，试求输出轴的转速。

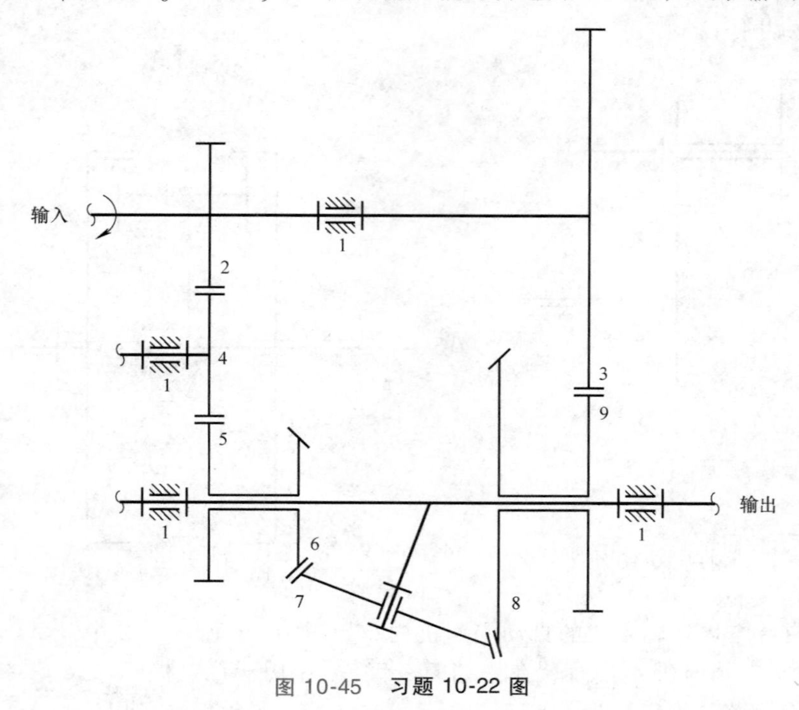

图 10-45 习题 10-22 图

第 11 章

其他机构

MISCELLANEOUS MECHANISMS

机构的种类很多，除了连杆机构、凸轮机构、齿轮机构之外，还有不少特殊类型的机构也有着重要的用途。本章介绍挠性传动机构、螺旋机构、摩擦传动机构、间歇运动机构的类型、原理及应用。

11.1 挠性传动机构 Flexible connecting mechanisms

当主动轴与从动轴之间的距离过远，不宜采用连杆、摩擦轮、凸轮、齿轮等机构连接传动时，可使用挠性件连接；这种通过挠性连接物的张力，用于起重或者传输两轴间运动或动力的装置，称为**挠性传动机构**（Flexible connecting mechanism）。常用的挠性连接物有**传动带**（Belt）、**绳索**（Rope）、**链条**（Chain），而常用的挠性传动机构则有带传动机构、绳索传动机构、链条传动机构三种。挠性传动机构，由挠性件连接固定在旋转轴上的带轮、槽轮或者链轮而成；主动轴的运动或动力经由主动轮（如带轮、槽轮或链轮），借助挠性件传递给从动轮（如带轮、槽轮或链轮）而驱动从动轴。主动轮 2 和从动轮 3 通过转动副（R）和机架 1 连接，通过**缠绕副**（Wrapping pair，W）和挠性件 4 连接，如图 11-1 所示。

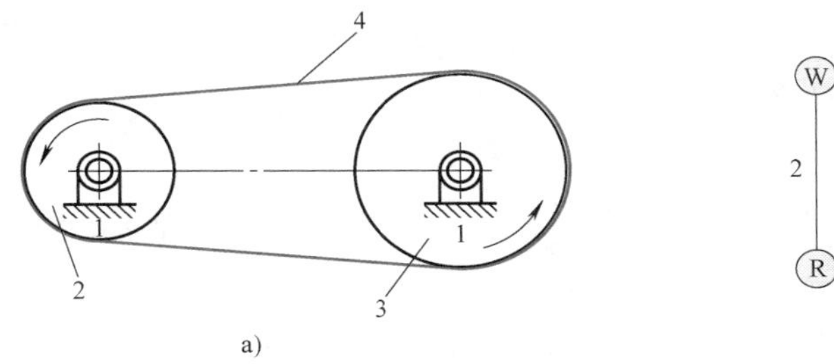

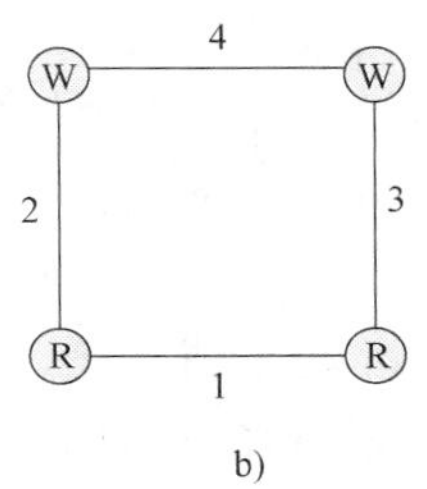

图 11-1　挠性传动机构

1—机架　2—主动轮　3—从动轮　4—挠性杆

挠性传动机构的特色在于，设计简单、制造成本低，而且维护容易。本章介绍挠性传动机构的种类、结构、传动原理及其应用。

11.2 带传动

Belt drives

带传动（Belt drive）为使用于轴和轴之间距离较远的动力传送机构，其优点在于运转平稳、可抵御瞬间颤动或过度载荷、不需要润滑、维护费用较低等。一般的带传动机构，通过传动带与带轮或槽轮间的摩擦力带动，因此不是精确传动；加上可能发生滑动、松弛、磨耗现象，不适合用在要求精确速比的装置中。此外，带传动机构因传动带受拉伸长的影响，使用时需加装张力控制装置或者需定期调整两轴间的中心距离。与齿轮和链条传动机构相比较，带传动机构的缺点为传动不够精确、强度较低、耐久性较差。本节说明带传动机构的基本结构与特性、传动带的种类、名词定义、传动原理及应用装置。

11.2.1 基本结构与特性 Basic structure and characteristics

图 11-2 所示为一种最简单的带传动机构，由传动带 4、主动轮 2、从动轮 3、机架 1 组成。传动带为一挠性环圈物体，紧箍绕过两个锁定于轴上的圆柱轮；若圆柱轮与传动带间有足够的摩擦力，则可经由传动带将主动轴的旋转运动传到从动轴上。轴上的圆柱轮，若具有平坦表面，则称为**带轮**（Pulley），用于平带传动；若具有槽状表面，则称为**槽轮**（Sheave），用于 V 带传动。

a)

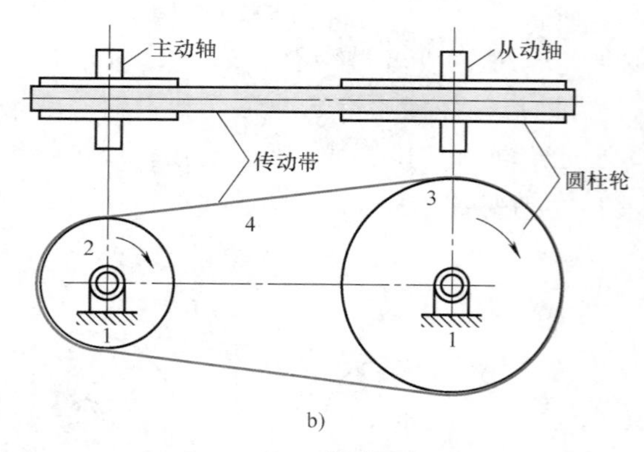

b)

图 11-2 **带传动机构**

1—机架 2—主动轮 3—从动轮 4—传动带

带传动的主要缺点为传动不够精确，因其可能产生滑脱与松弛现象。滑脱的产生，与载荷、传动带张力、传动带和带轮或槽轮间的摩擦因数有关；若传动带承受突然的过度载荷或传动带张力太小，导致传动带产生相对于带轮或槽轮的滑动现象，将影响其传输效果。然而，此现象在某些应用上，能使传动带吸收抖振或保护过度载荷，以防止机器受到损害。传动带因摩擦力而使各部分的张力不同，由于传动带在紧边的伸张量大于松边，使每一小段皮带绕经带轮或槽轮时，产生微量的弹性伸长或缩短，而导致皮带对带轮或槽轮产生轻微的相对运动，称之为**弹性松弛**（Creep）。

11.2.2 传动带的种类 Types of belts

传动带根据其制作的材料与使用范围分类，较重要的有平带、V 带、正时带，以下分别说明。

1. 平带

平带（Flat belt）是最简单且最廉价的传动带，通常为以皮革、纤维、尼龙绳或钢丝注入橡胶而制成扁平的挠性环圈物体。

平带适合应用在高转速与低动力下的驱动场合，两带轮中心距离可达 10m，传动较平稳，效率可达 98%，并可吸收扭转振动。由于平带是由其张力在带轮上产生抓紧摩擦的效果而传动，故在传动中需要较大的张力，如此造成带轮轴承寿命的缩短，加以因主动带轮的对正性要求较高，所以较少使用。由于平带的断面薄细，绕于带轮时较容易顺势弯曲，因此即使带轮直径很小也可使用。

2. V 带

V 带（V belt），为使用最广、形式最多的传动带，适用于轴间距离较短（5m 内）的传动或中心距离不太短但速比很大的驱动场合，其传动效率略低于平带。

V 带的剖面多为梯形，其带轮为楔状的槽形，称为**槽轮**（Sheave）。传动时，传动带因嵌入槽轮而弯曲，其两侧斜面则挤向轮槽的斜面楔住槽轮，靠摩擦而传动，可不致产发生滑动或颤动现象。利用此种皮带与槽轮间的楔块工作原理，可增大摩擦力，故不用像平带那样需要大的张力才能维持传动所需的摩擦力，可减轻槽轮轴承的负载。此外，V 带的对正性要求不太严格；此外，因 V 带无接点，可省去运动副的麻烦。

3. 正时带

一般的平带或 V 带传动机构，均不能精确传动，故其传动的精度不如链条传动机构。**正时带**（Timing belt）为 V 带的一种，是内侧具有等间隔齿形的平带，与其配合的带轮上也具有内凹轮齿形，称为**链轮**（Sprocket）；其作用主要是防止传动带的滑动与松弛，使输出轴与输入轴能同步运转，可以维持确定的速比关系。

正时带的优点很多，传动带细薄且挠性佳，可使用于小的链轮，可用于高速运转，且不会产生过热与快速磨耗现象；对短距离的带传动，有最佳的传动效率；无须施加皮带张力，轴承所承受的载荷较低；运转时皮带长度不会增加，适合应用于固定轴心距的驱动，且易于安装；可以驱动较大载荷；无滑脱与松弛现象，具有如同链传动的精确传动与固定速比等特色。正时带的缺点为成本高且有振动现象。典型的正时带为梯形齿，为使应力集中降到最低，也有圆弧齿的正时带，其优点为载荷分布较规则、载荷能力较强、使用寿命较长等。正时带常见于各种产业机械中，也常用来驱动控制车辆引擎气门的凸轮轴，其特色为运转平稳且寿命长。

11.2.3 节曲面与节线 Pitch surface and pitch line

图 11-3a 所示为一段尚未缠绕在带轮上的平带，设该平带厚度均匀，则上表面平行于下表面且长度相等。若将此皮带拉弯绕过带轮（图 11-3b），使内表面紧贴带轮，则外表面的弯曲半径大于带轮半径，恰为平带的厚度。因此，平带的外侧拉长、内侧缩短，而在两表面间既不伸长也不缩短的平面，称为**中性面**（Neutral surface）。平带的中性面，可假设位于其内、外表面的中央处。由此中性面所定出的想象带轮面，称为带轮的**节曲面**（Pitch surface），其直径称为带轮的有效直径，又称为**节径**（Pitch diameter）。中性面上宽度的中央线为两带轮的连接线，与两带轮的节面相切，故又称为**节线**（Pitch line）。

V 带的槽轮节径定义与平带类似，为 V 带弯绕过槽轮时，其中性面所定出节面的直径，只有 V 带的中性面并不位于皮带的中央面，通常在制造厂商的产品目录中，会提供此数据。

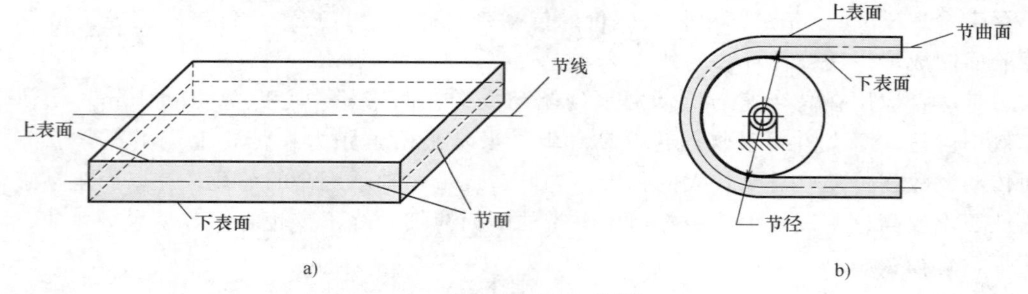

图 11-3 节曲面与节线

11.2.4 速比 Velocity ratio

比照齿轮传动的定义，带传动的**速比**（Velocity ratio，r_v）为从动轴角速度 ω_3 与主动轴角速度 ω_2 的比值。

设主动轮直径为 d_2、转速为 n_2（r/min）或 ω_2（rad/s），从动轮直径为 d_3、转速为 n_3（r/min）或 ω_3（rad/s），传动带厚度为 t，如图 11-4 所示。若忽略带传动可能发生的滑动与松弛影响，则因传动带节线的线速率各处均相等，且应等于两带轮节面上的线速率，故得：

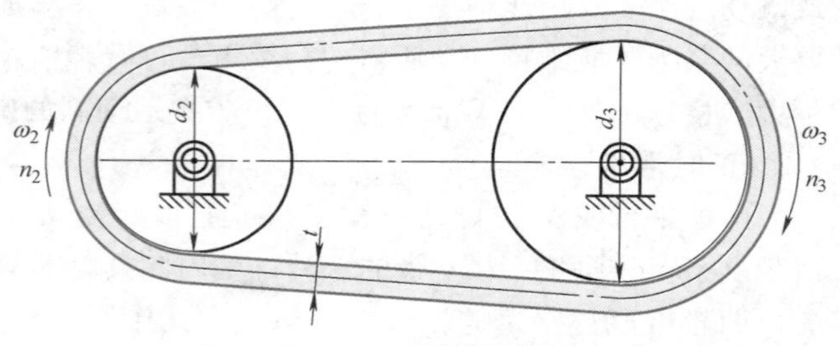

图 11-4 带传动速比

$$2\pi n_2\left(\frac{d_2}{2}+\frac{t}{2}\right)=2\pi n_3\left(\frac{d_3}{2}+\frac{t}{2}\right) \tag{11-1}$$

因此，速比 r_v 为：

$$r_v=\frac{\omega_3}{\omega_2}=\frac{n_3}{n_2}=\frac{d_2+t}{d_3+t} \tag{11-2}$$

在实际应用时，通常平带厚度（t）与带轮直径（d）相较甚小，可以忽略不计，加上可能的滑动与松弛影响，所以速比的近似值可表示为：

$$r_v=\frac{\omega_3}{\omega_2}=\frac{n_3}{n_2}\approx\frac{d_2}{d_3} \tag{11-3}$$

当式（11-2）和式（11-3）应用于 V 带驱动时，因其厚度（t）与槽轮直径（d）相较可能不是很小，故必须使用槽轮的节径而非直径。

11.2.5 平行轴与非平行轴传动 Transmission between parallel and non-parallel shafts

带传动可用于平行轴间的传动，也可用于非平行轴间的传动。平行轴间的传动按传动带的挂法，可分为**开口带**（Open belt）传动与**交叉带**（Crossed belt）传动两种。图 11-5 所示为开口皮带传动，传动带由一带轮到另一带轮的行进过程中并无交叉现象，且两带轮的转向相同；图 11-6 所示为交叉带传动，即传动带在带轮间互相交叉，使两轮的转向相反。若中心距过小或皮带太宽，则不宜使用交叉皮带传动。

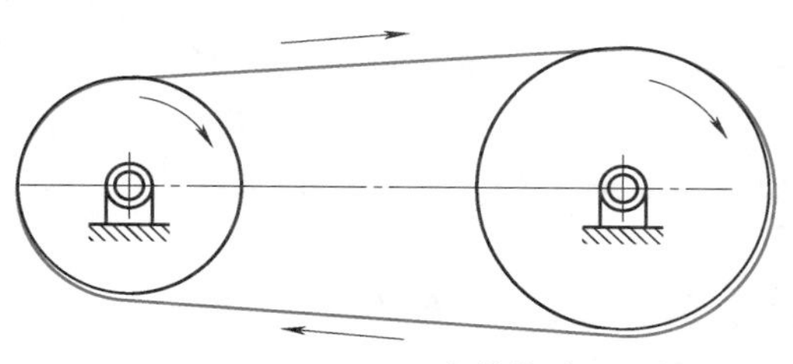

图 11-5 **开口皮带传动**

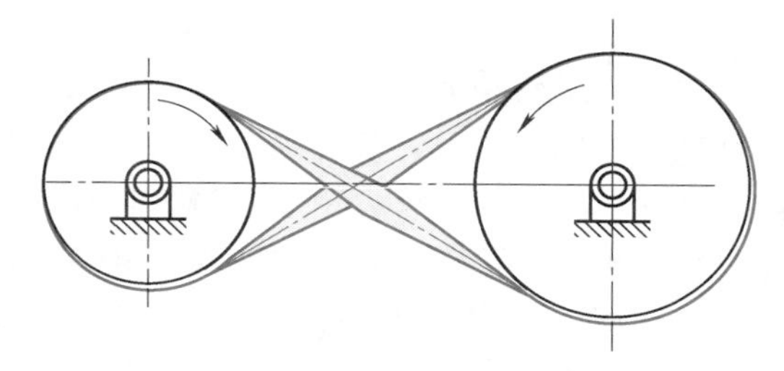

图 11-6 **交叉皮带传动**

两个不平行也不相交的轴，可通过适度安装的平带机构来传动，只是现今已很少使用。

11.2.6 传动带长度 Length of belt

设**传动带长度**（Length of belt）为 L，两带轮中心距为 a，大小两带轮的直径各为 d_3 和 d_2，传动带与带轮的**接触角**（Angle of contact）用 θ 表示，则由图 11-7 上的几何关系，可得开口皮带的长度 L 如下：

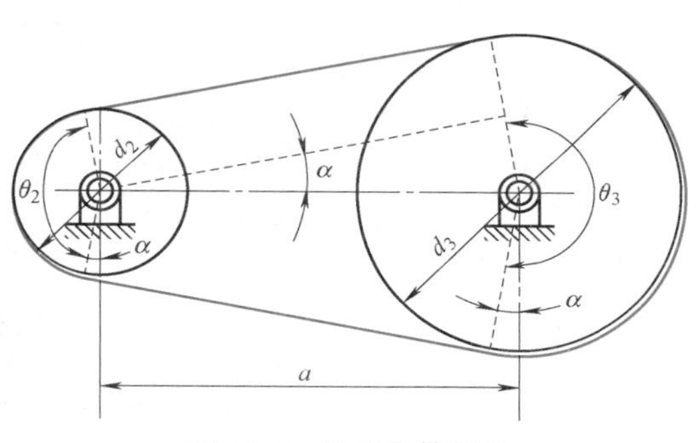

图 11-7 **开口皮带长度**

$$L=\frac{d_3}{2}(\pi+2\alpha)+2a\cos\alpha+\frac{d_2}{2}(\pi-2\alpha)$$
$$=\frac{\pi}{2}(d_3+d_2)+\alpha(d_3-d_2)+2a\cos\alpha \quad (11\text{-}4)$$

式中，

$$\alpha=\arcsin\frac{d_3-d_2}{2a} \quad (11\text{-}5)$$

交叉带的长度 L，可由图 11-8 中的几何关系求得如下：

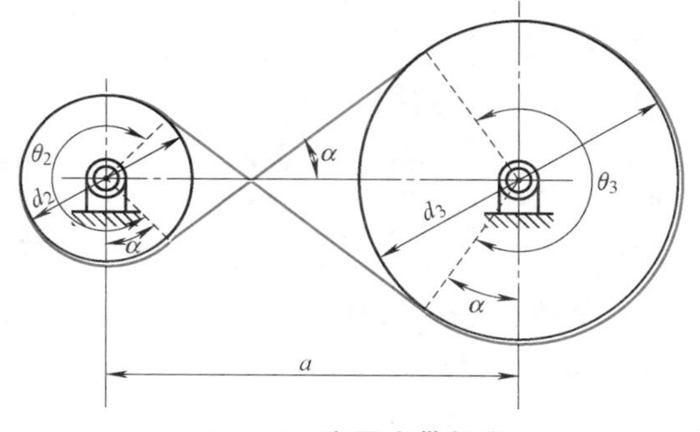

图 11-8 **交叉皮带长度**

$$L=\frac{d_3}{2}(\pi+2\alpha)+2a\cos\alpha+\frac{d_2}{2}(\pi+2\alpha)$$
$$=\left(\frac{\pi}{2}+\alpha\right)(d_3+d_2)+2a\cos\alpha \quad (11\text{-}6)$$

式中，

$$\alpha=\arcsin\frac{d_3+d_2}{2a} \quad (11\text{-}7)$$

传动带与带轮的接触角 θ，若用弧度表示，则对开口带传动中的小带轮与大带轮而言，θ_2 和 θ_3 值分别为：

$$\theta_2=\pi-2\alpha \quad (11\text{-}8)$$

$$\theta_3 = \pi + 2\alpha \tag{11-9}$$

对交叉带传动而言，两带轮的接触角相同，其值均为：

$$\theta_2 = \theta_3 = \pi + 2\alpha \tag{11-10}$$

对开口带传动而言，皮带滑脱发生在接触角较小的带轮上，故小带轮的接触角为评价带传动能力的因素之一，其下限值约为 150°；若低于此值，则会增加皮带的张力与滑动情形、减少皮带的寿命。此外，由于 θ 的限制而致使中心距 C 也有下限；通常中心距以不小于大带轮直径及不大于两带轮直径之和为宜。

由于使用带传动时，需加装张力控制装置或调整两轴间中心距离的装置，以使安装后的皮带具有相当的拉伸；因此，必须配合实际状况，适当调整皮带所需的长度。此外，式（11-4）~式（11-10）也可应用于 V 带长度的计算，但须用槽轮节径取代其槽轮直径。

例 11-1 **设有两平行主轴相距 5m，若使用直径为 100cm 和 80cm 的带轮，并采用平带进行交叉缠绕方式传动，试求皮带的长度。**

解：由于中心距 $a = 500\text{cm}$，小带轮直径 $d_2 = 80\text{cm}$，大带轮直径 $d_3 = 100\text{cm}$；由式（11-7）可知：

$$\alpha = \arcsin \frac{100\text{cm}+80\text{cm}}{2\times 500\text{cm}} = 10.37° = 0.181\text{rad}$$

由式（11-6）可知：

$$\begin{aligned} L &= \left[\left(\frac{\pi}{2}+0.181\right)\times(100+80)+2\times 500\cos 10.37°\right]\text{cm} \\ &= (315.32+983.67)\text{cm} \\ &= 1298.99\text{cm} \end{aligned}$$

取皮带长度为 13m。

11.2.7 带轮的种类 Types of pulleys

带传动时，通常主动轴的转速一定，而被动轴的转速可为一定或变化。为达到此目的，带轮有多种外形，以下说明带轮的种类及其应用。

1. 隆面带轮

平带传动的带轮，其表面常做成隆起状，即中央处直径较大，两侧直径较小，以防止传动时传动带滚落至带轮之外；此种带轮，称为**隆面带轮**（Crowned pulley）。图 11-9a 所示为球面形隆面带轮；图 11-9b 所示带轮的轮面为双圆锥面，因制造容易而使用较广。

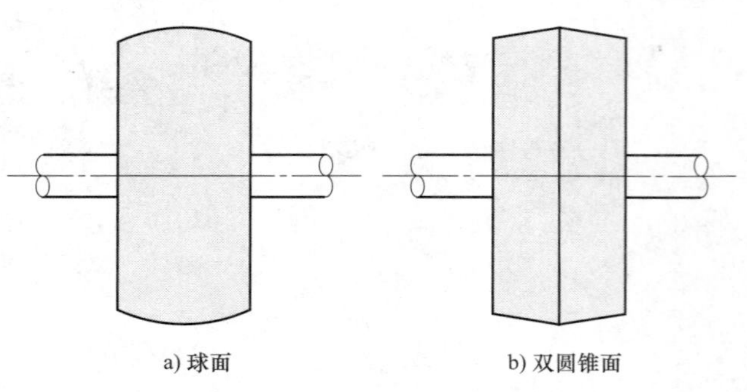

图 11-9 隆面带轮

传动带在隆面带轮上传动时，因作用力不均而受到侧面张力的影响，可自动驱使皮带位于带轮中央处而不致脱落。使用时，通常仅有一个带轮采用隆面带轮；如果两个带轮均为隆面带轮，且带轮中心线在安装时未适度对准，则运转时皮带将会在两皮带轮表面作侧向来回移动，因而导致过量磨耗与减少传输功率。

2. 塔轮

若一带轮是由数个不同直径的带轮叠合构成的，则称为**塔轮**（Stepped pulley），又称为阶梯带轮。如图 11-10 所示，利用一对塔轮，将皮带套在任一对带轮上，就可在不改变主动轴的转速下，得到若干不同的输出轴转速。

图 11-10 **塔轮**

经由塔轮上各对带轮的适当直径比例，可使从动轴达到预定的转速。设计塔轮时必须符合的要求是：各级带轮的直径比，必须满足所需的速比；传动带的长度，应套在各级带轮上均适合，且能维持适度的张紧度。此外，塔轮的使用，因皮带缠绕方式的不同，也可分为开口带塔轮与交叉带塔轮两种；其传动带长度的计算，可参考 11.2.6 节中的方式求得。

早期的机床，多数采用此种塔轮作为变速机构；近代的机床，则多采用齿轮箱变速。

3. 等塔轮组

设计塔轮时，常将一组塔轮做成全等，称为**等塔轮组**（Equal stepped pulleys）。此种等塔轮组在制造与装配上均较为简易，但其速比则受到相当的限制。对多阶等塔轮组而言，其主动轴的转速恒等于从动轴上最大与最小转速的比例中项，也是任意两个以中央为对称的带轮转速的比例中项。此为设计从动轴各级转速时所必须符合的条件。

4. 变速圆锥

若塔轮的级数增加到无穷大，则带轮表面不再呈阶梯状，而是连续曲面的圆锥形，沿圆锥轴向移动皮带位置，可在从动轴上得到最大与最小转速之间的任意转速，此种从动轴转速能够连续变化的无级变速机构，称为**变速圆锥**（Variable speed cone）。图 11-11 所示为变速圆锥机构模型。

11.2.8 变速带传动 Variable speed belt drive

一般的带传动，均为近似定减速比的传动，若使用**变速 V 带传动**（Variable speed V belt drive），且调整轮槽位置使之变宽或变窄，以改变皮带的旋转半径，则可在安全载荷下得到各种不同的速比。

变速 V 带传动是需要连续改变输出速率，以适应路况车辆的理想驱动方式，许多**无级变速器**（Continuous variable speed transmission，CVT）采用此型带传动。此外，也有使用钢带于车辆的无级变速器中，以改进变速皮带无法传输大转矩的缺点。

图 11-12 所示为应用变速皮带的变速传动机构，含有两个可改变节径的槽轮。每个可变节径槽轮，都是由左、右两个独立且可沿轴向调整相对位置的圆锥轮构成的。当左、右两个圆锥轮靠接在一起时，皮带与槽轮的较高部位接触，其槽轮有效节径变大；当左、右两个圆锥轮分开时，皮带降到槽轮的较低处，其槽轮有效节径变小；而当一个槽轮节径增大时，另一个槽轮节径则配合减小。因此，借着同步调整两个槽轮左、右两个圆锥轮的距离，可调整主动轮与从动轮的槽轮有效节径，从而改变主动轴与从动轴间的速比关系。此类变速传动方式，广泛应用在摩托车的自动变速器上。

图 11-11　变速圆锥机构模型

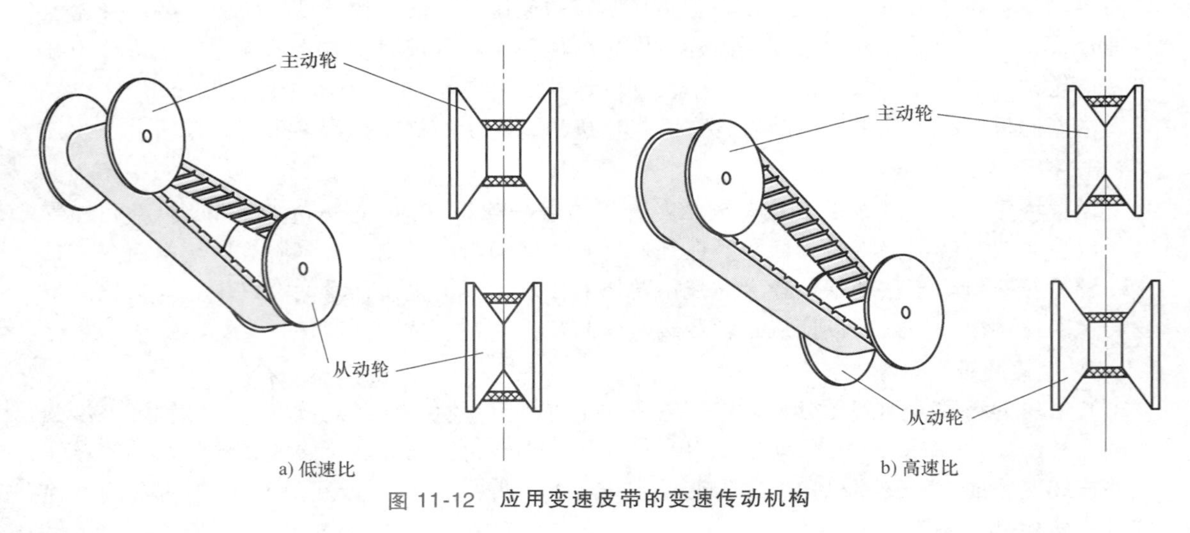

图 11-12　应用变速皮带的变速传动机构

11.3 绳索传动
Rope drives

若要传递运动或动力到较远的距离，而使用带传动不经济或功率不够，则可采用绳索传动机构。

绳索根据其制成的材料与应用的场合，有如下不同的功能：

1）作为吊重与传递载荷，如用于吊车、电梯、升降机、索道、缆车、起重机、机力铲、输送机之中。

2）作为张力构件用来传递运动或动力，如早期收音机中移动频道指针的线、汽车中的紧急制动钢索、控制飞机飞行的操纵钢索等。

绳索是由棉、麻、尼龙等纤维或钢丝等**绞合成股**（Strand），再由数股绞合制成的；其中，由钢丝制成的俗称为**钢索**（Wire rope or cable），其余则称为**绳索**（Rope）；有时也将其中较细的称为**线**（Cord），如棉线、麻线、钢线等。以下分别说明。

11.3.1 绳索 Rope

绳索的质地较皮带柔软、制造较容易，且可承受相当大的拉力，故人类极早即已利用绳索作为挠性传动件；《天工开物》中古中国的畜力磨（图 11-13），即是绳索的应用。绳索传动为长距离传动中较为经济的代表，传动原理与带传动相同，均利用其所具有的挠性、抗拉力性质、摩擦力而传动。由于绳索的剖面近似圆形，故与其配合的轮子须为槽轮，以防止绳索脱落。

11.3.2 细线 Cord

细线经常用来传动不平行轴线，特别是轴线间的方向关系需经常改变的情况，常见应用于纺织机中。若 V 形槽轮有足够的宽度，则经由细线传动，可做任一方向的旋转。图 11-14 所示为《农政全书》中古中国的纬车，是细绳传动的一种应用。

图 11-13 《天工开物》中古中国的畜力磨

图 11-14 《农政全书》中古中国的纬车

11.3.3 钢索 Wire rope

钢索适合用于距离远、功率大或者距离远且传递路径不规则的运动或力的传动，如起重机械与飞机的飞行操纵机构；图 11-15 所示即是一种次声速飞机水平尾翼操纵系统的钢索。钢索若用于短中心距与高速传动，则为了避免钢索因过度弯曲而导致产生超过其弹性极限的应变而断裂，与其配合的槽轮的直径必须够大。此外，为了避免钢索遭受 V 形槽两侧压力而变形受损，槽宽也必须足够大，使钢索仅与轮槽底部相接触；且为了增大摩擦力与减小钢索的磨耗，可沿槽底嵌入树胶、硬木块或者皮革等弹性衬垫。

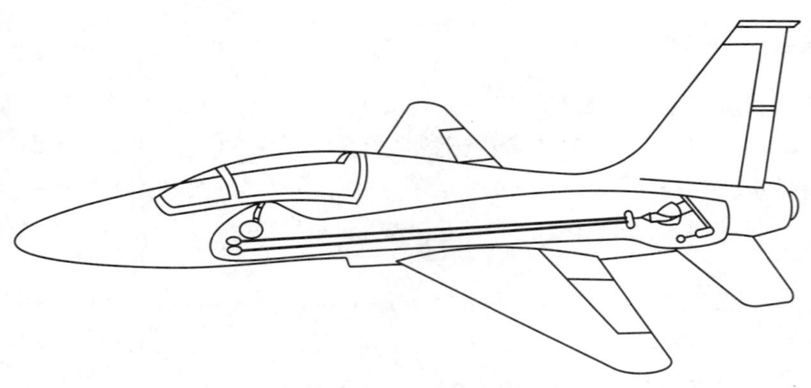

图 11-15　飞机水平尾翼操纵系统的钢索

11.4 链传动
Chain drives

当两轴间的距离较远，采用齿轮传动不经济，使用带传动又嫌短，且要通过精确传动来传输功率时，大多采用链传动。本节说明链传动机构的基本结构与特性、链条的种类及传动原理。

11.4.1　基本结构与特性　Basic structure and characteristics

将金属制成的小刚性杆，通过销接或钩接方式连接而形成的挠性连接物，称为**链条**（Chain），传动时与**链轮**（Sprocket）配合，此种组合称为**链传动**（Chain drive）。图 11-16 所示为简单的链传动模型。

图 11-16　简单的链传动模型

链传动属于精确传动，且同时具有齿轮传动与带传动的特点。链传动优于带传动之处在于，强度与载荷能力较强，可传输的功率较大，且无滑动、松弛、拉伸变形现象；此外，链传动的装置紧密，所占的空间较小，且寿命也较长。链传动优于齿轮传动之处在于，适用于长距离与短距离的精确传动，中心距的要求不如齿轮传动那么严格，并能吸收相当大的冲击载荷。除此之外，链传动可由单一主动轴同时驱动数个从动轴，使这些从动轴以不同的速率同步运转，并可在高温、低温或者有湿气与阳光的环境下操作。链传动的缺点在于，质量较皮带大，故传动效率较低，轴的对准度要求较高，且成本与噪声比带传动高，并且必须考虑到合适的润滑、防尘等的设计。

链条的使用至少有四千年以上，商周《蠡器通考》的鳞闻瓠壶，为古中国最早有关链使用的记载。拜占庭人曾于公元前二世纪使用链传动于弩炮中，而古中国北宋时的苏颂更将链（天梯）传动应用在他所发明的水运浑仪中。

11.4.2 链条的种类 Types of chains

链传动的应用不胜枚举，根据场合不同而有多种不同外形的设计。工业上常用的链条，可分为起重链、传输链、传动链三类，以下分别说明。

1. 起重链

起重链（Hoisting chain）可用于吊重或曳引，有**套环链**（Coil chain）与**柱环链**（Stub-link chain）两种。套环链（图 11-17a）由椭圆形金属环套连而成，常用于吊车、起重机、挖泥机之中。柱环链（图 11-17b）则于其套环中加焊上一短柱，以提高链条强度，并防止链的拉张或扭结，主要用于连接船和锚并系留于码头的桩上。

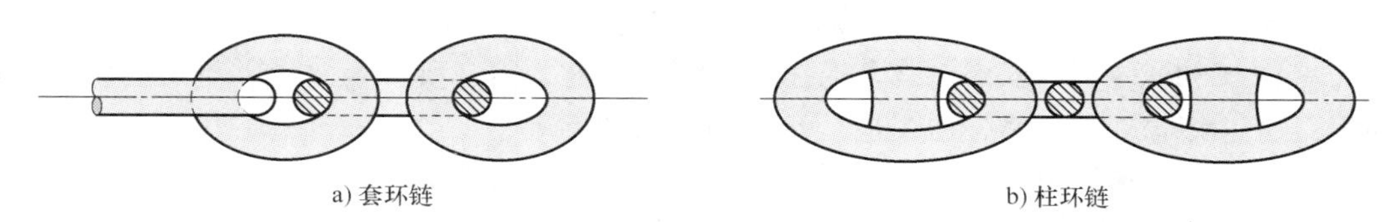

a) 套环链 b) 柱环链

图 11-17 **起重链**

2. 传输链

传输链（Conveying chain）则是通过链条的运动，将附挂或置放在链条上的物品，由某处连续运送到他处的链条，通常由展性铸铁制成，无法极平稳地运转，有**钩节链**（Hook joint chain）与**紧节链**（Closed joint chain）两种。钩节链的钩节为可分离式，如图 11-18a 所示。紧节链如图 11-18b 所示，在传输链上可加附斗桶畚，以装载所要运送的物品。对大量砂砾状或粉末状物质的运送，应采用紧节链而不采用钩节链，以防止细碎颗粒或粉末阻塞住钩节，而影响链条的挠性与运动。此类链条除了作为传输物品的用途之外，也经常用于速率较低的动力传输，如用在农业机械中。

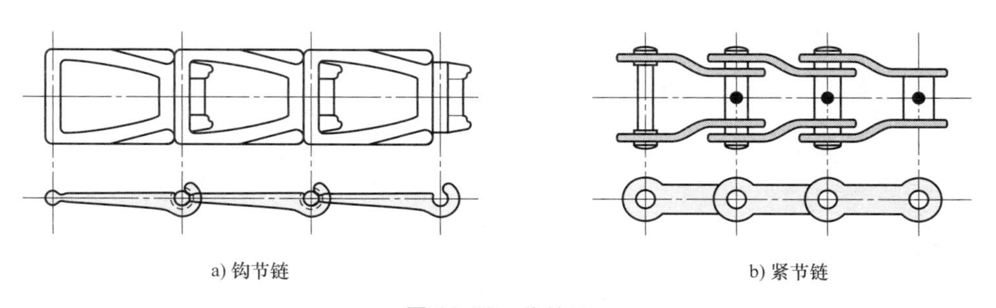

a) 钩节链 b) 紧节链

图 11-18 **传输链**

3. 传动链

传动链（Power transmission chain）主要用于在较高转速下传输较大动力的场合，此类链条多用钢料精制，且易磨耗的部分经过硬化处理，并在具有特殊齿形的链轮上运转，有**块环链**（Block chain）、**滚子链**（Roller chain）、**无声链**（Silent chain）三种。

图 11-19a 所示的块环链是由硬化钢片铆接而成的，是动力链中较简单、便宜的一种。在速率不超过 40~45cm/s 的轻动力传输上，有相当好的结果，也常作为传输链。但此种链

条传动时，因钢块与链轮间的冲击，会产生较大的噪声与磨耗。

滚子链由链板、活动滚子、衬套、销子装配连接而成，如图 11-19b 所示。通常链板由冷轧钢制成，而滚子、衬套、销子等则由合金钢制成，且经过表面硬化与磨光处理。销子与外侧链板铆接成一体，衬套则固定在内侧链板上，销子与衬套组合成一颈轴承，而滚子则可在颈轴承上自由旋转。链节间的相对运动仅为销子与衬套间的旋转运动，故接触面大而磨耗小。两相邻销子间的距离称为**节距**（Pitch）。滚子链传动装置能通过链条的任一侧与链轮接触，当滚子链与链轮接触时，滚子仍能转动，使得链轮齿与链条间做滚动摩擦，因而使滚子链的传动效率可达 97%。此外，滚子链是在 0~15m/s 速率下传送最经济的链条。链条优于皮带与齿轮的另一个主要原因在于，链节是可拆卸的，所以可视传动距离需要，而随意加上或卸下链节。因为每个滚子链节都需用销连接，故一般的滚子链具有偶数个链节；但若情况需要，链节数恰为单数时，则必须使用特殊制作的偏连板才能连接。

无声链（Silent chain）传输载荷的能力较滚子链高，因其所产生的噪声与滚子链比较相当小而得名，并非真正无声，广泛应用于必须在高速率平稳安静传输动力的场合。最普遍的应用之一，是作为车辆引擎中的**正时链**（Timing chain）。无声链又称**倒齿链**（Inverted tooth chain），由许多两侧具有齿形的钢制成 U 形链片销接而成。无声链虽有多种不同形式，但在结构上都大同小异，其链片外形相近，仅在所使用的运动副上略有不同。如同滚子链，当链节数为奇数时，应加一偏连板。无声链最佳的操作速率为 15~30m/s。图 11-19c 所示为最早的无声链，称为**雷诺无声链**（Renold silent chain），其链条齿与链轮齿的外形均为直线。无声链传动大都有弦线作用存在，较先进的无声链能消除此种弦线作用。无声链传动的特色为，平均效率高达 97%~99%，可传输 0.18~735kW 的动力，无滑脱与轴承摩擦所引起的功率损失，所占的空间小，速度比高，具有较高的抗拉强度，使用寿命长，且可自动补偿磨损。

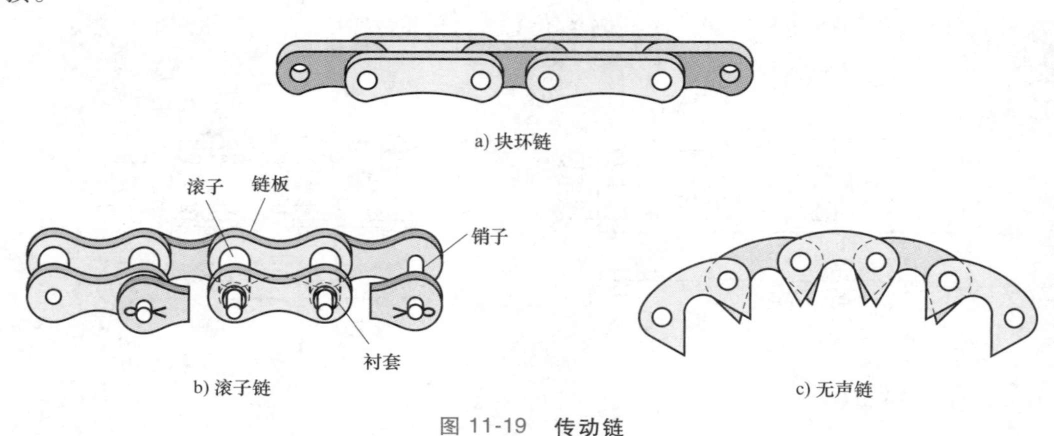

a) 块环链

b) 滚子链

c) 无声链

图 11-19 **传动链**

11.4.3 弦线作用 Chordal action

通常由链条驱动的链轮，其速比并非定值，且链条的线速率也非一定。此缘自链条采用一系列弦线形式的多边形而非节圆形式通过链轮，致使链条不断地沿链轮径向做上升与下降的运动，此情形称为**弦线作用**（Chordal action）。图 11-20a 所示为链条传动两个六齿的相同链轮，而且链轮轴心距恰为链条节距的整数倍，而使得它们的转动相位也完全相同；若主动轮转速为定值，则链条在实线相位时的线速率大于在虚线相位时的线速率。在驱动侧的链条中心线（在本图例中为上侧的链条中心线）与任何相位均互相平行，两链轮的速度瞬心在无穷远处，故两链轮的角速度相等。但如图 11-20b 所示，当两链轮大小不相同或链轮轴心距不是链条节距的整数倍时，其驱动侧的链条中心线不再平行，所以两链轮的速度瞬心将随转动相位变动，则由于弦线作用，当主动链轮以定角速度旋转时，从动链轮做变角速度旋转；换句话说，从动链轮的角速度会在平均角速度上下某范围内变化，因而有角加速度导致容易产生振动与噪声，此为链条性能的一项严重缺失。弦线作用与从动链轮速率变化，会随着小链轮齿数的增加而减小。在大部分的应用中，对滚子链轮而言，其可用齿数介于 5~159 之间，最好不低于 20；对无声链轮而言，其可用齿数在 17~150 之间，但最好不低于 21。除此外，两个链轮上的齿数最好均为奇数，而链节数为偶数，以使链轮表面的磨损较为均匀。

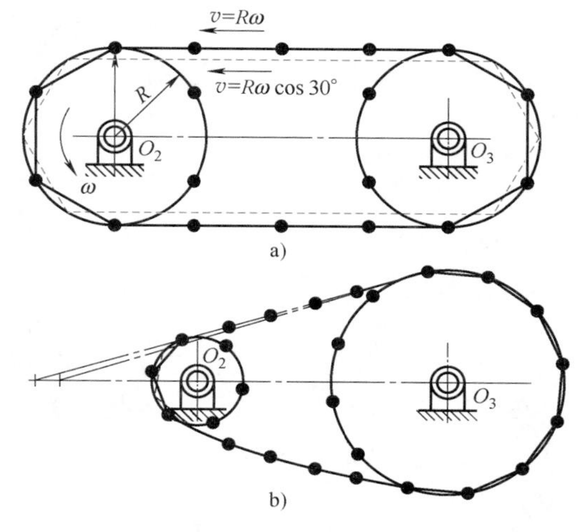

图 11-20 **弦线作用**

11.4.4 链条长度 Length of chain

链传动机构在已确定链轮的大小及两轮轴的中心距离情况下，其**链条长度**（Length of chain）L 的求法，可参照开口皮带的公式求得。

链传动时，链条的链节在链轮上形成弦线形式的多边形；由于圆弧长大于其内接多边形的弦线长，因此用开口皮带公式所求得的链条长度会偏大。此外，链条的链节必须为整数（甚至须为偶数），所以链条长度必须为链节长度的整数倍。因此，计算链条长度的最终结果在于求得链条的链节数，而两轮轴的中心距离也常设计为可调整的。此外，使用链条传动时，常需加装张力控制装置或需定期调整两轴间的中心距离。

设两链轮中心距为 a、链条节距为 p、大小链轮的齿数各为 z_3 和 z_2，则由基本的几何关系可知，大小链轮弦线多边形所对应的节圆直径 d_3 和 d_2 分别为：

$$d_3=\frac{p}{\sin\dfrac{180°}{z_3}} \tag{11-11}$$

$$d_2=\frac{p}{\sin\dfrac{180°}{z_2}} \tag{11-12}$$

当链轮的齿数很大时，式（11-11）和式（11-12）可简化为：

$$d_3^{*}\approx\frac{z_3 p}{\pi} \tag{11-13}$$

$$d_2\approx\frac{z_2 p}{\pi} \tag{11-14}$$

参照图 11-7 所示开口皮带的几何关系，可得链条的长度 L 如下：

$$L=\frac{\pi}{2}(d_3+d_2)+\alpha(d_3-d_2)+2a\cos\alpha \tag{11-15}$$

式中

$$\alpha=\arcsin\frac{d_3-d_2}{2a} \tag{11-16}$$

此外，链节数 x 可如下求得：

$$x=\frac{L}{p} \tag{11-17}$$

因为链节数必须为整数，所以实际的链节数必须为与 x 值相近的适当整数。实际装配时，必须调整两轮轴的中心距离。由式（11-15）与实例验证可知，两轮轴中心距离的变化量 Δa 与链条长度的变化量 ΔL 可简化为：

$$\Delta a\approx\Delta L/2 \tag{11-18}$$

根据式（11-18）即可适当决定两轮轴中心距离所需要预留的调整量。

例 11-2 有一组链传动装置，节距（p）为 19.05mm、主动轮齿数（z_2）为 17，被动轮齿数（z_3）为 50、平均转速（n_3）为 1200r/min、中心距（a）为 450mm。

（1）试求该装置的平均速比（r_v）与链条长度（L）。

（2）当考虑弦线作用时，试求被动轮的最大转速与最小转速。

解：主动轮的转速 n_2 为：

$$n_2=n_3\frac{z_3}{z_2}=1200\text{r/min}\times\frac{50}{17}$$
$$=3529.4\text{r/min}$$

因此，平均速比 r_v 为：

$$r_v=\frac{n_3}{n_2}=\frac{z_2}{z_3}=0.34$$

此外，由式（11-11）和式（11-12）可得：

$$d_2=\frac{p}{\sin\frac{180°}{z_2}}=\frac{19.05\text{mm}}{\sin\frac{180°}{17}}=\frac{19.05\text{mm}}{0.1837}$$
$$=103.67\text{mm}$$

$$d_3=\frac{p}{\sin\frac{180°}{z_3}}=\frac{19.05\text{mm}}{\sin\frac{180°}{50}}=\frac{19.05\text{mm}}{0.0628}$$
$$=303.39\text{mm}$$

值得注意的是，$\frac{d_2}{d_3}\neq\frac{z_2}{z_3}$，两者稍有差异。由式（11-16）可得：

$$\alpha=\arcsin\frac{d_3-d_2}{2a}=\arcsin\frac{303.39\text{mm}-103.67\text{mm}}{2\times450\text{mm}}$$
$$=12.821°$$
$$=0.22377\text{rad}$$

链条的长度 L，可由式（11-15）求得如下：

$$L=\frac{\pi}{2}(d_3+d_2)+\alpha(d_3-d_2)+2a\cos\alpha$$

$$=\frac{\pi}{2}(303.39\text{mm}+103.67\text{mm})+0.22377\times(303.39\text{mm}-103.67\text{mm})+2\times450\text{mm}\times\cos12.821°$$

$$=1561.67\text{mm}$$

链节数 x 为：

$$x=\frac{1561.67\text{mm}}{19.05\text{mm}}=81.98$$

由于链节数需为整数，因此可选定链节数为 82；如此，链条的实际长度 L 为：

$$L=19.05\text{mm}\times82=1562.1\text{mm}$$

依照本例的数据，若将中心距增加 19.05mm（即增加一个节距量），则链条的长度经实际计算需增加 37.15mm；即 $\Delta a\approx0.513\Delta L$。

依照本例的数据，若考虑弦线作用，则主动轮所带动链条的最大速率（$v_{\max}$）与最小速率（$v_{\min}$）分别为：

$$v_{\max}=\frac{d_2}{2}\omega_2$$

$$v_{\min}=\frac{d_2}{2}\omega_2\cos\frac{180°}{z_2}$$

被动轮的最大与最小有效回转半径 $R_{3\max}$ 和 $R_{3\min}$，分别为：

$$R_{3\max}=\frac{d_3}{2}$$

$$R_{3\min}=\frac{d_3}{2}\cos\frac{180°}{z_2}$$

被动轮的瞬时最大转速（$\omega_{3\max}$）与最小转速（$\omega_{3\min}$）分别为：

$$\omega_{3\max}=\frac{v_{\max}}{R_{3\min}}=\frac{d_2}{d_3\cos\frac{180°}{z_3}}\omega_2$$

$$\omega_{3\min}=\frac{v_{\min}}{R_{3\max}}=\frac{d_2\cos\frac{180°}{z_2}}{d_3}\omega_2$$

因此，瞬时速比的最大速比（$r_{v\max}$）与最小速比（$r_{v\min}$）分别为：

$$r_{v\max}=\frac{\omega_{3\max}}{\omega_2}=\frac{d_2}{d_3\cos\frac{180°}{z_3}}=0.3424$$

$$r_{v\min}=\frac{\omega_{3\min}}{\omega_2}=\frac{d_2\cos\frac{180°}{z_2}}{d_3}=0.3359$$

此外，若由式（11-13）和式（11-14）可得节圆近似直径 d_2 和 d_3，分别为：

$$d_2 \approx \frac{z_2 p}{\pi} = \frac{17 \times 19.05\text{mm}}{\pi} = 103.08\text{mm}$$

$$d_2 \approx \frac{z_3 p}{\pi} = \frac{50 \times 19.05\text{mm}}{\pi} = 303.19\text{mm}$$

由式（11-16）可得：

$$\begin{aligned}\alpha &= \arcsin\frac{d_3 - d_2}{2a} = \arcsin\frac{303.39\text{mm} - 103.08\text{mm}}{2 \times 450\text{mm}} \\ &= 12.847° \\ &= 0.2242\text{rad}\end{aligned}$$

因此，链条的长度 L，可由式（11-15）求得如下：

$$\begin{aligned}L &= \frac{\pi}{2}(d_3 + d_2) + \alpha(d_3 - d_2) + 2a\cos\alpha \\ &= \frac{\pi}{2}(303.19\text{mm} + 103.08\text{mm}) + 0.2242 \times (303.19\text{mm} - 103.08\text{mm}) + 2 \times 450\text{mm} \times \cos 12.847° \\ &= 1560.50\text{mm}\end{aligned}$$

链节数 x 为：

$$x = \frac{1560.50\text{mm}}{19.05\text{mm}} = 81.92$$

因此，选定链节数为 82，而链条的实际长度仍为 1562.1mm。

11.5 螺旋机构 Screw mechanisms

螺旋机构（Screw mechanism）基本上是由螺杆和与其做相对运动的螺母组成的，常用于需要精确地将旋转运动转换为直线运动的场合；这种用来传递运动与动力的丝杠，称为**传动丝杠**（Translation screw）或**动力丝杠**（Power screw）。以下说明螺旋机构的原理、种类、及应用。

11.5.1 基本概念 Fundamental concepts

螺旋机构中的**丝杠**（Screw）与螺母（Nut）均有圆柱螺纹；丝杠为外螺纹，螺母为内螺纹。圆柱螺纹依其螺纹旋绕的方向，可分为**右旋螺纹**（Right-handed thread）与**左旋螺纹**（Left-handed thread）。圆柱上的**螺纹**（Thread）可视同**螺旋线**（Helix），其位置向量方程式可表示为：

$$\vec{\boldsymbol{R}} = r\cos\theta\boldsymbol{i} + r\sin\theta\boldsymbol{j} + c\theta\boldsymbol{k} \tag{11-19}$$

式中，r 为圆柱的半径；θ 为位置角；c 为常数。若 $c>0$，则为**右旋螺旋线**（Right-handed helix）；若 $c<0$，则为**左旋螺旋线**（Left-handed helix）。此外，若将圆柱螺纹面展开成一平面，

则螺纹线就会展开成一条斜直线；右旋螺纹线会展开成一条往右上倾斜的直线，而左旋螺纹线则会往左上倾斜。

丝杠与螺母所形成的**螺旋副**（Helical pair），必须为相同的螺旋线。螺旋副的螺旋线若为右旋螺旋线，则称为**右旋螺旋副**（Right-handed helical pair）；若为左旋螺旋线，则称为**左旋螺旋副**（Left-handed helical pair）。如图 11-21a 所示的右旋螺旋副，若将螺母固定，并将丝杠顺着右手拇指之外其他四根指头的方向旋转，则丝杠轴线会沿着右手拇指方向前进；相对的，若将丝杠固定，并将螺母顺着右手拇指之外其他四根指头的方向旋转，则螺母也会沿着右手拇指方向前进。又如图 11-21b 所示的左旋螺旋副，若将螺母固定，并将丝杠顺着左手拇指之外其他四根指头的方向旋转，则丝杠轴线会沿着左手拇指方向前进；相对的，若将丝杠固定，并将螺母顺着左手拇指之外其他四根指头的方向旋转，则螺母也会沿着左手拇指方向前进。

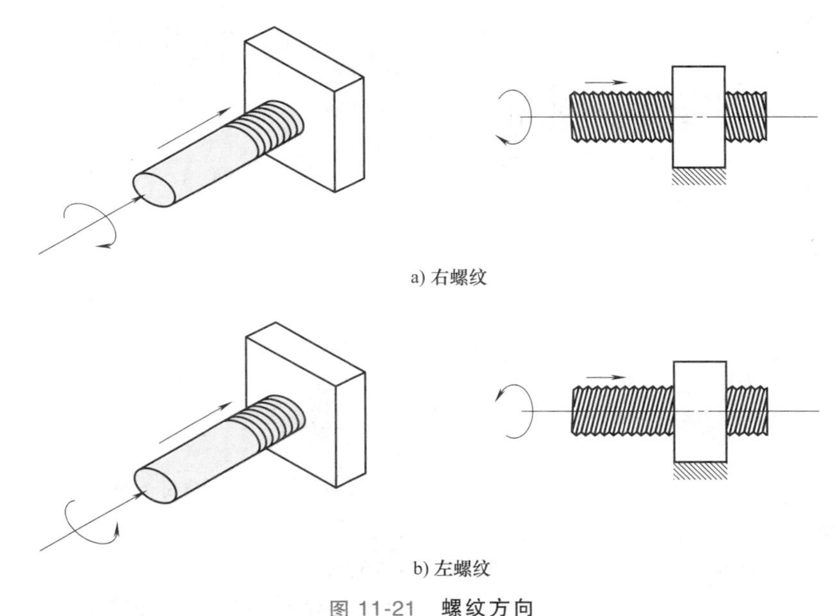

a) 右螺纹

b) 左螺纹

图 11-21 **螺纹方向**

丝杠的螺纹，根据绕于其圆柱上的螺纹数可分为**单线螺纹**（Single thread）与**多线螺纹**（Multiple threads）；若螺纹数为二，则称之为**双线螺纹**（Double threads）；若螺纹数为三，则称之为**三线螺纹**（Triple threads）。双螺纹中两条螺旋线的位置向量方程式，可分别表示为：

$$\boldsymbol{R}_1 = r\cos\theta\boldsymbol{i} + r\sin\theta\boldsymbol{j} + c\theta\boldsymbol{k} \tag{11-20}$$

$$\boldsymbol{R}_2 = r\cos\theta\boldsymbol{i} + r\sin\theta\boldsymbol{j} + c(\pi+\theta)\boldsymbol{k} \tag{11-21}$$

三线螺纹的 3 条螺旋线的位置向量方程式，则可分别表示为：

$$\boldsymbol{R}_1 = r\cos\theta\boldsymbol{i} + r\sin\theta\boldsymbol{j} + c\theta\boldsymbol{k} \tag{11-22}$$

$$\boldsymbol{R}_2 = r\cos\theta\boldsymbol{i} + r\sin\theta\boldsymbol{j} + c(2\pi/3+\theta)\boldsymbol{k} \tag{11-23}$$

$$\boldsymbol{R}_3 = r\cos\theta\boldsymbol{i} + r\sin\theta\boldsymbol{j} + c(4\pi/3+\theta)\boldsymbol{k} \tag{11-24}$$

螺纹的**导程**（Lead，P_{h}）为螺纹绕轴心转一周所前进（或后退）的轴向距离，而**螺距**（Pitch，P）为相邻两螺纹的对应点在平行轴线方向的距离。导程与螺距可分别表示为：

$$P_h = 2\pi c \tag{11-25}$$

$$P = 2\pi c/n \tag{11-26}$$

式中，n 为螺纹数，单线螺纹 $n=1$，双线螺纹 $n=2$，三线螺纹 $n=3$。因此，单线螺纹的导程与螺距相等，如图 11-22a 所示；多线螺纹的导程为螺距的倍数，图 11-22b 所示为双线螺纹，其导程为螺距的两倍。若没有特别指定，则螺旋副的螺纹为右旋单线螺纹。

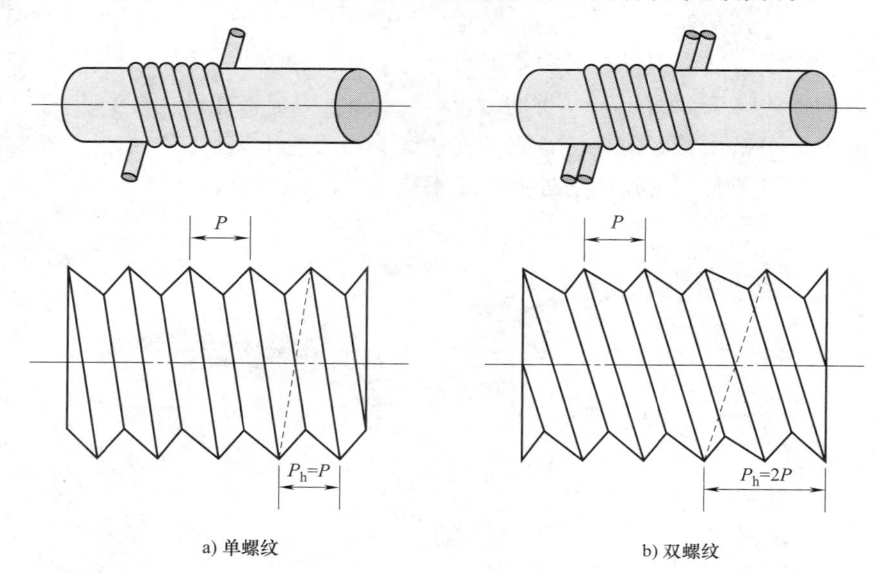

图 11-22 螺距与导程

11.5.2 简单螺旋机构 Simple screw mechanism

一个简单螺旋（Simple screw）机构，由丝杠（构件 2）、螺母滑块（构件 3）、机架（构件 1）组成，丝杠通过螺旋副（H）和螺母滑块连接，通过转动副（R）和机架连接，螺母滑块则通过移动副（P）和机架连接。图 11-23 所示为一个简单螺旋机构及其运动链，丝杠顺时针方向转动（由左方视之）。若螺纹为右旋，则丝杠相对于螺母将向右前进，但由于丝杠是原地自转，因此螺母滑块会向左平移；若螺纹为左旋，则螺母滑块向右平移。

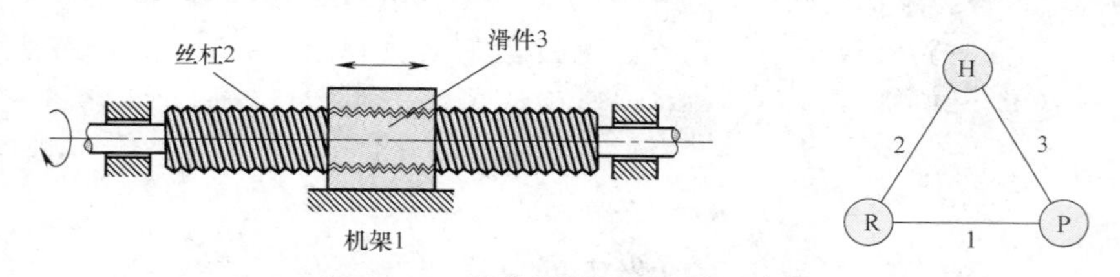

图 11-23 简单螺旋机构及其运动链

11.5.3 复合螺旋机构 Compound screw mechanism

一个复式螺旋（Compound screw）机构，由具有反向螺旋的复合丝杠（构件 2）、螺母滑块（构件 3）、机架（构件 1）组成，丝杠通过螺旋副分别和螺母滑块与机架连接，螺母滑块则通过移动副和机架连接，如图 11-24 所示。

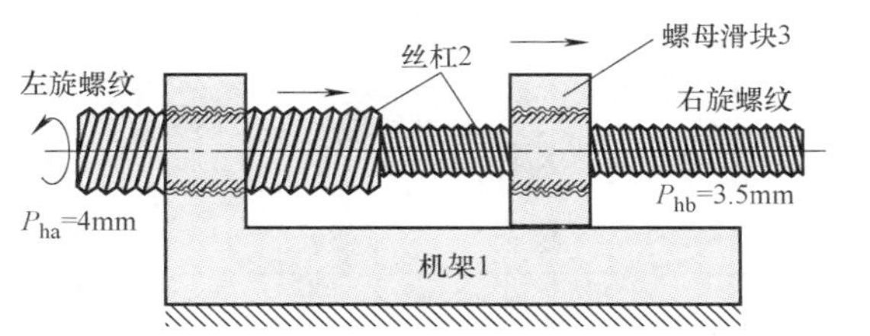

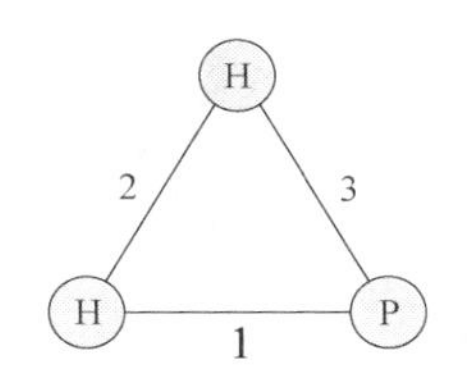

图 11-24 **复合螺旋机构及其运动链［例 11-3］**

图 11-25 所示为一导丝杠机构模型，由一根丝杠、两个螺母滑块、机架组成，且该丝杠具有双向螺纹，即右旋螺纹与左旋螺纹。当丝杠受驱动时，两个螺母滑块一起沿丝杠的旋转轴平移，由于两个螺母滑块分别与两段螺纹旋向相反的丝杠连接，因此其运动方向也相反。

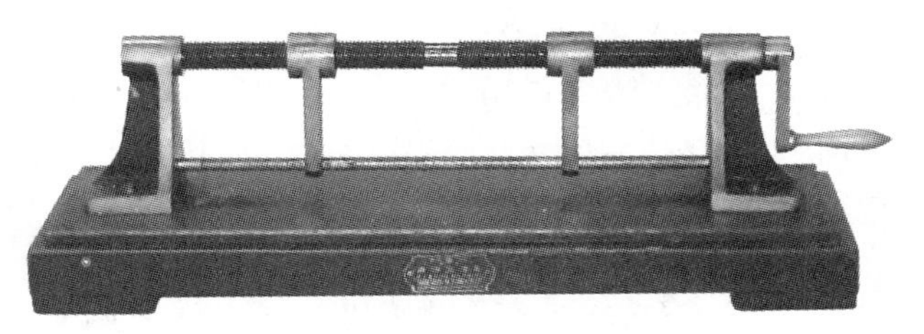

图 11-25 **导丝杠机构模型**

一个复合螺旋机构，若丝杠的导程分别为 P_{ha} 和 P_{hb}，则丝杠旋转一周，螺母滑块的位移 P_h 为两者之和，即：

$$P_h = P_{ha} + P_{hb} \tag{11-27}$$

例 11-3 **如图 11-24 所示，有一个复合螺旋机构，丝杠的导程分别为 4mm（左旋螺纹）和 3.5mm（右旋螺纹），若丝杠逆时针方向旋转一周（由左视之），试问螺母滑块的位移量是多少？**

解：由于和机架连接的丝杠为左旋螺纹，且 $P_{ha}=4\text{mm}$，因此丝杠相对于机架向右平移 4mm；由于和螺母滑块连接的丝杠为右旋螺旋，且 $P_{hb}=3.5\text{mm}$，因此螺母滑块相对于丝杠向右平移 3.5mm。根据式（11-27），螺母滑块相对于机架向右平移量 P_h 为：

$$P_h = 4\text{mm} + 3.5\text{mm} = 7.5\text{mm}$$

11.5.4 差动螺旋机构 Differential screw mechanism

若复合螺旋机构中的丝杠，其螺纹同向但导程不相等，则此机构称为**差动螺旋**（Differential screw）机构，适合使用在推力大、速度低的直线运动场合。

一个差动螺旋机构，若其丝杠的导程分别为 P_{ha} 和 P_{hb}，则丝杠旋转一周，螺母滑块的位移 P_h 为两者之差，即：

$$P_h = P_{ha} - P_{hb} \tag{11-28}$$

例 11-4 **如图 11-26 所示，有一个差动螺旋机构，丝杠的导程分别为 4mm（左旋螺纹）和 3.5mm（左旋螺纹）。若丝杠逆时针方向旋转一周（由左视之），试问螺母滑块的位置是多少？**

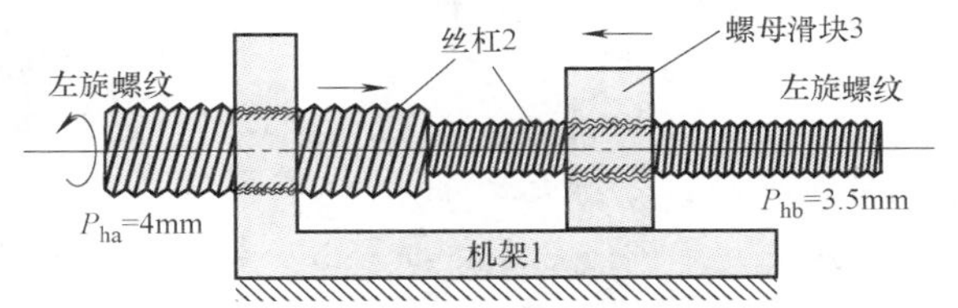

图 11-26 **差动螺旋机构［例 11-4］**

解：由于和机架连接的丝杠为左旋螺纹，且 $P_{ha}=4\text{mm}$，因此丝杠相对于机架向右平移4mm；由于和螺母滑块连接的丝杠也为左旋螺纹，且 $P_{hb}=3.5\text{mm}$，因此螺母滑块相对于丝杠向左平移3.5mm。根据式（11-28），螺母滑块相对于机架向右平移量 P_h 为：

$$P_h = 4\text{mm} - 3.5\text{mm} = 0.5\text{mm}$$

11.5.5 滚珠丝杠 Ball screw

滚珠丝杠（Ball screw）为摩擦力相当小的传动丝杠，是一种精密线性传动装置，用以传递运动与动力。滚珠丝杠的用途广泛，常用于机床、输送器械、飞机、武器甚至天线系统之中。

图11-27所示为一种典型的滚珠丝杠传动机构，由丝杠、滚珠、螺母滑块组成。丝杠与螺母滑块之间为螺旋状圆管形沟槽，以容纳滚珠在沟槽内循环滚动，并传递丝杠与螺母滑块之间的相对运动。由于滚珠和丝杠与螺母滑块的相对运动为滚动，因此摩擦损失相当小。

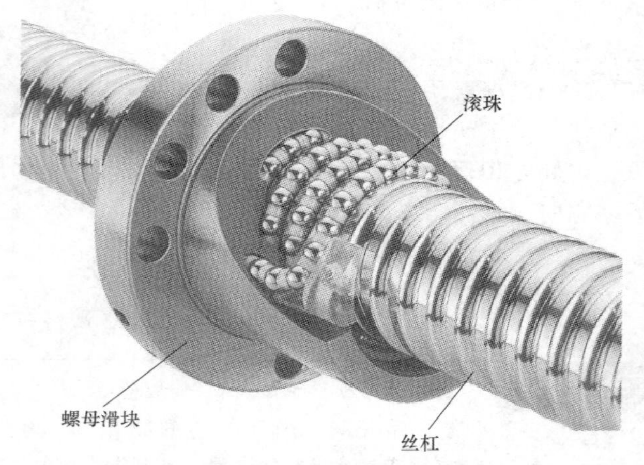

图11-27 典型的滚珠丝杠传动机构［上银科技］

与一般的丝杠传动比较，滚珠丝杠的优点为传动效率可达90%以上，定位精确可靠，无黏滑现象，由摩擦所产生的热效应可忽略，容易预压消除间隙，起动转矩低，可使用较小的动力源，运动与控制平稳，滚珠可承受较高载荷，螺母滑块体积较小。但是，滚珠丝杠具有需要润滑以确保使用寿命、需要制动装置来产生自锁功能以及刚性较差等缺点。

*11.5.6 变导程丝杠 Variable lead screw

一般传动系统所用的丝杠，其导程是固定不变的；但是在某些特殊的应用场合上，传动丝杠的导程是连续变化的，这类丝杠称为**变导程丝杠**（Variable lead screw），可应用在产业机械、纺织机械、输送机械以及其他机械上。

图11-28所示为应用在剑桅式无梭织布机上的变导程丝杠传动机构，由一个绕轴心做摇摆运动的丝杠（构件2）、四个与丝杠相啮合的啮合件（构件3）、一个沿轴心做往复运动的滑块（构件4）及机架（构件1）组成。丝杠通过转动副和机架连接，通过**共轭副**（Conjugate pair）和啮合件连接，啮合件通过转动副和滑块连接，滑块则通过移动副和机架连接。动力源由其他机构带动滑块做往复运动以输入运动与动力，丝杠则

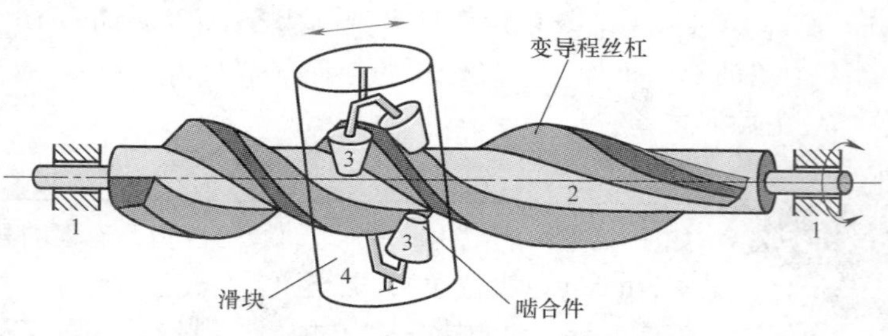

图11-28 变导程丝杠传动机构

输出用以产生所需的摆动。

变导程丝杠传动机构的主要功能，是借着导程的变化来产生利用等导程丝杠难以达到的运动特性，如位移、速度、加速度、跃度等，尤其是最大加速度峰值的降低；其主要的缺点为设计复杂、加工困难。此外，图 9-4b 所示的滚子齿轮凸轮，也可视同一种变导程丝杠。

11.6 摩擦传动机构 Friction drive mechanisms

由**摩擦轮**（Friction wheel）构成的**摩擦传动**（Friction drive）机构，常用于载荷较轻、速度较高且不严格要求一定速比的场合，它和凸轮与齿轮机构一样，都是直接传动机构。

最基本的摩擦传动机构，由主动轮、从动轮、机架组成；主动轮通过转动副和滚动副分别与机架和从动轮连接，从动轮也通过转动副和机架连接。摩擦传动机构虽然不适用于传递较大的动力，但在应用中当从动轮遭遇较大的异常阻力时，两轮即在接触处发生滑动，使构件不致损坏；此外，摩擦轮也具有起动和制动运动匀静无声的优点。以下介绍摩擦传动机构的原理、种类及应用。

11.6.1 圆柱形摩擦轮 Cylindrical friction wheel

圆柱形摩擦轮（Cylindrical friction wheel）为最简单的摩擦轮，用于两平行轴之间的传动，以使其产生固定的速比，就有如一对没有齿的正齿轮一般。

图 11-29a 所示为一个外接触式圆柱形摩擦轮机构，设主动轮（构件 2）的转速为 n_2、角速度为 ω_2、半径为 R_2，从动轮（构件 3）的转速为 n_3、角速度为 ω_3、半径为 R_3，则这个机构的**速比**（Velocity ratio，r_v）为：

$$r_v = \frac{\omega_3}{\omega_2} = \frac{n_3}{n_2} \tag{11-29}$$

由于假设两轮之间并无滑动现象，因此在接触点 P 的线速度应相等，即：

$$v_{P_2} = R_2\omega_2 = R_3\omega_3 = v_{P_3} \tag{11-30}$$

由式（11-29）和式（11-30）可得：

$$r_v = \frac{\omega_3}{\omega_2} = \frac{n_3}{n_2} = \frac{R_2}{R_3} \tag{11-31}$$

即两圆柱形摩擦轮的转速与两轮的半径成反比，且方向相反。

若想利用圆柱形摩擦轮来产生同向的旋转运动，则可使用内接触式圆柱形摩擦轮机构，如图 11-29b 所示；也可在两外接触式摩擦轮中间加一**惰轮**（Idler wheel），来达到转向相同的目的。

例 11-5 **如图 11-29a 所示，有一外接触式圆柱形摩擦轮机构，速比（r_v）为 0.5，若两轮间的距离（a）为 90cm，试求主动轮与从动轮直径的大小。**

解：设主动轮的直径为 d_2，从动轮的直径为 d_3，则由已知条件可得：

$$a = \frac{d_2}{2} + \frac{d_3}{2} = 90\text{cm}$$

$$r_v = \frac{d_2/2}{d_3/2} = \frac{d_2}{d_3} = 0.5$$

求解以上两式可得：

$$d_2 = 60\text{cm}$$

$$d_3 = 120\text{cm}$$

若将从动轮设计为一个具有不同外径的复式圆柱摩擦轮，则将主动轮改变位置和不同半径的从动轮接触，也可得到分级变速的功能；在变速过程中，既不用将主动轮停止，也不用离合器，对于低转矩的应用场合，是一种简单且不昂贵的设计。

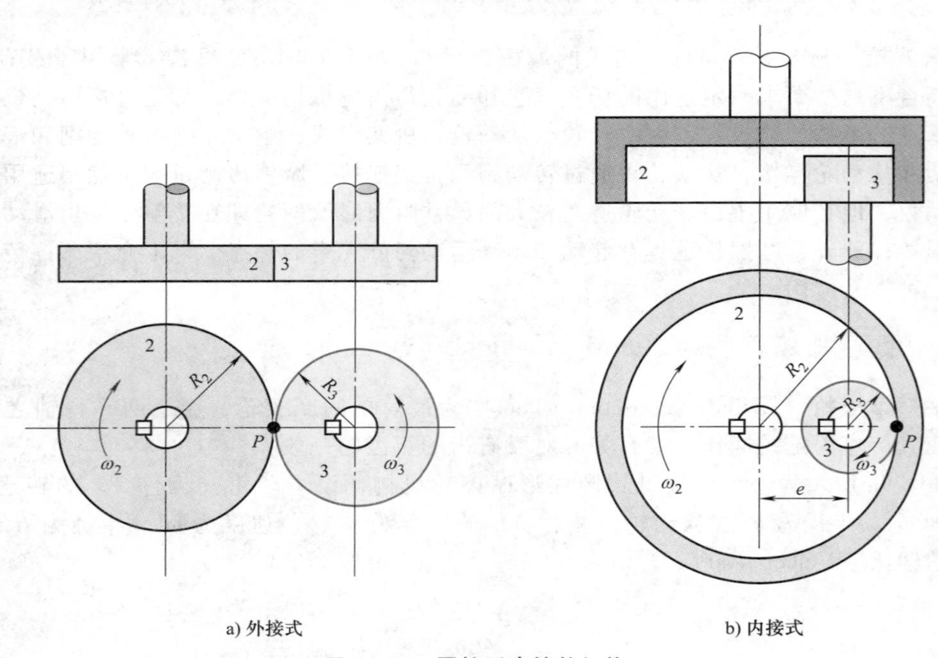

图 11-29 圆柱形摩擦轮机构

11.6.2 锥形摩擦轮 Conical friction wheels

若要利用摩擦传动方式来传递两相交轴之间的运动，以使其产生固定的速比，则可利用一对**锥形摩擦轮**（Conical friction wheel）来实现，就如同一对没有齿的锥齿轮一般。

图 11-30a 所示为外接触式锥形摩擦轮传动机构，图 11-30b 所示为内接触式锥形摩擦轮机构。锥形摩擦轮机构主动轮的锥顶点与从动轮的锥顶点必须重合。设主动轮（构件 2）的角速度为 ω_2、接触点 P 的半径为 R_2，从动轮（构件 3）的角速度为 ω_3、半径为 R_3，则因两锥轮为滚动接触，在接触点 P 处的线速度相等，可得速比 r_v 为：

$$r_v = \frac{\omega_3}{\omega_2} = \frac{R_2}{R_3} \tag{11-32}$$

即两锥轮的转速与其半径成反比。若两锥轮轴的夹角为 θ，两锥轮锥角的一半（半锥角）分别为 φ_2 和 φ_3，则：

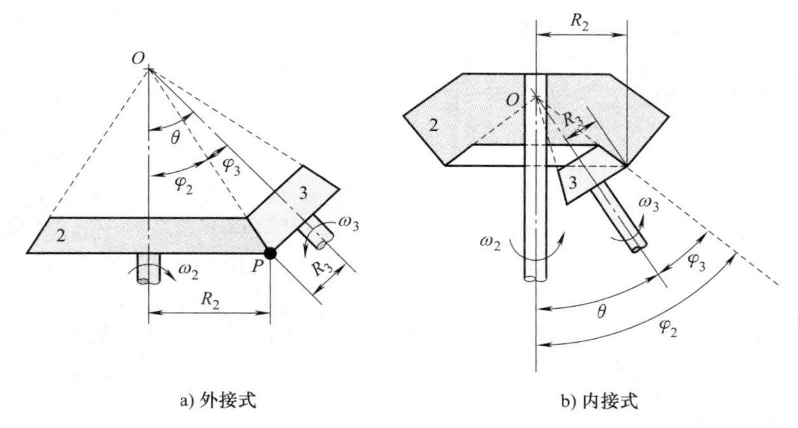

图 11-30　**锥形摩擦轮机构**

$$\frac{R_2}{R_3}=\frac{\overline{OP}\sin\varphi_2}{\overline{OP}\sin\varphi_3}$$

代入式（11-32）可得：

$$r_v=\frac{\omega_3}{\omega_2}=\frac{R_2}{R_3}=\frac{\sin\varphi_2}{\sin\varphi_3} \tag{11-33}$$

对外接圆式锥形摩擦轮而言，因

$$\theta=\varphi_2+\varphi_3 \tag{11-34}$$

且 $\varphi_2<\theta$，$\varphi_3<\theta$，解式（11-33）和式（11-34）可得：

$$\tan\varphi_2=\frac{\sin\theta}{\frac{\omega_2}{\omega_3}+\cos\theta} \tag{11-35}$$

$$\tan\varphi_3=\frac{\sin\theta}{\frac{\omega_3}{\omega_2}+\cos\theta} \tag{11-36}$$

对内接触式锥形摩擦轮而言，因

$$\theta=\varphi_2-\varphi_3 \tag{11-37}$$

求解式（11-33）和式（11-37）可得：

$$\tan\varphi_2=\frac{\sin\theta}{-\frac{\omega_2}{\omega_3}+\cos\theta} \tag{11-38}$$

$$\tan\varphi_3=\frac{\sin\theta}{\frac{\omega_3}{\omega_2}-\cos\theta} \tag{11-39}$$

例 11-6　如图 11-30b 所示，有一内接触式锥形摩擦传动机构，两锥轮轴的夹角为 60°，速比为 3.33，试求主动轮与从动轮锥角的大小。

解：由题意可知：$\theta=60°$，$\omega_2/\omega_3=0.3$。因此由式（11-38）和式（11-39），可得主动轮的半锥角 φ_2 与从动轮的半锥角 φ_3 如下：

$$\tan\varphi_2=\frac{\sin 60°}{-0.3+\cos 60°}=4.330$$

$$\tan\varphi_3=\frac{\sin 60°}{\frac{1}{0.3}-\cos 60°}=0.3057$$

即 $\varphi_2=77°$，$\varphi_3=17°$。因此，主动轮的锥角为 $2\varphi_2=154°$，从动轮的锥角 $2\varphi_3=34°$。

11.6.3 圆盘与滚子摩擦轮 Disk and roller friction wheel

若想利用摩擦传动方式来传递两互相垂直但不相交轴之间的运动，以使其产生固定的速比，则可利用一个**平面圆盘摩擦轮**（Disk friction wheel）与一个具有球面外缘的**滚子摩擦轮**（Roller friction wheel）来实现，如图 11-31 所示。

设主动轮（滚子，构件 2）的角速度为 ω_2、半径为 R_2，从动轮（圆盘，构件 3）的角速度为 ω_3、与滚子接触的半径为 R_3，则速比 r_v 为：

$$r_v=\frac{\omega_3}{\omega_2}=\frac{R_3}{R_2} \tag{11-40}$$

a) b)

图 11-31 圆盘与滚子摩擦轮传动机构

11.6.4 无级变速摩擦传动机构 Continuous variable-speed friction transmission mechanism

摩擦轮经适当的设计与使用，可产生**无级变速**（Continuous variable speed）与改变旋转方向的功能。以图 11-31 所示的圆盘与滚子摩擦轮传动机构为例，圆盘的转速一定，可变动滚子在其轴上的位置，即变化 R_3 的大小，以调整滚子轴所需要的转速。若滚子慢慢移向圆盘的中心，则滚子的转速慢慢降低；若滚子慢慢远离圆盘的中心，则滚子转速慢慢升高。此外，滚子在圆盘的左边与右边时，圆盘的转动方向相反。

图 11-32 所示为由两轴平行的圆盘及一个**圆柱形惰轮**（Idler wheel）所构成的摩擦传动机构，通过调整惰轮的位置，可改变输入轴与输出轴间的速比。此外，惰轮也可以设计为圆锥形或球形。

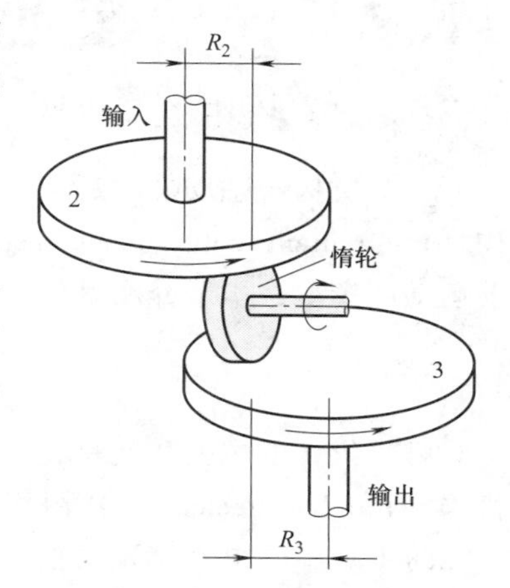

图 11-32 圆盘与滚子变速摩擦传动机构

图 11-33 所示为另一类型的无级变速摩擦传动机构，上面的锥体摩擦轮为主动件。图 11-33a 的构想为利用一个沿输出轴上移动的摩擦轮来改变速比；图 11-33b 的构想为两对称锥形摩擦轮斜面间的距离保持不变，将中间的惰轮沿其轴线移动来改变速比；图 11-33c 的构想为两个对称锥形摩擦轮的传动轴互相平行，两轮间有一环状皮带，利用控制皮带的位置来改变速比。

图 11-34 所示的无级变速摩擦传动机构，是由两个圆柱形滚子在两个圆环状的内圆环滚动，滚子与支持轭由另外的机构控制，在其垂直轭上以相反的方向转动，使滚子与输入和输出轴的接触在左右两边都有与轴心相同的距离。图 11-35 所示日产汽车 Extroid 自动变速器为无级变速摩擦传动机构的应用。

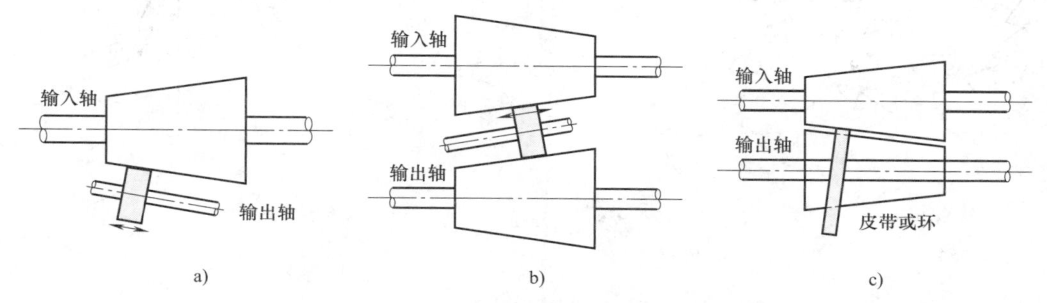

图 11-33 锥形摩擦轮变速传动机构

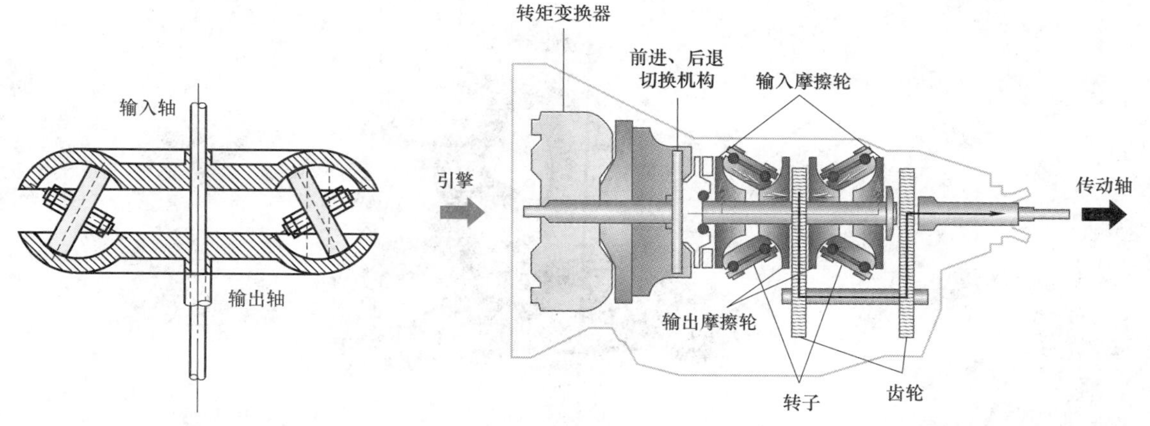

图 11-34 无级变速摩擦传动机构

图 11-35 日产汽车 Extroid 自动变速器

11.7 间歇运动机构

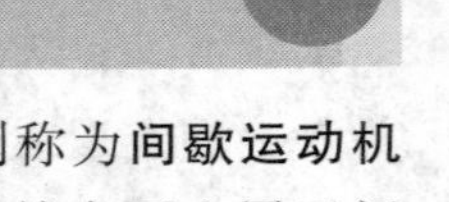

Intermittent motion mechanisms

一个机构若主动件的运动为连续性的，而从动件的运动为间歇性的，则称为**间歇运动机构**（Intermittent motion mechanism）。间歇运动机构的种类很多，凸轮机构中就有不少属于间歇运动的情况；本节介绍棘轮机构、日内瓦机构与擒纵器两种间歇运动机构。

11.7.1 棘轮机构 Ratchet mechanism

棘轮机构的主要功能是将连续摇摆运动，转换成间歇性的同方向旋转运动。基本的**棘轮机构**（Ratchet mechanism）由**摆杆**（Oscillating arm，构件 2）、**棘爪**（Pawl，构件 3）、**棘轮**（Ratchet wheel，构件 4）、机架（构件 1）组成，如图 11-36a 所示。摆杆为主动件，利用转动副（R）分别和机架与棘爪连接；棘爪通过凸轮副（A）和棘轮连接；棘轮为从动件，通

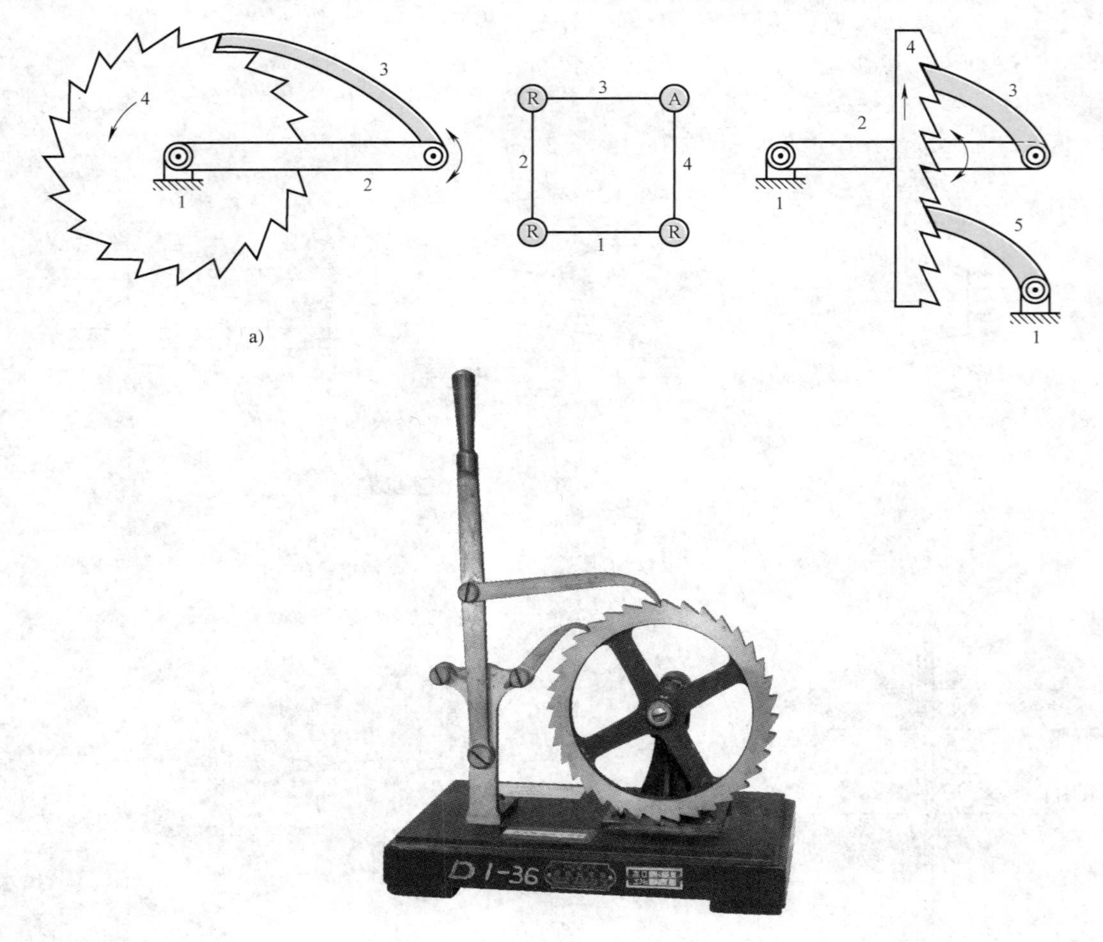

a)

c)

图 11-36 棘轮机构

过转动副和机架连接。当摆杆以逆时针方向旋转时，棘爪推动棘轮逆时针方向旋转；当摆杆以顺时针方向旋转时，棘爪则顺着棘轮上的齿形滑过，棘轮保持不动。使用时，棘爪可利用荷重或者弹簧使之与棘轮的齿保持接触。此外，摆杆摆动的角度需大于棘轮一齿的对应量，否则无法推动棘轮；若需较大的棘轮转动角度，可调定一次推动两齿或三齿，棘轮转动角度的大小则由棘轮齿数来控制。

为防止棘爪顺时针方向退回时，因摩擦力将棘轮顺时针方向带回，可加装一个棘爪，以确保棘轮仅做逆时针方向转动。图 11-36b 所示为半径无限大的棘轮，即为齿条；当摆杆 2 摇动时，棘爪 3 使齿条形棘轮 4 向上做直线间歇运动，下方的棘爪 5 用以防止齿条形棘轮向下滑动。图 11-36c 所示为一个具有两个棘爪的棘轮机构模型。

上述棘轮机构中的棘轮，其旋转方向是单向的。但是在某些应用场合，需要棘轮具有正反两向的间歇运动，以供使用时选择，如牛头刨床与龙门刨床的进给机构。以下介绍几种棘轮机构的应用。

图 11-37 所示的可逆向棘轮机构，是将棘爪的支点改装成可逆爪，常用于刨床的进刀机构中，由改变摆杆 2 的摆动角度，即可推动所需的棘轮齿数，使刨床的工件产生不同的加工量。棘轮 4 的齿为径向的直齿，棘爪 3 在实线与虚线位置时是对称的，可使棘轮顺时针或逆时针方向转动。图 11-38 所示为**双动挚子**（Double acting click）棘轮机构，有一个双摆杆 2 与两个棘爪（3 和 3′），在摆杆一次摆动周期中，具有两次推动棘轮 4 的效果，且棘轮仅在摆杆变向转动片刻停歇，所以棘轮的间歇运动几乎可变成连续运动。当棘爪 3 开始运动时（图 11-38 所示的位置），棘爪 3′刚完成其前进行程而正要开始退回；在棘爪 3 的前进行程中，棘轮 4 以顺时针方向转动半齿，而后退半齿的棘爪 3′则滑落棘轮的另一个齿间，以便摆杆 2 顺时针方向摆动时也能带动棘轮。

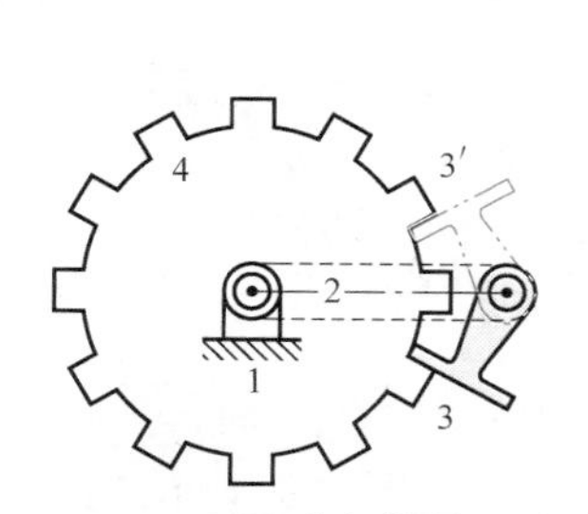

图 11-37 **可逆向棘轮机构**

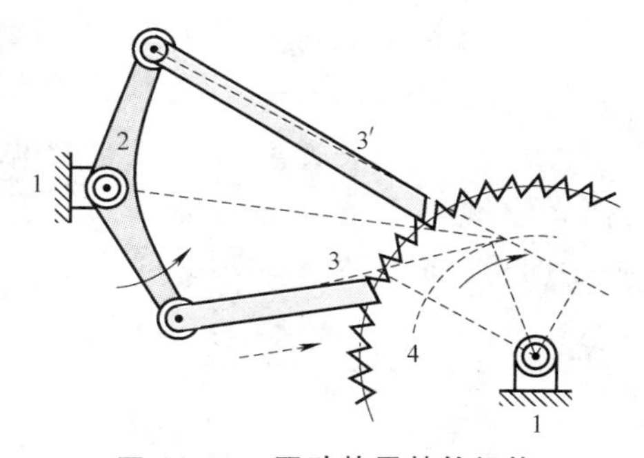

图 11-38 **双动挚子棘轮机构**

图 11-39 所示为**一无声棘轮**（Silent ratchet），棘轮 2 上并没有任何齿，是通过棘轮 2 和棘爪 4 两个面的契合来传递动力的。图 11-40 所示为无声棘轮在单向离合器上的应用。当外侧构件 3 相对于构件 2 的轴心为逆时针方向转动时，构件 2 的平面与构件 3 和钢珠（或滚柱）4 相接触的切线夹角形成楔形效应。因此，构件 3 可逆时针方向转动，作为主动件带动构件 2；或构件 2 可顺时针方向转动，作为主动件带动构件 3。此单向离合器也可当作**超速离合器**（Overrunning clutch），构件 2 是主动件时，可顺时针方向转动带动构件 3；构件 2 停止时，构件 3 可通过惯性继续顺时针方向转动。同理，构件 3 是主动件时，可逆时针方向转动带动构件 2；构件 3 停止时，构件 2 可通过惯性继续逆时针方向转动。

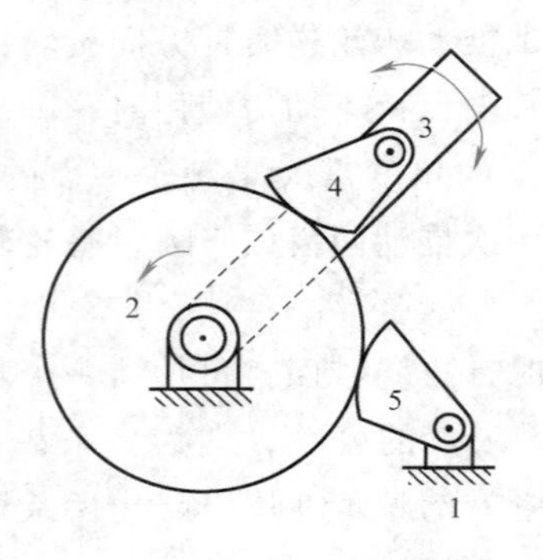

图 11-39 **无声棘轮**

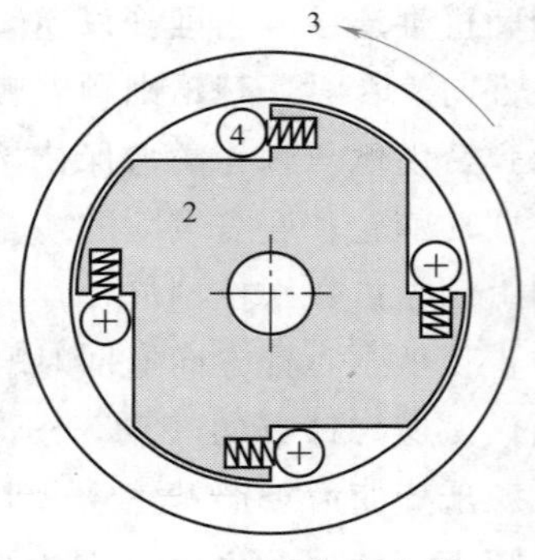

图 11-40 **单向离合器**

11.7.2 日内瓦机构 Geneva mechanism

日内瓦机构（Geneva mechanism）是由有径向滑槽的从动件（即槽轮）、带有销子的主动件、机架组成的，如图 11-41 所示。当主动件做等速运动时，从动槽轮就时而转动、时而停歇。主动件的销子在尚未进入从动件的滑槽内时，从动件的内凹圆弧被主动件的外凸圆弧卡住，故从动件停歇不动。当销子进入从动件的滑槽内时，主动件的外凸圆弧不再卡住从动件的内凹圆弧，销子迫使从动件旋转，且与主动件转向相反。当销子开始脱离从动件的滑槽时，从动件的另一内凹圆弧又被主动件的外凸圆弧卡住，致使从动件停歇不动，直到销子再度进入从动件的滑槽内，两者又重复上述的运动循环。

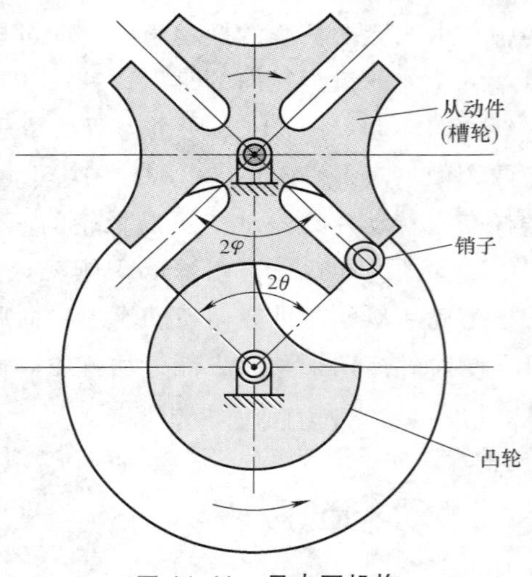

图 11-41 **日内瓦机构**

主动件的销子进入脱离从动件的滑槽时，其运动方向必须顺着滑槽中心线的方向。因此，图 11-41 所示的机构中，$\theta+\varphi=90$。每当主动销子转一周，从动件只转动 1 分度 2φ。在图 11-41 所示的机构中，从动槽轮有四个径向滑槽，$\varphi=45°$、$\theta=45°$；所以每当主动件转一周，从动件只转 1/4 周。改变销子或径向滑槽的数目，即可改变传动关系。例如：若滑槽数为 6，销子数为 2，则每当主动件转一周时，从动件转 1/3 周。如果欲使槽轮每次的运动时间相等而停歇时间不相等，则可使径向滑槽均匀分布，而销子非均匀分布。

日内瓦机构结构简单、工作可靠，常用在等速旋转的分度机构中，如机床的转塔机构。在运动过程中，槽轮转动在起动与停歇时的加速度变化很大，主动件的销子与滑槽的冲击较严重；此外，加速度的方向在槽轮旋转的前半段与后半段不同向，以致销子与滑槽两侧的冲击是交替发生的。因此，此机构通常应用在转速不高的间歇运动机构上。

11.7.3 擒纵器 Escapement

擒纵器（Escapement）为另一种类型的间歇运动机构，常用于将连续的圆周运动变换为间歇的往复运动，也可将间歇的往复摆动变换为连续的圆周运动。常见的擒纵器是利用单摆或摆轮等振荡器运动的等时性，用擒纵轮所储存的位能来补充振荡器的摩擦损失。

擒纵器是机械式钟表的计时核心。这类钟表的动力来自于重锤或发条弹簧所积聚的重力或弹力位能，擒纵器的设计可缓慢且等速地驱动钟表，避免动力在瞬间释放殆尽。图 11-42 所示为一**摆杆机轴擒纵器**（Verge and foliot escapement），是西方第一座机械钟所使用的擒纵器，结构中包括冠轮、机轴、摆杆、配重砝码。机轴带有上、下两片挚片，交替与冠轮的尖齿接触，且机轴上方与摆杆的中心连接，两者为同一杆件，无相对运动；摆杆的两端挂砝码，可通过调整砝码的位置或重量，改变摆杆的转动惯量，调整往复振荡的周期。

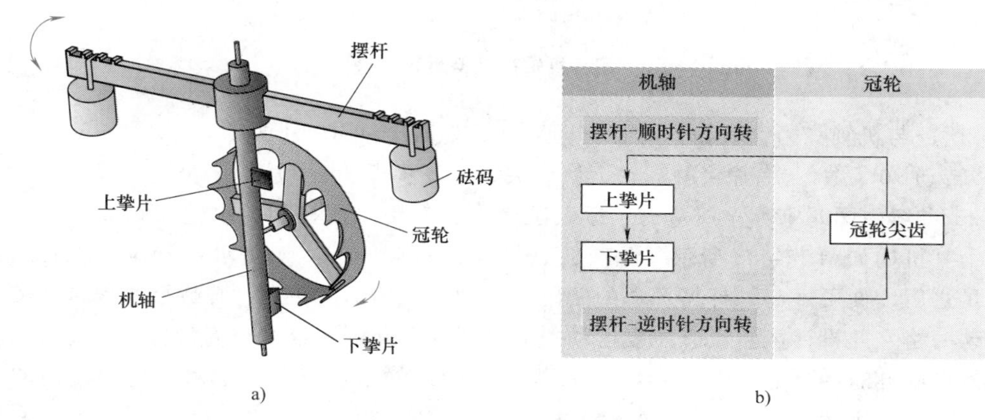

a) b)

图 11-42 **摆杆机轴擒纵器**

摆杆机轴擒纵器的运行步骤如下：

1）冠轮受弹力或重力驱动，始终向同一方向转动，如图 11-43 中箭头所示。

2）上挚片接触冠轮上侧尖齿，且沿冠轮转动的切线方向受力，如图 11-43a 所示；而图 11-43b 为图 11-43a 的俯视示意图。

3）上挚片带动摆杆与机轴，开始顺时针方向转动，图 11-43a 和 b 所示。

4）转动 90°后，下挚片接触冠轮下侧尖齿，沿冠轮转动的切线方向受力，如图 11-43c 所示；而图 11-43d 为图 11-43c 的俯视示意图。

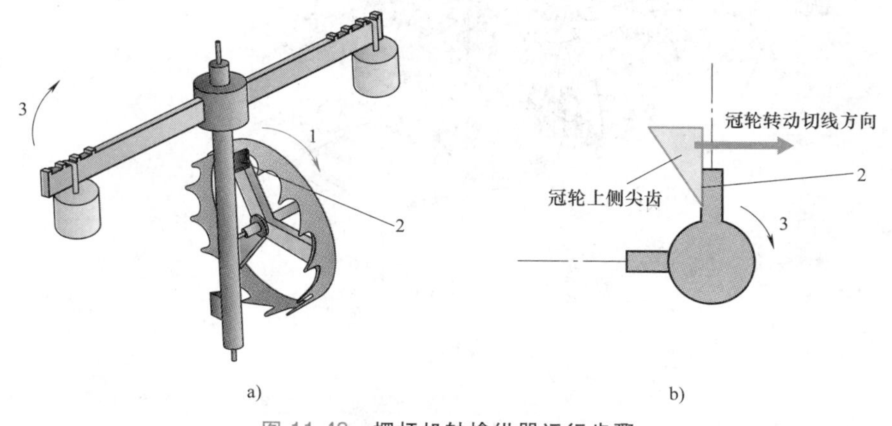

a) b)

图 11-43 **摆杆机轴擒纵器运行步骤**

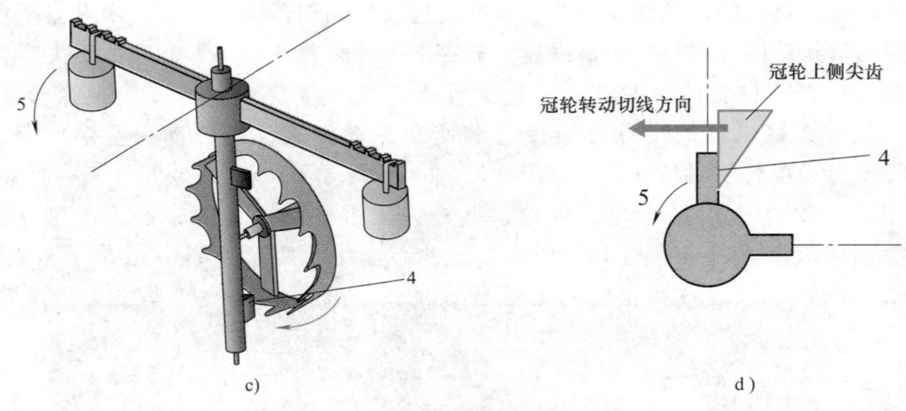

图 11-43 摆杆机轴擒纵器运行步骤（续）

5）摆杆与机轴受力，开始逆时针方向转动，如图 11-43c、d 所示。

6）转动 90°后，上挚片接触冠轮上侧齿尖，重复步骤 2)～5)。

在 11 世纪中国北宋苏颂所造的水运仪象台中，有用水流控制的水轮擒纵器，即水轮称漏装置，其机构如图 11-44a 所示。此装置是将固定的水流量注入受水壶，在一段时间累积一定重量之后，便可举起杠杆另一端的砝码，带动止挡的枢衡转动，释放已积聚位能的水轮装置转动一格。此设计虽然没有往复摆动的振荡器，但利用固定的水流量，仍可通过间歇运动来实现准确计时的功能。图 11-44b 所示为苏颂所造的水运仪象台中水轮秤漏机构的复原设计。

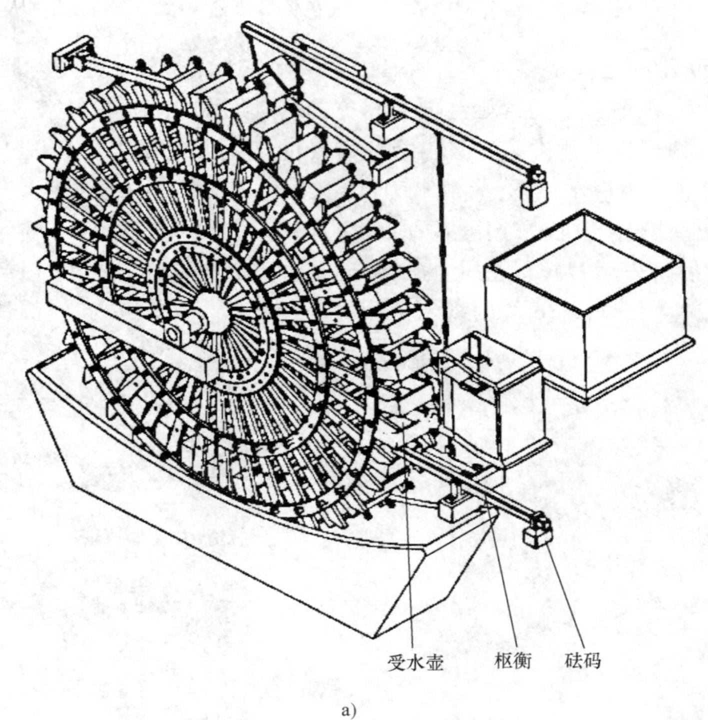

图 11-44 水运仪象台的水轮秤漏装置

b)

图 11-44 水运仪象台的水轮秤漏装置（续）

习题Problems

11-1 有一个平带传动机构，主动轮直径为 24cm，转速为 200r/min，从动轮直径为 36cm，皮带厚度为 0.6cm，试求从动轮的转速与速比。

11-2 有一个带传动机构，两轴相距 240cm，主动轮直径为 48cm，从动轮直径为 32cm，皮带厚度为 1.2cm，试求下列各种状况下的传动带长度与接触角：

（1）开口带传动，考虑皮带厚度。

（2）开口带传动，忽略皮带厚度。

（3）交叉带传动，考虑皮带厚度。

（4）交叉带传动，忽略皮带厚度。

11-3 有一个链传动装置，链条节距为 18mm，主动轮齿数为 18，被动轮齿数为 36，中心距为 200mm，主动轮转速为 100r/min。当考虑弦线作用时，试求被动轮的最小转速。

11-4 试例举一种使用隆面皮带轮、塔轮、等塔轮组或者变速圆锥的应用实例，并进行解释说明。

11-5 试例举一种变速带传动机构的应用实例，并进行解释说明。

11-6 试各例举一种绳索、细绳、钢索的应用实例，并进行解释说明。

11-7 试各例举一种起重链、传输链、传动链的应用实例，并进行解释说明。

11-8 有一个链传动机构，主动链轮有 30 齿，被动链轮有 50 齿，使用节距为 2.54cm 的滚子链。若链节数为 130，试求两轮轴间的距离。

11-9 有一个链传动机构，两平行轴相距 90cm，使用节距为 2.54cm 的滚子链，主动链轮有 17 齿、转速为 450r/min，从动链轮转速为 150r/min，试求链条长度与链节数。

11-10 试从日常生活中找出三种右旋单螺纹与两种左旋单螺纹的应用实例，并进行解释说明。

11-11 如图 11-45 所示，有一个松紧螺旋扣，左边丝杠的螺距为 2.5mm，右边丝杠的螺距为 2.0mm，若将和丝杠连接的把手滑块以顺时针方向（由左视之）旋转一周，试问在下列的情况下两根丝杠的相对位移量是多少？

（1）左右丝杠的螺纹均为右旋单螺纹。

（2）左右丝杠的螺纹均为左旋单螺纹。

（3）左丝杠的螺纹为右旋单螺纹，右丝杠的螺纹为左旋单螺纹。

（4）左丝杠的螺纹为左旋单螺纹，右丝杠的螺纹为右旋双螺纹。

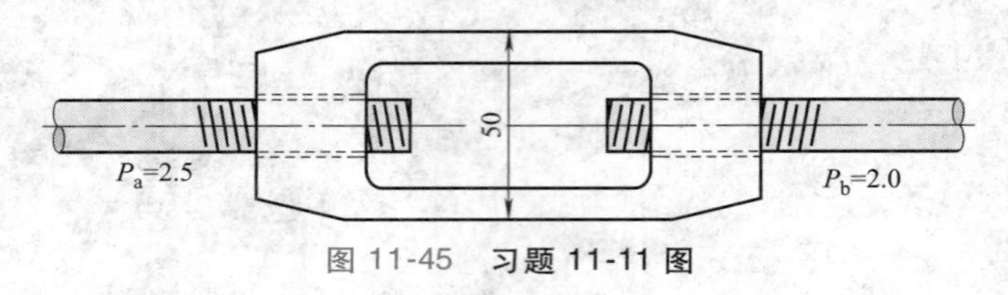

图 11-45 **习题 11-11 图**

11-12 有一个起重用千斤顶，当把手每分钟旋转 60 次时，螺母滑块于 30s 内提升 18cm，试问此千斤顶丝杠的导程是多少？

11-13 若欲利用圆柱形摩擦轮来传动两根相距 120cm 的平行轴，且速比为 3，试求在下列状况时，主动轮与从动轮直径的大小：

（1）两轴的转向相同。

（2）两轴的转向相反。

11-14 如图 11-30a 所示，有一个外接触式锥形摩擦轮传动机构，两轮轴的夹角为 45°，速比为 1.5，大锥轮的最大直径为 12cm，试求：

（1）小锥轮的最大直径。

（2）两个锥轮的锥角。

11-15 如图 11-46 所示，有一个摩擦轮传动机构，左边的圆盘为主动件（构件 2），右边的圆盘为从动件（构件 4），主动件与从动件两轮轴的距离为 24cm，试问中间滚子（构件 3）的位置满足何种条件才能符合下列的情况？

（1）速比为 3。

（2）速比为-2。

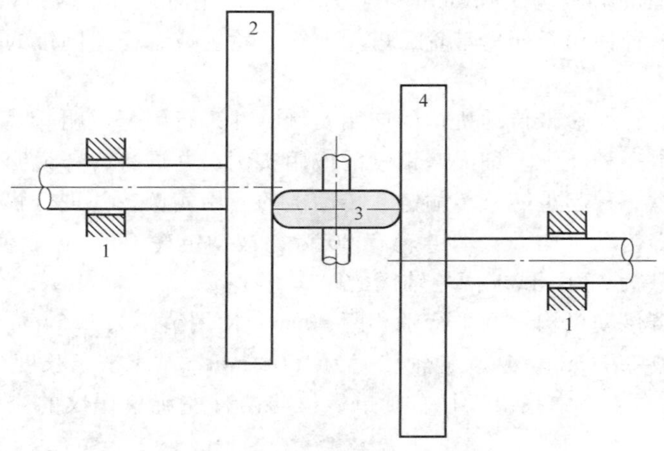

图 11-46 **习题 11-15 图**

11-16 试设计一个无级变速摩擦轮传动机构，用以传动两相距 30cm 的平行轴，且速比范围为-2.5~2.5。

11-17 如图 11-47 所示，有一个无级变速摩擦轮传动机构，用来传动两直角相交的确轴，左方的弧锥轮为主动轮（构件 2），下方的相同尺寸弧锥轮（构件 4）为从动轮，中间有一垂直滚子（构件 3），可绕其轴心逆时针方向旋转 90°，用以调整输出轮的转速。若主动轮的转速为 120r/min（顺时针方向，由左视之），试问输出轮最大与最小的转速是多少？

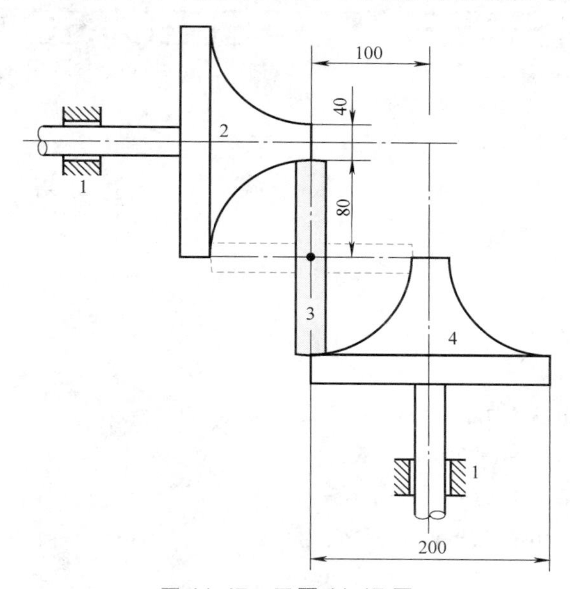

图 11-47 习题 11-17 图

11-18 试例举一种棘轮机构的应用实例，绘出其机构简图，并说明其工作原理。

11-19 试例举一种擒纵器的应用实例，绘出其机构简图，并说明其工作原理。

部分习题简答

PARTIAL ANSWERSTO SELECTED PROBLEMS

第 2 章　机构的组成

2-10 【解】9 种。

第 3 章　确定性运动

3-1 【解】1。

3-2 【解】0。

第 4 章　机构的运动

4-6 【解】$\boldsymbol{R}=2t^3\boldsymbol{I}+3\sin4t\boldsymbol{J}+4\cos5t\boldsymbol{K}$,

$\boldsymbol{V}=6t^2\boldsymbol{I}+12\cos4t\boldsymbol{J}+(-20\sin5t)\boldsymbol{K}$,

$\boldsymbol{A}=12t\boldsymbol{I}+(-48\sin4t)\boldsymbol{J}+(-100\cos5t)\boldsymbol{K}$,

$\boldsymbol{J}=12\boldsymbol{I}+(-192\cos4t)\boldsymbol{J}+500\sin5t\boldsymbol{K}$。

4-7 【解】0.955r/min。

4-8 【解】$a_t=0$，$a_n=9.645\text{m/s}^2$，$a=9.645\text{m/s}^2$。

第 5 章　连杆机构

5-2 【解】(1) 输入杆为 2cm 时，无论何杆固定均为曲柄摇杆机构；输入杆为固定杆时，为双曲柄机构；5cm 和 4cm 杆为固定杆时，为双摇杆机构。

(2) $r_1=5\text{cm}$，$r_2=2\text{cm}$，$r_3=r_4=4\text{cm}$，$\theta_{41}=157.7°$，$\theta_{42}=97.18°$。

$r_1=4\text{cm}$，$r_2=2\text{cm}$，$r_3=5\text{cm}$，$r_4=4\text{cm}$，$\theta_{41}=136.0°$，$\theta_{42}=57.9°$。

$r_1=4\text{cm}$，$r_2=2\text{cm}$，$r_3=4\text{cm}$，$r_4=5\text{cm}$，$\theta_{41}=157.7°$，$\theta_{42}=97.18°$。

$r_1=4\text{cm}$，$r_2=4\text{cm}$，$r_3=2\text{cm}$，$r_4=5\text{cm}$，双摇杆机构。

$r_1=2\text{cm}$，$r_2=4\text{cm}$，$r_3=3\text{cm}$，$r_4=5\text{cm}$，双曲柄机构。

5-3 【解】120~480cm。

5-4 【解】$\theta_{41}=117.8°$，$\theta_{42}=60.9°$。

5-5 【解】69.5°，27.66°。

5-6 【解】120cm 或 480cm。

5-14 【解】(1) 16 种。(2) 71 种。

第 6 章　位置分析

6-1 【解】$\theta_3=-29.98°$，$r_4=7.73\text{cm}$。

6-2 【解】$\theta_4=107.56°$或$-151.06°$，$\theta_3=42.89°$或-86.42。

6-7 【解】$\theta_3=116.48°$，$r_3=9.343\text{cm}$。

6-10 【解】 $r_1=3.3\text{cm}$，$r_2=1.8\text{cm}$，$r_3=3.9\text{cm}$，$r_4=0.9\text{cm}$，$r_5=3\text{cm}$，$\theta_2=87°$，$\rho_4=1.3\text{cm}$，$\rho_2=1.7\text{cm}$，$\theta'_3=30°$，$\theta'_4=105°$，$\theta_{4o}=144°$，$\theta_{5o}=106°$；

（e）$\theta_3=32.54°$，$\theta_4=97.92°$。

6-11 【解】 $r_4=\sqrt{r_3^2-[r_1-r_2\cos(\theta_o+\theta_2)]^2-r_2^2}$，

$s_2=\sqrt{(b_0b)^2-(ab)^2-[(b_0o)-(ab)\cos(\theta_0+\theta_2)]^2}-s_0$。

第 7 章 速度分析

7-4 【解】 图 7-22a：$\omega_3=0.299\text{rad/s}$，$v_c=0.483\text{cm/s}$。

图 7-22b：$\omega_3=0.386\text{rad/s}$，$v_c=1.032\text{cm/s}$。

7-5 【解】 图 7-23a：$\omega_5=0.205\text{rad/s}$（逆时针方向），$v_c=0.39\text{cm/s}$。

图 7-23b：$\omega_5=2.88\text{rad/s}$（顺时针方向），$v_c=3.46\text{cm/s}$。

7-6 【解】 图 7-24a：0.236；图 7-24b：0。

7-7 【解】 0.66rad/s（顺时针方向）。

7-8 【解】 图 7-22a：$v_c=0.53\text{cm/s}$。

图 7-22b：$v_c=1.15\text{cm/s}$。

7-9 【解】 2.47cm/s。

7-10 【解】 0.63rad/s（顺时针方向）。

7-11 【解】 $\theta_2=90°$，杆 4 速度最小；$\theta_2=270°$，杆 4 速度最大。

第 8 章 加速度分析

8-1 【解】（1）$a_c=175\text{cm/s}^2$，$\alpha_4=38\text{rad/s}^2$。

（2）$a_c=458\text{cm/s}^2$，$\alpha_4=151.2\text{rad/s}^2$。

8-2 【解】 $a_c=950\text{m/s}^2$，$a_4=2200\text{m/s}^2$。

8-3 【解】 0.285cm/s^2。

8-4 【解】 56.97mm/s。

8-5 【解】 $a_c=520\text{cm/s}^2$，$\alpha_4=637\text{rad/s}^2$。

8-6 【解】 $\alpha_3=35\text{rad/s}^2$，$\alpha_5=12.5\text{rad/s}^2$，$\alpha_6=62.5\text{rad/s}^2$。

8-7 【解】 0.105cm/s^2。

8-8 【解】 -8.17m/s^2。

8-11 【解】（1）$F_p=3$。

第 9 章 凸轮机构

9-2 【解】（1）$s(30°)=9\text{mm}$，$v(30°)=108\text{cm/s}$，$a(30°)=0$，$J(30°)=0$。

（2）$s(200°)=28.96\text{mm}$，$v(200°)=-81\text{cm/s}$，$a(200°)=-44\text{m/s}^2$，$J(200°)=-2398\text{m/s}^3$。

9-4 【解】 $v_{max}=1.8\text{m/s}(\theta=\pi/4)$，$a_{max}=216\text{m/s}^2(\theta=\pi/4)$。

9-7 【解】 $\infty\text{m/s}^2$。

9-10 【解】 57.30°。

9-12 【解】（3）$\phi_{max}=12.71°$。

9-13 【解】 $\dot{s}_{max}=0.864\text{m/s}$，$\ddot{s}_{max}=48.858\text{m/s}^2$，$\dddot{s}_{max}=5525.715\text{m/s}^3$。

9-20 【解】 $y=\pm x/2$。

第 10 章　齿轮机构

10-4 【解】节径为 6in，齿顶高为 0. 25in，齿根高为 0. 3125in，顶隙为 0. 0625in，工作齿高为 0. 5in，全齿高为 0. 5625in，齿厚为 0. 3927in，齿槽宽为 0. 3927in，内圆角半径 0. 075in。

10-5 【解】$\omega_2 = 1200$r/min，$z_3 = 80$，$r_v = 0.25$。

10-6 【解】$z_2 = 160$，$z_3 = 40$。

10-8 【解】$L_2 = 22.88$mm，啮合角 = 34. 88°（主动齿轮）和 23. 26°（被动齿轮），$\varepsilon_\alpha = 1.55$。

10-9 【解】22. 88°。

10-10 【解】无干涉现象。

10-11 【解】12。

10-12 【解】9。

10-13 【解】（1）-1. 176。（2）15. 125in。

10-14 【解】（1）-2450r/min（顺时针方向）。（2）14. 375in。

10-15 【解】（1）$\omega_9 = 0.04$rad/s。（2）$d_4 = 3$、$d_5 = 12$。（3）$p = \pi/3$。

10-16 【解】$z_3 = 200$，$z_4 = 270$，$z_5 = 90$。

10-17 【解】$z_2 = z_6 = z_7 = 18$，$z_3 = 36$，$z_4 = 27$，$z_5 = 18$，$z_8 = 27$，$z_9 = 36$。

10-18 【解】1512. 95r/min（顺时针方向）。

10-19 【解】$z_8 = \dfrac{100}{21} z_7$；取 $z_8 = 100$，则 $z_7 = 21$。

10-20 【解】一档时，$r = 32/55$；二档时，$r = 1$；三档时，$r = 23/55$。

10-21 【解】300r/min。

10-22 【解】-1. 24r/min。

第 11 章　其他机构

11-1 【解】$n_3 = 134.43$，$r_v = 0.672$。

11-2 【解】（1）$L \cong 613.5$cm，$\theta_2 = 183.82°$，$\theta_3 = 176.18°$。

（2）$L \cong 605.9$cm，$\theta_2 = 183.82°$，$\theta_3 = 176.18°$。

（3）$L \cong 620.7$cm，$\theta_2 = 200.35°$，$\theta_3 = 200.35°$。

（4）$L \cong 612.3$cm，$\theta_2 = 199.10°$，$\theta_3 = 199.10°$。

11-3 【解】$\omega_{\min} = 49.428$r/min = 5. 176rad/s。

11-8 【解】114cm。

11-9 【解】269. 24cm 链节数 106。

11-11 【解】（1）0. 5mm。（2）-0. 5mm。（3）4. 5mm。（4）-6. 5mm。

11-12 【解】0. 6cm。

11-13 【解】（1）$d_2 = 360$cm，$d_3 = 120$cm。（2）$d_2 = 180$cm，$d_3 = 60$cm。

11-14 【解】（1）8cm。（2）$2\varphi_2 = 54.48°$，$2\varphi_3 = 35.52°$。

11-17 【解】滚子垂直时，最小转速 $\omega_4 = 24$r/min；滚子水平时，最大转速 $\omega_4 = 600$r/min。

参考文献
REFERENCES

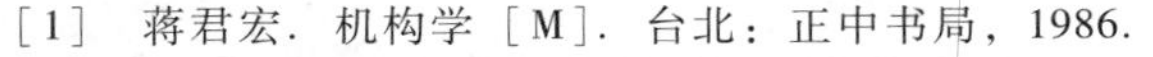

[1] 蒋君宏. 机构学 [M]. 台北：正中书局，1986.

[2] BILLINGS J H. Applied Kinematics [M]. Toronto: D. Van Nostrand, 1953.

[3] DOUGHTY S. Mechanics of Machines [M]. New York: John Wiley & Sons, 1988.

[4] ERDMAN A G, SANDOR G N. Mechanism Design [M]. New Jersey: Prentice-Hall, 1984.

[5] ESPOSITO A. Kinematics for Technology [M]. Ohio: Charles E. Merrill, 1973.

[6] FAIRES V M, KEOWN R M. Mechanism [M]. New York: McGraw-Hill, 1975.

[7] GROSJEAN J. Kinematics and Dynamics of Mechanisms [M]. New York: McGraw-Hill, 1991.

[8] HALL A S. Notes on Mechanism Analysis [M]. Indiana: Balt Publishers, 1981.

[9] HAM C W, CRANE E. Mechanics of Machinery [M]. New York: McGraw-Hill, 1938.

[10] HARTENBERG R S, DENAVIT J. Kinematic Synthesis of Linkages [M]. New York: McGraw-Hill, 1964.

[11] HINKLE R T. Kinematics of Machines [M]. New Jersey: Prentice-Hall, 1960.

[12] IONESCU T. Mechanism and Machine Theory [J]. Standardization of Terminology, 2003, 38: 7-10.

[13] JENSEN P W. Cam Design and Manufacture [M]. New York: Marcel Dekker, 1987.

[14] KIMBRELL J T. Kinematic Analysis and Synthesis [M]. New York: McGraw-Hill, 1991.

[15] LENT D. Analysis and Design of Mechanisms [M]. New Jersey: Prentice-Hall, 1970.

[16] MABIE H H, REINHOLTZ C F. Mechanisms and Dynamics of Machinery [M]. New York. John Wiley & Sons, 1987.

[17] MACCONOCHIE A F. Kinematics of Machines [M]. New York: Pitman Publishing, 1948.

[18] MALLIK A K, GHOSH A, DITTRICH G. Kinematics Analysis and Synthesis of Mechanisms [M]. Boca Raton: CRC Press, 1994.

[19] MARTIN G H. Kinematics and Dynamics of Machines [M]. New York: McGraw-Hill, 1982.

[20] MOLIAN S. Mechanism Design [M]. London: Cambridge University Press, 1982.

[21] MYSZKA D H. Machine and Machanism [M]. New Jersey: Prentice-Hall, Inc., 1999,

[22] NORTON R L. Design of Machinery [M]. New York: McGraw-Hill, 1992.

[23] PAUL B. Kinematics and Dynamics of Planar Machinery [M]. New Jersey: Prentice-Hall, 1979.

[24] RAMOUS A J. Applied Kinematics [M]. New Jersey: Prentice-Hall, 1972.

[25] ROSENAUER I N, WILLIS A H. Kinematics of Mechanisms [M]. New York: Dover Publications, 1967.

[26] ROTHBART H A. Cams [M]. New York: John Wiley & Sons, 1956.

[27] SAHAG L M. Kinematics of Machines [M]. New York: Ronald Press, 1948.

[28] SCHWAMB P, MERRILL A L, JAMES W H. Elements of Mechanism [M]. New York: John Wiley & Sons, 1947.

[29] SHIGLEY J E. Kinematic Analysis of Mechanisms [M]. New York: McGraw-Hill, 1959.

[30] SHIGLEY J E, UICKER J J. Theory of Machines and Mechanisms [M]. New York: McGraw-Hill, 1980.
[31] SOLAONE A. Engineering Kinematics [M]. New York: Macmillan, 1945.
[32] SONI A H. Mechanism Synthesis and Analysis [M]. New York: McGraw-Hill, 1974.
[33] TAO D C. Fundamentals of Applied Kinematics [M]. Massachusetts: Addison-Wesley, 1967.
[34] TYSON H N. Kinematics [M]. New York: John Wiley & Sons, 1966.
[35] WILSON C E, SADLER J P. Kinematics and Dynamics of Machinery [M]. New York: Harper Collines College Publishers, 1993.
[36] WALDRON K J, KINZEL G L. Kinematics, Dynamics, and Design of Machinery [M]. New York: John Wiley & Sons, Inc., 1999.
[37] YAN H S. A Methodology for Creative Mechanism Design [J]. Mechanism and Machine Theory, 1992, 27 (3): 235-242.
[38] YAN H S. Creative Design of Mechanical Devices [M]. Singapore: Springer-verlag, 1998.
[39] YAN H S. Reconstruction Designs of Lost Ancient Chinese Machinery [M]. Amsterdam: Springer, 2007.
[40] ZIMMERMAN J R. Elementary Kinematics of Mechanisms [M]. New York: John Wiley & Sons, 1962.